U0932320

创　纪

长庆设计历史传承与记述

《创纪：长庆设计历史传承与记述》编写组　编

石油工业出版社

图书在版编目（CIP）数据

创纪：长庆设计历史传承与记述 /《创纪：长庆设计历史传承与记述》编写组编 .-- 北京 ：石油工业出版社，2024．5．-- ISBN 978-7-5183-6814-3

Ⅰ．TE1

中国国家版本馆 CIP 数据核字第 2024LA1966 号

出版发行：石油工业出版社
（北京安定门外安华里 2 区 1 号楼　100011）
网　址：www.petropub.com
电　话：（010）64523582

经　销：全国新华书店

印　刷：北京中石油彩色印刷有限责任公司

2024 年 5 月第 1 版　2024 年 5 月第 1 次印刷

787×1092 毫米　开本：1/16　印张：29.5

字数：530 千字

定价：158.00 元

（如出现印装质量问题，我社图书营销中心负责调换）

《创纪：长庆设计历史传承与记述》
编 委 会

《创纪：长庆设计历史传承与记述》
编 写 组

前　言 PREFACE

知往鉴今，以启未来。1973 年长庆油田会战指挥部规划设计研究院成立，50 年来，长庆工程设计有限公司（以下简称“长庆设计公司”）秉承技术立企、创新兴企、人才强企的理念，致力于鄂尔多斯盆地油气田地面工程技术创新研究。几代长庆设计人在长庆油田建成百万吨油田、跨越千万吨油气田、建成“西部大庆”，建设世界一流现代化大油气田的里程碑跨越发展作出了突出贡献。

50 年间，长庆设计公司坚定不移跟党走，在建设大油气田的伟大实践中矢志油气报国。累计设计建成年生产能力 2570 万吨的油田工程、528 亿立方米的气田工程，10 万多千米的管道工程，以及环状输油管网、原油储存系统、天然气储气库、生产生活保障体系，为保障长庆油田高质量发展作出了积极贡献，谱写了地面设计的光辉篇章。

50 年间，长庆设计公司艰苦创业、接续奋斗，在建设大油气田的伟大实践中勇挑责任重担。始终以服务保障长庆油田开发建设为己任，勇担地面工程建设排头兵责任，探索创立了独具长庆特色的九大地面建设工艺模式，设计建成了上古天然气处理总厂、黄 3 区 CO_2 驱国家示范工程、中缅油气管道等一系列标志性工程，定义了无数个第一，创造了若干个之最，用实际行动彰显了长庆油田地面工程建设排头兵的责任担当。

50 年间，长庆设计公司攻坚克难、不辱使命，在建设大油气田的伟大实践中实现了科技强企。坚持特色技术是企业发展的核心动力，潜心研发、不懈追求，开展了 CO_2 驱工业化应用地面工艺技术研究、氢能综合利用技术研究、页岩油原位转化地面工艺技术等一系列技术攻关；研究出了一整套独具长庆特色的油气田地面工艺新技术；创立了标准化设计、模块化建设模式，研发推广了与地面建设系统配套的系列化一体化集成装置，实现了长庆油气田全流程橇装化建设，在推进高水平科技自立自强中走出了一条具有长庆设计特色的科技兴油兴气之路。

50 年间，长庆设计公司不忘初心、赓续血脉，在建设大油气田的伟大实践中锻造设计铁军。用100多项国家和中国石油重点工程的设计建设，1100余项各类科研成果奖项，在磨刀石上锻造出了一支忠诚担当、敢打硬仗、素质一流的过硬员工队伍，熔铸锤炼出了一批高水平技术专家和设计铁军。

50年间，长庆设计公司全心全意以人为本，在建设大油气田的伟大实践中创建幸福企业。始终将企业改革发展成果惠及广大员工群众，大力营造心齐、气顺、风正、劲足、家和的环境氛围，员工群众的幸福感、获得感和归属感不断增强。

不忘历史才能开辟未来，善于继承才能不断创新。为深入贯彻落实习近平总书记关于“要敬畏历史、敬畏文化、守护好前任留给我们的宝贵财富”的重要指示精神，进一步贯彻落实“忠诚担当、创新奉献、攻坚啃硬、拼搏进取”的长庆精神，大力弘扬长庆设计“五个一”精神，教育引导广大干部员工铭记企业发展史，在长庆设计公司成立50周年之际，组织编写《创纪：长庆设计历史传承与记述》，汇编了长庆设计公司从成立到股份制改革试点运营期间（1973—2003年）的重点报纸报道及成立以来的口述历史、专业讲述，旨在回顾长庆设计公司艰苦创业五十年的发展历史，进一步总结长庆设计公司在关键节点的重大事件，展现老一辈长庆设计人坚韧不拔、勇攀高峰的足迹和精神风貌，彰显长庆设计公司50年来不懈奋斗所取得的成就。

风正潮涌正当时，万类霜天竞自由。长庆设计人紧密团结在以习近平同志为核心的党中央周围，在集团公司党组和长庆油田公司党委的坚强领导下，唱响“我为祖国献石油”的主旋律，承继荣光、开拓进取，推动设计公司高质量发展再上新台阶，为长庆油田建设成为“大、强、壮、美、长”的世界一流大油气田，为集团公司建设基业长青的世界一流综合性国际能源公司，为保障国家能源安全、以中国式现代化全面推进中华民族伟大复兴作出新的更大贡献。

2023年12月

目　录 CONTENTS

第一篇章

报纸报道

第二篇章

口述历史

第三篇章

专业讲述

創纪

长庆设计历史传承与记述

报纸报道

1973—2003年

油建处荣获流动红旗

规划设计室和筑路工程处受到表扬

石化部油建社会主义劳动竞赛检查团，于十月二十三日来我战区对一、三分部、新区前线和指挥部直属油建施工、设计单位，进行了十二天的检查指导，到十一月三日胜利结束。经过总结评比，于十一月七日在指挥部油建处召开了颁发流动红旗大会。

石化部油建社会主义劳动竞赛检查团的同志千里迢迢来到战区，发扬革命加拼命，不怕疲劳，连续作战的精神，第二天就投入了紧张的工作。听取了指挥部党委和各油建施工、设计单位的汇报十一次，召开座谈会四次，检查了一、三分部油建工地和新区前线产能建设，检查了水电厂和某渣油黄土路面等二十项工程，重点解剖了新区红四中区二号计配站。检查团设计组还抽查了指挥部设计部门专业组以上干部的政治学习和业务学习情况。检查团工作认真，作风扎实，坚持高标准、严要求，按石化部全国油气田建设工业学大庆会议提出的“十学”“十赛”“十比”的内容，对指挥部各油建施工、设计单位学习马列、毛主席著作，深入揭批“四人帮”，贯彻全国油气田建设工业学大庆会议精神，落实普及大庆式企业规划，开展社会主义劳动竞赛，工程质量和企业管理等方面的情况，全面检查。在肯定成绩的基础上，指出了在质量、企业管理、科研和劳动竞赛方面存在的问题。检查中，检查团的同志言教身带，给我带来了好思想、好作风，使广大职工受到了会战传统教育，对战区油建施工设计单位促进很大。

检查团结束对我油田的检查后，经过两天的评比，认为我指挥部油建处在上级党委领导下，高举毛主席的伟大旗帜，认真贯彻了石化部全国油田建设工业学大庆会议和全国工业学大庆会议精神，响应“石油部门要创建十来大庆油田”的伟大号召，带领广大职工学习毛主席著作，大打深入揭批“四人帮”的战争，以新区产能建设为重点，克服困难，在大打油田建设硬仗等方面作出了显著成绩。特别是在油田建设中，根据施工特点，发动群众，采取多种形式，开展了以“十学”“十赛”“十比”为内容的社会主义劳动竞赛。各项规章制度正逐步恢复，企业管理水平、工程质量都有了提高。一致评油建工程处为一九七七年度油建社会主义劳动竞赛某赛区的优胜单位，荣获石油化学工业部油气田建设劳动竞赛流动红旗。检查团还对在工业学大庆群众运动和社会主义劳动竞赛中，取得较好成绩的指挥部规划院设计室和筑路工程处提出表扬。

十一月七日，石化部油建社会主义劳动竞赛检查团在指挥部油建处驻地召开了颁发流动红旗大会。检查团的领导同志在热烈的掌声中讲了话，表彰了指挥部油建处、规划院设计室和筑路工程处，指出了存在问题，提出了整改要求，并给指挥部油建处颁发了石油化学工业部油气田建设劳动竞赛流动红旗。同赛区的几个石油管理局油建战线的代表宣读了贺信，一致表示要学习长庆油田和兄弟油田的好思想、好作风、好经验，举旗抓纲学大庆，开足马力争上游，搞好油田建设。指挥部负责同志在会上转达了石油化学工业部对油建处、规划院设计室和筑路处的热烈祝贺后，要求油建处党委要发动职工，掂一掂红旗的分量，想一想肩负的重任，怎样作出符合获得流动红旗的贡献来，一定要正确对待荣誉，对照大庆和兄弟油田大找差距，狠反老毛病、低标准，把油田建设搞得更好。指挥部油建处、规划院设计室和筑路处的领导分别在会上发言表示：一定要谦虚谨慎，再接再厉，创造优异成绩，来回答部领导和兄弟油田的关怀和期望。

——摘自《长庆战报》1977 年 11 月 11 日

攻关不畏难　冷输作贡献

——记“精心搞科研的好干部”夏银田

夏银田是规划院设计室技术员。他参加长庆油田会战以来，曾参加过新区大马管线、某地区油田和兄弟油田的地面设计工作，参加了战区单管密闭冷输流程的试验。工作中他认真负责，业务上他勤学苦钻，为油田建设的施工设计出力流汗，被指挥部党委树为战区学大庆标兵，命名为“精心搞科研的好干部”，并光荣地出席了省科学大会。

1978年3月29日　第四版　　长庆战报

攻关不畏难　冷输作贡献

——记“精心搞科研的好干部”夏银田

夏银田是规划院设计室技术员。他参加长庆油田会战以来，曾参加过新区大马管线、某地区油田和兄弟油田的地面设计工作，参加了战区单管密闭冷输流程的试验。工作中他认真负责，业务上他勤学苦钻，为油田建设的施工设计出力流汗，被指挥部党委树为战区学大庆标兵，命名为“精心搞科研的好干部”，并光荣地出席了省科学大会。

几年来，在党组织的亲切关怀和培养下，夏银田光荣地加入了中国共产党，并担任了油气组组长。为了高速度、高水平地开发建设低渗透油田，他常常和科研人员一起，深入前线调查研究。一九七四年，敬爱的周总理根据毛主席指示，提出在本世纪末实现社会主义现代化的宏伟目标，夏银田受到了极大的鼓舞。为了攻克战区油气集输的新工艺，根据部首长指示精神和兄弟油田的经验，夏银田大胆地提出了单管冷输流程的试验方案，得到了组织和群众的热情支持。但也有人提出不同意见，怕搞不成冷输责任难承担。有人劝他说：“你没有听有人说‘法家造反，儒家生产’，搞科研这个头可不好带啊！”面对现实，夏银田冷静地想到：我是贫农的儿子，共产党员，是党和人民把自己培养成科技工作者，我应该无私地把自己的全部知识和力量献给党，献给人民。夏银田给兄弟油田和自己的同学写信，请他们提供经验给予帮助。同时，向领导请求外出学习，经组织批准同意，他和本组几个同志一起实地考察了兄弟油田冷输流程的生产情况。

面对战区山大沟深，冷输难度大等许多困难，夏银田反复钻研，顽强战斗，先后翻阅了国内外大量资料。深夜，他和同志们围坐在帐篷的火炉旁，认真学习《矛盾论》和《实践论》，一口井一口井地分析试验数据，总结经验教训。为了抓住有利时机，尽快拿出试验成果，给设计提供依据，每逢冬季，夏银田和试验组的同志们背上行李来到现场搞试验。在战斗的日日夜夜里，他坚持晚上上班，白天搞计算，跑井收集资料。每天都在单井、计量站、油品分析室往来奔波，不辞辛苦地工作着。十五号计量站投产时，夏银田和大家一起冒着凛冽的北风和零下二十多度的严寒，在井口和站上连续工作两天两夜。困了，在地上躺一会，渴了，啃几口干馍。倒班的同志劝他休息，他总是向大家讲试验不能中断的原因，毅然坚守在自己的岗位上。一次，试验组在四号站安装比例泵，进行冷输含水试验，没有汽车和起重设备，夏银田带头出主意，想办法，用两辆架子车串连起来，把泵拉到站上，保证试验按时进行。

就这样冬去春来，经过三个寒冬的艰苦攻关，在广大采油工人和全组同志的共同努力下，获得了大批各项冷输试验资料。为了从取得的几万个数据、几百个系列当中，归纳出规律性的东西来，夏银田又克服重重困难，进行了一系列的计算分析。有时为了搞清一个数据，他彻夜不眠，反复思考，经过艰苦的……的辛勤劳动，终于……繁的第一手资料中，……步找出了混气原油……冷输的压降规律，……出半经验压降公式……今后油田的开发建……计工作提供了依据。

攻关不畏难，冷输做贡献。目前，单管……流程已开始在战区推广使用。据某区产能建……推广使用统计，为国家节约钢材一千二百二……吨，节约投资二百七十六万元。在成绩和荣……前，夏银田多次学习毛主席的光辉著作《……互学习，克服固步自封、骄傲自满》，决……骄戒躁，乘胜前进，为把长庆变大庆不断……功。

肖　松

为了进一步探讨冷输规律，夏银田（中）……技人员深入现场，进行调查研究。

搞好科研　为加速实现科技现代化贡献力量

几年来，在党组织的亲切关怀和培养下，夏银田光荣地加入了中国共产党，并担任了油气组组长。为了高速度、高水平地开发建设低渗透油田，他常常和科研人员一起，深入前线调查研究。

一九七四年，敬爱的周总理根据毛主席指示，提出在本世纪末实现社会主义现代化的宏伟目标，夏银田受到了极大的鼓舞。为了攻克战区油气集输的新工艺，根据部首长指示精神和兄弟油田的经验，夏银田大胆地提出了单管冷输流程的试验方案，得到了组织和群众的热情支持。但也有人提出不同意见，怕搞不成冷输责任难承担。有人劝他说：“你没有听有人说‘法家造反，儒家生产’，搞科研这个头可不好带啊！”面对现实，夏银田冷静地想到：我是贫农的儿子，共产党员，是党和人民把自己培养成科技工作者，我应该无私地把自己的全部知识和力量献给党，献给人民。夏银田给兄弟油田和自己的同学写信，请他们提供经验给予帮助。同时，向领导请求外出学习，经组织批准同意，他和本组几个同志一起实地考察了兄弟油田冷输流程的生产情况。

面对战区山大沟深，冷输难度大等许多困难，夏银田反复钻研，顽强战斗，先后翻阅了国内外大量资料。深夜，他和同志们围坐在帐篷的火炉旁，认真学习《矛盾论》和《实践论》，一口井一口井地分析试验数据，总结经验教训。为了抓住有利时机，尽快拿出试验成果，给设计提供依据，每逢冬季，夏银田和试验组的同志们背上行李来到现场搞试验。在战斗的日日夜夜里，他坚持晚上上班，白天搞计算，跑井收集资料。每天都在单井、计量站、油品分析室往来奔波，不辞辛苦地工作着。十五号计量站投产时，夏银田和大家一起冒着凛冽的北风和零下二十多度的严寒，在井口和站上连续工作两天两夜。困了，在地上躺一会，饿了，啃几口干馍。倒班的同志劝他休息，他总是向大家讲试验不能中断的原因，毅然坚守在自己的岗位上。一次，试验组在四号站安装比例泵，进行冷输含水试验，没有汽车和起重设备，夏银田带头出主意，想办法，用两辆架子车串连起来，把泵拉到站上，保证试验按时进行。

夏银田工作照

就这样冬去春来，经过三个寒冬的艰苦攻关，在广大采油工人和全组同志的共同努力下，获得了大批各项冷输试验资料。为了从取得的几万个数据、几百个系列当中，归纳出规律性的东西来，夏银田又克服重重困难，进行了一系列的计算分析。有时为了搞清一个数据，他彻夜不眠，反复思考，经过艰苦细致的辛勤劳动，终于从冗繁的第一手资料中，逐步找出了混气原油冷输的压降规律，总结出半经验压降公式，为今后油田的开发设计工作提供了依据。

攻关不畏难，冷输作贡献。目前，单管流程已开始在战区推广使用。据某区产能建设推广使用统计，为国家节约钢材一千二百二十吨，节约投资二百七十六万元。在成绩和荣誉面前，夏银田多次学习毛主席的光辉著作《加强相互学习，克服固步自封、骄傲自满》，戒骄戒躁，乘胜前进，为把长庆变大庆不断建功。

——摘自《长庆战报》1978 年 3 月 29 日

极大的鼓舞　有力的鞭策

欢庆五届人大胜利闭幕的锣鼓声犹在耳边，全国科学大会的绚丽礼花又映红了蓝天。

全国科学大会的召开对我们科技人员是极大的鼓舞和有力的鞭策。

我作为科技战线上的普通一兵，怎能不为这次史无前例的科学盛会的召开感到欢欣鼓舞？这是五届人大确定了社会主义革命和社会主义建设新的发展时期的总任务以后，我国人民在新的长征中迈出的重要一步，也是我国科学技术发展史上新的里程碑，它向我们发出了向科学技术现代化进军的战斗号角。

我是一个贫农的儿子。在旧社会我连小学都难上，更不敢想上大学了。解放了，在党的培养下，我不仅上了小学、中学，还上了大学。一九六四年我从东北石油学院毕业后自愿到祖国的大西北玉门炼油厂。在与工人同吃、同住、同劳动中，我从工人阶级身上汲取了政治营养。同时，在生产实践中我把知识还给人民，解决了当时生产中的一些问题，受到厂领导的多次表扬。

“四人帮”肆意歪曲毛主席关于知识分子接受工人阶级再教育的指示，把革命的知识分子同工人阶级对立起来。诬蔑知识分子是“臭老九”，把本来是革命动力的知识分子，说成是革命的对象。真是有理难言，有力难出。

现在，障碍清除了，一条通往“四个现代化”的金光大道为我们铺好了。我们科技人员可以放开双脚，甩开膀子在这条金光大道上迅速跑了。

我决心把全国科学大会的召开作为巨大的动力，更好地完成党组织交给我的配合炼厂施工的任务，为炼厂早日投产尽自己最大的力量。同时，我决心刻苦钻研业务，在实现四个现代化的伟大进军中贡献自己的全部力量！（李士富）

——摘自《长庆战报》1978 年 3 月 29 日

把提高设计质量当作大事来抓

设计室党总支对上半年设计项目进行大检查

八月中旬以来，指挥部规划院设计室党总支，根据国家经委和指挥部关于开展“质量月”活动的通知精神，对上半年设计的大部分项目进行了检查，狠抓了设计质量，收到了良好效果。

质量问题不解决，就没有建设的高速度。为了抓好设计质量，这个党总支成立了以副主任工程师王昌敏为组长的九人检查小组，对上半年设计的二十一个项目中的二百七十三个单项进行了全面检查。共查阅了大小图纸两千三百多张，查出一般问题两千余个，较大的问题一百二十三个。主要是由于设计和校审配合不好，责任心不强，制度不健全，设计周期短，队伍的技术素质差造成的。

在检查的过程中，他们采取了回访、召开现场会等方法，举一反三搞整改。回访中，院长、书记亲自带队，先后跑了十二个大小站点，十四个施工单位，并请施工单位对设计工作提出批评意见。他们对提出的七十九个问题，组织人力当场整改了四十八个，剩下的正在继续整改。当他们发现勘测组在岭北区集油站放线工作中，由于责任心不强、工作粗心大意造成的重大错误时，他们立即召开现场会，这个组的党支部书记和放线工在大会上做检查，对职工进行主人翁的思想教育。

通过抓质量，搞检查，这个室的广大科技人员进一步提高了对质量问题的认识，加强了革命责任心。全室正在开展“生产优质品光荣，生产劣质品可耻”的活动。室里针对存在的问题，制定了措施，还确立了设计校审标准、设计校审细则、中间资料单、设计质量评定卡片等。目前，全室形成了一个人人为革命争作贡献的生动局面。（朱国明）

——摘自《长庆战报》1978 年 9 月 23 日

为实现“四化”普及科学文化教育

原规划院各级党组织重视抓好职工的文化技术学习

原规划院各级党组织采用多种形式，组织广大科技人员和工人群众开展学文化、学技术、学科学活动，收到了良好效果。

这个院原有职工一千一百六十多人，从去年以来，全院先后举办了高中数学、初中数学、化学、制图、英语、日语等二十六个学习班，有六百八十多人参加了学习。截至目前，有七个学习班的第一批学员已胜利结业，共培训了二百五十多人，这些学员在科研生产中发挥着积极的作用。如现已结业的三个英语短训班，有一百一十五人学完了北京广播英语讲座教材的全部内容，绝大部分学员都能掌握两千到四千个单词并能阅读一般书籍、报刊及科技资料，有十多人现在能翻译一万字以上的外文文章，有十五人担任了中小学及本院英语学习班的教师。

去年全国科学大会闭幕后，这个院各级党组织切实把发展科研和搞好技术革命摆上重要位置。院里成立了职工学习校务委员会，分工一名副书记、副院长任校长，各所、室也都普遍成立了业余教育领导小组，分派专人负责，做到组织、教员、教材、时间、地点五落实。在学习中，他们突出抓了两个重点：一个是办好“七二一”红专大学和技工学校，采用院办和战区办相结合的方法，重点培养具有技术专长的人才。另一个是重视抓好现有职工的业余普及教育。在学习方法上，他们结合实际，在保证六分之五的时间搞科研的同时，普遍采取了统一学政治，分班学专业基础课，分岗位练技术的方法，做到了因人施教，灵活多样，使大家既能联系实际学文化，又能结合生产学技术。

这个院党委的领导成员大部分都是年龄比较大的同志，但他们精力旺盛，深入调查研究，带头参加学习，主动协助有关业务部门解决实际问题。一些教材和教学用品一时解决不了，他们一边派出人员到外地选购了各类课本和专业教材近四千册。同时，主动同外单位联系翻印了《数学地质》《中学数学复习提纲》和汇编，翻印了本院二十四个工种的技术标准等四千多册。有些教材一时购买不齐全，他们就用打字机打，晒图机晒和钢板刻印的办法，解决了教材不足的困难。为了使大家有个良好的学习条件，这个院还因陋就简，自制和购买了黑板、绘图板等教学用品。利用一些会议室、电视室、办公室、食堂、板房作为简易教室，使广大职工的学习落到了实处。

一个群众性的普及科学文化技术知识的热潮，很快在这个院形成了。自去年以来共有两百多名大专毕业的科技人员制定了进步计划，有的还提出了科研攻关项目，定期组织科技座谈会、报告会、讨论会，进行技术攻关和技术交流。去年以来，他们还广泛组织开展群众性的岗位技术练兵活动六十多次，技术表演赛二十多次，并举办了青年职工技术表演选拔赛，涌现了一批技术尖子，收到了良好效果。

最近，根据会战需要，原规划院已分为勘探开发研究院、规划设计研究院、钻采工艺研究所三个单位，他们表示要继续抓好职工的科学文化教育，争取更大成绩，为“四化”作贡献。

——摘自《长庆战报》1979 年 1 月 20 日

争分夺秒为“四化”多作贡献

——记规划设计院土建技术员卞长忠的事迹

在规划设计院土建组的一九七八年的统计表上，土建技术员卞长忠同志的一栏内，醒目地写着：完成大小设计项目十二项，合格率达百分之百，优良率达百分之九十以上。卞长忠是怎样出色地完成任务的呢？

粉碎“四人帮”，广大科技人员精神振奋，在各自的岗位上为四个现代化贡献自己的聪明、才智和力量，卞长忠就是其中的一个。他说：“党中央提出的新时期的总任务给了我极大的鼓舞和力量，使自己觉得有一种压力，感到肩上的担子重了。”他给党支部的决心书中写道：“在一九七八年一年里，我保证完成八至十项工程设计项目。如果我每年能为国家设计八至十项工程的话，到二〇〇〇年至少能为国家设计一百七十六到二百二十项工程，那时，我才觉得无愧于这样一个时代。”有志者事竟成。去年，他超额完成了计划。

去年一月，领导交给他和其他几位同志一项新区一万立方米的非金属水池的设计任务。当时，他感到困难重重。一是时间紧，二是任务重，三是业务能力有限。像这样大的工程设计，他过去不但没有干过，而且连见也没见过。而他担负的水池平面布置及池壁配筋计算，更使他为难。仅计算函数表就多达几百页，而且又无同类资料可供参考。在这种情况下，他迎难而上，知难而进，不懂就向内行请教；资料缺，他四处找；时间紧，他就利用中午、晚上的休息时间干。就这样，他用自己辛勤劳动的汗水，浇灌出了胜利的花朵，提前完成了任务，经评定质量为优。

卞长忠同志十分珍惜时间，一分一秒也不让它白白跑掉。他总是废寝忘食，不知疲倦地为党工作。无数个夜晚和午休时间，他专心致志地刻苦钻研技术资料；有多少个星期天，他置个人的家务于不顾，在办公室加班加点地干。去年，他在配合汽修一厂搞车厢式计量站、配水间施工的同时，手中还有一项产能建设的悬索设计。为了完成这项设计任务，他做到了施工、设计两不误。晚上到现场和工人师傅一起想办法，出主意，修改设计，方便施工；白天又回到办公室绘图，争得了时间，同时完成了两项任务。

去年上半年，他爱人到外地出差，家里留下两个孩子需要照顾。既要搞好工作，还有很多家务事要做，时间十分紧张，但他总是安排好家务，挤出时间，多干工作。晚上他先安排孩子们睡下，然后到办公室继续工作。有一次，因配合施工占用了四个半天设计时间，耽误了一项急用的设计工作，他就每天晚上加班。碰巧就在那几天的最后一个晚上停电了，一般来说，完全可以放下工作，等有了电再干。但卞长忠同志却和往常一样来到办公室，点燃三支蜡烛，趴在图板上画图，直到完成了设计任务才回去休息。

一年来，他就是这样争时间、抢速度，月月超额完成任务。在年终总结评比时，卞长忠光荣地被选为出席指挥部的先进代表。（秦永海）

——摘自《长庆战报》1979 年 1 月 24 日

发扬民主作风　认真坚持民主集中制

设计研究院领导认真倾听群众意见
动力组党支部负责人总结经验接受教训

最近，规划设计研究院党委，认真倾听群众意见；对在评选先进和年终评奖中动力组党支部负责人缺乏民主作风所造成的偏差，采取果断措施，及时作出决定，予以实事求是地纠正。发扬民主作风，走了群众路线。动力组党支部负责人从中吸取了经验，接受了教训。

设计研究院动力组党支部召开会议研究各专业组评选先进情况的时候，党支部书记提出取消一位同志（这位同志在专业组十一个人中有四人提名），增补一位动力组副组长。会上，除这位副组长本人不同意外，都同意支部书记意见，于是形成了决定，这个决定没有和群众见面，就把名单上报了。另一件事，是在评年终综合奖金中，这个组的两个专业组，根据上级规定的名额比例，得甲等奖的分别是二点五人和三点五人，党支部和工会决定一个专业组评两人，另一个评三人，留一名额最后平衡。后来上面要评比结果，支部书记和副组长利用开会的间隙时间商量，书记说：今年我们组是院的先进集体，副组长做了大量工作，这一甲等奖名额给副组长算了；副组长则提议给书记。互相推让了一阵，又没有经过群众讨论，就决定给支部书记，上报院里。

院里先代会召开了，奖金发放了，大家发现没有经过群众讨论，先进换了人，支部书记领了甲等奖。于是议论纷纷，机械专业组部分同志还写了意见书，对党支部这种做法提出了尖锐的批评。

院党委十分重视大家的意见，立即召开会议，进行研究，院党委书记亲自深入这个组调查了解，核实情况。一致认为，动力组在评选先进和评奖中缺乏民主作风，不符合十一届三中全会倡导的发扬民主、走群众路线的精神。果断做出两项决定：一是取消副组长先进代表资格，作为基层带队领导参加先代会；二是支部书记由甲等奖改为原群众评议的乙等奖，这一甲等奖名额，由群众重新评定。

此事发生后，动力组领导接受群众的批评，拥护院党委的决定，并认真对照十一届三中全会精神，查思想，挖根源，从中接受教益。当记者和他们交谈时，介绍了事情发生的前后经过，他们直爽地说："从这件事反映了我们群众观点淡薄，民主作风欠缺，工作方法简单，思想跟不上当前形势。"他们表示，要坚决改掉那些不利于发扬民主、不利于健全民主集中制的思想和作风，遇事多和群众商量，倾听大家的意见和建议，群策群力把工作搞好。（范通祥）

——摘自《长庆战报》1979 年 1 月 27 日

战区又有一批单位被省命名为大庆式企业

他们是：地调指挥部、油建指挥部、水电厂、测井总站、器材指挥部、规划设计研究院和钻采研究所

规划设计研究院获得的锦旗

長慶戰報

长庆油田会战指挥部出版

第1432期 1979年4月11日 星期三 内部报纸 注意保存

战区又有一批单位被省命名为大庆式企业

他们是：地调指挥部、油建指挥部、水电厂、测井总站、器材指挥部、规划研究院和钻采研究所

本报讯 最近，省委和省革命委员会发出决定，命名一批大庆式企业和表彰学大庆先进单位，其中我油田地质调查指挥部、油田建设指挥部、水电厂、测井总站、器材供应指挥部、规划设计研究院和钻采工艺研究所，被命名为省大庆式企业（单位）。这样，连同去年被命名的第一钻井指挥部、井下作业指挥部、第二采油指挥部、筑路工程处、大修厂，指挥部驻地地区共有十二个单位被命名为省大庆式企业。

以生产为中心 以企业管理为重点

继续开展工业学大庆运动加快

国家经委副主任袁宝华就继续深入开展工业学大庆运动问题，发表谈话指出，去年工业学大庆、普及大庆式企业的群众运动，成绩……健康的，主流是好的。对大庆的基本经验，都应当学；对大庆的具体……单位的实际情况，不能照搬。工业学大庆运动的指导思想和实际工作……

新华社消息 工人日报四月四日刊登了国家经委副主任袁宝华最近就工业学大庆运动的一些问题对工人日报记者发表的谈话。

袁宝华同志说，去年，开展工业学大庆、普及大庆式企业的群众运动，主要抓了以下几项工作：一是深入揭批林彪、"四人帮"，在肃流毒、治内伤上下了功夫；二是突出抓了企业整顿工作，特别是把一批大型骨干企业促上来了；三是各行业、各地区基本上都有了影响较大的排头兵——自己的大庆，社会主义劳动竞赛更加蓬勃开展；四是三大革命一起抓，推动了生产的持续增长；五是加快了普及大庆式企业的步伐。总的来看，去年工业学大庆、普及大庆式企业的群众运动，成绩很大，发展是健康的，主流是好的。

袁宝华同志说：一九七八年开展工业学大庆运动的主要经验是：第一，学大庆运动必须紧密围绕党的中心工作，把企业各项工作捆起来，形成统一的群众运动，推动力强，效果好。第二，必须把整顿企业做为普及大庆式企业的基础来

继续学大庆 巩固并

社论

最近，国家经委副主任袁宝华同志发表谈话，号召继续开展工业学大庆运动，加快四化步伐。省委、省革委会也发出了《关于命名大庆式企业和表彰学大庆先进单位的决定》，我们长庆油田指挥部驻地地区有十一个单位受到命名或表彰。这对我们继续开展工业学大庆运动，是一个很大的鼓励和鞭策。

去年，我们战区工业学大庆、普及大庆式企业的群众运动，取得了很大的成绩。今年，党的十一届三中全会决定把工作着重点转移到社会主义现代化建设上来，给我们开展工业学大庆运动进一步指明了前进方向。我们油田第一季度各条战线都打了胜仗，政治上安定团结，各级领导理直气壮地以生产为中心，抓生产，抓管理，职工学文化学技术逐渐形成风气，企业管理体制进行了初步调整，围绕生产建设的政治思想工作有了新的发展。这些成绩的取得，和继续学大庆是分不开的。那种认为"工

工业学大庆，就要坚持学习大庆的基本经验。毛主席、周总理，以及华国锋同志为首的党中央，对大庆的基本经验，都有过明确而深刻的论述，是我们学大庆的指南。如："两论"起家的基本功，两分法前进；加强党的领导，建立一个好的领导班子；坚持以革命化统帅现代化，加强政治思想工作；坚持群众路线，加强基层建设，建立一支能打硬仗的职工队伍；自力更生，艰苦奋斗，高度革命精神与严格科学态度相结合，"三老四严"、"四个一样"的作风；以岗位责任制为中心的管理制度；在有条件的地方，搞好农、林、牧、副、渔业生产，等等。这些基本经验，都有普遍意义和现实意义，对我们搞现代化是适用的，可行的。我们一定要坚定不移地继续学习。

在学习大庆的基本经验时，还必须注意结合自己的实际情况，使之学得更有生气，有效果。我们应该总结工业学大庆的经验。如果存在形式主义、生搬硬套一类的东西，应该认真克服。工业学大庆、普及大庆式企业，本身是一个群众性的比学赶帮超运动，大庆自己也正在根据变化了的形势，大搞油田现代化，不断有创新、有发展。大庆在发展，我们学大庆也要在发展中学，学习中有创新，在创新中去学习。同时，还应和学习其他兄弟石油厂矿和国内国外的先进经验结合起来。总之，要把学大庆

最近，省委和省革命委员会发出决定，命名一批大庆式企业和表彰学大庆先进单位，其中我油田地质调查指挥部、油田建设指挥部、水电厂、测井总站、器材供应指挥部、规划设计研究院和钻采工艺研究所，被命名为省大庆式企业（单位）。这样，连同去年被命名的第一钻井指挥部、井下作业指挥部、第二采油指挥部、筑路工程处、大修厂，指挥部驻地地区共有十二个单位被命名为省大庆式企业。

——摘自《长庆战报》1979年4月11日

设计院科研又取得新的成果

规划设计研究院科研室的技术人员，对原油密闭单管常温输送流程的完善配套试验，又取得新成果。今年以来，这个室的科技人员，紧密围绕原油单管常温输送流程的完善配套工作，试验成功了井口自动投清蜡球装置。他们还进行了化学降凝降黏试验。经过室内筛选和现场工业试验，初步摸索出适应长庆原油特性的活性药剂。经实际检验，在常温输送油井内加入百分之二的这种药剂，可使油井井口回压下降，能够保证油井冬季安全生产。（秦永海）

采取切实可行的增产措施　扭转原油生产被动局面

采油三部原油日产上一千七百五十吨

本报讯　采油三部狠抓新井投产，采取切实可行的增产措施，扭转原油生产被动局面。七月下旬以来，原油日产突破一千七百五十吨，为完成今年原油生产计划打下了良好基础。

前一段时间，由于电力供应不稳定等方面的原因，使原油生产处于被动局面。采油三部党委认真分析研究并制订切实措施。一方面和有关供电单位联系，解决电的问题，另一方面狠抓新井投产，加强对老井的挖潜、改造，把产量搞上去。领导具体分工，深入各基层井、站，亲自指挥，和工人一起扎扎实实落实增产措施。一大队对一些井进行射孔投产；二大队对一些井进行压裂改造；三大队、四大队抢时间，狠抓新井投产和注水工作，使原油产量稳步上升，为完成全年计划创造了良好条件。（樊世文）

油建指挥部二大队担负了中区井投产主要油建施工任务，为岭原油外输做出了贡献。这是四中职工在六号计量站改革工艺流。　本报记者　韩忠林摄

设计院科研又取得新的成果

规划设计研究院科研室的技术人员，对原油密闭单管常温输送流程的完善配套试验，又取得新成果。今年以来，这个室的科技人员，紧密围绕原油单管常温输送流程的完善配套工作，试验成功了井口自动投清蜡球装置。他们还进行了化学降凝降粘试验。经过室内筛选和现场工业试验，初步摸索出适应长庆原油特性的活性药剂。经实际检验，在常温输送油井内加入百分之二的这种药剂，可使油井井口回压下降，能够保证油井冬季安全生产。（秦永海）

从“铁棒磨针”谈起

天　文

古时候有个“铁棒磨针”的故事，说的是少年时期的李白，一天遇见个老婆婆在磨一根铁棒，问她干什么，老婆婆回答说：“磨针”。李白问：“这么粗的铁棒能磨成针吗？”老婆婆回答说：“我天天磨，越磨越细，还怕磨不成吗？”李白听了很受启发。从此发愤读书，终于成了唐朝有名的大诗人。这个故事告诉我们，不论做什么事情，只要不怕困难，持之以恒，就能取得优异的成绩。

搞石油会战，是艰苦的，也是光荣的。每当我们接受一个新的任务，在完成的过程中，总不免会遇到这样或那样的困难，这是正常的，哪有没有困难的工作呢。其实，困难也是个欺软怕硬的玩艺儿。常言说，困难是弹簧，看你强不强，你强它就弱，你弱它就强。常常有这样的情况，任务都差不多，条件也大致相同，可是完成任务的结果却大不一样。这是为什么呢？这里面就有个如何对待困难的问题。有的同志一遇任务下来，不分青红皂白，先摆一大堆困难，牢骚满腹，怨声载道，只能让困难牵着鼻子走。另一种态度则截然不同，在接受任务的时候，既看到有利因素的一面，也看到不利因素的一面，承认困难，分析困难，向困难作坚决的斗争，这样，一切困难就迎刃而解了。我们需要的就是后一种态度。有志者，事竟成。让我们迎着困难去战斗，夺取各项工作的新胜利吧！

随笔

——摘自《长庆战报》1979 年 8 月 8 日

规划设计院举办干部学习班

扫除对真理标准讨论的观望态度

规划院举办科以上干部学习班，认真学习叶副主席的国庆讲话，开展真理标准问题的讨论，从而扫除了干部的观望态度，进一步端正了思想路线，增强了大干“四化”的信心。

学习班之前，规划设计院的部分干部认为，开展真理标准问题的讨论，是理论界的事，我们一心一意干好本职工作就行了。因此，部分干部抱着与己无关的观望态度。学习班上，通过学习叶副主席的国庆讲话，联系开展真理标准讨论以来全国出现的大好形势，大家进一步认识到，进行真理标准问题的讨论，关系到党和国家命运的大事，是肃清林彪、“四人帮”极“左”路线的流毒，端正对马克思主义、毛泽东思想认识的一次根本性的思想建设。不是与己无关，而是关系重大。不是没有必要，而是势在必行。

认识明确后，大家畅所欲言，争论问题。对于一时不能取得一致意见的问题，不忙于作结论，继续深入探讨，逐步统一了认识。通过这期学习班，大家在什么是真高举，什么是假高举；对我国现阶段阶级斗争的基本状况和主要矛盾等问题加深了理解，进一步增强了大干“四化”的信心。（秦永海）

——摘自《长庆战报》1979 年 12 月 8 日

设计院四个科研项目获得奖金

他们共完成九个项目，为油田建设作出了贡献

规划设计研究院已完成九个科研项目，其中四项获得指挥部颁发的科研奖金。

战区于一九七八年七月一日实现原油外输以后，怎样加快产能建设、提高原油产量和外输效果等，成了他们的研究课题。全院四百一十多名职工紧密配合，在采油、油建等单位的配合协助下，他们解放思想，克服实验仪器不足等困难，加强科研活动，先后完成了原油单管常温密闭输送新工艺、高压聚乙烯防蜡、车厢式计量站、管道防腐、油井管理自动化等项目的研究和设计，其中，前三项获得了指挥部颁发的科研奖；原油单管常温密闭输送新工艺还得到了兄弟油田和国外科技人员的高度评价。为解决庆城地区生活用水水质问题，他们和水电厂配合，研究试验电渗析两级阳离子水处理成功，使水质达到要求。这一项也获得科研奖金。

设计院不但在科研上取得了重要成果，而且在设计任务上提前一个季度完成一九七七年任务。设计院职工反映，能取得以上成绩，是和院党委认真落实党的知识分子政策，切实关心职工生活分不开的。今年他们在生活、后勤保障方面做了大量工作，使广大科技和设计人员的积极性大为高涨。（夏步海）

——摘自《长庆战报》1980 年 1 月 5 日

一个团结奋斗的集体

——访设计院勘察室党支部

在纪念中国共产党成立六十周年的时候，设计院党委表彰了勘察室党支部，称赞他们是团结战斗的集体。最近，我怀着激动的心情，走访了这个支部。

当我走进勘察室党支部的办公室时，同志们紧张而有秩序的工作景象、认真而又热烈的学习气氛，一下子把我吸引住了。抬头看去，几乎每个办公室都挂有上级机关发给他们的奖状和锦旗。党支部负责同志对我说，早在原规划院时，勘察室就连续八年被评选为指挥部和院里的先进模范集体。1979 年设计院组建后，又连续两年被评为指挥部和设计院的先进模范集体。这些成绩的取得是和职工的努力，特别是党支部发挥战斗堡垒作用，党员发挥先锋模范作用分不开的。

勘察测量队伍现场作业

测量队伍沿崎岖山路前行

勘察室有党员 16 名。5 名支委都能严格要求自己，坚决按照《准则》要求办事。他们要求别人做到的，自己首先做到；要求党员不做的，自己首先不做。3 名年纪较大的老同志，坚持和工人一起出工跑野外，一起爬山越岭。夏天，和工人一起流汗、啃干馍头；冬天，和工人一样顶风冒雪。由于他们坚持跟班劳动，取得了工人的信任，掌握了领导生产的主动权。因此，说话有人听，指挥明确，工作效率高。最近油田一些管线被洪水冲垮、折断，指挥部组织力量抢修，设计院是主要参战单位之一。一个星期天下午一点半钟，勘察室接到出外工作的任务后，支书陈维珍立即集合人员，两点钟便带领职工出发了。

勘察室党支部之所以有力量，其中一个重要原因，就是支部领导团结得好。支委之间能互相关心，互相爱护，互相帮助，互相支持，互相谅解。前一时期副书记到院里帮助工作，每次支部开会都要请他回来参加。一次因一件小事两位支委发生了争执，事后他们互相进行了解释，消除了隔阂。

这个支部的党员，注意发挥先锋模范作用。去年 7 月去新疆测图，22 名职工中党员有 10 人。初到新疆，因天热、水土不服，先后有 9 名同志拉肚子病倒了。职工们急任务之所急，想任务之所想，5 名党员拿到病假条后，都主动放弃休息，提前完成了任务，得到了新疆油田设计处和设计院领导的好评。1980 年勘察室评选的先进生产者中，党员占 60%。

这个室的共产党员，不仅在勘察设计中起模范作用，是生产骨干，在其他生产任务和义务劳动中，也起到了带头作用。前不久，他们用了不到一天的时间，装了一车高粱。先后还带领群众挖垫、平整球场、挖埋管沟、搬运木料、挪放废钢管、清理基建场地等，使院内面貌一新。

采访完了，我的心还久久不能平静，祝愿他们在新的长征路上继续前进。（苏俊星）

——摘自《长庆战报》1981 年 8 月 19 日

设计院按章办事抓好企业整顿

严格管理制度 坚持赏罚分明

设计院针对本单位企业管理中曾一度存在的“敲锣卖糖，各管一行”的现象，采取有力措施，决定今后每月 28 日前召开党委会，专门听取生产办公室有关勘察设计和科研工作的情况汇报，研究解决有关生产问题。每月两次生产例会，在家的院领导和政治处、生活办等有关部门的领导都必须参加。

162

1983年6月1日 第二版

油建一大队实行材料核销以后

降低了成本 节约了材料 提高了效益

油建指挥部一大队以加强管理为突破口，坚持施工材料核销制度，从而杜绝了浪费，促进了生产，提高了经济效益。

他们从1981年初，就开始进行施工材料核销工作，抽出了专人，层层把关，将实际用料和计划用料进行对比。坚持按预算料单供料，严格控制成本，凡是违反领料制度者一律给予经济制裁。同时，严格执行奖罚制度，超产节约提成发奖，当月兑现。

实行材料核销后，职工积极提合理化建议，人人关心经济效益，处处注意节约原材料。由过去只注重生产任务的完成，而忽视材料消耗，变为在不影响完成任务和施工质量的前提下，尽可能降低材料消耗。过去材料乱堆乱放无人保管，现在各种材料分类堆放，贵重料专人保管，提高了材料的利用率，降低了工程成本。仅1981年到1982年这两年间，一大队共节约各种钢材48.38吨，价值42000多元，水泥31.2吨，价值2400多元。同时还节约了木材、油漆、管阀配件等材料。由于节约了材料，工程成本也大大下降。1981年下降7%，1982年下降10.2%。工程质量显著提高，仅去年各项工程合格率均达到100%，其中安装工程优良率达74%，土建工程优良率达71.8%。

（杨俊光）

甘当绿叶护红……

先进人物的成长与所处的环境是分不开的，与组织的培养有着密切的关系。如果领导同志对先进不支持、不培养，那么先进人物将会夭折、埋没。例如，有好多先进人物在外单位听起来如何如何先进，但到了本单位就平平常常。这也就是人常言的「墙里开花墙外香」，在本单位起不到榜样的作用。红花需要绿叶配。请诸如此类的领导，望你们正视和爱护先进，要让墙里开花内外香。要甘当「绿叶」，大力培养、扶植先进的「花朵」，使他们大放异彩，四季常开。

·建文·

运输指挥部一大队老驾驶员党德元，驾驶的本茨拖车，车型大，故障多。但他经常坚持勤维修保养，车辆始终处于完好状态，保证了油田重点物资的拉运。

图为他正在保养车辆。

叶仰东 摄

严格管理制度 坚持赏罚分明

设计院按章办事抓好企业整顿

设计院针对本单位企业管理中曾一度存在的“敲锣卖糖，各管一行”的现象，采取有力措施，决定今后每月28日前召开党委会，专门听取生产办公室有关勘察设计和科研工作的情况汇报，研究解决有关生产问题。每月两次生产例会，在家的院领导和政治处、生活办等有关部门的领导都必须参加。

为加强统一管理，体现赏罚严明的精神，他们还决定：第一，严格执行院颁生产奖励办法。从5月份起，凡属计划安排的重点设计项目和工作，不能按时完成的，不管是哪个单位、谁的责任，一律扣发奖金。第二，严格劳动纪律。凡无病休证明休息或上班又不接受工作者，不予考勤发工资。严格组织纪律，凡不服从工作调动，在做好思想工作的基础上，本人仍拒不执行者，从人事部门明确通知之日起，停发工资。第三，凡专业室领导、工程师及主要生产技术干部，外出学习、请事假等，必须由主管生产院长批准，行政各部门领导由主管院长批准。这样以来，明显扭转了生产组织和管理中的不协调状态，保证了各项科研设计工作的顺利进行。

（戴万发）

地调一处仪修站两位工程师接受邀请

热心为泾川县培训人才

地调一处仪修站站长、工程师周南，工程师平钊，热心为泾川县培训无线电修理方面的人才，受到了好评。

为了解决收音机、电子钟“修理难”的问题，泾川县科委决定开办为期一个月的无线电短训班。40多名公社广播站的工作人员、在职工人、待业青年和无线电爱好者踊跃参加。但是，县科委感到力不从心，便向仪修站周南、平钊两位同志发出了邀请书。

两位工程师愉快地接受了邀请。为了搞好人才培训，他俩除了坚持做好本职工作外，利用业余时间认真备课，有时直到深夜，并且每晚风雨无阻骑自行车到县城，给学员们讲三个小时的课。在授课中，他们打破“知识私有”的陈习，毫无保留地把学到的超外差式收音机原理、调试、故障处理等理论和实践知识传授给广大无线电爱好者。通过他们的认真讲课和辛勤辅导，参加短训班的学员，已经初步掌握了无线电修理方面的基础知识。学员们对他们这种热心培养人才的精神深受感动，表示要刻苦学习，掌握技术，为群众服务。

（徐家林）

为加强统一管理，体现赏罚严明的精神，他们还决定：第一，严格执行院颁生产奖励办法。从 5 月份起，凡属计划安排的重点设计项目和工作，不能按时完成的，不管是哪个单位、谁的责任，一律扣发奖金。第二，严格劳动纪律。凡无病休证明休息或上班又不接受工作者，不予考勤发工资。严格组织纪律，凡不服从工作调动，在做好思想工作的基础上，本人仍拒不执行者，从人事部门明确通知之日起，停发工资。第三，凡专业室领导、工程师及主要生产技术干部，外出学习、请事假等，必须由主管生产院长批准，行政各部门领导由主管院长批准。这样以来，明显扭转了生产组织和管理中的不协调状态，保证了各项科研设计工作的顺利进行。（戴万发）

——摘自《长庆战报》1983 年 6 月 1 日

设计院茶炉房凭票供水效果好

以前，设计院群众对本单位茶炉房开水时常不开和打开水排长队有意见，烧水的同志也有埋怨情绪。对此，有关领导做了观察和了解，发现主要原因是管理不善，使大量开水被非油田人员提走，造成了严重浪费。于是决定采取凭票供水的办法堵漏洞。结果，自今年八月份实行这个制度以来，在确保本单位群众足够用水的情况下，不但老问题得到解决，而且还平均每月较前节省煤约 4 吨。（戴万发）

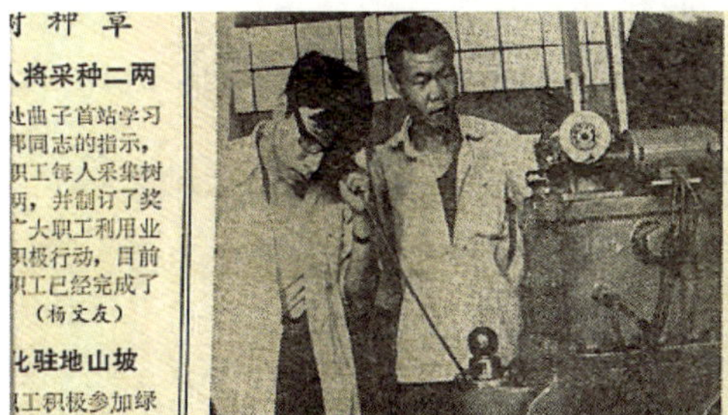

← 水电厂汽机车间职工严格执行岗位责任制，自觉遵守操作规程，定时巡回检查，确保安全供电。图为运行人员在监听汽轮机运转情况。 杜春发 摄

设计院茶炉房凭票供水效果好

以前，设计院群众对本单位茶炉房开水时常不开和打开水排长队有意见，烧水的同志也有埋怨情绪。对此，有关领导作了观察和了解，发现主要原因是管理不善，使大量开水被非油田人员提走，造成了严重浪费。于是决定采取凭票供水的办法堵漏洞。结果，自今年八月份实行这个制度以来，在确保本单位群众足够用水的情况下，不但老问题得到解决，而且还平均每月较前节省煤约4吨左右。（戴万发）

——摘自《长庆战报》1983 年 11 月 26 日

勘察室技术设备得到更新换代

积极采用新技术　努力提高工作效率

设计院勘察室积极采用新设备，努力提高工作效率。近两年，这个室有以下技术设备得到大幅度更新：一、一台具有四种功能的国产 G—2 型工程地质钻机接替了用途单一的 DPP 车装钻机；二、先进的 DM502 红外测距仪取代了陈旧落后的钢尺量距；三、高速多功能的 TI—59 电子计算机替换了烦琐的手摇计算机。这些新设备的使用，减轻了工人劳动强度，提高了工作效率。（戴万发）

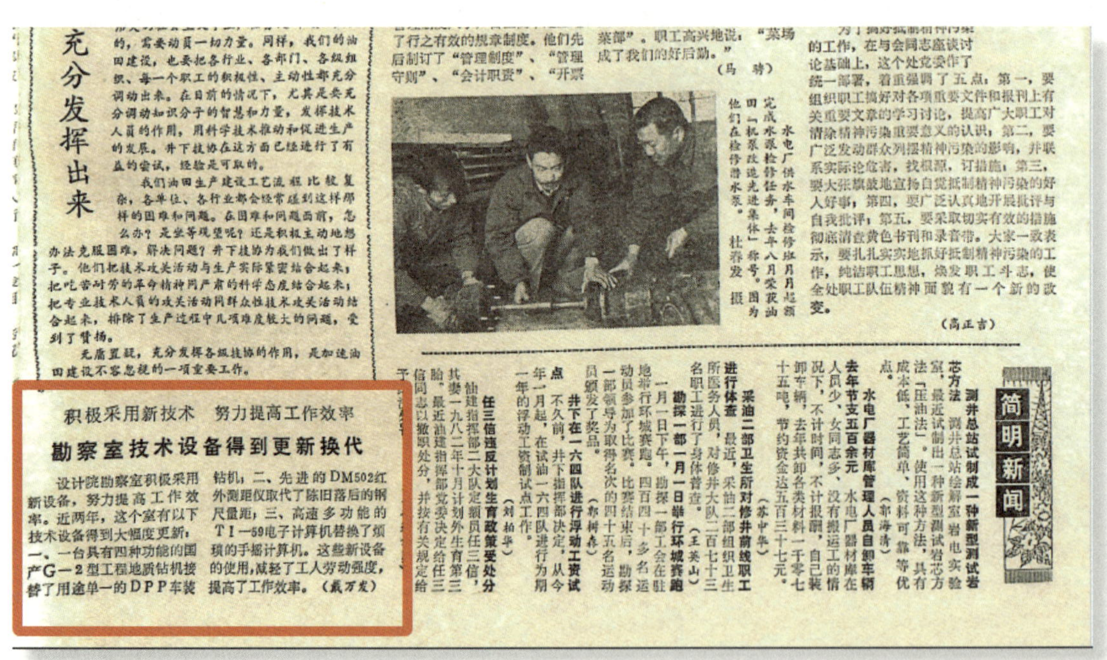

充分发挥出来

……的，需要动员一切力量。同样，我们的油田建设，也要把各行业、各部门、各级组织、每一个职工的积极性、主动性都充分调动出来。在目前的情况下，尤其是要充分调动知识分子的智慧和力量，发挥技术人员的作用，用科学技术推动和促进生产的发展。井下技协在这方面已经进行了有益的尝试，经验是可取的。

我们油田生产建设工艺流程比较复杂，各单位、各行业都会经常碰到这样那样的困难和问题。在困难和问题面前，怎么办？是坐等观望呢？还是积极主动地想办法克服困难，解决问题？井下技协为我们做出了样子。他们把技术攻关活动与生产实际紧密结合起来，把吃苦耐劳的革命精神同严肃的科学态度结合起来，把专业技术人员的攻关活动同群众性技术攻关活动结合起来，排除了生产过程中几项难度较大的问题，受到了赞扬。

无庸置疑，充分发挥各级技协的作用，是加速油田建设不容忽视的一项重要工作。

……了行之有效的规章制度。他们先后制订了"管理制度"、"管理守则"、"会计职责"、"开票菜部"。职工高兴地说："菜场成了我们的好后勤。"

（马　骑）

水电厂供水车间检修班月月超额完成水泵检修任务，去年八月荣获油田「机泵改造先进集体」称号。图为他们在检修潜水泵。　杜春发 摄

……的工作，在与会同志座谈讨论基础上，这个处党委作了统一部署，着重强调了五点：第一，要组织职工搞好对各项重要文件和报刊上有关重要文章的学习讨论，提高广大职工对清除精神污染重要意义的认识；第二，要广泛发动群众列摆精神污染的影响，并联系实际论危害，找根源，订措施；第三，要大张旗鼓地宣扬自觉抵制精神污染的好人好事；第四，要广泛认真地开展批评与自我批评；第五，要采取切实有效的措施彻底清查黄色书刊和录音带。大家一致表示，要扎扎实实地抓好抵制精神污染的工作，纯洁职工思想，焕发职工斗志，使全处职工队伍精神面貌有一个新的改变。

（高正吉）

积极采用新技术　努力提高工作效率

勘察室技术设备得到更新换代

设计院勘察室积极采用新设备，努力提高工作效率。近两年，这个室有以下技术设备得到大幅度更新：一、一台具有四种功能的国产G—2型工程地质钻机接替了用途单一的DPP车装钻机；二、先进的DM502红外测距仪取代了陈旧落后的钢尺量距；三、高速多功能的TI—59电子计算机替换了烦琐的手摇计算机。这些新设备的使用，减轻了工人劳动强度，提高了工作效率。（戴万发）

简明新闻

测井总站试制成一种新型测试岩芯方法　测井总站绘解室岩电实验室，最近试制出一种新型测试岩芯方法「压油法」。使用这种方法，具有成本低、工艺简单、资料可靠等优点。（郭海清）

水电厂器材库管理人员自卸车辆去年节支五百余元　水电厂器材库在人员少、女同志多、没有搬运工的情况下，不计时间，不计报酬，自己装卸车辆，去年共卸各类材料一千零七十五吨，节约资金达五百三十七元。（苏中华）

采油二部卫生所对修井前线职工进行体查　最近，采油二部组织卫生所医务人员，对修井大队二百七十三名职工进行了身体普查。（王英山）

勘探一部一月一日举行环城赛跑　一月一日下午，勘探一部工会在驻地举行环城赛跑。四百四十多名运动员参加了比赛。比赛结束后，勘探一部领导为取得名次的四十五名运动员颁发了奖品。（郭树森）

井下在一六四队进行浮动工资试点　不久前，井下指挥部决定，从今年一月起，在试油一六四队进行为期一年的浮动工资制试点工作。（刘柏华）

任三倍违反计划生育政策受处分　油建指挥部二大队定额员任三倍，其妻一九八二年十月计划外生育第三胎。最近油建指挥部党委决定给任三倍同志以撤职处分，并按有关规定给予……

——摘自《长庆石油报》1984 年 1 月 11 日

设计院积极改善科技干部工作生活条件

近两年来，规划设计研究院在落实党的知识分子政策的过程中，注重改善知识分子的工作条件和生活条件，逐步解决了广大科技干部日常工作和生活中的一些实际困难，初步消除了他们的后顾之忧。

为了使科技干部更好地把精力投入到设计工作中，最近这个院又重新购买了 73 套绘图仪，使绝大多数在岗的设计人员都用上了绘图仪。在分配家属住宅时，优先照顾知识分子。目前全院 148 名知识分子中，除了新调来的 3 名工程师暂住在经过维修的平房外，其余带家的知识分子都住进了楼房，年龄较大的单身知识分子也分到了比较宽敞的单间宿舍。这个院的领导还积极和局人事部门联系，先后将 6 名技术人员的子女调到院里工作。同时，还解决了 7 名技术人员的两地分居问题。该院领导还根据党的政策，积极主动地为两名工程师解决了家属的农村户口问题。前不久，他们又组织家属办起了日用品代销店，受到了广大科技人员的欢迎。（李炳勤）

——摘自《长庆石油报》1984 年 8 月 15 日

设计院制定节约用水办法

为了加强用水管理，切实搞好节约用水，设计院最近颁发了《节约用水的实施办法》（试行）。实施办法规定：凡检查无人时有长流水现象，扣发当月班组全部人员奖金的百分之五，当月继续发生长流水现象，每发现一次，再扣班组人员奖金的百分之五；基建工程施工用水，应临时安装基建专用水龙头，装水表单独进行核算收费；生活用水按局规定每人每天用水量 20 千克的定额发给水票；对室内装有上下水设施的住户，按规定实行每人每天 80 千克的定额供水。这个办法对其他方面的节约用水均定了相应的具体措施。试行这个办法后，节水效果比较显著。（戴万发）

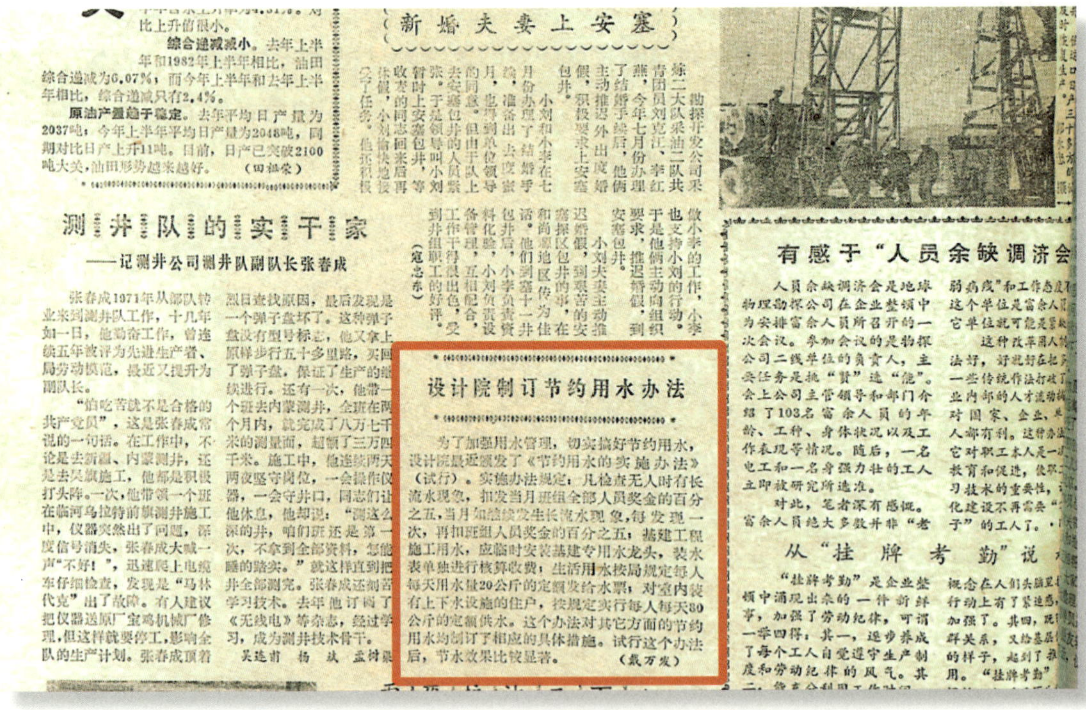

比上升值很小。

综合递减减小。去年上半年和1982年上半年相比，油田综合递减为6.07%；而今年上半年和去年上半年相比，综合递减只有2.4%。

原油产量趋于稳定。去年平均日产量为2037吨；今年上半年平均日产量为2048吨，同期对比日产上升11吨。目前，日产已突破2100吨大关，油田形势越来越好。（田祖荣）

测井队的实干家

——记测井公司测井队副队长张春成

张春成1971年从部队转业来到测井队工作，十几年如一日，他勤奋工作，曾连续五年被评为先进生产者、局劳动模范，最近又提升为副队长。

“怕吃苦就不是合格的共产党员”，这是张春成常说的一句话。在工作中，不论是去新疆、内蒙测井，还是去吴旗施工，他都是积极打头阵。一次，他带领一个班在临河乌拉特前旗测井施工中，仪器突然出了问题，深度信号消失，张春成大喊一声“不好！”，迅速爬上电缆车仔细检查，发现是“马林代克”出了故障。有人建议把仪器送原厂宝鸡机械厂修理，但这样就要停工，影响全队的生产计划。张春成顶着烈日查找原因，最后发现是一个弹子盘坏了。这种弹子盘没有型号标志，他又拿上原样步行五十多里路，买回了弹子盘，保证了生产的继续进行。还有一次，他带一个班去内蒙测井，全班在两个月内，就完成了八万七千米的测量面，超额了三万四千米。施工中，他连续两天两夜坚守岗位，一会操作仪器，一会守井口，同志们让他休息，他却说：“测这么深的井，咱们班还是第一次，不拿到全部资料，怎能睡的踏实。”就这样直到把井全部测完。张春成还刻苦学习技术。去年他订阅了《无线电》等杂志，经过学习，成为测井技术骨干。

吴连甫　杨　从　孟树

新婚夫妻上安塞

勘探开发公司采炼二大队采油二队共青团员刘克江、李红燕，今年七月份办理了结婚手续后，他俩主动推迟外出度婚假，积极要求上安塞包井。

小刘和小李在七月份办理了结婚手续，准备出去度蜜月，也得到单位领导的同意。但由于队上去安塞包井的人员紧张，于是领导叫小刘暂时上安塞包井，等收麦的同志回来后再休假，小刘愉快地接受了任务。他积极做小李的工作，小李也支持小刘的行动。于是他俩主动向组织要求，推迟婚假，到安塞包井。

小刘夫妻主动推迟婚假，到艰苦的安塞探区包井的事，在和尚塬地区传为佳话。他们到塞十一井包井后，小李负责资料化验，小刘负责设备管理，互相配合，工作干得很出色，受到井组职工的好评。（寇忠东）

设计院制订节约用水办法

为了加强用水管理，切实搞好节约用水，设计院最近颁发了《节约用水的实施办法》（试行）。实施办法规定：凡检查无人时有长流水现象，扣发当月班组全部人员奖金的百分之五，当月如继续发生长流水现象，每发现一次，再扣班组人员奖金的百分之五；基建工程施工用水，应临时安装基建专用水龙头，装水表单独进行核算收费；生活用水按局规定每人每天用水量20公斤的定额发给水票；对室内装有上下水设施的住户，按规定实行每人每天80公斤的定额供水。这个办法对其它方面的节约用水均制订了相应的具体措施。试行这个办法后，节水效果比较显著。（戴万发）

有感于“人员余缺调济会

人员余缺调济会是地球物理勘探公司在企业整顿中为安排富余人员所召开的一次会议。参加会议的是物探公司二线单位的负责人，主要任务是挑“贤”选“能”。会上公司主管领导和部门介绍了103名富余人员的年龄、工种、身体状况以及工作表现等情况。随后，一名电工和一名身强力壮的工人主即被研究所选准。

对此，笔者深有感慨。富余人员绝大多数并非“老弱病残”和工作态度

这个单位是富余人

它单位就可能是

这种改革用人

法好，好就好在

一些传统作法

业内部的人才流动

对国家、企业、

人都有利。这种办法

它对职工本人是一

教育和促进，使

习技术的重要性，

化建设不再需要“

子”的工人了。

从“挂牌考勤”说

“挂牌考勤”是企业整顿中涌现出来的一件新鲜事，加强了劳动纪律，可谓一举四得：其一，逐步养成了每个工人自觉遵守生产制度和劳动纪律的风气。其

概念在人们头脑里

行动上有了紧迫感，

加强了。其四，

群关系，又给基层

的样子，起到了

用。“挂牌考勤”

——摘自《长庆石油报》1984 年 8 月 22 日

设计院积极普及电脑知识

设计院积极主动地在技术干部中普及电脑知识，最近由本院工程师涂自强担任教师，自己办起了 PC—1500 计算机和 BASIC 语言学习班。

设计院积极普及电脑知识

设计院积极主动地在技术干部中普及电脑知识，最近由本院工程师涂自强担任教师，自己办起了PC—1500计算机和BASIC语言学习班。

这个班的教学内容主要是BASIC语言中的基本BASIC、部分扩展BASIC和PC—1500计算机的使用操作等。按照现在的讲授、复习、作业与操作三者紧密结合的方式教学，学员们将可达到掌握基本BASIC语言在PC—1500计算机上的应用，特别是在科学计算方面的应用，并为利用PC—1500计算机结合各专业实际进行程序设计提供基础。（戴万发）

这个班的教学内容主要是 BASIC 语言中的基本 BASIC、部分扩展 BASIC 和 PC—1500 计算机的使用操作等。按照现在的讲授、复习、作业与操作三者紧密结合的方式教学，学员们将可达到掌握基本 BASIC 语言在 PC—1500 计算机上的应用，特别是在科学计算方面的应用，并为利用 PC—1500 计算机结合各专业实际进行程序设计提供基础。（戴万发）

——摘自《长庆石油报》1984 年 11 月 10 日

勘察室创单组测量最高纪录

设计院勘察室工人范广成、蔡路路等四名同志在室主任高文彭带领下，从十一月五日开始，只用了十二天时间就完成了长庆输油公司石空泵站二十万平方米的地形图测绘任务，创造了该室多年来单组测绘大比例尺地形图的最高纪录。

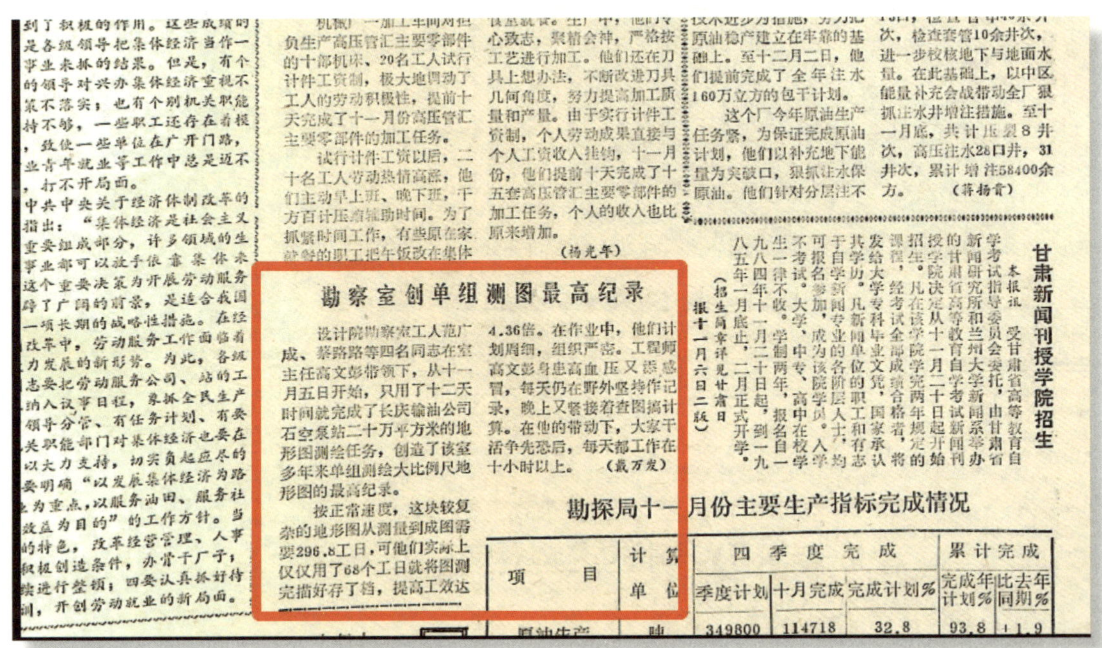

勘察室创单组测图最高纪录

设计院勘察室工人范广成、蔡路路等四名同志在室主任高文彭带领下，从十一月五日开始，只用了十二天时间就完成了长庆输油公司石空泵站二十万平方米的地形图测绘任务，创造了该室多年来单组测绘大比例尺地形图的最高纪录。

按正常速度，这块较复杂的地形图从测量到成图需要296.8工日，可他们实际上仅仅用了68个工日就将图测完描好存了档，提高工效达4.36倍。在作业中，他们计划周细，组织严密。工程师高文彭身患高血压又添感冒，每天仍在野外坚持作记录，晚上又紧接着查图搞计算。在他的带动下，大家干活争先恐后，每天都工作在十小时以上。（戴万发）

勘探局十一月份主要生产指标完成情况

项目	计算单位	四季度完成 季度计划	十月完成	完成计划%	累计完成 完成年计划%	比去年同期%
原油生产	吨	349800	114718	32.8	93.8	+1.9

按正常速度，这块较复杂的地形图从测量到成图需要 296.8 工日，可他们实际上仅仅用了 68 个工日就将图测完描好存了档，提高工效达 4.36 倍。在作业中，他们计划周细，组织严密。工程师高文彭身患高血压又添感冒，每天仍在野外坚持做记录，晚上又紧接着查图搞计算。在他的带动下，大家干活争先恐后，每天都工作在 10 小时以上。（戴万发）

——摘自《长庆石油报》1984 年 12 月 8 日

设计院试行企业化管理效益显著

立足油田　面向社会　独立经营　自负盈亏

规划设计研究院勇于改革，今年试行企业化管理以来，狠抓勘察设计科研为中心的各项经济责任制的落实，调动了广大技术人员和职工的积极性，上半年经济效益创历史同期最好水平。

为了适应勘察设计企业化管理的需要，这个单位根据《中共中央关于经济体制改革的决定》精神，结合本院实际，按照责、权、利相结合，国家、集体、个人利益相统一，职工所得与劳动成果相联系的原则，认真研究确定了对外实行有偿合同制，内部实行任务承包、基本产值承包的经济责任制。根据经营目标，测算了全院各类人员的基本产值指标，各类人员成本消耗指标，明确了各室、队承包基本产值和成本费用指标，制定了对各室、队及承包岗位的考核及奖罚办法，拟订了各室、队承包合同书，把经济责任制落到了实处。

为了提高经济效益，实现经营目标，在抓好企业化管理办法的制定和完善的同时，还大抓了任务的落实。他们立足油田，面向社会，在落实油田内部任务的前提下，先后派人奔赴青海、新疆、中原、宁夏等油田和省区联系揽活，共签订各种任务合同160份，基本满足了全年的工作任务。各室、队领导认真执行合同计划，周密安排作业计划，动员和组织职工积极完成合同项目。许多同志加班加点，争时间，抢速度，忘我工作。上半年，全院共完成合同项目123项，为全年合同项目的76.9%；设计成品合格率为100%，优良品率自评平均为100%。在保证全院各项资金需要的前提下，实现盈余95.2万元，创造了历史最好水平。（李炳勤、王书长）

——摘自《长庆石油报》1985年9月4日

莫道枫叶已逢秋 仍在尽力去争春

——访马家滩炼油厂技术改造工程设计项目负责人赵国宪

马家滩炼油厂催裂化装置从点火、试用、投产到出合格产品，只有五天时间，产品质量及收率项项指标均达到设计要求，是石油工业部各小型炼厂试运转情况最好的一个。那么，原因何在呢？我带着这个问题到设计院访问了马家滩炼厂技术改造工程设计项目负责人赵国宪工程师。他年已花甲，鬓角斑白，略微黝黑的脸庞露出智慧和生气。

他略微沉思后谈起了马家滩炼厂技术改造工程设计经历："1983 年 12 月，上级决定在马家滩炼厂新建一套具有八十年代先进水平的同轴催裂化装置，并对该厂设备进行技术改造。任务接受了，可该厂常压蒸馏装置技术落后，配套性能差。如何才能使炼厂设计合理，以求得最高的经济效益，我这个项目负责人觉得压力不小。"谈到这里，赵工的脸上显出艰难的表情。

接着，他提高了声调："干，困难再大也要尽快把这项设计搞好，这是我们项目组全体同志的共同心愿。"

马家滩炼油厂

1984 年初，赵工带领其他同志首先对全厂各个部位做了系统考察，此后，又翻阅了大量图纸等技术资料，对设备进行了认真分析，结果发现原厂设备匹配失调，就是新建的这套催裂化装置在马岭炼厂运行后，亦有不太合理处。对此，赵工便凭着他二十多年从事炼油设计的工作经验，大胆地对包括催裂化系统在内的整套工艺设备进行技术改造。并充分发挥项目组每个设计人员的专长，集中大家的智慧，经过反复研究，终于设计出一套技术改造方案。赵工谈到这里，一边说一边拿出一份“优秀节能设计项目报批表”对我说：“有关这次设计的内容及效益全记录在上面。”的确，这个项目组的设计人员为这项工程付出了很多心血。

经过辛勤努力，他们对以催化装置为中心的供电、供水、储运等共十五个系统及单元分别进行了改造、更新和增补。改造后，仅节能这一项就取得显著成绩。每年节能效果折合标准煤二千四百六十四吨，相当一千七百二十七吨原油。这些原油转化成产品后产值为一百零五万元，并且达到了优化装置流程，回收余热；减少环境污染，实现“三废”利用、相互衔接、合理匹配、体现最佳经济效益的目的。经过改造后该厂年纯经济效益可达二千五百六十一万元。

采访结束了，望着他魁梧的身影，敬意油然而生。他虽然年已六十，但仍然为我国的炼油事业而拼搏。正如他说的那样：“想在有生之年多为国家的炼油事业作点贡献，这对自己也是个安慰。”多么朴实无华的话语啊！（黄仓荣）

——摘自《长庆石油报》1987年1月14日

设计院工会召开敬老座谈会

加强文明建设　发扬敬老美德

设计院现有离退休老人十六名，占全院职工人数的 2.5%。做好这部分人的工作，是精神文明建设的重要内容。为此，院工会于最近召开了离退休职工代表及党政工团领导参加的座谈会。参加会议的人员各抒己见，发言踊跃，一致认为，要从以下三个方面抓好尊老工作。首先在元旦春节期间在全院掀起每个职工为老年人做一件好事的活动，如买粮买菜、换液化气、办年货、代干家务等。第二，由生活站负责，实行老人在院内买菜等物优先供应不排队。由工会负责在春节前开展向离退休职工，包括在外地的离退休职工赠送一件礼品的活动。第三，采取措施，抵制大操大办婚事的做法，反对子女把父母当“牙膏”挤，保证老年人生活安定。

参加座谈的同志指出，尊敬老人是中华民族的优良传统，在精神文明建设中又赋予新意。全院职工都应关心老人，让文明之花开遍全院和全社会。（金沛亭）

——摘自《长庆石油报》1987 年 1 月 14 日

设计院试行企业化面貌大改变

立足油田保重点　面向社会作贡献

规划设计研究院自去年一月试行企业化后，一年中共完成勘察设计、科研合同一百六十四项，年收入二百九十三点一万元，除去成本和其他费用，共盈余一百三十七点七万元。

这个院共三百六十多人，以往除收少量的援外工程设计费外，每年需国家拨发经费一百三十万元。从一九八五年一月起，他们决定试行企业化管理，自负盈亏，独立核算。并建立和健全了对外全面实行经济合同制和对内实行设计项目承包、个人产值定额、成本费用包干等一系列经济责任制。改革极大地调动了勘察设计人员的积极性，提高了工作效率，缩短了设计周期。到去年上半年，他们就全面完成了工程地质和工程测量任务，以及元城等十五个区块油田的产能建设设计任务。

長慶石油報
CHANGQING SHIYOU BAO
第2097期　1986年1月25日　星期六

我局思想政治工作研究初见成效
中国职工思想政治工作研究会最近接纳我局职工思想政治工作研究会为团体会员

最近，中国职工思想政治工作研究会正式接纳我局职工思想政治工作研究会为该会的团体会员。

局职工思想政治工作研究会自一九八五年三月成立以来，在甘肃省和中国石油职工思想政治工作研究会的指导下，在局党委的领导和重视下，按照《中共中央关于经济体制改革的决定》和理事会章程，紧密围绕经济体制改革和油田生产建设，努力探索新时期职工思想政治工作的特点和规律，在协助政工部门交流推广思想政治工作的经验，组织和推动思想政治工作的理论研究方面发挥了积极的作用。一年来，广大会员努力探索，潜心研究，共撰写论文十八篇。……

局职工思想政治工作研究会希望全体会员继续努力工作，深入调查研究，积极开展活动，不断探讨问题，为推动油田职工思想政治工作和各项工作做出新的贡献。

（王志华）

把综合治理社会治安当作大事来抓

加强综合治理　实现内部安定

努力做好春运交通安全工作

认真学习中央领导同志的讲话
采油二厂端正机关作风促进生产

立足油田保重点　面向社会做贡献
设计院试行企业化面貌大改变

规划设计研究院自去年一月试行企业化后，一年中共完成勘察设计、科研合同一百六十四项，年收入二百九十三点一万元，除去成本和其它费用，共盈余一百三十七点七万元。

这个院共三百六十多人，以往除收少量的援外工程设计费外，每年需国家拨发经费一百三十万元。从八五年一月起，他们决定试行企业化管理，自负盈亏，独立核算。并建立和健全了对外全面实行经济合同制和对内实行设计项目承包、个人产值定额、成本费用包干等一系列经济责任制。改革极大地调动了勘察设计人员的积极性，提高了工作效率，缩短了设计周期。到去年上半年，他们就全面完成了工程地质和工程测量任务，以及元城等十五个区块油田的产能建设设计任务。

试行企业化还促进了科学技术进步，特别是聚胺脂泡沫塑料管线保温、絮凝剂污水处理、原油稳定及气体处理、元城产能建设二级布站等新技术、新工艺的采用，有效地提高了油田的经济效益。其中马岭中区原油稳定、元侯输油管线，庆城十六井区产能建设三项工程，均被局里评为优质设计项目。同时，科研工作也获得丰收。去年年初签订的十项科研合同，到年底已完成七项。被列为国家"六五"期间攻关项目之一的马岭油田密闭化研究，八五年获得了技术上的重大突破，完成了国家科技攻关项目的技术指标。（李炳勤）

试行企业化还促进了科学技术进步。特别是聚氨酯泡沫塑料管线保温、絮凝剂污水处理、原油稳定及气体处理、元城产能建设二级布站等新技术、新工艺的采用，有效地提高了油田的经济效益。其中马岭中区原油稳定、元悦输油管线、庆城十六井区产能建设三项工程，均被局里评为优质设计项目。同时，科研工作也获得丰收。去年年初签订的十项科研合同，到年底已完成七项。被列为国家“六五”期间攻关项目之一的马岭油田密闭化研究，一九八五年获得了技术上的重大突破，完成了国家科技攻关项目的技术指标。（李炳勤）

——摘自《长庆石油报》1986 年 1 月 25 日

设计院精神文明建设考核有新招

不凭印象凭实绩　领导群众都满意

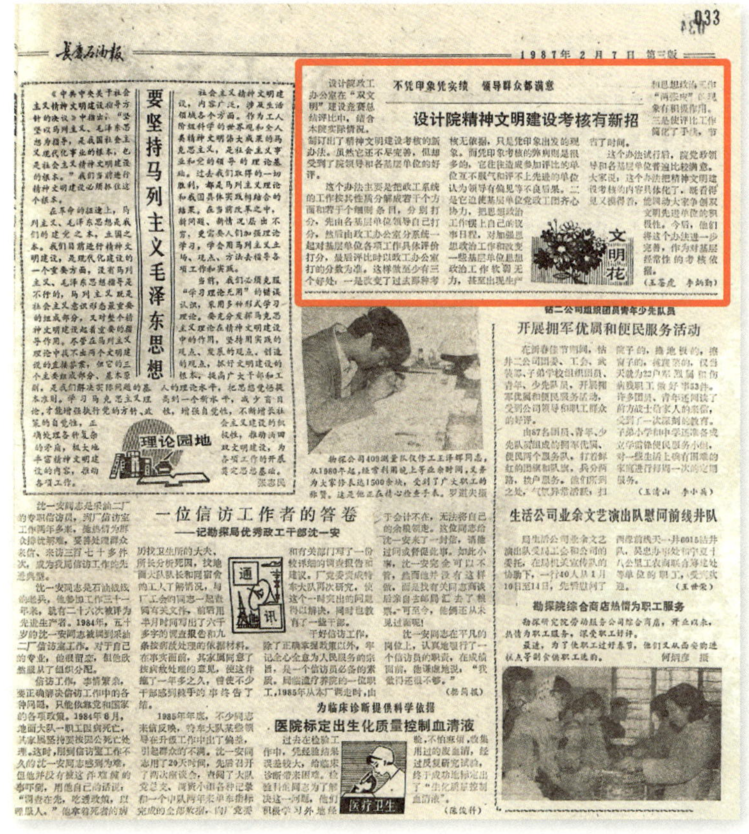

长庆石油报　1987年2月7日　第三版

不凭印象凭实绩　领导群众都满意

设计院精神文明建设考核有新招

设计院政工办公室在"双文明"建设竞赛总结评比中，结合本院实际情况，制订出了精神文明建设考核的新办法。虽然它还不尽完善，但却受到了院领导和各基层单位的好评。

这个办法主要是把政工系统的工作按其性质分解成若干个方面和若干个细则条目，分别打分，先由各基层单位领导自己打分，然后由政工办公室分系统一起对基层单位各项工作具体评价打分，最后评比时以政工办公室打的分数为准。这样做至少有三个好处：一是改变了过去那种考核无依据，只是凭印象出发的现象。而凭印象考核的弊病则是很多的，它往往造成参加评比的单位互不服气和评不上先进的单位认为领导有偏见等不良后果。二是它迫使基层单位党政工团齐心协力，把思想政治工作摆上自己的议事日程，对加强思想政治工作和改变一些基层单位思想政治工作软弱无力，甚至出现生产和思想政治工作"两张皮"的现象有积极作用。三是使评比工作简化了手续，节省了时间。

这个办法试行后，院党政领导和各基层单位普遍比较满意。大家说，这个办法把精神文明建设考核的内容具体化了，既看得见又摸得着，能调动大家争创双文明先进单位的积极性。今后，他们将这个办法进一步完善，作为对基层经常性的考核依据。

（王荟虎　李炳勤）

文明花

要坚持马列主义毛泽东思想

理论园地

钻二公司组织团员青年少先队员

开展拥军优属和便民服务活动

一位信访工作者的答卷

——记勘探局优秀政工干部沈一安

为临床诊断提供科学依据

医院标定出生化质量控制血清液

生活公司业余文艺演出队慰问前线井队

勘探院综合商店热情为职工服务

设计院政工办公室在"双文明"建设竞赛总结评比中，结合本院实际情况，制定出了精神文明建设考核的新办法。虽然它还不尽完善，但却受到了院领导和各基层单位的好评。

这个办法主要是把政工系统的工作按其性质分解成若干个方面和若干个细则条目，分别打分，先由各基层单位领导自己打分，然后由政工办公室分系统一起对基层单位各项工作具体评价打分，最后评比时以政工办公室打的分数为准。这样做至少有三个好处：一是改变了过去那种考核无依据，只是凭印象出发的现象。而凭印象考核的弊病则是很多的，它往往造成参加评比的单位互不服气和评不上先进的单位认为领导有偏见等不良后果。二是它迫使基层单位党政工团齐心协力，把思想政治工作摆上自己的议事日程，对加强思想政治工作和改变一些基层单位思想政治工作软弱无力，甚至出现生产和思想政治工作"两张皮"现象有积极作用。三是使评比工作简化了手续，节省了时间。

这个办法试行后，院党政领导和各基层单位普遍比较满意。大家说：这个办法把精神文明建设考核的内容具体化了，既看得见又摸得着，能调动大家争创双文明先进单位的积极性。今后，他们将这个办法进一步完善，作为对基层经常性的考核依据。（王苍虎、李炳勤）

——摘自《长庆石油报》1987 年 2 月 7 日

设计院在“三优一满意”活动中 走出办公室 服务到基层

长庆石油報
CHANGQING SHIYOU BAO
第2206期 1987年3月11日 星期三

重视妇女作用 提高妇女地位
局工会表彰一批巾帼模范

勇于探索 深化改革 实现企业转轨变型
两年创产值一千多万元

筑路公司再赴中原搞承包

单骑游神州 美誉心底留
杨生金驱车向福建广东进发

设计院在“三优一满意”活动中
走出办公室 服务到基层

节日献艺

兰影厂来长庆拍片

减少数量 提高质量 抓好重点 打好基础
局武装部安排今年民兵工作

要闻简报

在“三优一满意”活动中，设计院工程技术人员坚持深入基层，深入前线，为油田建设服务，进一步提高了设计工作质量。

元旦、春节期间。设计院许多工程技术人员不畏严寒，走出办公室，深入前线配合生产施工，和基层人员一起解决技术上的难题。年前上里原和吴旗一三五井原油投产时，共有十一名同志分别吃住在现场，直到运转完全正常才回来。采油三厂集中供热工程投产后效果有些不理想，院生产部门及时派出两名同志前去帮助解决。经过认真检查调整，并向有关人员传授正确的操作方法，终于解决了问题，取得了满意的效果。

为了提高设计产品质量，赢得用户满意。院生产技术部门采取外访与内查相结合的方法，一方面派出许多同志深入马家滩、大水坑、吴旗、马岭等地，向已投产的工程向用户进行回访，虚心听取意见，对 86－Ⅰ、86－Ⅱ、86－Ⅲ居民住宅和部分工业设计进行认真修改。一方面认真进行图纸质量自查，组织人员检查了设计项目一百二十项共二百五十多张图纸，对检查出有毛病的设计图纸及时进行整改，使设计产品优良品率达到百分之八十九点一，超过了部颁规定标准。（王苍虎、向栋梁）

——摘自《长庆石油报》1987年3月11日

我局今年九项重点地面工程之一 马家滩给水工程测量设计提前完成

123

長慶石油報
CHANGQING SHIYOU BAO
第2220期 1987年5月1日 星期五

庆祝五一国际劳动节

社论 牢记历史使命 辛勤建设油田

采油二厂原油产量稳步增长

吴生林获宁夏自治区五一劳动奖章

克服重重困难 满足前线需要
三炼厂停炉检修提前开厂

我局今年九项重点地面工程之一
马家滩给水工程测量设计提前完成

我局今年重点地面建设工程之一的马家滩地区给水工程设计，在测绘工作结束后不久，于4月25日提前20天全部完成。

马家滩地区用水来自宁夏白[illegible]滩，由于用量大，水源的水位目前已大幅度下降，直接危及马家滩地区万余名职工、家属的生产和生活。经石油工业部批准，我局从大水坑接鸣沙水入马家滩，以解燃眉之急。

设计院接到工程设计任务后，从院领导到综合二室职工十分重视。设计项目负责人、给排水副主任工程师葛辉，立即赴现场详细踏勘，比选最佳设计方案。在设计过程中，他加班加点达15个晚上。

在此之前，担负大水坑至马家滩输水管线及首末两站罐区地形测量的勘察室职工，仅用四天半就一举干完了41.8千米的主干线测量任务，最高的一天测量了13.6千米，创造了该室在沙漠地区钢尺量距的最高纪录。最后管线平面坐标闭合精度比规定限差提高了两倍。由于作业效率高，节约费用1.3万元。（戴万发、李炳勤）

——摘自《长庆石油报》1987年5月1日

采暖技术上的一朵新花

冯凯生设计的普通茶炉采暖系统试验成功

冯凯生汇报轻烃回收装置

一种利用普通茶炉进行采暖的自然循环系统，由设计院工程师冯凯生设计，最近先后在钻三、宝鸡和二机厂试验成功。

众所周知，热水集中采暖需要锅炉和一整套机械循环系统。然而这种系统对于采暖面积几百平方米至几千平方米的建筑单体或小建筑群却因投资大、操作管理复杂而不被采用。

为解决这一难题，冯凯生同志对热水炉密闭循环的理论和生产实践做了周密的分析研究和计算，设计了利用普通茶炉进行自然循环的采暖方案。这种采暖方式是利用微气化原理，当茶炉处于常压状态时，能够自动形成几千毫米水柱的循环压头，可推动几千平方米大楼的采暖循环系统。经过反复试验，在各有关单位配合下试运行获得成功。

这种采暖系统的特点：一、设备简单，造价低，投资少，见效快。二、茶炉于常压下运行，操作管理方便，安全可靠。三、不用泵和风机，不怕停电，节省电能。四、一炉多用，既可采暖又可供开水和洗澡。五、安装简便，小巧灵活，易于搬迁。

这种采暖方式在我国目前集中采暖不普遍的情况下，有很大实用价值。对于油田钻井队、采油队及无法集中采暖的孤立建筑物尤为适合。（张凌艺）

——摘自《长庆石油报》1987年5月9日

设计院在“双增双节”运动中注重提高经济效益

狠抓设计质量　压缩工程投资

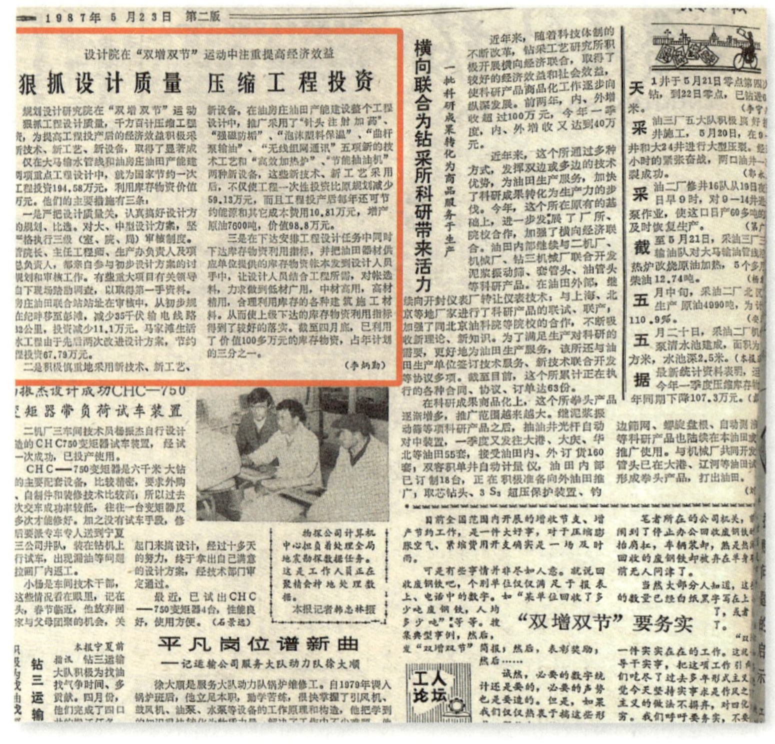
1987年5月23日　第二版

设计院在“双增双节”运动中注重提高经济效益

狠抓设计质量　压缩工程投资

规划设计研究院在“双增双节”运动狠抓工程设计质量，千方百计压缩工程资，为提高工程投产后的经济效益积极采新技术、新工艺、新设备，取得了显著成仅在大马输水管线和油房庄油田产能建两项重点工程设计中，就为国家节约一次工程投资194.58万元，利用库存物资价值万元。他们的主要措施有三条：

一是严把设计质量关，认真搞好设计方的规划、比选。对大、中型设计方案，坚严格执行三级（室、院、局）审核制度。管院长、主任工程师、生产办负责人及项总负责人，都亲自参与初步设计方案的讨规划和审核工作。有些重大项目有关领导自下现场踏勘调查，以取得第一手资料。房庄油田联合站站址在审核中，从初步规在纪畔移至彭滩，减少35千伏输电线路32公里，投资减少11.1万元。马家滩生活水工程由于先后两次改进设计方案，节约程投资67.79万元。

二是积极慎重地采用新技术、新工艺、新设备。在油房庄油田产能建设整个工程设计中，推广采用了“针头注射加药”、“强磁防垢”、“泡沫塑料保温”、“曲杆泵输油”、“无线组网通讯”五项新的技术工艺和“高效加热炉”、“节能抽油机”两种新设备，这些新技术、新工艺采用后，不仅使工程一次性投资比原规划减少59.13万元，而且工程投产后每年还可节约能源和其它成本费用10.81万元，增产原油7600吨，价值98.8万元。

三是在下达安排工程设计任务中同时下达库存物资利用指标，并把油田器材供应单位提供的库存物资帐本发到设计人员手中，让设计人员结合工程所需，对帐选料，力求做到低材广用，中材高用，高材精用，合理利用库存的各种建筑施工材料。从而使上级下达的库存物资利用指标得到了较好的落实。截至四月底，已利用了价值100多万元的库存物资，占年计划的三分之一。

（李炳勤）

规划设计研究院在“双增双节”运动中，狠抓工程设计质量，千方百计压缩工程投资，为提高工程投产后的经济效益积极采用新技术、新工艺、新设备，取得了显著成绩，仅在大马输水管线和油房庄油田产能建设两项重点工程设计中，就为国家节约一次性工程投资194.58万元，利用库存物资价值87万元。他们的主要措施有三条：

一是严把设计质量关，认真搞好设计方案的规划、比选。对大、中型设计方案，坚持严格执行三级（室、院、局）审核制度。主管院长、主任工程师、生产办负责人及项目总负责人，都亲自参与初步设计方案的讨论规划和审核工作。有些重大项目有关领导亲自下现场踏勘调查，以取得第一手资料。油房庄油田联合站站址在审核中，从初步规划在纪畔移至彭滩，减少35千伏输电线路8.32千米，投资减少11.1万元。马家滩生活供水工程由于先后两次改进设计方案，节约工程投资67.79万元。

二是积极慎重地采用新技术、新工艺、新设备。在油房庄油田产能建设整个工程设计中，推广采用了“针头注射加药”“强磁防垢”“泡沫塑料保温”“曲杆泵输油”“无线组网通讯”五项新的技术工艺和“高效加热炉”“节能抽油机”两种新设备，这些新技术、新工艺采用后，不仅使工程一次性投资比原规划减少 59.13 万元，而且工程投产后每年还可节约能源和其他成本费用 10.81 万元，增产原油 7600 吨，价值 98.8 万元。

三是在下达安排工程设计任务中同时下达库存物资利用指标，并把油田器材供应单位提供的库存物资账本发到设计人员手中，让设计人员结合工程所需，对账选料，力求做到低材广用，中材高用，高材精用，合理利用库存的各种建筑施工材料。从而使上级下达的库存物资利用指标得到了较好的落实。截至四月底，已利用了价值 100 多万元的库存物资，占年计划的三分之一。（李炳勤）

——摘自《长庆石油报》1987 年 5 月 23 日

经国家计委审查批准 设计院进入甲级设计单位

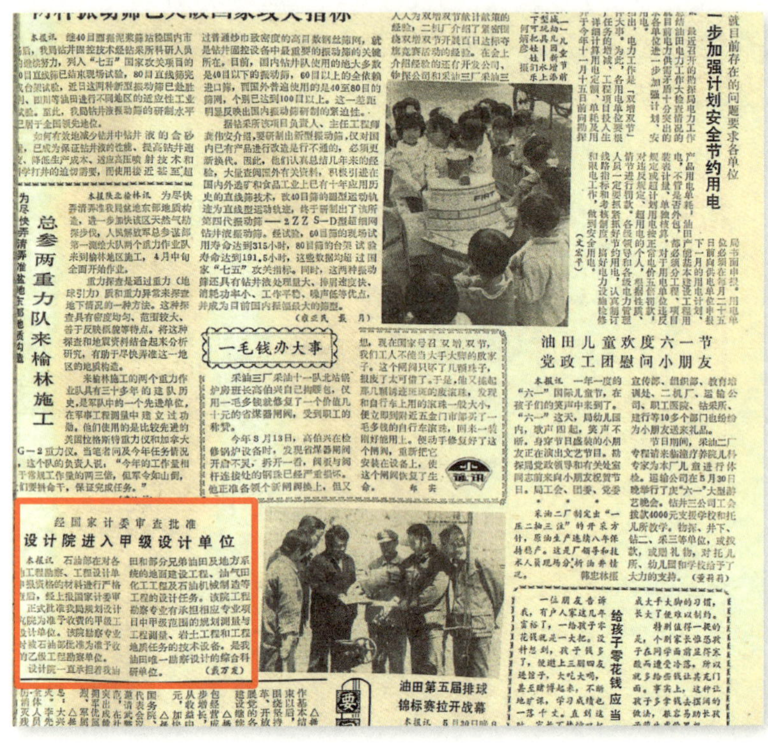

一毛钱办大事

油田儿童欢度六一节 党政工团慰问小朋友

进一步加强计划安全节约用电

总参两重力队来榆林施工

经国家计委审查批准

设计院进入甲级设计单位

本报讯 石油部在对各……油工程勘察、工程设计单……报资格的材料进行严格……查后，经上报国家计委审……正式批准我局规划设计……究院为准予收费的甲级工……设计单位。该院勘察专业……时被石油部批准为准予收……的乙级工程勘察单位。

设计院一直承担着我油田和部分兄弟油田及地方系统的地面建设工程、油气田化工工程及石油机械制造等工程的设计任务。该院工程勘察专业有承担相应专业项目中甲级范围的规划测量与工程测量、岩土工程和工程地质任务的技术设备。是我油田唯一勘察设计的综合科研单位。（戴万发）

油田第五届排球锦标赛拉开战幕

给孩子零花钱应当……

石油工业部在对各石油工程勘察、工程设计单位申报资格的材料进行严格审查后，经上报国家计委审查，正式批准我局规划设计研究院为准予收费的甲级工程设计单位。该院勘察专业同时被石油部批准为准予收费的乙级工程勘察单位。

设计院一直承担着我油田和部分兄弟油田及地方系统的地面建设工程、油气田化工工程及石油机械制造等工程的设计任务。该院工程勘察专业有承担相应专业项目中甲级范围的规划测量与工程测量、岩土工程和工程地质任务的技术设备。是我油田唯一勘察设计的综合科研单位。（戴万发）

——摘自《长庆石油报》1987年6月3日

设计院发展一批先进分子入党

坚持标准 保证质量

规划设计研究院党委在严格党的组织生活，加强党员教育，提高现有党员政治素质的同时，重视对要求入党的积极分子的培养考察工作。

去年以来，这个院做到年有发展新党员计划，每季检查落实，分工负责培养。一年来，全院有 9 名先进分子光荣入党，其中知识分子入党的 8 名，女职工 3 名。党组织的积极态度，使要求上进的职工深受鼓舞，申请入党的人越来越多。目前要求入党的积极分子 28 名，其中知识分子 15 名。

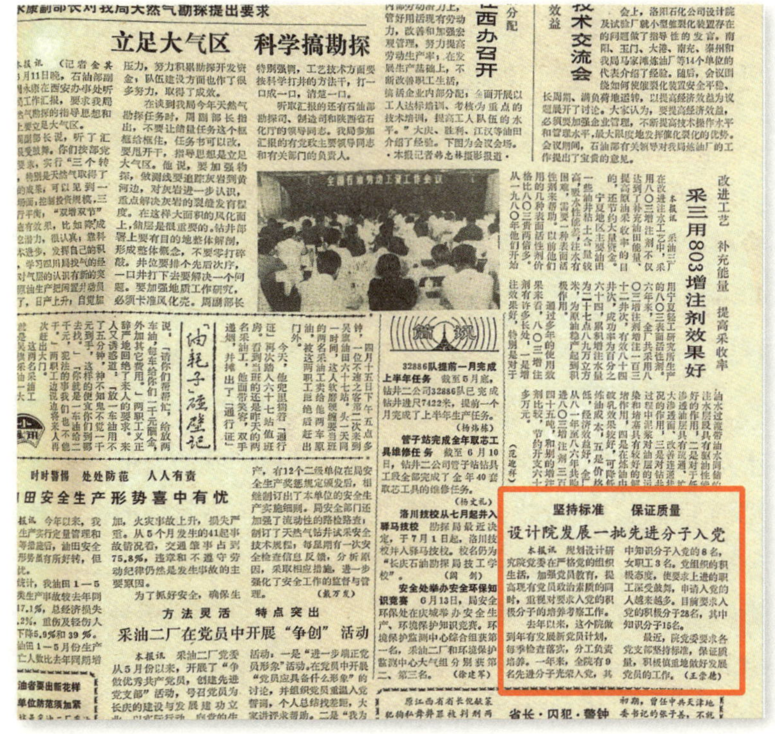

立足大气区 科学搞勘探

坚持标准 保证质量

设计院发展一批先进分子入党

本报讯 规划设计研究院党委在严格党的组织生活，加强党员教育，提高现有党员政治素质的同时，重视对要求入党的积极分子的培养考察工作。

去年以来，这个院做到年有发展新党员计划，每季检查落实，分工负责培养。一年来，全院有9名先进分子光荣入党，其中知识分子入党的8名，女职工3名。党组织的积极态度，使要求上进的职工深受鼓舞，申请入党的人越来越多。目前要求入党的积极分子28名，其中知识分子15名。

最近，院党委要求各党支部坚持标准，保证质量，积极慎重地做好发展党员的工作。（王崇德）

最近，院党委要求各党支部坚持标准，保证质量，积极慎重地做好发展党员的工作。（王崇德）

——摘自《长庆石油报》1987 年 6 月 20 日

风沙无所惧　设计争分秒

记马家滩给水工程测量分队的事迹

马家滩给水工程设计，提前 20 天全面完成，给施工单位赢得了黄金般的时间。您可曾知，给绘制蓝图的设计师提供勘察资料的测绘队员们却付出了多少心血？

3 月 3 日测绘分队出征这天，室主任高文彭牙疼病剧烈发作。一到大水坑，他不顾长途乘车的疲劳和牙病的阵阵剧痛，一下车就匆忙跑到采三地质队搜集此次需要的重要资料。现场作业开始后，高工程师牙痛得整天吃不下饭，两个腮帮子肿得像馒头似的，每天只用水冲点奶粉、泡点干粮凑合充饥，但他还是精心组织，合理安排，使测绘工作提前了 6 天完成。

塞上的 3 月，飞沙漫天，寒气袭人。测量工地上的 19 名同志，不畏严寒，迎难而上，千方百计地提高工作效率，加快作业速度。共产党员魏生财主动承担起责任重大的仪器观测工作，白天苦战一天，晚上又接着赶描带状地形图。老工人范广成、王学军拉前尺一直坚持跑步前进，天虽冷，衬衣也被汗水浸湿了。工作中，钢尺首端被折断，为了不影响进度，范广成把自己的鞋钉拔下来钉好钢尺接着干。年近 50 岁的女工程师易绮娴争先恐后跟着小伙子一起跑野外，内业质量把关一丝不苟。初出茅庐的青年女工杨风萍步行 40 多千米记录距离，十分认真，数据无一差错。经过大家的努力奋战，使平常需要十天半才能干完的活四天半就干完了，日平均量距达 9.2 千米，创造了该室沙漠地区钢尺量距的最高纪录。

测量的高速度，与司机陈修才的紧密配合是分不开的。他除了负责大家出工、收工用车外，还每天主动开着车，把仪器和选前点的人不停地往前一个站一个站地转送。当前后两站联系不上时，他又开着车子来回传送信息。（戴万发）

——摘自《长庆石油报》1987 年 8 月 1 日

设计院婚事简办蔚然成风

生活好了　不忘勤俭

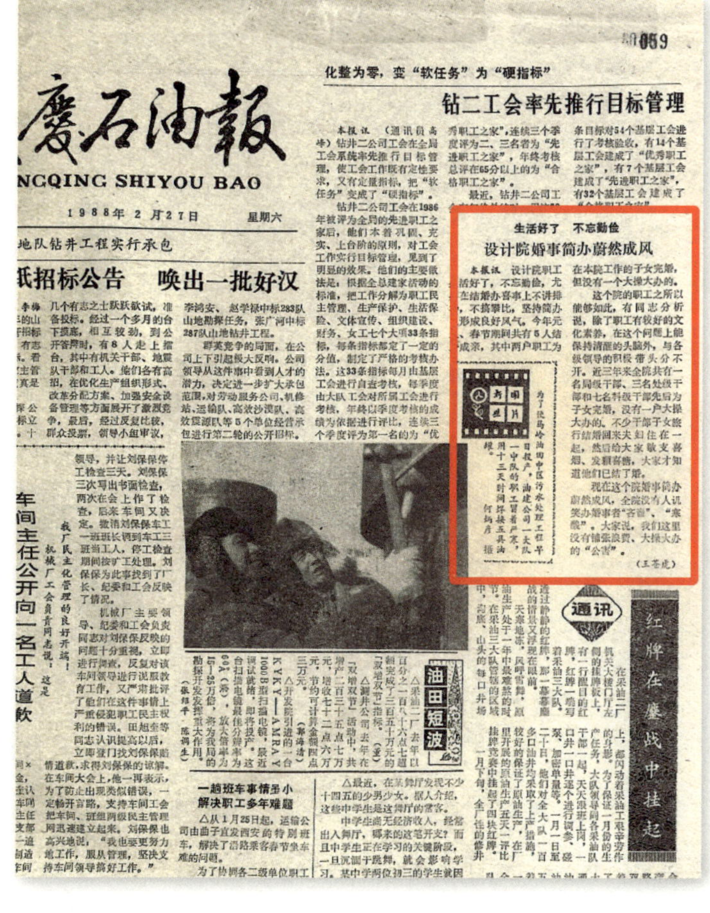
庆石油報
NGQING SHIYOU BAO
1988年2月27日　星期六

化整为零，变"软任务"为"硬指标"
钻二工会率先推行目标管理

地队钻井工程实行承包
纸招标公告　唤出一批好汉

生活好了　不忘勤俭
设计院婚事简办蔚然成风

本报讯　设计院职工生活好了，不忘勤俭，尤其在结婚办喜事上不讲排场，不搞攀比，坚持简办已形成良好风气。今年元旦、春节期间共有5人结婚成亲，其中两户职工为在本院工作的子女完婚，但没有一个大操大办的。

这个院的职工之所以能够如此，有同志分析说，除了职工有较好的文化素养，在这个问题上能保持清醒的头脑外，与各级领导的积极带头分不开。近三年来全院共有一名局级干部、三名处级干部和七名科级干部先后为子女完婚，没有一户大操大办的。不少干部子女旅行结婚回来夫妇住在一起，然后给大家敬支喜烟、发颗喜糖，大家才知道他们已结了婚。

现在这个院婚事简办蔚然成风，全院没有人讥笑办婚事者"吝啬"、"寒酸"。大家说，我们这里没有铺张浪费、大操大办的"公害"。

（王苍虎）

新闻照片
为了使马岭油田中区污水处理工程早日投产，油建公司一大队一中队的职工冒着严寒，用十三天时间焊接五具油罐。　何炳彦　摄

通讯　红牌在鏖战中挂起

油田短波

一趟班车事情虽小　解决职工多年难题

设计院职工生活好了，不忘勤俭，尤其在结婚办喜事上不讲排场，不搞攀比，坚持简办已形成良好风气。今年元旦、春节期间共有5人结婚成亲，其中两户职工为在本院工作的子女完婚，但没有一个大操大办的。

这个院的职工之所以能够如此，有同志分析说，除了职工有较好的文化素养，在这个问题上能保持清醒的头脑外，与各级领导的积极带头分不开。近三年来全院共有一名局级干部、三名处级干部和七名科级干部先后为子女完婚，没有一户大操大办的。不少干部子女旅行结婚回来夫妇住在一起，然后给大家敬支喜烟、发颗喜糖，大家才知道他们已结了婚。

现在这个院婚事简办蔚然成风，全院没有人讥笑办婚事者“吝啬”“寒酸”。大家说，我们这里没有铺张浪费、大操大办的“公害”。（王苍虎）

——摘自《长庆石油报》1988 年 2 月 27 日

设计院重视发展女工入党

坚持标准　保证质量　积极慎重

设计院党委正确贯彻执行发展新党员工作方针，重视发展具备党员条件的女职工入党。

1979 年以来，在全院发展的 37 名新党员中有女职工 8 名，占发展新党员总数的 21.62%。去年以来，院党委认真学习贯彻执行中央坚持标准，保证质量，调整结构，积极慎重的建党方针，结合该院女党员较少的实际状况，明确地把发展女职工入党作为工作重点，积极落实培养措施，取得了较好的效果。现在已有 3 名女职工入党，占发展新党员总数的 60%，她们中有 2 人被评为全院 1987 年度“双文明建设”先进个人，还有 1 人被评为全院优秀知识分子。目前，申请入党的女职工不断增加，各级党组织积极地培养考察，什么时候成熟什么时候发展。（王崇德）

長慶石油報
CHANGQING SHIYOU BAO
第2302期　1988年3月5日　星期六

油建公司实行百元产值工资含量包干
企业转轨变型　效益年年增长

实行基层队长选举聘任制效果如何？
井下作业公司创试油压裂新水平

带着老区人民的深情厚谊
庆阳地县领导亲切慰问油田职工

坚持标准　保证质量　积极慎重
设计院重视发展女工入党

本报讯　设计院党委正确贯彻执行发展新党员工作方针，重视发展具备党员条件的女职工入党。

1979年以来，在全院发展的37名新党员中有女职工8名，占发展新党员总数的21.62%。去年以来，院党委认真学习贯彻执行中央坚持标准，保证质量，调整结构，积极慎重的建党方针，结合该院女党员较少的实际状况，明确地把发展女职工入党作为工作重点，积极落实培养措施，取得了较好的效果。现在已有3名女职工入党，占发展新党员总数的60%，她们中有2人被评为全院1987年度“双文明建设”先进个人，还有1人被评为全院优秀知识分子。目前，申请入党的女职工不断增加，各级党组织积极地培养考察，什么时候成熟什么时候发展。（王崇德）

——摘自《长庆石油报》1988 年 3 月 5 日

张张图纸凝心血

——记设计院为东营化工厂搞设计的事

1988 年 2 月 20 日，一套几十千克重的设计图纸，准时地从规划设计研究院发往山东东营化工厂。面对这凝结着专业设计人员和辅助工作同志心血的一幅幅图案、一个个数据，不禁使人回想起许多动人的场面。

去年 12 月 30 日，设计院办公楼会议室里，正在召开东营化工厂工程设计前期资料交底会。院长李士富向大家宣布道："为了不影响厂家的建设进展和我院信誉，东营化工厂工程初步设计方案，无论如何也要在来年 2 月底以前将图纸送到用户手中"，语气里充满了不容迟疑的激情。院长的这番发言，使在座的 20 多位室领导和专业负责人掂出了自己肩负的重量。一个年处理 5 万吨原料的化工厂设计方案，不论从技术复杂程度还是从工作量来讲，都不是件容易的事呀！然而，他们相信自己的力量和技术水平。次日，也就是 1988 年元旦，一场突击东营化工厂初步设计的战斗展开了。生产办公室的同志来到专业室，协助项目负责人编制设计综合进度表，同时对整个工程中的三大主体装置和四个辅助生产设施等设计内容，以及各专业设计、审核和互相提供中间资料的具体时间，都一一做了部署。

为加快设计进度，缩短设计周期，拿出经得起用户审查的高质量的设计方案，主办专业项目负责人何宗平从东营收集资料返回后，不顾长途旅行的劳累和感冒，抓紧时间整理设计前期资料，及时向各专业提供了中间资料。年近半百的女炼油工程师张凌艺，接受钙基润滑脂装置设计工作后，迎着大雪之后的严寒，独自一人到千里之外的玉门炼油厂，了解该装置的生产工艺、设备、操作运行等情况。返回后又一头扎进办公室突击设计，使这一主体系统设计提前归档。负责氧化沥青装置设计的同志有病住院，院长李士富亲自顶了上去。他坚持白天抓紧处理院内的行政事务，晚上加班突击画图，从而为项目承担人出院后在有限的时间内完成任务赢得了时间。

供热站的设计图纸刚做出，院里又收到厂家电报，要求改变原锅炉容量。面对这种情况，热工工程师李志芳又从头改起。他一连苦战三天，画好了 1 号标准图，挽回了耽误的时间，保证了供热站设计方案的按时完成。

概算组的同志打破常规，实行跟踪概算，从而使设计和概算实现了同步进行。

不知不觉四十多天过去了，为了东营化工厂建设按时开工，参加设计的设计院 40 名技术人员不知流了多少汗水，熬了多少个夜？他们克服了许多困难，积极主动为兄弟单位排忧解难，支援兄弟单位的经济建设。经他们一笔笔一画画设计出的图纸共有 507 个自然张，它凝结着技术人员的无限心血和艰辛啊！（李炳勤）

——摘自《长庆石油报》1988 年 3 月 30 日

规划研究院党委开展党组织生活检查活动

规划设计研究院党委转变观念，开展党的组织生活检查活动，切实加强党的自身建设。

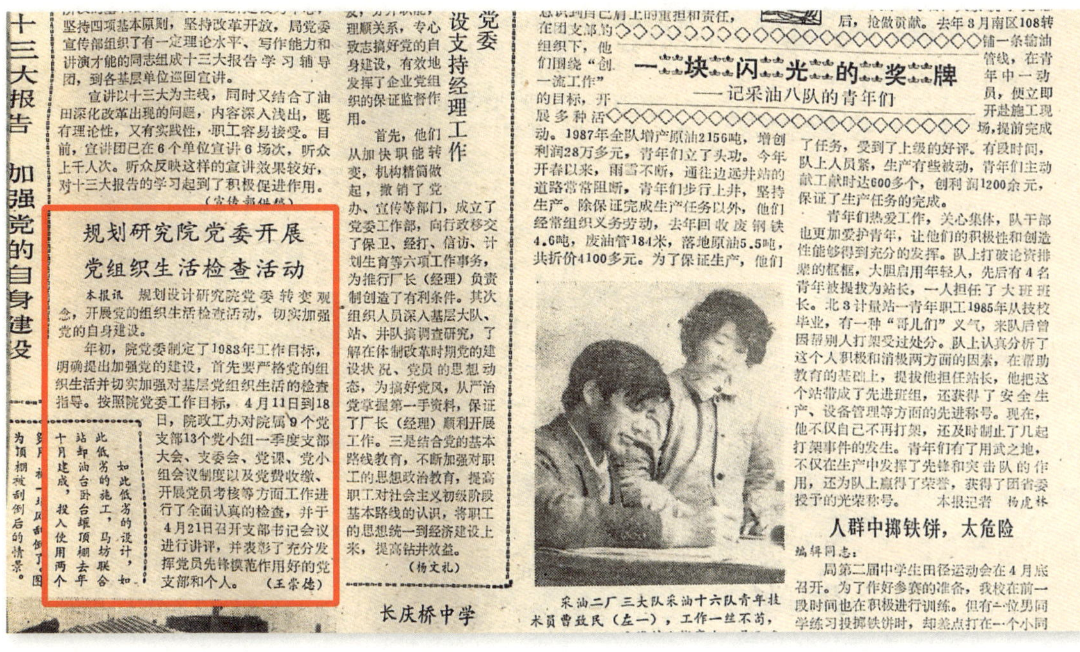

十三大报告 加强党的自身建设

坚持四项基本原则，坚持改革开放，局党委宣传部组织了有一定理论水平、写作能力和讲演才能的同志组成十三大报告学习辅导团，到各基层单位巡回宣讲。

宣讲以十三大为主线，同时又结合了油田深化改革出现的问题，内容深入浅出，既有理论性，又有实践性，职工容易接受。目前，宣讲团已在6个单位宣讲6场次，听众上千人次。听众反映这样的宣讲效果较好，对十三大报告的学习起到了积极促进作用。

（宣传部供稿）

规划研究院党委开展党组织生活检查活动

本报讯 规划设计研究院党委转变观念，开展党的组织生活检查活动，切实加强党的自身建设。

年初，院党委制定了1988年工作目标，明确提出加强党的建设，首先要严格党的组织生活并切实加强对基层党组织生活的检查指导。按照院党委工作目标，4月11日到18日，院政工办对院属9个党支部13个党小组一季度支部大会、支委会、党课、党小组会议制度以及党费收缴、开展党员考核等方面工作进行了全面认真的检查，并于4月21日召开支部书记会议进行讲评，并表彰了充分发挥党员先锋模范作用好的党支部和个人。（王崇德）

如此低劣的设计，如此低劣的施工，马坊联合站卸油台卧台罐顶棚去年十月建成，投入使用两个月……顶棚被刮倒后的情景。

党委……设支持经理工作

……理顺关系，专心致志搞好党的自身建设，有效地发挥了企业党组织的保证监督作用。

首先，他们从加快职能转变，机构精简做起，撤销了党办、宣传等部门，成立了党委工作部，向行政移交了保卫、经打、信访、计划生育等六项工作事务，为推行厂长（经理）负责制创造了有利条件。其次组织人员深入基层大队、站、井队搞调查研究，了解在体制改革时期党的建设状况、党员的思想动态，为搞好党风，从严治党掌握第一手资料，保证了厂长（经理）顺利开展工作。三是结合党的基本路线教育，不断加强对职工的思想政治教育，提高职工对社会主义初级阶段基本路线的认识，将职工的思想统一到经济建设上来，提高钻井效益。

（杨文礼）

长庆桥中学

一块闪光的奖牌

——记采油八队的青年们

……在团支部的组织下，他们围绕"创一流工作"的目标，开展多种活动。1987年全队增产原油2156吨，增创利润28万多元，青年们立了头功。今年开春以来，雨雪不断，通往边远井站的道路常常阻断，青年们步行上井，坚持生产。除保证完成生产任务以外，他们经常组织义务劳动，去年回收废钢铁4.6吨，废油管184米，落地原油5.5吨，共折价4100多元。为了保证生产，他们……后，抢做贡献。去年8月南区108转铺一条输油管线，在青年中一动员，便立即开赴施工现场，提前完成了任务，受到了上级的好评。有段时间，队上人员紧，生产有些被动，青年们主动献工献时达600多个，创利润1200余元，保证了生产任务的完成。

青年们热爱工作，关心集体，队干部也更加爱护青年，让他们的积极性和创造性能够得到充分的发挥。队上打破论资排辈的框框，大胆启用年轻人，先后有4名青年被提拔为站长，一人担任了大班班长。北3计量站一青年职工1985年从技校毕业，有一种"哥儿们"义气，来队后曾因帮别人打架受过处分。队上认真分析了这个人积极和消极两方面的因素，在帮助教育的基础上，提拔他担任站长，他把这个站带成了先进班组，还获得了安全生产、设备管理等方面的先进称号。现在，他不仅自己不再打架，还及时制止了几起打架事件的发生。青年们有了用武之地，不仅在生产中发挥了先锋和突击队的作用，还为队上赢得了荣誉，获得了团省委授予的光荣称号。 本报记者 杨虎林

采油二厂三大队采油十六队青年技术员曹致民（左一），工作一丝不苟，……

人群中掷铁饼，太危险

编辑同志：

局第二届中学生田径运动会在4月底召开。为了作好参赛的准备，我校在前一段时间也在积极进行训练。但有一位男同学练习投掷铁饼时，却差点打在一个小同……

年初，院党委制定了 1988 年工作目标，明确提出加强党的建设，首先要严格党的组织生活并切实加强对基层党组织生活的检查指导。按照院党委工作目标，4 月 11 日到 18 日，院政工办对院属 9 个党支部 13 个党小组一季度支部大会、支委会、党课、党小组会议制度以及党费收缴、开展党员考核等方面工作进行了全面认真的检查，并于 4 月 21 日召开支部书记会议进行讲评，并表彰了发挥党员先锋模范作用好的党支部和个人。（王崇德）

——摘自《长庆石油报》1988 年 5 月 7 日

设计院请群众评议党员

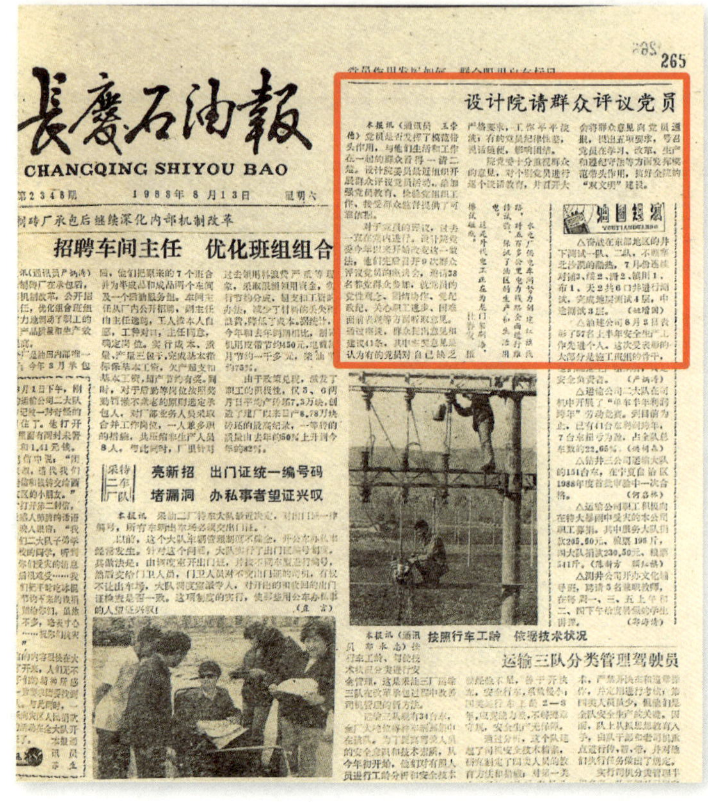
265

長慶石油報
CHANGQING SHIYOU BAO
1988年8月13日

设计院请群众评议党员

招聘车间主任 优化班组组合

亮新招 出门证统一编号号码
堵漏洞 办私事者望证兴叹

按照行车工龄 依据技术状况
运输三队分类管理驾驶员

党员是否发挥了模范带头作用，与他们生活和工作在一起的群众看得一清二楚。设计院委员最近组织开展群众评议党员活动，给加强党员教育、检验党组织工作、接受群众监督提供了可靠依据。

对于党员的评议，过去一直在党内进行。设计院党委今年以来开始改变这一做法，他们先后召开 9 次群众评议党员的座谈会，邀请 38 名非党群众参加，就党员的党性观念、团结协作、党纪政纪、关心职工进步、困难面前表现等方面听取意见。通过座谈，群众提出意见和建议 41 条，其中主要意见是认为有的党员对自己缺乏严格要求，工作平平淡淡；有的党员纪律性差，说话随便，影响团结。

院党委十分重视群众的意见，对个别党员进行逐个谈话教育，并召开大会将群众意见向党员通报，提出五项要求，号召党员在学习、改革、生产和遵纪守法等方面发挥模范带头作用，搞好全院的“双文明”建设。（王崇德）

——摘自《长庆石油报》1988 年 8 月 13 日

设计院认真研究安塞新区开发方案

……获得新的发现

……组发现含气层

2井、李1井和布1井的钻探，可以看出，石盒子组底砂岩在天环地区普遍存在并有一定的厚度，已有较好的含气显示。但是，从目前钻探井的资料来看，存在着含水饱和度偏高的不利因素。

太原组在天环地区分布广泛，厚度大，含水饱和度较低，含气显示也较好，是一个重要的勘探目的层系。（本报记者）

……正在加紧准备，区域预探也见到了好的成果。

东部天然气勘探取得的4个进展是：一是太原组顶部灰岩已显示出主力气层的趋势。该区目前已测试了8口井的太原组灰岩气层段（麒参1井、洲2井、镇1井、镇3井、绥1井、绥2井、镇川3井和镇川4井）除绥……已日产万方以上气井1口，镇4、5、6、7井及榆4井也见到了好的含气显示。四是在镇川堡隆起6口探井和评价井的石盒子组、山西组和太原组初步控制较大含气面积。

我局综合勘探取得初步成果

本报讯　今年，我局在东部地区开展了山地地震、V·S·P测井、化探和航空物化探等综合勘探。目前，除V·S·P测井外，其它勘探都结束了野外施工阶段，进入室内资料分析和处理阶段，综合勘探已初步取得成果。

山地地震资料提供了镇川堡和赵石畔两个局部圈闭和奥陶系内部盐岩层的相变带。地震资料的T9和T11构造图在镇川堡圈出一个面积24平方公里、幅度20米圈闭。T11构造图在赵石畔附近圈定一个面积50平方公里、幅度50米的圈闭。同时，常规资料初步解释出奥陶系内部存在的两套盐岩层向西至横山、芦河附近尖灭。

镇川1井等井的V·S·P测井资料经处理解释，石盒子组底砂岩有含气显示，纵波有强反射，横波无或弱反射。在镇川堡可圈定出350平方公里的石盒子组底砂岩含气范围，有待钻探证实。

化探在位于米脂以东的E105对比试验测线1—20号测点发现异常，异常范围19公里，烃类显示明显。该区位于镇川堡含气区的上倾方向，在距13号测点南3公里的榆4井，最近钻至石碳系石灰岩发生井喷，预示了这一带的良好含气远景。

航空物化探的三条剖面，经初步处理，发现8处钾、铀、钍含量的异常变化段，预测是有利的含油气区。

（本报记者　赵植）

千里探区

……厂制成高压旋转接头

……很小，仅墨水瓶那么大，但它却是修井机必不可少的配件。由于制造精度要求高，国内生产一直供不应求。为了不影响生产，一车间组织技术水平高的工人加工出了符合要求的工件，并组装成功。经试验，完全合格。最近该产品已被送往天津石油博览会参加展出。（赵雪锋）

安塞先导性开发工程进展顺利
压裂投产工作量已完成三分之二

本报讯　经过油田各有关单位的努力，安塞先导性开发工程已进入收尾阶段，截至10月底已完成压裂投产交井44口，占该项工程总工作量的三分之二。

安塞先导性开发试验工程，是今年我局产能建设的重点工程。从今年3月起，钻井、测井、井下作业、开发等系统的职工陆续投入该区工作。担负油井压裂投产工作的我局井下作业公司的生产、地质等部门的技术人员，采取现场设计施工方案、现场调配压裂液、现场交接井等措施，实行工作管压裂、冲砂、求产一趟钻工艺，使该区5个月完成试油8层，压裂53井次，并在王16排10井创造了单井平均砂比44.3%的压裂新纪录，加快了施工进度。

（段士伟）

表扬我局化探项目组

原石油部勘探司通报表扬负责鄂尔多斯盆地油气地球化学勘探工作的我局化探项目组。根据原石油部关于“加强综合勘探技术的发展，提高油气勘探成效”的指示，部领导决定在鄂尔多斯盆地开展油气地球化学勘探。今年在盆地北部十万平方公里范围内，部署测线37条，4515公里开展概查。为此，由我局研究院王锡福……首组建了化探项目组。最近，石油部勘探司第50期“勘探动态”通报了化探工作进展情况，表扬了我局化探项目组，认为项目组经理王锡福同志能认真贯彻执行石油部领导的指示，严要求，细安排，工作做得很出色。通报还介绍了项目组一些成功的经验。

（周季陶）

设计院认真研究安塞新区开发方案

进入第四季度以来，设计院逐级召开专业技术会议，研究部署局1989年安塞油田新增区块开发的具体实施措施，各科室都把明年开发安塞新区作为重点项目来抓，……专业人员对集输工艺、站址比选反复论证，又到现场认真踏勘，为开展施工图设计做了扎实的准备……年安塞新增的塞29、塞86和王窑共有出油井和注水井138口；计量接转站及计量加热站约7座。

认真观察油井变化　科学调整油井参数
采油四队新3排101井日增液量2……

采油三厂采油4队，切实加强油井管理，认真观察油井变化，并根据油井生产实际情况，科学、合理地调整油井工作参数，收到明显的增产效果。……冲程由2.4米调到2.……将冲数由每分钟6次……9次，结果，日产液……升到了34方。经过……月的生产观察，动……直稳定。于是，他们……

进入第四季度以来，设计院逐级召开专业技术会议，研究部署局1989年安塞油田新增区块开发的具体实施措施，各科室都把明年开发安塞新区作为重点项目来抓，各专业人员对集输工艺、站址比选反复论证，又到现场认真踏勘，为开展施工图设计做了扎实的准备工作。明年安塞新增的塞29、塞86和王窑共有出油井和注水井138口；计量接转站及计量加热站约7座。（戴万发）

——摘自《长庆石油报》1988年11月12日

高效益是怎样取得的

设计院去年经营情况调查

规划设计研究院试行企业化后，在 1988 年又迈出了一大步，取得了显著的经济效益。去年，勘察设计收费已达 350 万元，初步结算盈余 140 万元；实现勘察设计总产值比局下达的经营承包指标提高了 75%，比单位前两年的产值、收入分别提高了 72% 和 67%。

这个院是如何取得这样好的经济效益的呢?

——结合实际的经营承包政策。该院去年初积极与勘探局协商，使局里为本院制定了既能符合三兼顾原则，又能体现职工愿望的“自主经营，自负盈亏，上缴利润以 11 万元为基数，每年递增 11%，盈余部分按比例分成”的经营承包政策，并明确规定此政策三年内不变，使全院职工吃了“定心丸”。

——力争主动，“找来下锅”。针对油田内部勘察设计任务不饱满的实际情况，院主要负责人和生产经营部门的同志曾多次出外揽活，广泛联系业务，先后承包了东营化工厂等三项比较大的工程设计项目和十几项民用建筑工程勘察设计项目，其中仅东营化工厂一项就为单位增加收入 30 多万元。

——强化生产组织，缩短设计周期。为了确保油田内部工程设计任务的完成和守信于外包工程用户，院里在安排组织生产过程中，本着先局内，后局外，突出重点，兼顾一般的指导思想，注意维护执行设计合同的严肃性。生产办坚持每月提前制定、下达综合生产计划，明确重点设计项目，把具体任务落实到室和人头。同时还协助项目负责人编制设计进度运行大表，将每个项目中的勘察、设计、审查、归档以及概预算、晒图、发图等时间具体化，并定期检查督促，及时协助解决计划实施过程中遇到的困难和问题，力求把设计进度严格地控制在合同规定的期限之内。已完成的 83 项工程设计的合同履约率达到 95% 以上，单项工程设计周期比往年缩短了五至七天。

——不断改进完善承包责任制考核奖惩办法。在全面推行任务、质量、费用包干和产值指标分解的同时，对原有的考核奖惩办法进行了必要的修订。将直接从事勘察设计工作的职工明确列为一线生产人员，实行按产值计奖，得奖系数普遍高于后勤人员和机关干部的 20% ~ 40%;适当提高了车队、描图、晒图等岗位人员在分配局批准的赶工费、业余设计奖中的分配系数;对工作特别突出的集体和个人设立了单独奖,由院长直接奖励;对于无故拖延设计工期、质量差或不能按时完成任务的单位或个人，一律视其情节和后果给予扣奖或处罚。由于制定了合理的考核奖惩办法，有力地促进了勘察设计工作的顺利进行。（李炳勤）

——摘自《长庆石油报》1989 年 1 月 21 日

设计院去年取得五项科研成果

围绕油田生产　开展科技攻关

规划设计研究院广大技术人员去年在工程设计中，紧密围绕油田生产实际，有计划、有目的地积极开展科学技术攻关工作，大胆采用新工艺、新技术，解决了油田生产中的一些难题，取得了显著成效。

——根据油田低产、低渗、间歇生产和地形复杂的特点，采用井口自动停抽装置、倒换计量、油井集输管网成树枝状的一种新的常温密闭油气集输工艺流程。该流程应用在安塞 19 万吨 / 年产能建设工程中，使平均单井出油管线由过去的 1 千米减少为 0.6 千米，站平均辖井由过去的 9 口增加到 26 口，总计节约投资 739.34 万元。

——根据油田区块分散、点多线长等特点，在产能建设工程设计中逐步推广应用无线组网通讯新技术，较有线通讯节约投资 65% 以上。以安塞 19 万吨 / 年产能建设工程计算，节约投资达 70 多万元。

——马岭溶剂油厂设计采用新技术获得成功。该项工程中采用四塔流程，塔底不用泵，重沸器用重柴油为热载体和高效金属波纹填料等新工艺新技术，建成后试投产一次成功。以轻油为原料，可生产出丁烷气、30 号石油醚、6 号抽提溶剂油、油漆溶剂油五种产品，稍加调整操作，还可生产出市场上紧俏的香花溶剂油。

——油管泄油器研究试验成功。其配套使用后，不仅在修井时可将油管注内原油自动泄入井筒内，避免原油大量淌流地面，造成浪费和污染，而且有效地提高了采油时率，改善了修井工人的操作条件。

——小型橇装边远站轻烃回收装置，去年改进完善和试投产运获得成功。该装置日处理伴生气 2500 立方米，回收液化气 1000 千克，回收轻油 300 千克，丙烷回收率达 70% 以上。（李炳勤）

——摘自《长庆石油报》1989 年 2 月 15 日

设计院 5 个 QC 小组取得突出成绩

一成果列入石油系统推广项目

设计院开展全面质量管理后，认真组织 QC 小组开展活动，到目前，已有 5 个 QC 小组发布了成果，其中小型轻烃回收装置，被总公司列入 1989 年石油系统四项推广项目之一。

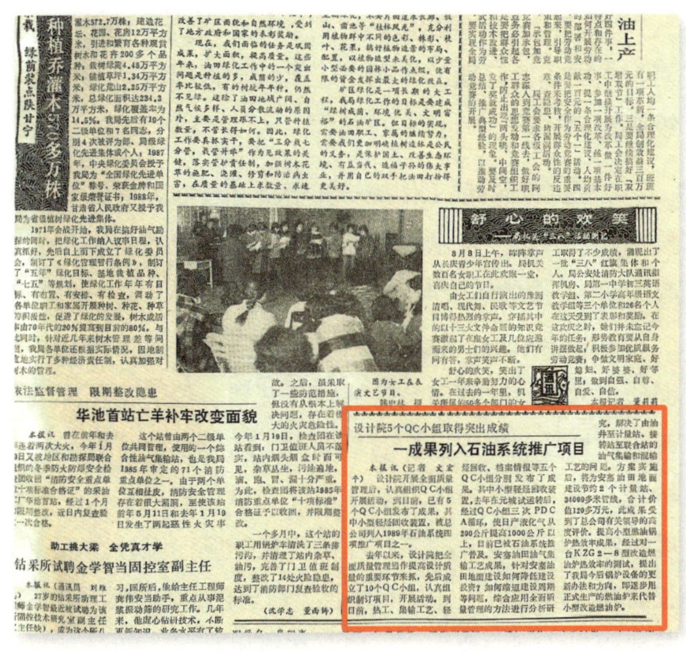

种植乔灌木××多万株

油上产

舒心的欢笑

依法监督管理　限期整改隐患

华池首站亡羊补牢改变面貌

助工挑大梁　全凭真才学

钻采所试聘金学智当固控室副主任

设计院5个QC小组取得突出成绩

一成果列入石油系统推广项目

本报讯（记者 文宏平） 设计院开展全面质量管理后，认真组织QC小组开展活动，到目前，已有5个QC小组发布了成果，其中小型轻烃回收装置，被总公司列入1989年石油系统四项推广项目之一。

去年以来，设计院把全面质量管理当作提高设计质量的重要环节来抓，先后成立了10个QC小组，认真组织制订项目，开展活动。到目前，热工、集输工艺、轻烃回收、档案情报等五个QC小组分别发布了成果。其中小型轻烃回收装置，去年在元城试运转后，经过QC小组三次PDCA循环，使日产液化气从200公斤提高1000公斤以上，目前已被石油系统推广普及。安塞油田油气集输工艺成果，针对安塞油田地面建设如何降低建设投资？如何缩短建设周期等问题，综合应用全面质量管理的方法进行分析研究，解决了由油井至计量站、接转站至联合站的油气集输和混输工艺的问题。方案实施后，将为安塞油田地面建设节约2个计量站、34000多米管线，合计价值120多万元，此成果受到了总公司有关领导的高度评价。提高小型燃油锅炉热效率成果，经过对一台KZG2—8型改造燃油炉热效率的测试，提出了我局今后锅炉设备的更新办法和方向，即逐步用正式生产的燃油炉来代替小型改造燃油炉。

去年以来，设计院把全面质量管理当作提高设计质量的重要环节来抓，先后成立了 10 个 QC 小组，认真组织制订项目，开展活动。到目前，热工、集输工艺、轻烃回收、档案情报等五个 QC 小组分别发布了成果。其中小型轻烃回收装置，去年在元城试运转后，经过 QC 小组三次 PDCA 循环，使日产液化气从 200 千克提高 1000 千克以上，目前已被石油系统推广普及。安塞油田油气集输工艺成果，针对安塞油田地面建设如何降低建设投资？如何缩短建设周期等问题，综合应用全面质量管理的方法进行分析研究，解决了由油井至计量站、接转站至联合站的油气集输和混输工艺的问题。方案实施后，将为安塞油田地面建设节约 2 个计量站、34000 多米管线，合计价值 120 多万元，此成果受到了总公司有关领导的高度评价。提高小型燃油锅炉热效率成果，经过对一台 KZG2—8 型改造燃油炉热效率的测试，提出了我局今后锅炉设备的更新办法和方向，即逐步用正式生产的燃油炉来代替小型改造燃油炉。（文宏平）

——摘自《长庆石油报》1989 年 3 月 11 日

设计院重视加强现代化管理

抓基础工作　迈坚实步伐

设计院从今年元月起，有计划、有步骤地重视抓好全面推行企业现代化管理工作，使院内的各项管理工作逐步走上科学管理的轨道，为实现全年的经营目标和企业上等升级奠定了基础。

一是全院各项工作统一实行目标管理。院长根据任期目标，制定出经营、安全生产、技术开发、职工技术培训、职工福利、计划生育、治安保卫、企业民主和企业上等升级等 11 项工作的年管理目标，并组织有关人员将各项管理目标进行分解，具体落实到机关部门和基层单位；然后由基层单位再进行具体分解，最后落实到人头。二是大力推行全面质量管理，建立健全各部门各基层单位的工作标准和质量保证体系。在去年健全院室两级质量管理组织机构的基础上，陆续制定了各部门及主要专业、主要岗位的新的工作标准，制定了质量负责制、设计项目负责人职责、质量检验评定办法、工程设计回访制度，编制了各专业的工作及质量控制图、设计图校审细则、专业标准体系表。三是为加强材料管理供应工作的科学性，着手在料库普及和应用 ABC 分级管理法。运用人体生物节律原理控制安全生产，提高车辆出勤率。四是逐步扩大电子计算机在管理工作和设计科研中的应用范围。同时，利用微机 CAD 系统首次绘制出了压力容器制造图。（李炳勤、张风波）

——摘自《长庆石油报》1989 年 3 月 11 日

装进菜篮子里的情感

设计院生活服务站为科研人员服务纪事

设计研究院有个好“菜篮子”。好在哪儿——不仅装满各种蔬菜瓜果和食品，而且也盛进了生活服务人员对从事科研设计的知识分子的一腔热情。

这里有一组浸透了汗水与艰辛的数字：去年，设计研究院生活服务站供给每个职工各种蔬菜、瓜果和其他物资 1600 余斤，比上一年增加了 500 斤。其中，蔬菜人均 814 斤，瓜果 520 斤，大肉 37.8 斤，糖 51.4 斤，其他生活物资从油盐酱醋、奶粉、各种饮料到卫生纸等，不出该院大门，都可以买到。设计院去年科研设计完成 360 万元产值，比上年增长 76.8%，难怪科研人员讲，这里有生活服务人员的一份功绩。

自己辛苦点，把方便和时间留给科研人员，从事生活服务的同志常常这样想问题。买菜浪费时间，每月排队三四次，每次耽误半天，对工作影响很大。看到此情此景，服务站的职工和院领导的心里同样不是滋味。于是，他们便等着售菜为主动上门服务。每户配备一个菜篮子，上办公室登记收费，职工下班只需顺便带回家。夏天的鲜菜经不住太阳的暴晒，他们就把分好的菜放置到阴凉处，每放一种菜跑一趟，三四种菜每户就需跑三四趟，三百多名职工要跑多少趟呢？科研人员赴吴旗、油房庄、安塞等地现场设计，吃饭、喝水不方便，炊事人员就带上灶具跟上服务，谁能说现场设计人员吃到的香喷喷的饭菜中没有服务人员的艰辛呢！

外出采购生活物资，吃点苦算不了什么。但仅靠采购，并不能保证职工所需。于是，他们开始养猪，磨豆腐。从去年 5 月份起修猪舍，买仔猪，存栏数达到 60 头，宰杀 36 头，自产肉 6840 斤，仅此，每人供给 19.5 斤。磨豆腐 6090 斤，每天早晨又有热气腾腾的豆浆供应……眼下，他们正在扩大养猪规模，争取吃肉自给。

设计院只有几百名职工，但却没有专职的生活服务人员（除炊事员外），整天扑下身子为科研人员服务的人员中，有库房保管员，房产文具保管员、物资采购员等。他们除了干好本岗位工作外，就是全身心地为科研干部跑腿、办事。他们的这股热情从何而来？

回答是“理解科研人员工作的意义”；科研干部也说：后勤人员的工作，我们很理解。当然，不仅这么说，事实也是这样。在设计院，后勤服务人员工作成绩突出，照样能得到领导的表扬；够入党条件的，同样发展入党。去年，勤奋工作的食堂管理员田国义入了党，又有 2 名后勤人员递交了申请书，要求党在工作中考验自己。生活服务站去年第一次被大家评为先进集体。（刘仁）

——摘自《长庆石油报》1989 年 3 月 22 日

设计院开始实行院长负责制

党政工共同画好“一张图”

4月6日下午，勘探局在设计院召开大会，正式宣布该院即日起实行院长负责制。

在气氛热烈的宣布大会上，当院长李士富从局基建总工程师王天增手中接过《任期目标责任书》时，全场掌声四起。

勘探局在设计院召开实行院长负责制宣布大会会场

王祖文在会上宣读李士富院长任职书

作为实行院长负责制的第一任设计院院长，李士富表示，决不辜负领导和职工的信任，在任期内坚持改革创新，自觉接受党委和职代会的监督，正确处理三者关系，抓好两个文明建设，积极改善职工生活，紧密依靠全体职工，努力实现各项任期责任目标。

设计院党委书记夏银田、工会主席杜仲智先后发言表示，党委和工会一定积极支持院长搞好工作，做到分工不分家，建议不决策，参与不干预，齐心协力共同画好“一张图”。

勘探局局长王祖文到会并讲了话。他在讲话中，希望设计院党、政、工各级组织和全院职工团结一致，努力开创工作新局面。（张安建）

——摘自《长庆石油报》1989年4月15日

总公司对设计院进行资格检查

深化质量管理　提高企业信誉

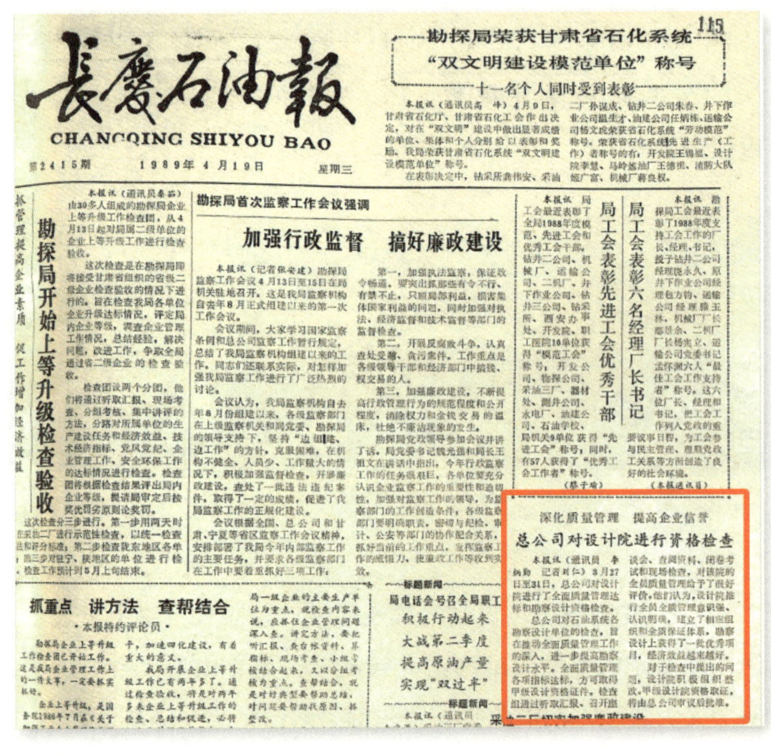

长庆石油报
CHANGQING SHIYOU BAO
第2415期　1989年4月19日　星期三

勘探局荣获甘肃省石化系统
"双文明建设模范单位"称号
十一名个人同时受到表彰

本报讯（通讯员高 峥）4月9日，甘肃省石化厅、甘肃省石化工会作出决定，对在"双文明"建设中做出显著成绩的单位、集体和个人分别给以表彰和奖励。我局荣获甘肃省石化系统"双文明建设模范单位"称号。

在表彰决定中，钻采所龚伟安、采油二厂孙谋成、钻井二公司朱春、井下作业公司温生才、油建公司任炳炼、运输公司杨文虎荣获省石化系统"劳动模范"称号。荣获省石化系统先进生产（工作）者称号的有：开发院王锡强、设计院李慧、马岭炼油厂王德祖、消防大队姬广富、机械厂蒋良权。

抓管理提高企业素质 促工作增加经济效益

勘探局开始上等升级检查验收

勘探局首次监察工作会议强调
加强行政监督　搞好廉政建设

局工会表彰先进工会优秀干部

局工会表彰六名经理厂长书记

抓重点　讲方法　查帮结合
·本报特约评论员·

标题新闻
局电话会号召全局职工
积极行动起来
大战第二季度
提高原油产量
实现"双过半"

深化质量管理　提高企业信誉
总公司对设计院进行资格检查

本报讯（通讯员 李炳勤 记者刘仁）3月27日至31日，总公司对设计院进行了全面质量管理达标和勘察设计资格检查。

总公司对石油系统各勘察设计单位的检查，旨在推动全面质量管理工作的深入，进一步提高勘察设计水平。全面质量管理各项指标达标，方可取得甲级设计资格证件。检查组通过听取汇报、召开座谈会、查阅资料、闭卷考试和现场检查，对该院的全员质量管理给予了很好评价。他们认为，设计院推行全员全质管理意识强、认识明确，建立了相应组织和全质保证体系，勘察设计上获得了一批优秀项目，经济效益越来越好。

对于检查中提出的问题，设计院积极组织整改。甲级设计院资格取证，将由总公司审议后批准。

3月27日至31日，总公司对设计院进行了全面质量管理达标和勘察设计资格检查。

总公司对石油系统各勘察设计单位的检查，旨在推动全面质量管理工作的深入，进一步提高勘察设计水平。全面质量管理各项指标达标，方可取得甲级设计资格证件。检查组通过听取汇报、召开座谈会、查阅资料、闭卷考试和现场检查，对该院的全员质量管理给予了很好评价。他们认为，设计院推行全员全质管理意识强、认识明确，建立了相应组织和全质保证体系，勘察设计上获得了一批优秀项目，经济效益越来越好。

对于检查中提出的问题，设计院积极组织整改。甲级设计院资格取证，将由总公司审议后批准。（李炳勤、刘仁）

——摘自《长庆石油报》1989年4月19日

人生的道路他这样走过

——记设计院勘察室测量工魏生财

人生的道路该怎么走，这对每个人来说是一个最严峻的考验。设计院勘察室测量工、共产党员魏生财，在人生的道路上虽然只走过了短暂的39年，但却给人们留下了难以忘怀的印象。

他一个心眼为工作

在部队，他每年都有“喜报”送回；在设计院，多次被评为先进生产者和优秀共产党员。提起他，人们交口称赞。

一次，在安塞山中测量29井区35千伏高压输电线路，按定额每天测两千米，当时担任测量组组长的魏生财带领大家一天竟干到6千米。为了照顾测量队员们休息，他让每个人轮流搞内业一天，测量工作进行了7天，他自己一天也未休息过。在测量工作中，魏生财总是吃苦在前，凡有工程建筑的地方都洒下了他辛勤的汗水。

前年，魏生财去临潼疗养，上级要求一个月，他却疗养了半个月就回来上班了。就是他出外测量回来的补休，也很少享用。

平时，魏生财先后学习了大量业务技术书籍。为了提高内业计算速度，他从去年7月就利用业余时间搞起了计算软件工作。在编计算软件碰到一个个难题的情况下，他反复查找资料，并和技术员刘洁成了好友，常常钻研、探讨到晚上十一二点钟。

去年春节正月十五，院里放半天假，许多人上街观看烟火，魏生财仍钻在办公室里，继续编着他的计算软件。

可是谁能想到，血癌早就潜伏在他的身上，前两天他已经开始尿血了，然而他却没有去医院看一看。就在这一天，他编的《DM502测距仪观测导线数据计算软件》经过调试取得了良好的结果。这时，他高兴地对技术员刘旭说：“我成功了！我们的内业计算工作不拖时间了！”

生活再清苦　也不向组织伸手

魏生财出生在陕北佳县一个贫苦农民家庭，小时破衣烂衫，生活无着，曾跟随父亲要过饭。17 岁，他自告奋勇当兵，走时，村上的男女老少可怜他，流着泪为他送行。也许家境的贫寒，铸就了他艰苦朴素的美德。在妻子赶活期间，他既要照顾妻子和两个孩子，又要照顾双方的老家，经济十分拮据。平时，他总是省吃俭用，就是妻子农转非之后，他也是俭俭朴朴地过日子。一次，他要去指挥部开先代会，妻子为他翻遍了箱子，也没有找出像样的衣服。

魏生财的家虽然困难，但他从来没有向组织要过一次救济。每逢经济上过不去的时候，他总是对妻子这样说："说咱紧，总比我小时强，凑合点就过去了。"然而组织和同志们都在关怀着他，组织曾给过他两次救济，一次是在 1977 年冬，魏生财去青海花土沟执行测量任务，他的妻子正要生孩子，女邻居看到魏生财的妻子临产了，还吃的是苞谷发糕和开水煮南瓜，就悄悄给他写了救济申请，并把救济的 50 元钱送到她手里；一次是在今年魏生财病重住院期间，魏生财的妻子赵国芳暗暗地想，老魏一生没有乱花过一分钱，就对老魏说：咱写个申请，要点救济，好补补你的身子！魏生财听后说："不要写，家里还有点钱凑合着用，不要给组织增加负担。"院里领导来看望魏生财，提出给他救济，也被他谢绝了。在魏生财病情更加严重的时候，别人给他写了救济申请，并念给老魏听。魏生财一听是 200 元，就惊奇地说："怎么要这么多，这怎么行！"

他心里总装着别人

去年春节快要到了，魏生财正在家里阳台上整理东西，看到本室的一个同志搬家，就主动放下了自己的活计，去帮着这个同志搬家；去年第三季度的奖金分配，本应他是组里最高的，他却拿平均奖，把高的部分让给了其他同志；同组的老代家去年遭了水灾，他得知消息后，主动乘车前去看望；组里的同志一旦外出，只要他在家，工会发的电影票、戏票，他都要亲自送到这些同志的家里。对待同志，他总是做到满腔热情。

人们回忆起这样一件事：那是去年 7 月份，测量组去环县樊家川搞工程测量，在环县招待所住了两个晚上，服务员在开住宿发票时一时疏忽忘记了收费，魏生财也因工作忙而忘记了付钱。当他们乘车返回单位离开环县城 20 多千米时，老魏一摸口袋未付住宿费，他立即意识到这必然给服务员造成麻烦，便叫司机调转车头重新回到了环县城，及时补交了住宿费。他的行动，受到环县招待所职工的好评。

魏生财关心同志胜过关心自己。一次，勘察室发放劳保雨伞，这消息被魏生财的女儿知道了，她事先告诉爸爸："爸爸！我不要黑伞，给我领花伞。"魏生财却违背了对孩子许下的诺言，当他领到花伞时，听到有个同志的孩子也要花伞；就把自己的花伞让给这个同志。为这事，魏生财的孩子哭了。

今年3月15日，魏生财在癌症的折磨下，走完了他短暂的一生。在他住院的20天里，设计院的领导、职工、家属，三三两两，纷纷前去看望。他逝世后，院里破格成立了治丧委员会，为他举行了隆重的追悼会，并号召广大职工向他学习。（戴万发、王书长）

——摘自《长庆石油报》1989 年 6 月 14 日

设计 16 项工程节约三百多万元

设计院严格把好设计关　努力降低工程造价

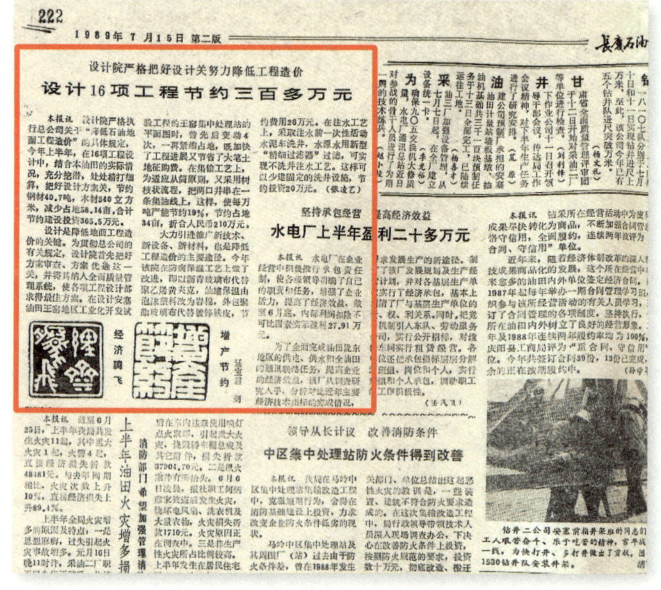

222

1989年7月15日　第二版　长庆石油报

设计院严格把好设计关努力降低工程造价

设计16项工程节约三百多万元

本报讯　设计院严格执行总公司关于“降低石油地面工程造价”的具体规定，今年上半年，在16项工程设计中，结合本油田的实际情况，充分挖潜，处处精打细算，把好设计方案关，节约钢材40.7吨，木材540立方米，减少占地58.14亩，合计节约建设投资365.5万元。

设计是降低地面工程造价的关键。为贯彻总公司的有关规定，设计院首先把好方案审查、方案优选这一关，并将其纳入全面质量管理系统，使各项工程设计都求得最佳方案。在设计安塞油田王窑地区工业化开发试验工程的王窑集中处理站的平面图时，曾先后变动4次，一再紧缩占地，既加快了工程进展又节省了大笔土地征购费。在集输工艺上，为适应从简原则，又采用树枝状流程，把两口井串在一条集油线上，这样，使每万吨产能节约19%，节约占地34亩，折合人民币210万元。

大力引进推广新技术、新设备、新材料，也是降低工程造价的主要途径。今年该院在防腐保温工艺上做了改进，即以沥青玻璃布代替聚乙烯黄夹克，油罐保温由泡沫塑料改为岩棉，外包聚酯玻璃布代替镀锌铁皮，节约费用26万元。在注水工艺上，采取注水前一次性活动水泥车洗井，水源水用新型“精细过滤器”过滤，可实现不洗井注水工艺。这样可以少建固定的洗井设施，节约投资20万元。（张凌艺）

坚持承包经营　提高经济效益

水电厂上半年盈利二十多万元

领导从长计议　改善消防条件

中区集中处理站防火条件得到改善

上半年油田火灾增多　消防部门希望加强管理

钻井二公司安塞前指井架班的同志们工人艰苦奋斗、乐于吃苦的精神，常年战斗在一线，为快打井、多打井做出了贡献。图为1530钻井队安装井架。

设计院严格执行总公司关于“降低石油地面工程造价”的具体规定，今年上半年，在 16 项工程设计中，结合本油田的实际情况，充分挖潜，处处精打细算，把好设计方案关，节约钢材 40.7 吨，木材 540 立方米，减少占地 58.14 亩，合计节约建设投资 365.5 万元。

设计是降低地面工程造价的关键。为贯彻总公司的有关规定，设计院首先把好方案审查、方案优选这一关，并将其纳入全面质量管理系统，使各项工程设计都求得最佳方案。在设计安塞油田王窑地区工业化开发试验工程的王窑集中处理站的平面图时，曾先后变动 4 次，一再紧缩占地，既加快了工程进展又节省了大笔土地征购费。在集输工艺上，为适应从简原则，又采用树枝状流程，把两口井串在一条集油线上，这样，使每万吨产能节约 19%，节约占地 34 亩，折合人民币 210 万元。

大力引进推广新技术、新设备、新材料，也是降低工程造价的主要途径。今年该院在防腐保温工艺上做了改进，即以沥青玻璃布代替聚乙烯黄夹克，油罐保温由泡沫塑料改为岩棉，外包聚酯玻璃布代替镀锌铁皮，节约费用 26 万元。在注水工艺上，采取注水前一次性活动水泥车洗井，水源水用新型“精细过滤器”过滤，可实现不洗井注水工艺。这样可以少建固定的洗井设施，节约投资 20 万元。（张凌艺）

——摘自《长庆石油报》1989 年 7 月 15 日

设计院提前完成上里原、樊家川产能测量任务

天寒地冻无所惧　争分夺秒建产能

天寒地冻无所惧　争分夺秒建产能

设计院提前完成上里原樊家川产能测量任务

本报讯　被勘探局列为1990年“三大区块”30万吨产能建设工程计划中的——樊家川和上里原10万吨产能续建工程，在规划设计研究院40多名参战测量工人和设计人员的努力奋战下，于11月30日比原计划提前一个月完成了现场踏勘测量任务，为这两个区块新增产能建设工程提前进入施工图设计赢得了时间。

樊家川、上里原产建续建工程，勘探局要求设计院于今年12月底以前必须拿下现场测量工作，明年初投入设计。该院接计划通知后为争取明年新增30万吨产能建设工程设计的主动权，向全院职工提出了“学大庆、找差距，大干120天，提前完成1990年30万吨产建工程勘察设计任务”的口号。会后，迅速组织了测量设计人员和包括炊事员、司机在内的43名同志，投入了战斗。为了提高作业效率，加快工程测量进度，同志们在工地起早贪黑，风雪无阻，突击劳动，每天连续工作都在12个小时以上。　（李炳勤）

被勘探局列为1990年“三大区块”30万吨产能建设工程计划中的——樊家川和上里原10万吨产能续建工程，在规划设计研究院40多名参战测量工人和设计人员的努力奋战下，于11月30日比原计划提前一个月完成了现场踏勘测量任务，为这两个区块新增产能建设工程提前进入施工图设计赢得了时间。

樊家川、上里原产建续建工程，勘探局要求设计院于今年12月底以前必须拿下现场测量工作，明年初投入设计。该院接计划通知后为争取明年新增30万吨产能建设工程设计的主动权，向全院职工提出了“学大庆、找差距，大干120天，提前完成1990年30万吨产建工程勘察设计任务”的口号。会后，迅速组织了测量设计人员和包括炊事员、司机在内的43名同志，投入了战斗。为了提高作业效率，加快工程测量进度，同志们在工地起早贪黑，风雪无阻，突击劳动，每天连续工作都在12个小时以上。（李炳勤）

——摘自《长庆石油报》1989年12月27日

设计院完成三十万吨产建工程设计

提高设计速度 为油田建设作贡献

到 2 月 26 日，规划设计研究院职工已提前完成今年新增 30 万吨产能建设工程的设计任务，为油建单位提前投入施工赢得了时间，创历年产建工程设计最好水平。

1990年3月21日 第二版

本报讯（记者宏千 通讯员文勇）最近，井下作业处分别通过局“无泄漏工厂”和“清洁文明工厂”验收，为该处进入局一级企业创造了条件。

今年以来，井下作业处结合本厂实际，认真部署了全年各项工作，决定从“三基”工作入手，打好创建“无泄漏工厂”和“清洁文明工厂”的硬仗，加快企业晋等升级步伐。为了早日创建“无泄漏工厂”，该处与各级领导立下军令状，同时，建立了设备动、静卡80种，制作……计表263张，并对供热系统、住宅、机房等26大类设备、设施的39万多个动、静密封点，进行了普查，使全处动、静泄漏率均分别降到0.4%和1.95%，达到了“无泄漏工厂”的标准。2月26日，该处顺利通过局“无泄漏工厂”验收。之后，这个处继续找差距订措施，进一步改善企业管理水平。

狠抓基础工作 改善管理水平

井下处达到“无泄漏工厂”“清洁文明工厂”标准

学大庆见行动

设计院完成三十万吨产建工程设计

提高设计速度 为油田建设做贡献

本报讯 到2月26日，规划设计研究院职工已提前完成今年新增30万吨产能建设工程的设计任务，为油建单位提前投入施工赢得了时间，创历年产建工程设计最好水平。

去年10月中旬，勘探局将今年樊家川、上里原和安塞三区块30万吨产能建设工程设计任务下达到设计院。该项目要求时间紧，设计工作量大，地处偏远，区块分散，地形复杂，战线长。如按常规设计至少也得半年时间，但局里指示四个月内必须完成。设计院领导接受任务后十分重视，统筹安排，组织力量，落实任务。并发动技术人员，大干120天，提前完成30万吨产建工程设计任务，形成了全力以赴促产建的热烈场面。为了赶年底之前拿下设计前期野外测量工作，院主管生产领导亲自带领主办专业和其他有关专业的10几名技术骨干率先深入产建工地，调查研究，初选站址和管、电线路走向。设计方案确定后，又组织了一支40多名设计勘察人员参加的测量队伍，配备野炊灶具和厨师，迅速开往工地投入踏勘测量。许多同志白天踏勘线路，夜里整理数据、绘制地形图，每天连续工作时间长达十三、四个小时。为了把设计周期压到最低限度，许多设计人员春节不探亲、不休息，夜以继日地突击施工图设计，终于在2月底发出了最后一批图纸，为加快油田建设做出了重要贡献。（李炳勤）

图片新闻

物探处泾川档案室已形成了各类档案资料三十九万〇五百四十四卷，达到了管理规范化，对服务生产起到了明显的效果，多次被省、局、处评为先进集体，并得到了石油天然气总公司的表扬。

图为档案室的张连济同志在整理档案。 梁建合 摄

强化职工安全意识 提高业务技术素质

水电厂坚持办好职工技术培训班

本报讯 水电厂把职工的安全生产教育和技术培训……验的厂长、工程师等进行辅导讲课，强化了职工的安全……

企业消防员「五一」将换新……

本报讯 根据公安部和财政部的通知精神，企业专职消防队伍将于5月1日起，逐步换发新式服装。

九〇式专职消防人员服装，夏、冬服颜色为上绿（橄榄黄色）、下蓝（藏青色）。夏服上衣为小翻领，衬衣为白色长袖和……

井下处实行安全生……

本报讯 为了强化安全生产，井下技术作业处对安全委员会人员、安全科人员、基层队安全生产第一责任者、正式定岗机动车辆驾驶人员，每人上交100元抵押金，年底结算，按安全生产优劣实行奖罚。

这个处针对过去部分人员开快车、少数人在施工中……

去年 10 月中旬，勘探局将今年樊家川、上里原和安塞三区块 30 万吨产能建设工程设计任务下达到设计院。该项目要求时间紧，设计工作量大，地处偏远，区块分散，地形复杂，战线长。如按常规设计至少也得半年时间，但局里指示四个月内必须完成。设计院领导接受任务后十分重视，统筹安排，组织力量，落实任务。并发动技术人员，大干 120 天，提前完成 30 万吨产建工程设计任务，形成了全力以赴促产建的热烈场面。为了赶年底之前拿下设计前期野外测量工作，院主管生产领导亲自带领主办专业和其他有关专业的 10 几名技术骨干率先深入产建工地，调查研究，初选站址和管、电线路走向。设计方案确定后，又组织了一支 40 多名设计勘察人员参加的测量队伍，配备野炊灶具和厨师，迅速开往工地投入踏勘测量。许多同志白天踏勘线路，夜里整理数据、绘制地形图，每天连续工作时间长达十三四个小时。为了把设计周期压到最低限度，许多设计人员春节不探亲、不休息，夜以继日地突击施工图设计，终于在 2 月底发出了最后一批图纸，为加快油田建设作出了重要贡献。（李炳勤）

——摘自《长庆石油报》1990 年 3 月 21 日

不负众望的女闯将

——记设计院炼油高级工程师李慧

坐落在马岭炼油厂后的轻烃厂，自 1988 年底投产以来，凭特有的 5 种国内市场上紧俏的溶剂油品而闻名。它在去年时获得中国石油天然气总公司科技成果三等奖和优秀工程设计奖，并被总公司列为在全国各油田推广应用的 4 项新技术。这支科技新花总设计师是一位女将——规划设计研究院炼油高级工程师李慧同志。

勇担风险

1987 年 10 月中旬，长庆局由两万多名职工筹集 280 多万元投资的马岭轻烃综合利用工程设计任务犹如军令般地下到了设计院。院里最初安排由炼油组一位工程师担任项目负责人，后来由于外部工程需要，任务又落到了李慧的头上。该项目设计计算复杂，原始资料不全。

时间紧迫、任务繁重。李慧接到院领导确定由她担负轻烃综合利用厂项目设计总负责人的通知后，好似千斤重担压到了她的肩膀，因为她心里清楚，这是新项目，国外对这方面的介绍不多，在国内更没有先进经验可借鉴，工艺技术上具有一定的难度和风险性。加之又是群众集资项目，搞不好挨骂事小，更重要的是油田大多数职工的利益受到损失。面对这一连串的困难和问题，李慧起初思想上是有顾虑的，但当她听到同行专家、院长李士富要在技术上为她作后盾的表态后，毫不犹豫地挑起了重担。

接受任务后，她不顾隆冬严寒季节，带领其他两名同志踏上了外出调研的旅途。先后到杭州、上海、南京等大型炼油厂参观学习，学习他们用抽出油做原料生产溶剂油产品的成功经验，同自己的实际构思相对比，从中找出可以借鉴的东西。她动脑筋、想办法，反复比选，很快拿出了设计方案。

攻克难关

从方案确定，到要求施工图完成时间，有效工作时间只有 41 天了。然而工艺技术上的难题却像一道道拦路虎摆在眼前，不搬掉这些拦路虎，工程就无法进行设计。

在平面图布置上，首先遇到了地形地物的不利影响：厂址在一个刀把形的地段上，前面是炼厂，后面是两条高压线，左面是河谷，右面是新建液化气站，由于防火间距的限制，可利用地段很有限。经李慧冷静思考，多方征求意见，集思广益，才使装置和各类储油罐、装油台、泵房、加热炉和仪表室、操作间等处于物料流向、平竖面协调美观、合理，安全也符合规范标准。

更难的是工艺流程的选择，这关系到整个工程的成败。为了求得设计上的合理和先进的工艺技术，她在院长李士富的通力协作下，大胆探索，周密思考，反复计算对比，科学论证，做了大量扎实细致的工作。按常规，每具塔都应安装原料油泵，塔底泵重沸器通常用蒸汽加热。但为了节约投资，使职工筹措起来的每一分钱都用到刀刃上，她大胆设想，合理利用了塔与塔的自身压差，解决了中间塔的进料动力，取消了原料油泵和塔底泵；用重柴油作热载体代替蒸汽加热，节约了建锅炉房的投资。从而闯出了轻油加工的一条新路。

成功的喜悦

1988年11月3日，经过设计、施工各方人马长达20多天的奋战，轻烃综合利用厂工程竣工了！工地上车来人往，好不热闹。

11时过5分，设备开始启动了，顿时发出了隆隆的机器声。李慧这时候才总算松了口气。

经过不几天的运行和调试，终于成功地产出了120号橡胶溶剂油、200号油漆溶剂油、6号抽提溶剂油、丁烷气、30号石油醚等5种合格产品。李慧同志望着这些自己和其他同志一起用近一年的时间和心血浇铸出来的技术成果激动地半晌说不出话来。她为了这一天的到来，在过去的300多个日日夜夜里，几乎把个人所有的节假日休息时间都用进去了。她爱人是局机关的高级工程师、部门负责人，工作忙，也经常出差，有两个孩子，家庭拖累较大。为了不影响工作，她把大点的送到武汉让婆婆照看，小一点的实在送不出去留在身边。有时工作一紧张，不是忘了买油，就是忘记买菜，往往是临到做饭时才发现油瓶空了，菜吃光了，这时她只好领着孩子进食堂。

这就是李慧同志对工作的态度，是一位高级知识分子为祖国、为人民鞠躬尽瘁、开拓未来的奉献精神。（李炳勤、惠怀玉）

——摘自《长庆石油报》1990年3月28日

设计院把质量意识融进每张图纸

狠抓全员教育 把好设计关口

设计院认真推行全面质量管理，保证了勘察设计质量。1986 年至 1989 年获省、部级优秀勘察设计项目 11 项。去年设计产品合格率达到 100%，优良率为 90.8%。

设计院从 1986 年国家计委发“关于勘察设计单位推行全面质量管理”的通知后，就把深化全面质量管理作为企业升级的重要内容之一。他们组织职工学习全面质量管理的基本知识，培养职工的质量意识。去年初，他们成立了专门机构，逐步完善了管理体系。

在此基础上，他们还根据工作特点，制定了设计工作质量考核办法，质量反馈制度，各专业工作程序及质量管理控制图等 16 项质量标准，将勘察设计质量列入经济责任制的考核内容，实行了质量否决权。去年，全院 15 个 TQC 小组中，有 5 个在院里发布了成果，其中安塞油田集输工艺和小型轻烃回收装置，为国家节省投资 100 多万元。在总公司举行的甲级设计院首届 TQC 成果发布会上，该院三项成果获奖。（黄仓荣）

——摘自《长庆石油报》1990 年 4 月 25 日

洒在暴风雨夜的爱

——记设计院王苍虎同志

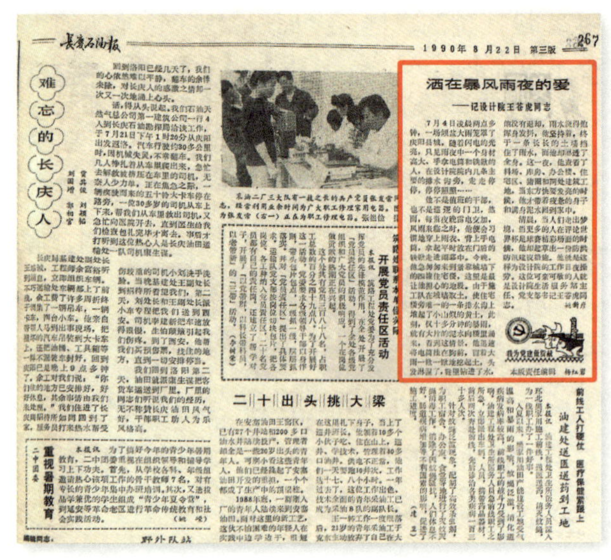

长庆石油报　1990年8月22日　第三版

难忘的长庆人

开展党员责任区活动

二十出头挑大梁

重视暑期教育

油建处送医送药到工地

洒在暴风雨夜的爱

——记设计院王苍虎同志

7月4日凌晨两点多钟，一场倾盆大雨笼罩了庆阳县城。随着闪电的光亮，只见雨夜中一个身材高大、手拿电筒和铁锹的人，在设计院院内几条主要的排水沟旁，走走停停，停停照照……

他不是值班的干部，也不是巡逻的门卫，然而，每当夜晚雷电交加，风雨来临之时，他便会习惯地穿上雨衣、背上手电筒，拿起平时放在门后的铁锹走进雨幕中。今晚，他急匆匆来到紧靠城墙下的四幢住宅楼，这里是最让他担心的地段。由于施工队在城墙取土，使住宅楼旁唯一的一条排水沟上堆起了小山似的黄土，此刻，仅十多分钟的暴雨，就有大片的泥水向楼里涌来，看到这情景，他迅速将电筒挂在胸前，冒着大雨一锹一锹地挖起土，头发淋湿了，鞋里钻进了水，他没有退却，雨水浇得他浑身发抖，他坚持着，终于一条长长的土墙挡住了雨水，而他却淋透了全身。这一夜，他查看了料场、库房、办公楼、住宅区、猪圈和两处建筑工地，当东方快要发亮的时候，他才带着疲惫的身子和满身泥水回到家中。

清晨，当人们走出梦境，当更多的人在评论世界杯足球赛精彩场面的时候，他却起草出一份防洪防汛建议措施。他就是这样为设计院的工作日夜操劳。这位可亲可敬的人就是设计院生活服务站主任、党支部书记王苍虎同志。（姚新彦）

——摘自《长庆石油报》1990年8月22日

院长带队选点

10 月 25 日清晨 7 时整，一支由十几名设计人员、测量工人组成的安塞油田 25 万吨产能建设工程踏勘选站队伍按照既定时间，准时从设计院驱车出发了。带队的不是别人，正是几天前由于工作需要由党委书记改任为院长的夏银田同志。

一到安塞油田工区，夏院长不顾长途颠簸的疲劳，便带领大家一起爬山越岭，精心选点。油气室主任张帆，高级工程师艾克明，生产办工程师付学礼等同志，不顾体弱身虚，在踏勘的弯弯山道上，鞋子张开了“嘴”，黄土、石子、草、刺等杂物不断钻进鞋里，他们也不顾；年近 50 岁的老工程师张廷秀同志，在次日选定王 3 注水站后，下山不慎扭伤了脚，行走很不方便，但他仍拄着棍子坚持和同志们一道翻山越沟出工踏勘。大家用了 3 天时间，就比较合理地确定了安塞油田东区块 28 个站的建设地址。（廖应兵）

——摘自《长庆石油报》1991 年 1 月 5 日

咸阳石油助剂厂工程设计如期交图

奋战八十五天　交出合格答卷

被列为我局今年重点工程建设项目之一的咸阳石油助剂厂工程设计，经过设计院勘察设计人员近三个月的艰苦努力，所有施工图设计已于12月24日前如期完成归档，并发往咸阳工地。

咸阳石油助剂厂一角

咸阳石油助剂厂工程设计，是该院设计史上的一个最大项目，工程规模宏大，结构复杂，工艺技术要求高，设计周期短。为保质保量按时完成任务和确保来年其他几项重点计划工程的超前设计，自去年9月底接到任务后，该院就迅速安排落实，掀起了大战四季度，以助剂厂、安塞油田产能建设、采二油管厂三项重点工程为主攻目标的设计会战。11月份，又开展了“保重点项目，创一流水平，交合格答卷”的劳动竞赛。

在助剂厂施工图设计阶段，设计人员昼夜奋战，许多同志每天伏案画图长达十几个小时。在前后不到3个月的时间中，勘察设计人员和其他职工累计加班近3000人次，加班工时达1500多个工日，各专业共绘制设计1#标准图数千张，完成实物工作量相当于正常情况下的半年工作量。（李炳勤）

——摘自《长庆石油报》1991年1月12日

描图岗位上的"娘子军"

在设计院，有一群普普通通的女工，格外引人注目。一提起她们，人们无不交口称赞。

元月份咸阳助剂厂的设计会战中，共产党员、组长夏丽娜带领十三名姐妹们拼命加班加点，仅一个月时间，就出图八百二十五标准张，人均出图五十五张、超额两倍多。

描图岗位上的工作人员

七月份，正常的工作已经使她们忙得喘不过气来，就在个节骨眼上，她们又承担了总公司压力容器标准设计的描图任务。居住在外单位的高玉莲、孙丽、郭亚琴等同志，为提高工作效率，干脆不回家、让孩子在食堂买饭，端到办公室一块吃；晚上由家人接送，加班突击描图。在前后不到八天的时间里，出图一百零二点二五标准张，平均每人一天干了四天的活。

她们是平凡的，就是这些平凡的人们，用勤劳的双手，协助设计人员描绘着油田地面建设的一幅幅宏伟的蓝图。（赵皓）

——摘自《长庆石油报》1991 年 8 月 7 日

设计院面对大气区、高科技、低素质的形势
精设计　勇奉献　创一流　作贡献

为了适应新形势、勘探开发大气区、建设新长庆，规划设计院决心转变旧观念，尽快承担大气区的规划设计工作，并号召全院职工积极行动起来，“精设计、勇奉献、创一流，为开发和建设大气区作出新贡献”。

为了达到目的，这个院制定了四条措施：

一是以《国民经济和社会发展十年规划和第八个五年计划纲要》为各项规划设计工作的行动纲领，积极贯彻全国石油勘察设计会议精神，让全院职工都明确设计院肩负的历史重任，真正做到千斤重担大家挑，人人肩头有分量。

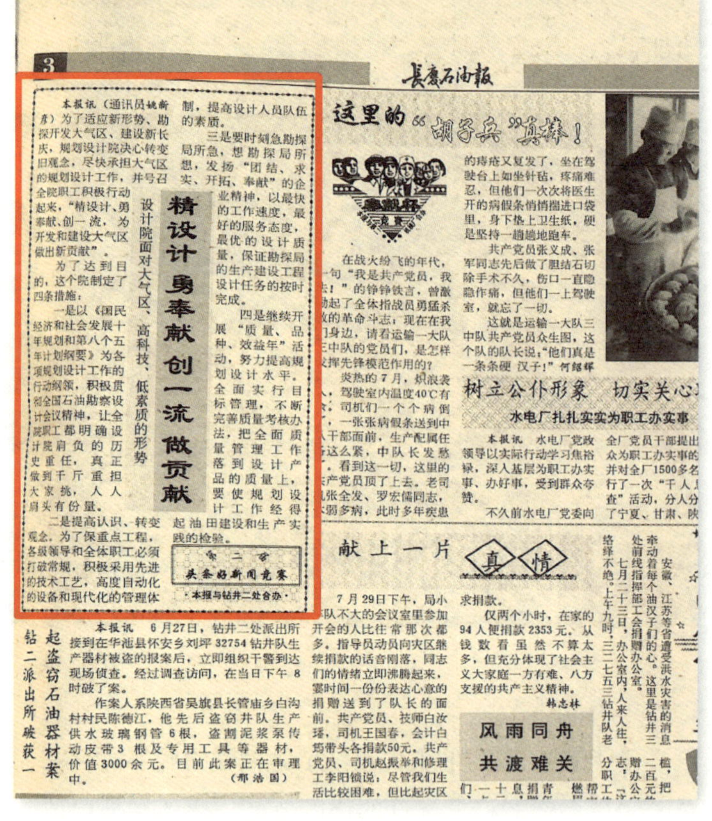

3　長慶石油報

设计院面对大气区、高科技、低素质的形势
精设计　勇奉献　创一流　做贡献

本报讯（通讯员姚新彦）为了适应新形势、勘探开发大气区、建设新长庆，规划设计院决心转变旧观念，尽快承担大气区的规划设计工作，并号召全院职工积极行动起来，“精设计、勇奉献、创一流，为开发和建设大气区做出新贡献”。

为了达到目的，这个院制定了四条措施：

一是以《国民经济和社会发展十年规划和第八个五年计划纲要》为各项规划设计工作的行动纲领，积极贯彻全国石油勘察设计会议精神，让全院职工都明确设计院肩负的历史重任，真正做到千斤重担大家挑，人人肩头有份量。

二是提高认识、转变观念。为了保重点工程，各级领导和全体职工必须打破常规，积极采用先进的技术工艺，高度自动化的设备和现代化的管理体制，提高设计人员队伍的素质。

三是要时刻急勘探局所急，想勘探局所想，发扬“团结、求实、开拓、奉献”的企业精神，以最快的工作速度，最好的服务态度，最优的设计质量，保证勘探局的生产建设工程设计任务的按时完成。

四是继续开展“质量、品种、效益年”活动，努力提高规划设计水平。全面实行目标管理，不断完善质量考核办法，把全面质量管理工作落到设计产品的质量上，要使规划设计工作经得起油田建设和生产实践的检验。

第二届　头条好新闻竞赛　·本报与钻井二处合办·

钻二派出所破获一起盗窃石油器材案

本报讯　6月27日，钻井二处派出所接到在华池县怀安乡刘坪32754钻井队生产器材被盗的报案后，立即组织干警到达现场侦查。经过调查访问，在当日下午8时破了案。

作案人系陕西省吴旗县长官庙乡白沟村村民陈德江，他先后盗窃井队生产供水玻璃钢管6根，盗割泥浆泵传动皮带3根及专用工具等器材，价值3000余元。目前此案正在审理中。（邢浩国）

这里的“胡子兵”真棒！

的痔疮又复发了，坐在驾驶台上如坐针毡，疼痛难忍，但他们一次次将医生开的病假条悄悄揣进口袋里，身下垫上卫生纸，硬是坚持一趟趟地跑车。

共产党员张义成、张军同志先后做了胆结石切除手术不久，伤口一直隐隐作痛，但他们一上驾驶室，就忘了一切。

这就是运输一大队三中队共产党员众生图，这个队的队长说：“他们真是一条条硬汉子！”何铭辉

树立公仆形象　切实关心……
水电厂扎扎实实为职工办实事

本报讯　水电厂党政领导以实际行动学习焦裕禄，深入基层为职工办实事、办好事，受到群众夸赞。

不久前水电厂党委向……

献上一片真情

求捐款。

仅两个小时，在家的94人便捐款2353元。从钱数看虽然不算太多，但充分体现了社会主义大家庭一方有难、八方支援的共产主义精神。

韩忠林

风雨同舟　共渡难关

二是提高认识、转变观念。为了保重点工程，各级领导和全体职工必须打破常规，积极采用先进的技术工艺，高度自动化的设备和现代化的管理体制，提高设计人员队伍的素质。

三是要时刻急勘探局所急，想勘探局所想，发扬“团结、求实、开拓、奉献”的企

业精神，以最快的工作速度，最好的服务态度，最优的设计质量，保证勘探局的生产建设工程设计任务的按时完成。

四是继续开展“质量、品种、效益年”活动，努力提高规划设计水平全面实行目标管理，不断完善质量考核办法，把全面质量管理工作落到设计产品的质量上，要使规划设计工作经得起油田建设和生产实践的检验。（姚新彦）

——摘自《长庆石油报》1991 年 8 月 10 日

设计院开展大战九十天奉献杯竞赛

工程等设计　设计要超前

“工程等设计，设计搞突击”，这是过多年来每年春季摆在油建和设计单位之间的一个突出矛盾。

为解决这一矛盾，设计院在十月底超额完成油田全年重点项目设计任务之后，又于十一月初发起了以明年安塞、樊家川产建项目等八大项工程设计为主攻内容的“大战九十天奉献杯”劳动竞赛，有效地促进了勘察设计工作。竞赛开始后，各设计工序的同志紧急行动，争相设计。在安塞产能建设测量工地的三十多名测量设计人员，就地安营，野炊作业，仅用多天时间就圆满完成了王窑、侯市和高沟口至延河湾这三处来年新增建设工程的测量任务。在室内设计画图的百余名设计人员，互相协作，加快节奏，精心设计，每天伏案画图长达十多个小时。目前，明年的大部分产能建设工程项目征地图和平面布置工艺流图已接近完成，少数单体施工图设计已经归档。预计，赶明年元月中旬可全面完成新增产能建设工程和二机厂钻机钻采设备修理工房改造等八项重点项目的施工图设计。（李炳勤）

373

長慶石油報
CHANGQING SHIYOU BAO
23
1991.11
星期六
第2679期

社论　让青春为发展长庆闪光

“八五”期间，是几代长庆人在陕甘宁盆地前赴后继，历尽艰辛，建成一定规模的石油勘探开发基地的基础上，跃马扬鞭，展翅腾飞的关键时期。这期间，我局不仅要保证原油生产的持续稳定增长，而且要在我们这一代人手中，加快天然气勘探开发步伐，快出成果，大见效益，为党和人民多做贡献。

然而，要使原油稳产高产，要加快天然气田的建设步伐，肩负起党和人民赋予我们的这一历史责任，仍然要靠占全局职工总数52%的团员青年，与老一代长庆人一起团结协作，共同努力，在自己不同的岗位上刻苦钻研，勤奋工作，争创一流，多做贡献。作为跨世纪的新一代青年，面对我们肩负的油气勘探开发建设的艰巨任务，全体团员青年要树立远大理想，保持老一代石油人乐于吃苦，敢打敢拼的传统美德，熟练地掌握现有的设备和工艺技术，干好本职工作，为多产石油和天然气做贡献；青年人要发挥自己受教育程度高、勤于钻研的优势，逐步改善我们的生产设备、技术装备和工艺技术，让油田生产在更大的范围内赶上现代科技的脚步。特别在当前要响应党中央关于搞好大中型企业的号召，积极为加快油气勘探开发速度，改善企业管理水平，降低生产成本，提高经济效益献计献策，从而为油田的建设发出新一代石油人的光和热。

青年同志们，你们风华正茂，恰逢创业的大好时光，为你们点燃青春的火炬，谱写振兴长庆的新篇章。

为发展祖国的石油天然气工业，为迎接我局美好的明天，努力吧——新一代长庆青年！

我局第六次团代会在庆城召开

大会通过了工作报告，选举产生了第六届委员会，团省委、局党政领导出席会议

图为共青团长庆石油勘探局第六次代表大会会场。　郑余标　摄

共青团长庆石油勘探局六届一次全委会选举产生新的常委和书记、副书记

工程等设计　设计要超前

设计院开展大战九十天奉献杯竞赛

6041钻井队提前完成全年任务

▲我局马岭轻烃厂，11月14日度过了三周岁生日。目前，该厂已发展成为一家有170名职工，拥有固定资产500万元，初具规模的轻烃综合利用加工企业。（胡耀明）

▲经甘肃省考查审定，筑路处晋升为省一级企业，并于11月中旬正式命名。（刘　昆）

▲11月13日至14日，全省东片公安宣传工作会议在我局采油二厂召开。（曹　凡）

油田短波

▲钻井二处和油建处派出所及其该所教导员尚跃昌同志分别被评为全省综合治理工作先进集体和先进个人，受到省委、省政府的表彰奖励。（董西锋）

▲由研究院和报社联合举办的“报研杯”计算机汉字录入大赛于11月16日结束，研究院打字员杜秀琴等摘走“报研杯”，报社打字员马彩霞、徐玉红获二等奖，另有三人获三等奖。今后每年11月的第二周星期六比赛一次。（高生林）

钻工运输大队在司机中开展巡回检查和车辆维护保养制度，延长车辆使用寿命。　启林　永禄　摄

——摘自《长庆石油报》1991年11月23日

设计院利用各种宣传工具开展普法活动

设计院近日的宣传橱窗、黑板报、广播、电视里都有法制宣传教育的内容。

从 1 月初开始，这个院成立普法领导小组，印发 50 多份宣传材料，开始法制宣传教育活动。现在，这个院的广播定时播讲法制宣讲材料，全院 13 块黑板报上也写满了法制教育的文章，电视里也播放法制教育的录像。（石 岩）

新管理方法为油田开发注入活力

项目管理在安塞油田结硕果

本报讯（记者 文宏平）仅有18人的局安塞前指，运用项目管理方法井然有序地指挥着各路人马，高效、优质地进行产能建设。1991年用不到10个月时间就完成了新建产能20万吨的任务，做到了当年设计、当年钻井、压裂、当年搞地面建设、当年全部投产。

项目管理方法是对所有工程项目核定工作量和投资总额，确定完成工期和质量标准后，通过与施工单位签定经济合同，派出专人监督并实施的一种方法。1991年按照总公司的要求，我局把在安塞油田全面推行项目管理作为计划管理的一项重要改革，先后本着精干、高效、技术与经济结合的原则，充实调整了项目管理组的工作人员，制定了考核、奖惩办法，保证了项目管理的顺利实施。分管各项目的领导和主管部门，根据实际需要探索管理方法，以合同制约、行政协调指挥、经济奖罚等手段，用30多份合同，把全局15个厂、处单位5000余名职工群众组织到了安塞油田的会战之中，保证了油田开发建设高速、优质、低耗的进行。

推行项目管理新方法，加快了开发安塞、发展长庆、支援老区和加快中国特低渗透油田的开发进程，使去年不仅提前完成了 20 万吨新建产能任务，而且为今年搞好了 4 万吨产能建设的地面骨架工程。

新方法的实行，还为积极采用新技术、新工艺创造了条件，使安塞油田成了依靠科技，培养和造就人才的课堂。去年 9 月份，在西安召开的"中国低渗透油田开发"研讨会上，安塞油田的这一经验，受到了与会专家们的高度评价。

压题照片 韩忠林 摄

……及革命伤残军人进行慰问；同时要组织以青工、民兵、学生为主体的拥军优属服务队，为军属办实事，送温暖。另外，要加强退伍军人管理教育工作，大力宣传油田退伍军人在"双文明"建设中的先进事迹，帮助去年退伍回油田的战士出具安置工作的各种证件，为他们尽快安置创造条件。

据悉，勘探局还将在春节前夕慰问当地驻军。

二机厂法制宣传教育活动有声有色

本报讯 二机厂及早动手抓落实，最近在全厂形成法制宣传教育的声势。

在勘探局开展法制教育月的《通知》下发后，二机厂及时成立了普法领导小组，并由厂宣传科负责组织实施普法工作。他们在全厂「二五」普法规划印发到各基层单位的基础上，还印发普法宣传材料二百多份到车间、班组，组织职工学习，使法制宣传教育深入人心。这个厂还利用宣传橱窗……举办普法展览，并从……月八日开始，利用厂广……播开展普法教育专题讲……座，举办黑板报普法宣……传竞赛，播放法制宣传教育录像。（段士峰）

设计院利用各种宣传工具开展普法活动

本报讯 设计院近日的宣传橱窗、黑板报、广播、电视里都有法制宣传教育的内容。

从 1 月初开始，这个院成立普法领导小组，印发50多份宣传材料，开始法制宣传教育活动。现在，这个院的广播定时播讲法制宣讲材料，全院13块黑板报上也写满了法制教育的文章，电视里也播放法制教育的录像。（石 岩）

普法宣传

交出合格答卷后，天然气勘探前线有什么新进展，新打算，带着这个问题，新年伊始，记者来到前线。

虽然不久前遇到15年不曾有过的寒流，可在天然气勘探前线依然钻机轰鸣……

陕12井之后，在同一条直线上向南延伸12公里部署的陕62井，从钻探过程看，所有气层与高产井陕12井相似，中途测试获 7.7 万方气流，下步经过酸化改造，可望获得中、高产。有趣的是这口……

——摘自《长庆石油报》1992 年 1 月 15 日

以责任心讲求质量　用新工艺节俭花钱

今年产能建设已完成图纸设计　可节约投资一百三十多万元

设计院承担的 1992 年安塞油田侯市区、王窑区、樊家川油田、樊 101 井区以及马岭油田调整改造工程等 25 万吨产能建设工程设计任务，经过工程设计人员的共同努力，到 3 月 5 日，已完成全部设计任务。

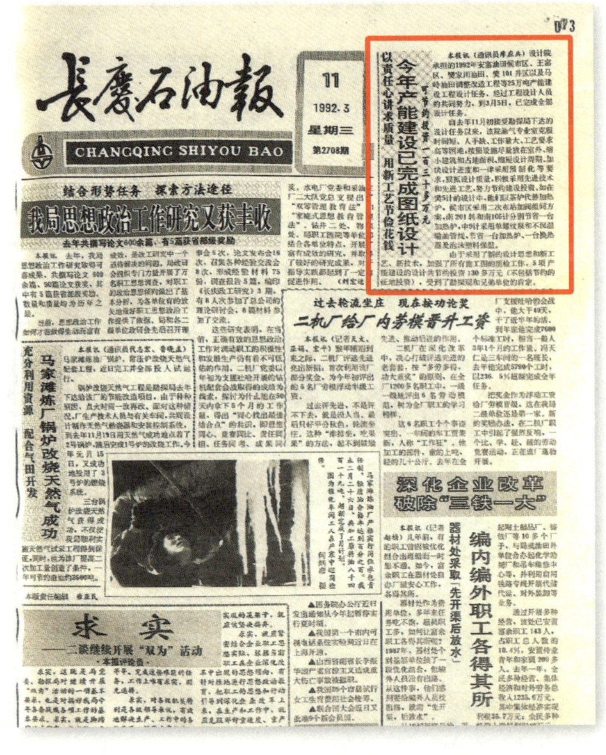

長慶石油報　CHANGQING SHIYOU BAO

11　1992.3　星期三　第2708期

以责任心讲求质量　用新工艺节俭花钱

今年产能建设已完成图纸设计

可节约投资一百三十多万元

本报讯（通讯员廖应兵）设计院承担的1992年安塞油田侯市区、王窑区、樊家川油田、樊101井区以及马岭油田调整改造工程等25万吨产能建设工程设计任务，经过工程设计人员的共同努力，到3月5日，已完成全部设计任务。

自去年11月初接受勘探局下达的设计任务以来，该院油气专业室克服时间短、人手缺、工作量大、工艺要求高等困难，按照设施尽量放在室外、缩小建筑和占地面积、缩短设计周期、加快设计进度和一律采用预制化等要求，狠抓设计质量，积极采用先进技术和先进工艺，努力节约建设投资。如在樊5计的设计中，他们以茶炉代替加热炉，侯市区采用二次布站加阀组间方案，南201转和南105计分别节省一台加热炉，中9计采用单螺纹泵和不保温输油管线，节省一台加热炉、一台换热器及泡沫塑料保温。

由于采用了新的设计思想和新工艺、新技术，加强了所有施工图的质检工作，5项产能建设的设计共节约投资130多万元（不包括节约的征地投资），受到了勘探局和兄弟单位的肯定。

结合形势任务　探索方法途径

我局思想政治工作研究又获丰收

去年共撰写论文600余篇、有5篇获省部级奖励

过去轮流坐庄　现在按功论奖

二机厂给厂内劳模晋升工资

马家滩炼厂锅炉改烧天然气成功

充分利用资源　配合气田开发

深化企业改革　破除"三铁一大"

器材处采取"先开渠后放水"

编内编外职工各得其所

求实

——二谈继续开展"双为"活动

自去年 11 月初接受勘探局下达的设计任务以来，该院油气专业室克服时间短、人手缺、工作量大、工艺要求高等困难，按照设施尽量放在室外、缩小建筑和占地面积、缩短设计周期、加快设计进度和一律采用预制化等要求，狠抓设计质量，积极采用先进技术和先进工艺，努力节约建设投资。如在樊 5 计的设计中，他们以茶炉代替加热炉，侯市区采用二次布站加阀组间方案，南 201 转和南 105 计分别节省一台加热炉，中 9 计采用单螺纹泵和不保温输油管线，节省一台加热炉、一台换热器及泡沫塑料保温。

由于采用了新的设计思想和新工艺、新技术，加强了所有施工图的质检工作，5 项产能建设的设计共节约投资 130 多万元（不包括节约的征地投资），受到了勘探局和兄弟单位的肯定。（廖应兵）

——摘自《长庆石油报》1992 年 3 月 11 日

留住夕阳

——记设计院高级工程师胡君才

他再干两年就要离休了。可要做的事还很多：油田住宅的墙体要改革，改成空心砖砌墙现已搜集了大量的资料，怎能留下这个遗憾而安心离休呢？油田驻地在黄土高原上，建筑物的地基处理再不能采取既费人力又不适应越来越集中的建筑群这种深挖夯实的老办法了。对！今年一定要申报这个项目，一年内攻克它。还有大量的标准需要统一……两年的时间，够吗？

劳累了一天，他眯上眼，疲倦地靠在椅背上，一缕夕阳透过玻璃窗斜照在他的脸上，思绪渐渐飘回到了30多年前……那是1956年，全国城市建设正在上马，他也刚从西北工学院毕业。全系90多名同学绝大多数都分在大城市，可他这个高才生却决心到玉门，为祖国的石油事业献出自己的青春。1958年，他又被借调到北京，对于一般人来说这是多么难得的机会，可当他听到原单位将有一部分人支援新疆、一部分人到成都支援四川的消息后，立即赶回去，坚决要求去新疆。

在克拉玛依，他一干就是18年。一到那，他就参与了我国第一条长输管线的设计及改造。那时，每一项工程从设计到施工、竣工，无论是狂风还是烈日，他都住在工地，吃干馒头喝凉水。克拉玛依油田的第一片集油区、第一座电站、第一个炼油厂、第一间泵站、第一……无不记载着他的业绩。

1975年长庆油田会战正如火如荼，他又毫不犹豫携家带口奔赴庆阳。当时正值马岭炼油厂扩建，接到设计任务后，他顾不得安家照顾妻儿，一头扎到炼厂勘探地形。这里地处河床边缘，土层薄，在地基处理上，为了节约时间和资金，他大胆采取打混凝土柱子来加固地层的技术措施，取得了成功。在建筑材料的选用上，他大力推行预应力板，每平方米比普通钢筋混凝土板省1.3千克钢材，全局每年建筑面积近10万平方米，一年就可省130吨钢材。

老骥伏枥，志在千里。他凭着自己几十年的经验，开始搞起了全局第一套统一设计技术标准，还发表了建筑节能、降低造价、油田规划等优秀论文，为年轻一代留下了宝贵的“财富”。

36个春秋，石油事业上凝聚着他的心血。去年，总公司评出了全石油系统50名优秀设计师，他便是其中之一。

“当当”的钟声拉回了他的思绪，眼前，夕阳如血，映红了半边天。他又伏在桌上，奋笔疾书。对！要留住夕阳。（黄亚娟）

——摘自《长庆石油报》1992年3月14日

成功金字塔的构筑者

——记设计院科研室主任冯凯生

一张极为普通、瘦削的脸，一副度数不低的近视镜架在挺直的鼻梁上，一身与常人无异的装束，一种来也匆匆、去也匆匆的神态，构成了设计院科研室主任冯凯生其人其貌。

然而，就是这个浑身上下透着书生气的冯凯生，曾先后成功地研制了 B8 型散热器、采暖茶炉、小型轻烃回收装置等油田实用的科研新产品，并多次获得局、部级科技进步奖和科研成果奖。其中，B8 型散热器经运输处、钻井三处等兄弟单位劳司自 1986 年投产以来每年可获得 200 多万元的经济效益。二机厂从 1988 年开始将小型轻烃回收装置投入生产后，目前已推广到华北等 8 个油田，每年为二机厂创收 280 万元。

众所周知，油罐挥发气在我国各油田普遍存在，它既污染环境，又使大量宝贵的伴生气浪费。冯凯生想："一个石油科技工作者不能解决如此现实问题，那简直是失职！"于是，他暗暗下决心：无论如何也不能再让这种状况继续下去。

去年初，冯凯生承担了大罐轻烃回收装置的可行性研究任务。此后，他便认真查阅理论书籍和有关技术资料，搜集了翔实的第一手材料，开始了紧张的研究设计。这项局重点节能项目，要求装置运行时，油罐压力必须始终精确到几十个毫米汞柱范围内，既不能产生负压，又不能超压；同时，要使装置在大罐气瞬息万变的情况下，能稳定地产生合格的液化气和轻油，其中相互制约的因素错综复杂。类似的研制，国内几个油田也曾做过尝试，但均未成功。

冯凯生深知，科研之路上的"山重水复"之后，才会有"柳暗花明"。几次大的反复和波折，并未使他灰心丧气。为了获取可靠的第一手资料，他曾几次顶严寒，冒酷暑，蹲在油罐顶上观察伴生气的挥发规律，测定挥发气量，被刺鼻的气体熏得天旋地转。

功夫不负有心人，经过冯凯生和其他技术人员的共同努力，大罐轻烃回收装置的研制终于接近尾声，即将在设计院科技产品开发部投入试运行。

院里院外许多人，都曾这样谈论冯凯生：不知老冯哪来这么大的干劲和闯劲？！他这位局劳模当之无愧！

如今，这位清华大学暖通系68届毕业生已是年近半百的人了，可一工作起来，还是透着那么一股虎虎的生气！因为大家清楚地记得，作为橇装式小型轻烃回收装置的项目负责人，冯凯生曾数次亲赴现场，安装、调试装置，出现故障及时排除、整改。一次，为排除一台装置制冷系统出现的故障，他连续奋战26个小时。

去年11月份，安塞王窑集中处理站小型轻烃回收装置投产，日产液化气只有1吨多，达不到设计要求。冯凯生闻讯后，立即和一些同志赶到现场解决。

经分析判断，他决定对装置蒸发器和分液器的安装位置、高度现场进行调整、变动。在拆、装过程中，装置上的阀门漏气，尽管关紧了阀门，但法兰接口处仍有大量伴生气外溢；安装稍有不慎产生火花，后果将不堪设想。在场的工人有些犹豫，可冯凯生二话没说，用手套垫在可能发生摩擦的地方，小心翼翼地安装好了一个个接口。调整后的装置日产量猛增到3吨多，后经再一次优化工艺流程，降低故障发生率，日产液化气量又跃升到4吨。该项目荣获总公司科技进步三等奖，为油田、为设计院赢得声誉。

冯凯生，以一个石油科技工作者坚韧不拔的意志，勤奋不已的工作热情和坚定执着的追求为基石，构筑了自己人生的金字塔。（廖应兵）

——摘自《长庆石油报》1992年4月18日

设计院土建室把好全局基建工程首道关

为了确保全局基建工程按时开工，设计院土建室技术人员集中力量，开展了施工图设计大会战，不仅使全局今年的 50 多个计划项目全部如期存档，还改变了往年施工队伍停工待图的局面。

设计院土建室承担着全局产能建设和矿区建设的土建设计任务。油田的不断发展，基建工程逐步增加，但是设计人员少，队伍年轻，施工单位待图又很急切。针对这些矛盾，该室将计划内的每项工程都落实到人头，对重大工程项目要求设计人员绘制多种方案图，互相比较，反复评估论证，择优选用。使其不超计划面积、不超装修标准、不超工程投资。并用手工绘图与计算机绘图相结合，从而提高了绘图速度，缩短了设计周期。

经过几个月的紧张工作，共计设计完成工程单体 51 项，绘制白图 253 张。为保证全局基建项目当年立项、当年设计、当年施工、当年完工创造了一定条件。（广厦）

——摘自《长庆石油报》1992 年 7 月 1 日

设计院压力容器设计资格获准总公司换证免检

总公司近日正式批准我局设计院压力容器设计资格换证免检。

该院长期承担着油田产能建设、炼油化工等工程项目的Ⅰ、Ⅱ、Ⅲ类5种压力容器的设计工作。总公司曾对这个院的压力容器设计工作管理、设计人员资格及实际设计水平进行了严格的综合考评，认为“具备原设计资格”。

设计院压力容器设计资格获准总公司换证免检

本报讯　总公司近日正式批准我局设计院压力容器设计资格换证免检。

该院长期承担着油田产能建设、炼油化工等工程项目的Ⅰ、Ⅱ、Ⅲ类5种压力容器的设计工作。总公司曾对这个院的压力容器设计工作管理、设计人员资格及实际设计水平进行了严格的综合考评，认为“具备原设计资格”。

此次获准免检，表明该院的设计质量可靠，这为我局“八五”期间油、气田产能建设中Ⅰ、Ⅱ、Ⅲ类5种压力容器的设计、生产、施工等，提供了更为便利的条件。

（廖应兵　赵兴国）

强化质量管理　力求一次合格

油建处容器制造再创新水平

本报讯（通讯员张振华）油建处金属结构厂今年生产的Ⅰ、Ⅱ类压力容器，一次合格率已达到83%以上，比去年同期提高近40个百分点；产品出厂优良率达到100%，产品交货期比往年……

该厂承担着我局各炼厂、产能建设所需压力容器的80%以上。今年以来，这个厂围绕容器制造质量，加强各工种、工序之间的协作和调节，从备料、制作、焊接、检测等容器制造工艺方面，建立了完整的质量保证体系，重点在一次合格率上下功夫；同时加强现场管理，建立和完善了质量奖罚制度、容器制造原始档案，增强了职工的责任心，形成了自检、专检、质检综合保证的配套体系，使产品的返工率明显减少。在焊接工艺上严格要求，实行谁焊谁负责的焊工砸号制，并加强了检测人员的工作主动性和指导性。容器自动焊以往焊后缺陷较多，今年以来，该厂注意从表面处理、焊药选择、干湿温度上进行控制，焊后缺陷大大降低。

……作研究会近日被陕西省工交系统授予“优秀思想政治工作研究会”称号。（王晓燕）

……处钻井进尺完成年计划的127.74%，……现了王涛总经理提出的“队年三口井，平均队队上万……”目标；全年平均建井周期比上年缩短了72天，井身、……井质量合格率均为100%；地质资料一级品率达到……76%，；生产时效、纯钻时效和平均机械钻速分别比上年提高20.84%、13.78%和39.8%，组织停工和柴油……井消耗分别比上年下降了16.23%和18.9kg/m。去年全处5台F—320钻机用“6311”法搬迁，井场占地面积和缩短建井周期1口井就节约费用36.7万多元。今年……5个月，全处完成进尺……0561米，取芯收获率达……7.67%，固井和井身质量合格率均为100%，建井周期又比去年同期缩短35天，有17项生产指标被刷新。

相识何必曾相逢　路遥也觉在咫尺

作家李若冰致信关心石油人

本报讯　6月16日下午，二机厂二车间喷漆班班长朱生和接到一封远方来信，这是与朱生和素不相识的陕西省作协副主席、著名作家李若冰寄来的。

李若冰在信中说：在《长庆石油报》看到你手执喷枪的照片和你发誓要改变喷漆工的劳动条件和工作环境，先后摸索出用化学药液除锈和无苯喷漆法的消息后，我深为感动，深为佩服。我们虽不相识，但你的精神却很感人。同时，我在《光明日报》看到《我国首创无苯毒油漆稀释溶剂》的消息，现剪下来寄给你参考……

这封信在喷漆班的11名职工中传开后产生强烈反响。青年工人张中华说：“过去我一直认为喷漆工又脏又累，被人瞧不起。现在朱师傅干出了成绩，连著名作家也来信表示敬佩，这说明喷漆工作是大有作为的。”

老工人曹步明说：“连面都没见过的著名作家也来信关心我们，今后更应该把工作干好！”

此次获准免检，表明该院的设计质量可靠，这为我局“八五”期间油、气田产能建设中Ⅰ、Ⅱ、Ⅲ类5种压力容器的设计、生产、施工等，提供了更为便利的条件。（廖应兵、赵兴国）

——摘自《长庆石油报》1992年7月4日

我局明年产能建设施工图设计接近收尾

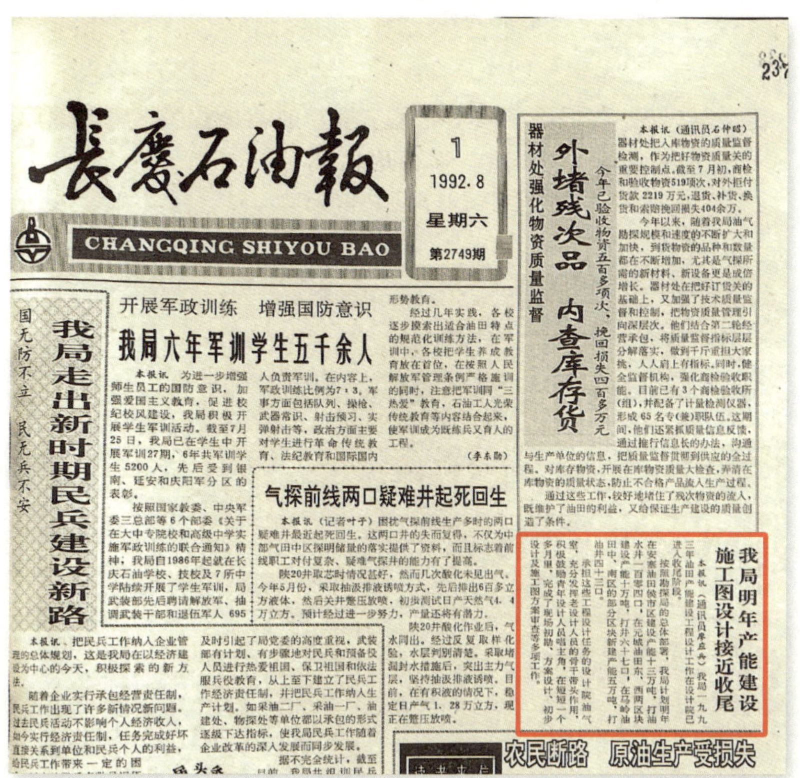

長慶石油報

CHANGQING SHIYOU BAO

1
1992.8
星期六
第2749期

开展军政训练　增强国防意识

我局六年军训学生五千余人

本报讯　为进一步增强师生员工的国防意识，加强爱国主义教育，促进校纪校风建设，我局积极开展学生军训活动。截至7月25日，我局已在学生中开展军训27期，6年共军训学生5200人，先后受到银南、延安和庆阳军分区的表彰。

按照国家教委、中央军委三总部等6个部委《关于在大中专院校和高级中学实施军政训练的联合通知》精神，我局自1986年起就在长庆石油学校、技校及7所中学陆续开展了学生军训，局武装部先后聘请解放军、抽调武装干部和退伍军人695人负责军训。在内容上，军政训练比例为7∶3。军事方面包括队列、操枪、武器常识、射击预习、实弹射击等，政治方面主要对学生进行革命传统教育、法纪教育和国际国内形势教育。

经过几年实践，各校逐步摸索出适合油田特点的规范化训练方法，在军训中，各校把学生养成教育放在首位，在按照人民解放军管理条例严格施训的同时，注意把军训同"三热爱"教育，石油工人光荣传统教育等内容结合起来，使军训成为既练兵又育人的工程。

（李东勋）

国无防不立　民无兵不安

我局走出新时期民兵建设新路

本报讯　把民兵工作纳入企业管理的总体规划，这是我局在以经济建设为中心的今天，积极探索的新方法。

随着企业实行承包经营责任制，民兵工作出现了许多新情况新问题。过去民兵活动不影响个人经济收入，如今实行经济责任制，任务完成好坏直接关系到单位和民兵个人的利益，给民兵工作带来一定的困

及时引起了局党委的高度重视，武装部有计划、有步骤地对民兵和预备役人员进行热爱祖国、保卫祖国和依法服兵役教育，从上至下建立了民兵工作经济责任制，并把民兵工作纳入生产计划。如采油二厂、采油一厂、油建处、物探处等单位都以承包的形式逐级下达指标，使我局民兵工作随着企业改革的深入发展而同步发展。

据不完全统计，截至

气探前线两口疑难井起死回生

本报讯（记者叶子）困扰气探前线生产多时的两口疑难井最近起死回生。这两口井的失而复得，不仅为中部气田中区探明储量的落实提供了资料，而且标志着前线职工对付复杂、疑难气探井的能力有了提高。

陕20井取芯时情况甚好，然而几次酸化未见出气。今年5月份，采取抽汲排液诱喷方式，先后排出6百多立方液体，然后关井憋压放喷，初步测试日产天然气4.4万立方。预计经过进一步努力，产量还将有潜力。

陕20井酸化作业后，气水同出。经过反复取样化验，水层判别清楚。采取堵漏封水措施后，突出主力气层，坚持抽汲排液诱喷。目前，在有积液的情况下，稳定日产气1.28万立方，现正在憋压放喷。

器材处强化物资质量监督

外堵残次品　内查库存货

今年已验收物资五百多项次，挽回损失四百多万元

本报讯（通讯员石仲昭）器材处把入库物资的质量监督检测，作为把好物资质量关的重要控制点。截至7月初，商检和验收物资519项次，对外拒付货款2219万元，退货、补货、换货和索赔挽回损失404余万。

今年以来，随着我局油气勘探规模和速度的不断扩大和加快，到货物资的品种和数量都在不断增加，尤其是气探所需的新材料、新设备更是成倍增长。器材处在把好订货关的基础上，又加强了技术质量监督和控制，把物资质量管理引向深层次。他们结合第二轮经营承包，将质量监督指标层层分解落实，做到千斤重担大家挑，人人肩上有指标。同时，健全监督机构，强化商检验收职能。目前已有3个商检验收所（组），并配备了计量检测仪器，形成65名专（兼）职队伍。这期间，他们还紧抓质量信息反馈，通过推行信息长的办法，沟通与生产单位的信息，把质量监督贯彻到供应的全过程。对库存物资，开展在库物资质量大检查，弄清在库物资的质量状态，防止不合格产品流入生产过程。

通过这些工作，较好地堵住了残次物资的流入，既维护了油田的利益，又给保证生产建设的质量创造了条件。

我局明年产能建设施工图设计接近收尾

本报讯（通讯员廖应兵）我局一九九三年油田产能建设工程设计工作在设计院已进入收尾阶段。

按照勘探局的总体部署，我局计划明年在安塞油田侯市区建设产能十三万吨，打油水井一百零四口；在元城油田东、西两区块建设产能十万吨，打井六十七口；在马岭油田中、南区的部分区块新建产能五万吨，打油井四十三口。

承担这些工程设计任务的设计院油气室，充分发挥老设计人员的骨干带头作用，积极鼓励青年设计人员唱主角，在短短一个多月里，完成了现场初勘、方案设计、初步设计及施工图方案审查等多项工作。

农民断路　原油生产受损失

我局一九九三年油田产能建设工程设计工作在设计院已进入收尾阶段。

按照勘探局的总体部署，我局计划明年在安塞油田侯市区建设产能十三万吨，打油水井一百零四口；在元城油田东、西两区块建设产能十万吨，打井六十七口；在马岭油田中、南区的部分区块新建产能五万吨，打油井四十三口。

承担这些工程设计任务的设计院油气室充分发挥老设计人员的骨干带头作用，积极鼓励青年设计人员唱主角，在短短一个多月里，完成了现场初勘、方案设计、初步设计及施工图方案审查等多项工作。(廖应兵)

——摘自《长庆石油报》1992 年 8 月 1 日

件件有回音 项项有着落

设计院职代会立项提案无一落空

设计院始终把落实职工的民主权益放在企业民主管理的首位，十分重视并认真解决职工提出的合理建议。

3 长庆石油报 1992年9月23日

件件有回音 项项有着落

设计院职代会立项提案无一落空

本报讯（通讯员廖应兵）设计院始终把落实职工的民主权益放在企业民主管理的首位，十分重视并认真解决职工提出的合理建议。

这个院曾于去年6月召开了五届一次职代会，共征集提案和各类意见、建议123条。经提案审查小组和职代会团组长会议反复讨论，归纳整理，最后确定立案11项。这11项提案，院行政领导和有关部门的负责同志十分重视，三次召开专题会议逐项落实，并定期、不定期检查提案的落实情况。经过一年多的努力，11项提案全部得到落实，为今年8月下旬设计院召开的五届二次职代会作出了一个满意的答复。

这个院曾于去年 6 月召开了五届一次职代会，共征集提案和各类意见、建议 123 条。经提案审查小组和职代会团组长会议反复讨论，归纳整理，最后确定立案 11 项。这 11 项提案，院行政领导和有关部门的负责同志十分重视，三次召开专题会议逐项落实，并定期、不定期检查提案的落实情况。经过一年多的努力，11 项提案全部得到落实，为今年 8 月下旬设计院召开的五届二次职代会作出了一个满意的答复。（廖应兵）

——摘自《长庆石油报》1992 年 9 月 23 日

设计院油气室精心编制

计量站、接转站单体安装《图集》

一册集油田计量站、接转站单体施工和安装之大成的《长庆油田计量站、接转站单体安装图集》，经过设计院油气室 10 多名技术干部共同努力，终于在近日编制完成。

自 7 月 25 日开始，这个室充分发挥近几年分配到室的 9 名新同志较强的专业技术优势，开始把本室多年来积累的油田油气集输工艺安装、设计经验认真加以总结，编制成册。在室领导和老同志的支持、帮助下，9 名新同志牺牲了所有的业余时间，经过一个月的努力，终于圆满完成了《图集》的编制工作。

据了解，若将此《图集》运用到今后的产建设计中，可以大大缩短设计周期，提高设计工效 50% 以上。如原设计 1 座计量站需时一个月，出图 9 张左右，若应用《图集》配合设计，只需一个星期，出图 2 ~ 3 张即可。此外，从施工角度看，可由原单纯的现场施工改为先基地预配，后进行现场安装，提高施工工效、缩短现场施工时间 30% 以上。

这套《图集》的编制、完成，还为今后进一步确保设计质量、提高油气集输专业设计的竞争力奠定了良好的基础。（廖应兵）

——摘自《长庆石油报》1992 年 10 月 10 日

环北轻烃回收装置运行良好

采油二厂环北首站大罐抽气轻烃回收装置投产两个多月来，运行良好，平均日产液化气两吨左右，轻质油 100 ~ 200 千克，质量达到国家标准。

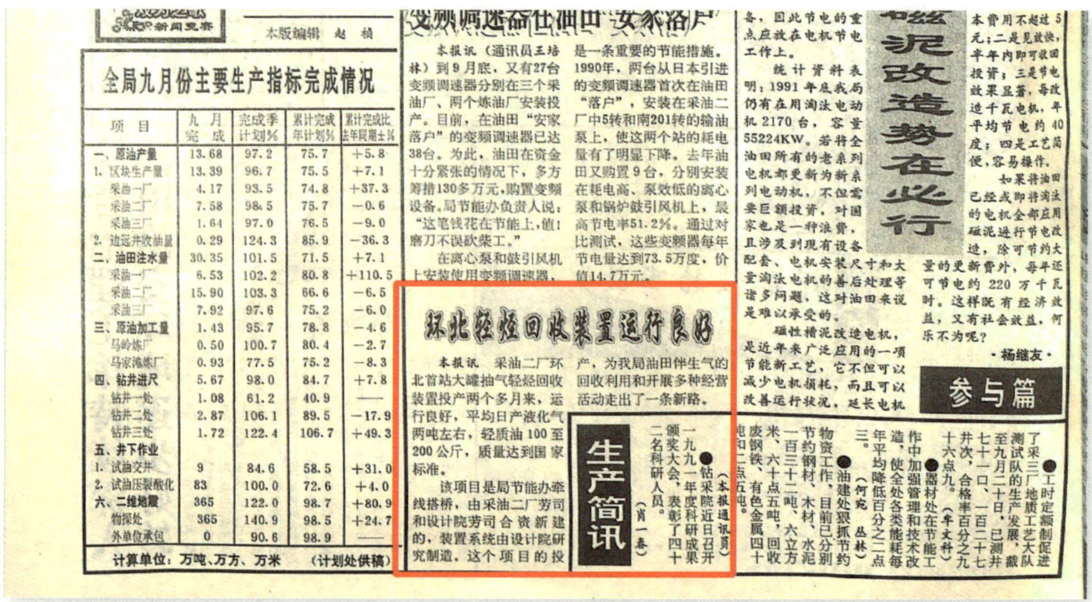

本版编辑　赵　桢

全局九月份主要生产指标完成情况

项　目	九月完成	完成季计划%	累计完成年计划%	累计完成比去年同期±%
一、原油产量	13.68	97.2	75.7	+5.8
1. 区块生产量	13.39	96.7	75.5	+7.1
采油一厂	4.17	93.5	74.8	+37.3
采油二厂	7.58	98.5	75.7	−0.6
采油三厂	1.64	97.0	76.5	−9.0
2. 边远井收油量	0.29	124.3	85.9	−36.3
二、油田注水量	30.35	101.5	71.5	+7.1
采油一厂	6.53	102.2	80.8	+110.5
采油二厂	15.90	103.3	66.6	−6.5
采油三厂	7.92	97.6	75.2	−6.0
三、原油加工量	1.43	95.7	78.8	−4.6
马岭炼厂	0.50	100.7	80.4	−2.7
马家滩炼厂	0.93	77.5	75.2	−8.3
四、钻井进尺	5.67	98.0	84.7	+7.8
钻井一处	1.08	61.2	40.9	——
钻井二处	2.87	106.1	89.5	−17.9
钻井三处	1.72	122.4	106.7	+49.3
五、井下作业				
1. 试油交井	9	84.6	58.5	+31.0
2. 试油压裂酸化	83	100.0	72.6	+4.0
六、二维地震	365	122.0	98.7	+80.9
物探处	365	140.9	98.5	+24.7
外单位承包	0	90.6	98.9	——

计算单位：万吨、万方、万米　（计划处供稿）

变频调速器在油田"安家落户"

本报讯（通讯员王培林）到9月底，又有27台变频调速器分别在三个采油厂、两个炼油厂安装投产。目前，在油田"安家落户"的变频调速器已达38台。为此，油田在资金十分紧张的情况下，多方筹措130多万元，购置变频设备。局节能办负责人说："这笔钱花在节能上，值！磨刀不误砍柴工。"

在离心泵和鼓引风机上安装使用变频调速器，是一条重要的节能措施。1990年，两台从日本引进的变频调速器首次在油田"落户"，安装在采油二厂中5转和南201转的输油泵上，使这两个站的耗电量有了明显下降。去年油田又购置9台，分别安装在耗电高、泵效低的离心泵和锅炉鼓引风机上，最高节电率51.2%。通过对比测试，这些变频器每年节电量达到73.5万度，价值14.7万元。

环北轻烃回收装置运行良好

本报讯　采油二厂环北首站大罐抽气轻烃回收装置投产两个多月来，运行良好，平均日产液化气两吨左右，轻质油100至200公斤，质量达到国家标准。

该项目是局节能办牵线搭桥，由采油二厂劳司和设计院劳司合资新建的，装置系统由设计院研究制造。这个项目的投产，为我局油田伴生气的回收利用和开展多种经营活动走出了一条新路。

泥改造势在必行

备，因此节电的重点应放在电机节电工作上。

统计资料表明：1991年底我局仍有在用淘汰电动机2170台，容量55224KW。若将全油田所有的老系列电机都更新为新系列电动机，不但需要巨额投资，对国家也是一种浪费，且涉及到现有设备配套、电机安装尺寸和大量淘汰电机的善后处理等诸多问题，这对油田来说是难以承受的。

磁性槽泥改造电机，是近年来广泛应用的一项节能新工艺，它不但可以减少电机损耗，而且可以改善运行状况，延长电机

本费用不超过5元；二是见效快，半年内即可收回投资；三是节电效果显著，每改造千瓦电机，年平均节电约40度；四是工艺简便，容易操作。

如果将油田已经或即将淘汰的电机全部应用磁泥进行节电改造，除可节约大量的更新费外，每年还可节电约220万千瓦时。这样既有经济效益，又有社会效益，何乐不为呢？

·杨继友·

参与篇

生产简讯

●工时定额制促进了采三厂地质工艺大队测试队的生产发展，截至九月二十日，已测井七十一口、一百二十七井次，合格率百分之九十六点九。（牟文科）

●器材处在节能工作中加强管理和技术改造，使全处各类能耗每年平均降低百分之二点三。（何宪 丛林）

●油建处狠抓节约物资工作，目前已分别节约钢材、木材、水泥一百三十二吨、六立方米、六十点五吨，回收废钢铁、有色金属四十吨和二点五吨。

●钻采院近日召开一九九一年度科研成果颁奖大会，表彰了四十二名科研人员。（本报通讯员）（肖一春）

该项目是局节能办牵线搭桥，由采油二厂劳司和设计院劳司合资新建的，装置系统由设计院研究制造。这个项目的投产，为我局油田伴生气的回收利用和开展多种经营活动走出了一条新路。

——摘自《长庆石油报》1992 年 10 月 10 日

减少油气损耗　增加经济效益

3　长庆石油报　1992年11月18日

独树一帜，国内首创，长庆油田勘察设计研究院科技产品开发部生产的大罐轻烃回收装置，将给全国各采油厂开辟新的创收之路

减少油气损耗　增加经济效益

大罐轻烃回收装置是我院继成功研制小型橇装式轻烃回收装置之后的又一科研硕果。该装置能够在保证油罐绝对安全的情况下，稳定、可靠地从油罐挥发气中回收轻烃，并直接生产出合格的石油液化气和轻油产品。

大罐轻烃回收装置有如下特点：

一、有很高的经济效益：

由于大罐原油挥发气是常压下从原油中挥发出的伴生气，挥发气中的 C_3C_4 含量一般都很高，装置投产后，在气源充足的情况下，4～5个月即可收回投资，在一般情况下，一年即可收回投资，经济效益远远超过一般的轻烃回收装置。

二、节约能源，净化环境：

国内各油田在油气集输过程中，普遍因油罐挥发气造成大量油气损耗，约占原油总产量的1%～3%，不仅是很大的资源浪费，还污染了大气。采用大罐轻烃回收装置，可以同时有效地解决这两个问题。

三、防火、防爆、防雷、防腐蚀，确保安全生产：

油罐密闭是油罐防火、防爆、防雷的主要措施。油罐内的空间没有足够的氧是不可能被引爆或燃的。没有油气外泄，也不能在罐外引燃并波及罐内，从而保证了大罐的安全生产。同时，油罐密闭，可大大减轻油罐罐壁的腐蚀。

四、是原油稳定的一种基本手段：

在一些产量较小的站，或者开发初期，本装置可取代原油稳定装置（在美国，有相当大一部分站进行大罐抽气后就不再设原油稳定装置而直接外输），通过大罐抽气使原油达到相当程度的稳定，取得双倍的效益；

五、装置小型橇装化：

该装置分单元橇装组合，可吊装运输，迅速安装和投产，可以根据用户气源情况，随时定期进行移动、搬迁，选择回收站址。

六、大罐轻烃回收装置，填补了我国的一项空白，属国内首创。

七、有关参数：

型号	处理能力 M^3/d	工作压力 MPa	冷凝温度 ℃	C3回收率 C3+C4>30%	价格 万元/套
Ⅰ型	5000	2.2	−10	≥70%	100
Ⅱ型	10000	2.2	−10	≥70%	180
Ⅲ型	20000	2.2	−10	≥70%	250

经理　夏化民

设计制造人员正在研究装置组装

独树一帜，国内首创。长庆油田勘察设计研究院科技产品开发部生产的大罐轻烃回收装置，将给全国各采油厂开辟新的创收之路。

大罐轻烃回收装置是我院继成功研制小型橇装式轻烃回收装置之后的又一科研硕果。该装置能够在保证油罐绝对安全的情况下，稳定、可靠地从油罐挥发气中回收轻烃，并直接生产出合格的石油液化气和轻油产品。

大罐轻烃回收装置有如下特点：

一、有很高的经济效益

由于大罐原油挥发气是常压下从原油中挥发出的伴生气，挥发气中的 C_3 、C_4 含量一般都很高，装置投产后，在气源充足的情况下，4 ~ 5 个月即可收回投资，在一般情况下，一年即可收回投资，经济效益远远超过一般的轻烃回收装置。

二、节的能源，净化环境

国内各油田在油气集输过程中，普遍因油罐挥发气造成大量油气损耗，约占原油总产量的 1% ~ 3%, 不仅是很大的资源浪费，还污染了大气。采用大罐轻烃回收装置，可以同时有效地解决这两个问题。

三、防火、防爆、防雷、防腐蚀，确保安全生产

油罐密闭是油罐防火、防爆、防雷的主要措施，油罐内的空间没有足够的氧是不可能被引爆或引燃的。没有油气外泄，也不能在罐外引燃并波及罐内，从而保证了大罐的安全生产。同时，油罐密闭后，可大大减轻油罐罐壁的腐蚀。

四、是原油稳定的一种基本措施

在一些产量较小的站，或者在开发初期，本装置可取代原油稳定装置（在美国，有相当大一部分站进行大罐抽气后就不再设原油稳定装置而直接外输），通过大罐抽气使原油达到相当程度的稳定，取得双倍的效益。

五、装置小型橇装化

该装置分单元橇装组合，可整体吊装运输，迅速安装和投产，可以根据用户气源情况，随时或定期进行移动、搬迁，选择最佳回收站址。

六、大罐轻烃回收装置

该装置填补了我国的一项空白，属国内首创。

——摘自《长庆石油报》1992 年 11 月 18 日

二机厂设计院共建岩土公司

二机厂与设计院共建了长庆岩土工程公司。

他们一反楼房建造中惯用的挖坑打地基的传统做法，利用他们的专业优势和目前国内最先进的专利技术，在地面定好新建楼房桩基位置后，用打桩机凿洞并注入地基材料夯实即成，一个洞约需 7 分钟。不仅使原施工需要的数台推土机、压路机及 30 名施工人员，压缩到一台打桩机及人员 6 名外，而且成本低，速度比原施工方法提高一倍。（宋惠英）

——摘自《长庆石油报》1992 年 11 月 25 日

CHANGQING SHIYOU BAO

星期三 第2784期

实行三层分离 推行项目法施工

油建处第一套改革方案出台

局基层团干研讨班提出

紧密围绕油田的生产建设 开展小型多样业余化活动

围绕生产改进活动内容 以实绩论功过定升降

局党委和勘探局要求各单位

年终总结要以强化企业管理为目的

第四届头条新闻竞赛

"飞毛腿"白双来

油田短波

采用新技术新工艺

吴华输油管线投产

二机厂设计院共建岩土公司

采用新技术新工艺

吴华输油管线投产

我局第一条长距离、泵到泵、小管径输油管线——吴旗—华池输油管线，于 10 月 26 日凌晨 4 时全线输水贯通。管线经试压、热水预热，建立输油温度场后，10 月 30 日开始输油。11 月 1 日 17 时整，经连续输油，华池集油站开始正式进油。

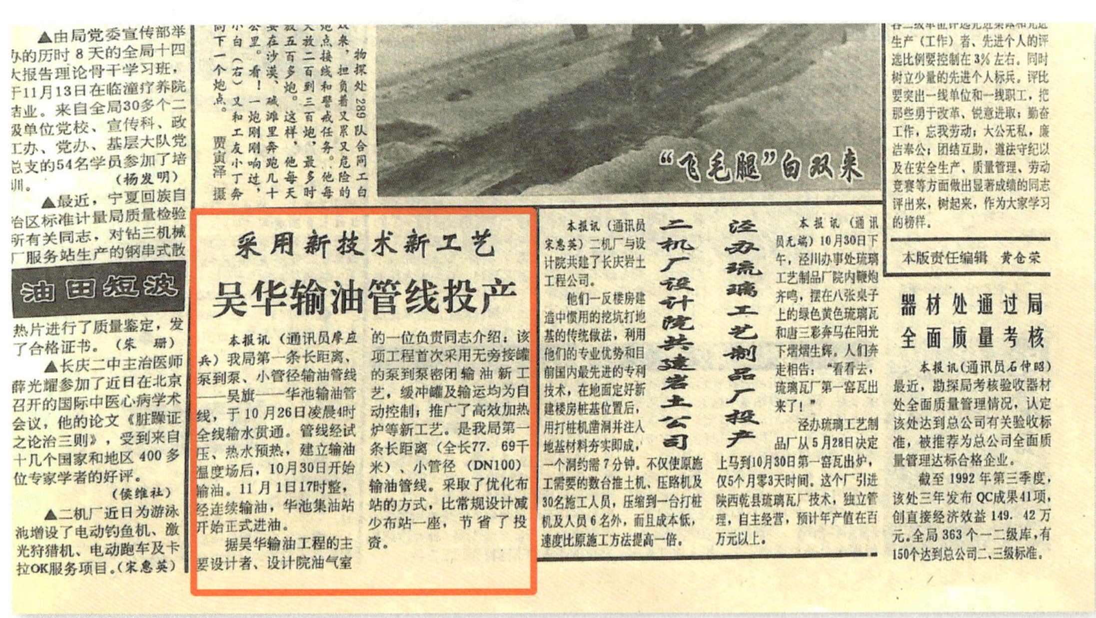

▲由局党委宣传部举办的历时 8 天的全局十四大报告理论骨干学习班，于11月13日在临潼疗养院结业。来自全局30多个二级单位党校、宣传科、政工办、党办、基层大队党总支的54名学员参加了培训。（杨发明）

▲最近，宁夏回族自治区标准计量局质量检验所有关同志，对钻三机械厂服务站生产的钢串式散热片进行了质量鉴定，发了合格证书。（朱 珊）

油田短波

▲长庆二中主治医师薛光耀参加了近日在北京召开的国际中医心病学术会议，他的论文《脏躁证之论治三则》，受到来自十几个国家和地区 400 多位专家学者的好评。（侯维社）

▲二机厂近日为游泳池增设了电动钓鱼机、激光狩猎机、电动跑车及卡拉OK服务项目。（宋惠英）

……物探处 289 队合同工白……来，担负着又累又危险的……炮点接线和警戒任务。他每……天放二百到三百炮，最多时……放五百多炮。这样，他每天……要在沙漠、碱滩里奔跑几十……公里。看！一炮刚刚响过，……小白（右）又和工友小丁奔……向下一个炮点。

贾寅泽 摄

“飞毛腿”白双来

采用新技术新工艺

吴华输油管线投产

本报讯（通讯员廖应兵）我局第一条长距离、泵到泵、小管径输油管线——吴旗——华池输油管线，于 10 月26日凌晨4时全线输水贯通。管线经试压、热水预热，建立输油温度场后，10月30日开始输油。11 月 1日17时整，经连续输油，华池集油站开始正式进油。

据吴华输油工程的主要设计者、设计院油气室的一位负责同志介绍：该项工程首次采用无旁接罐的泵到泵密闭输油新工艺，缓冲罐及输运均为自动控制；推广了高效加热炉等新工艺。是我局第一条长距离（全长77．69千米）、小管径（DN100）输油管线。采取了优化布站的方式，比常规设计减少布站一座，节省了投资。

二机厂设计院共建岩土公司

本报讯（通讯员宋惠英）二机厂与设计院共建了长庆岩土工程公司。

他们一反楼房建造中惯用的挖坑打地基的传统做法，利用他们的专业优势和目前国内最先进的专利技术，在地面定好新建楼房桩基位置后，用打桩机凿洞并注入地基材料夯实即成，一个洞约需 7 分钟。不仅使原施工需要的数台推土机、压路机及30名施工人员，压缩到一台打桩机及人员 6 名外，而且成本低，速度比原施工方法提高一倍。

泾办琉璃工艺制品厂投产

本报讯（通讯员无端）10月30日下午，泾川办事处琉璃工艺制品厂院内鞭炮齐鸣，摆在八张桌子上的绿色黄色琉璃瓦和唐三彩奔马在阳光下熠熠生辉，人们奔走相告：“看看去，琉璃瓦厂第一窑瓦出来了！”

泾办琉璃工艺制品厂从 5 月28日决定上马到10月30日第一窑瓦出炉，仅5个月零3天时间。这个厂引进陕西乾县琉璃瓦厂技术，独立管理，自主经营，预计年产值在百万元以上。

……生产（工作）者、先进个人的评选比例要控制在 3% 左右。同时树立少量的先进个人标兵。评比要突出一线单位和一线职工，把那些勇于改革、锐意进取；勤奋工作，忘我劳动；大公无私，廉洁奉公；团结互助，遵法守纪以及在安全生产、质量管理、劳动竞赛等方面做出显著成绩的同志评出来，树起来，作为大家学习的榜样。

本版责任编辑 黄仓荣

器材处通过局全面质量考核

本报讯（通讯员石仲昭）最近，勘探局考核验收器材处全面质量管理情况，认定该处达到总公司有关验收标准，被推荐为总公司全面质量管理达标合格企业。

截至 1992 年第三季度，该处三年发布 QC成果41项，创直接经济效益 149．42 万元。全局 363 个一二级库，有150个达到总公司二、三级标准。

据吴华输油工程的主要设计者、设计院油气室的一位负责同志介绍：该项工程首次采用无旁接罐的泵到泵密闭输油新工艺，缓冲罐及输运均为自动控制；推广了高效加热炉等新工艺，是我局第一条长距离（全长 77.69 千米）、小管径 (DN100) 输油管线。采取了优化布站的方式，比常规设计减少布站一座，节省了投资。（廖应兵）

——摘自《长庆石油报》1992 年 11 月 25 日

设计院开发应用微机

油田地面建设概算管理初见成效

为提高油田地面工程建设概算编制质量和速度，将概算人员从大量的、烦琐的手工操作中解脱出来，勘察设计研究院在 Com-paq386 微机上成功地开发出《油田地面建设概算管理系统》，并已正式投入使用，效果良好。

该系统采用 CCDOS2.13H 和 Foxbase2.10 关系数据库研制而成，系统设计采用结构化程序设计方法开发，并大量地运用了数据变长压缩技术、“邮政编码”式取费填写技术等程序设计技巧。

整个系统包括价格管理、概算定额管理、工程概算和估算指标编制四个子系统。除具有数据入库、维护、检索、计算及报表打印等 9 大功能以外，还具有操作简便、易于维护等 15 大特点。

该系统从 1992 年 5 月份全面投入使用以来，已有 116 项、4.15 亿元的大中型油田产能建设和矿区建设工程的施工图概算和初步设计概算进入了微机管理，占全部工程的 90%，概算电算化程度达 70%，概算编制优良率达 98%。截至目前，已为国家减少了 2000 万元的概算投资误差。由于该系统的建成，基本上结束了油田长期以来手工编制概算和建设投资估算无指标的历史，它不仅加快了工程概算的编制速度，而且提高了编制质量，从而将在工程项目管理、投资控制等方面产生很大的经济效益和社会效益。（苟恩国）

——摘自《长庆石油报》1993 年 3 月 17 日

设计院防洪工作扎实

未雨绸缪　防患未然

在前段时间几场较大暴雨之后，设计院院内各排洪渠道畅通无阻，院区内无积水、无烂泥。7 月 9 日在勘探局防洪防汛大检查中，获得较好评价。

未雨绸缪　防患未然

设计院防洪工作扎实

本报讯（通讯员姚新彦）在前段时间几场较大暴雨之后，设计院院内各排洪渠道畅通无阻，院区内无积水、无烂泥。7月9日在勘探局防洪防汛大检查中，获得较好评价。

今年以来，勘察设计研究院把防洪防汛工作当作全院安全生产的一个重要内容，多次召开会议落实防洪防汛措施，真正做到了防洪防汛机构落实、任务落实、资金落实和人员落实。入夏后，设计院及时组织力量疏通排水渠道1048.3米，修复屋顶415平方米，拉运土石方624立方米，投入资金4700多元。同时，他们还与驻扎院区的施工队建立横向防洪防汛抢险网络，进一步加强了全院的防洪防汛工作。

本版责任编辑　赵　桢

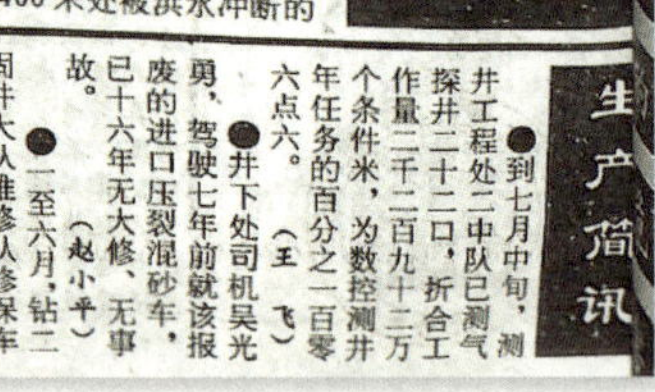

今年以来，勘察设计研究院把防洪防汛工作当作全院安全生产的一个重要内容，多次召开会议落实防洪防汛措施，真正做到了防洪防汛机构落实、任务落实、资金落实和人员落实。入夏后，设计院及时组织力量疏通排水渠道 1048.3 米，修复屋顶 415 平方米，拉运土石方 624 立方米，投入资金 4700 多元。同时，他们还与驻扎院区的施工队建立横向防洪防汛抢险网络，进一步加强了全院的防洪防汛工作。（姚新彦）

——摘自《长庆石油报》1993 年 8 月 4 日

设计院科研人员齐心攻关精心研制洗井车反冲洗装置正式投入运行

由设计院给排水工程师李德勇、张廷秀和电气工程师何炳忠等共同设计、该院科技产品开发部生产的首套价值 50 多万元的洗井车反冲洗橇装站，于去年 10 月 24 日在安塞王窑 6-71 注水井场正式投入运行。这标志着我局油井注水工艺达到了一个新水平。

近年来，我局在安塞王窑区、侯市区相继采用了单干管、小支线活动洗井注水工艺流程，而由于没有配套的洗井车反冲洗装置，给注水新工艺的正常运转带来了诸多困难。为了尽快缓解这一被动局面，设计院经过反复研究，技术论证，方案比选，终于研制生产出第一套洗井车反冲洗橇装站。

该装置的主要功能是接收各区块的活动洗井车，进行水处理材料的再生处理，及清洁工作，保障活动洗井车正常运行。它主要由组合变电箱、水泵、压缩机房、隔油箱、给水箱、洗衣机房及值班室组成。其主要特点是: 工艺先进，利用水气混合液进行整机冲洗，洗油效果好；给水、污水等流程比较完善，既能节约用水，又不污染环境；结构紧凑，组合拉运方便，由 7 个橇装单体装配组合一小型反冲洗站，占地面积小、搬运方便，具有较大的机动灵活性。两个月来，这座橇装反冲洗站运行效果良好，受到用户的一致好评。（苏忠华）

——摘自《长庆石油报》1994 年 1 月 15 日

念好产品开发经

集体企业要“走向大市场，跃上新台阶”，面临的任务十分艰巨。窃以为，最重要的是要念好新产品开发这本经。

纵观国外的知名企业，如德国的“大众”、日本的“松下”，无一不是靠它的优质产品驰骋于国际市场而誉满全球。国外如此，近年来国内众多企业也不甘落后，它们按照社会主义市场经济的规律运作，开发出了一批又一批产品，如青岛的“双星”牌旅游鞋、咸阳的“505”神功元气袋、杭州的“娃哈哈”营养液等，在强手如林的市场竞争中独占鳌头，不但最大限度地占领了国内市场，而且已把触角伸向了国际市场。

开发新产品是一项极其艰难困苦的工作，因为它技术难度大，工艺不定型；未知因素多，责任重，风险大，没有一种勇于开拓、锐意进取的精神，是不敢涉足这一领域的。这就要求我们的厂长（经理）发扬无私奉献精神，抛弃个人得失，紧紧抓住机遇，敢于承担风险，把眼光盯在“三高”（即高新技术、高起点、高效益）“两低”（即低物耗、低能耗）的项目上，大胆开发试制。

要搞好新产品开发，必须注意以下几个要素；首先，加强市场调查研究。要有超前意识，力争抢先一步，占领市场，做到人无我有，人有我新，人新我优。使新产品开发始终能够处在领先地位；其次，注意提高产品质量。质量是产品的生命，是效益的基础，是提高企业信誉、占领市场、参与竞争的重要保证。要想提高新产品的竞争力，就必须建合格的质量保证体系，并在产品的加工和制造中实施；再次，提高产品的附加值，抢用高新技术。技术含量越高的产品卖价越高，附加值越大。因此，只有瞄准高新技术，才能获得最佳效益。最后，要有勇于承担风险的精神，风险越大，带来的效益越高。如果不愿承担风险，安于现状，缺乏独创精神，企业就很难有较快的发展，弄不好会被市场淘汰。

油田集体企业中，一些富有远见卓识的厂长（经理）已经在新产品开发上下了很大功夫，得到了市场丰厚的回报。所以，我认为，从事工业产品生产的油田集体企业，要想在市场上站稳脚跟，就必须念好新产品开发这本经。（夏化民）

——摘自《长庆石油报》1994 年 7 月 15 日

设计院计算机开发应用成效显著

“要想跟上市场跑，就得人脑加电脑！”

设计院坚持把开发应用计算机，作为增强市场竞争能力和推进企业科学管理的一件大事来抓。据统计，近 3 年来，这个院计算机绘图量平均每年以 80% 以上的速度增长：

1992 年为 200 标准张，1993 年为 600 标准张，今年预计可达 800 多标准张。与此同时，还陆续引进、研究、开发了一批软件产品，并在生产经营管理、劳资管理、财务管理、干部管理等环节，全部实现了计算机管理。

1994年12月3日 4 长庆石油报 科技·广告

“要想跟上市场跑，就得人脑加电脑！”

设计院计算机开发应用成效显著

本报讯（通讯员廖应兵）设计院坚持把开发应用计算机，作为增强市场竞争能力和推进企业科学管理的一件大事来抓。据统计，近3年来，这个院计算机绘图量平均每年以80%以上的速度增长：1992年为200标准张，1993年为600标准张，今年预计可达800多标准张。与此同时，还陆续引进、研究、开发了一批软件产品，并在生产经营管理、劳资管理、财务管理、干部管理等环节，全部实现了计算机管理。

“要想跟上市场跑，就得人脑加电脑！”这是设计院领导和广大专业技术人员在长期的勘察、设计、规划、科研等工作中所取得的共识。该院积极采取委托代培、脱产轮训和定期举办技术讲座等有效途径和形式，使60%以上的专业技术人员较为全面、系统地掌握了CADC计算机辅助设计、应用知识；该院还大力加强计算机硬件建设，想方设法筹措资金购置各种先进、适应的机型，使10多台AST386和AST486及COMPag386、COMPag486等计算机，分布、充实到各专业室。

此外，这个院还十分重视各专业业务骨干的计算机软件开发工作。油气室副主任、青年高工李时宣研究开发的《og软件推广》、《输油管线软件》及该室青年工程师唐长贤研究开发的《分流塔Hsm软件》等，曾分别获得勘探局科技成果一、二等奖；技术经济室青年工程师荀恩国近几年来先后研究开发出《油田地面建设概算管理系统》、《部局处三级地质勘探数据库管理系统》等6项软件包，其中有几项成果多次获得省（部）、局级奖励。作为全院计算机硬、软件“总管”的电算室，在确保硬、软件正常维修和计算机绘图出版的同时，全室9名同志与各专业密切配合，积极开发了《计算机辅助压力容器检验系统》、《网络优化设计在油气集输布站方面的应用》等各项软件，并有多项成果屡次获奖，有力地促进了生产、经营及技术进步。

依靠科技进步探索水淹层测井解释方法

测井处走有长庆地质特色新路子

本报讯（通讯员王飞）测井处依靠科技进步，积极探索高含水期油田开发中的水淹层测井解释方法，终于走出一条具有长庆地质特色的新路子。若以不漏掉油层为标准，该处水淹层测井解释二类符合率达78.9%。

位于陕甘宁盆地南部的马岭油田从1971年开发至今，历经9年开发准备阶段和8年稳产阶段，年产约70万吨。1979年开始注水开发，1988年后年产量由1987年70.74万吨逐渐降至1992年的41.55万吨，综合含水由开发初期的10%上升到1992年的63.2%，完全进入中高含水期。为此，勘探局把水淹层测井解释列为“控水稳油”综合调整的一项重要工作。

马岭油田的储层主要为侏罗系延安组砂岩，砂层薄、油砂体小、含油饱和度低，给测井解释工作带来了很大困难。测井处充分发挥自身技术优势，注意消化吸收国内外高新测井技术，做好各项基础工作。一是逐步完善淡水水淹层的测井系列，碳氧比测井不仅能直接确定储层含油性好坏，还能求取剩余油饱和度；二是抓好野外资

钻采院……

本报讯（通讯员牛建中）钻采院固井研究室科研人员奋战10个多月，现已完成居于全国领先水平的延迟固井工艺、7″及5″尾管悬挂和气井井口套管

“要想跟上市场跑，就得人脑加电脑！”这是设计院领导和广大专业技术人员在长期的勘察、设计、规划、科研等工作中所取得的共识。该院积极采取委托代培、脱产轮训和定期举办技术讲座等有效途径和形式，使 60% 以上的专业技术人员较为全面、系统地掌握了 CADC 计算机辅助设计、应用知识；该院还大力加强计算机硬件建设，想方设法筹措资金购置各种先进、适应的机型，使 10 多台 AST386 和 AST486 及 COMPag386、COMPag486 等计算机，分布、充实到各专业室。

此外，这个院还十分重视各专业业务骨干的计算机软件开发工作。油气室副主任、青年高工李时宣研究开发的《og 软件推广》《输油管线软件》及该室青年工程师唐长贤研究开发的《分流塔 Hsm 软件》等，曾分别获得勘探局科技成果一、二等奖；技术经济室青年工程师苟恩国近几年来先后研究开发出《油田地面建设概算管理系统》《部局处三级地质勘探数据库管理系统》等 6 项软件包，其中有几项成果多次获得省（部）、局级奖励。作为全院计算机硬、软件“总管”的电算室，在确保硬、软件正常维修和计算机绘图出版的同时，全室 9 名同志与各专业密切配合，积极开发了《计算机辅助压力容器检验系统》《网络优化设计在油气集输布站方面的应用》等各项软件，并有多项成果屡次获奖，有力地促进了生产、经营及技术进步。（廖应兵）

——摘自《长庆石油报》1994 年 12 月 3 日

从设计抓起

1995年10月7日 2 长庆石油报 经营·管理

干什么 赛什么 缺什么 练什么
井下处积极营造职工展示才华大舞台

严管理 降成本 增效益
油建处机运大队扭亏为盈

强化"家规" 促进管理
采油三厂规范企业行为 初创佳绩

昔日"油大头" 今日"吝啬鬼"
钻三机械厂开展增产节约活动见效快

采油二厂华池基地加强用水管理月节资近万元

10月9日——14日 为全国节能宣传周

节约能源 保护资源

从设计抓起
●甄化

凡兴建一项工程，都需要有一个好的设计。设计得好，不仅投资可以省，工程进度可以快，还能为竣工后投产、使用奠定好的基础。我局燕鸽湖基地的设计就是一例。

燕鸽湖基地规模2000余亩，是迄今我局最大的基地建设项目。设计院在设计中大胆采用先进技术，如采用碎石挤密桩及强夯法处理房屋基地；对场地平整搞横向设计，由一个平面形状改为折面形；用多孔心砖代替实心黏土砖等，共节约投资4569万元。这足以说明设计工作对经济效益何等重要！

长期以来，一些人不认识设计的重要性，存在着重生产而轻管理、重施工而轻设计的现象，使企业吃了不少苦头。例如，刚修好一条街道，今天挖开修建下水道，过几日又挖开街面敷设电缆；刚完工的民用楼房，今天挖地平铺地板砖，明天在墙上打眼装闭路电视线路。假如有个好的整体设计，哪里会有这么多的折腾！难怪人们说：“错画一条线，工人满身汗，挥金多少万！”

正反两方面的经验都证明：设计不周或出错，必然造成惊人的浪费；一个好的设计，必将带来巨大的经济效益。因此，我们无论搞工程建设还是搞新产品开发，都应从设计抓起。（甄化）

——摘自《长庆石油报》1995年10月7日

设计院严把工程设计节能降耗关

近年来，设计院十分重视节能降耗工作，极力宣传节能知识和国家对工程设计的节能降耗要求及技术规范标准，努力提高专业技术人员的节能意识。

节能降耗必须先从工程设计做起，设计节能是重要的节约途径。该院在实践中坚持把节能降耗、少投入多产出、提高油田地面工程建设效益，作为衡量单位设计水平的重要标准，积极推广采用节能新工艺、节能新技术、新设备。对每一项设计方案的产生，都要通过深入实际，调查研究，反复论证，多方案比选，室、院、局三级讨论审定，从而使节能降耗、少投入多产出的设计宗旨在油田地面工程建设中得以充分体现。

该院还特别重视节能科研攻关。近几年中先后研制成功“大罐轻烃回收装置”“CDJ-5破乳剂”“燃油锅炉渣油渗水乳化”等成果。1990年以来，共获局、总公司、省级节能项目奖20项。（鉴浇）

——摘自《长庆石油报》1995年10月14日

设计院以科技创效益

并为银川基地节约大量资金

设计院领导组织专业技术人员认真讨论，在银川燕鸽湖基地的设计中，大胆采用先进技术，大大地节约了工程投资。

——在房屋基地处理上，采用碎石挤密桩及强夯法，从而节约了投资。

——对场地平整搞横向设计，由一个平面形状改为折面形，由过去填土方 306 万立方米降为 220 万立方米，减少填土 86 万立方米，从而节约了投资。

——对墙体进行技术改造，用多孔心砖代替实心黏土砖，经银川市建委、银川市墙改办审查，完全符合国家节能住宅要求。住宅设计，采用砖混结构，经石油天然气总公司抗震办公室组织专家审查，确认这种结构完全符合抗震 8 度设计要求。

——对场区管线，再不做混凝土管沟，而采用直埋的方式（直埋管线高度在地下水位以上），节约了投资。

——摘自《长庆石油报》1995 年 11 月 18 日

设计院大干五十天

掀起产建设计会战高潮

今年设计院接到局下达的80万吨原油产建设计任务，为历年来产建最多的一年。设计院以此为契机，积极开展产能建设设计会战年，为全年各项工作开好了头，起好了步。

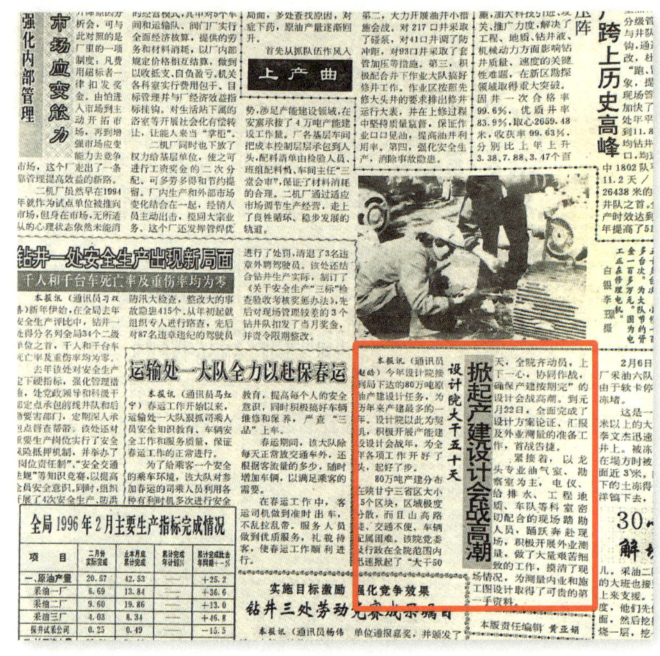

市场应变能力

强化内部管理

上产曲

钻井一处安全生产出现新局面

千人和千台车死亡率及重伤率均为零

运输处一大队全力以赴保春运

全局1996年2月主要生产指标完成情况

项目	二月份实际完成	止本月底累计完成	累计完成年计划%	累计完成比去年同期+-%
一、原油产量	20.57	42.53	—	+25.2
采油一厂	6.69	13.84	—	+36.6
采油二厂	9.60	19.86	—	+13.0
采油三厂	4.03	8.34	—	+46.8
探井试采公司	0.25	0.49	—	−15.5

实施目标激励 强化竞争效果

钻井三处劳动竞赛成果显著

跨上历史高峰

掀起产建设计会战高潮

设计院大干五十天

本报讯（通讯员赵皓）今年设计院接到局下达的80万吨原油产建设计任务，为历年来产建最多的一年。设计院以此为契机，积极开展产能建设设计会战年，为全年各项工作开好了头，起好了步。

80万吨产建分布在陕甘宁三省区大小15个区块，区域极度分散，而且山高路陡、交通不便、车辆配属困难。该院党委及行政在全院范围内迅速掀起了"大干50天，全院齐动员，上下一心，协同作战，确保产建按期完"的设计会战高潮。到元月22日，全面完成了设计方案论证、汇报及外业测量的准备工作，首战告捷。

紧接着，以龙头专业油气室、勘察室为主，电仪、给排水、工程地质、车队等科室密切配合的现场踏勘人员，踊跃奔赴现场，积极开展外业测量，做了大量艰苦细致的工作，摸清了现场情况，为测量内业和施工图设计取得了可贵的第一手资料。

本版责任编辑 黄亚娟

80万吨产建分布在陕甘宁三省区大小15个区块，区域极度分散，而且山高路陡、交通不便、车辆配属困难。该院党委及行政在全院范围内迅速掀起了“大干50天，全院齐动员，上下一心，协同作战确保产建按期完”的设计会战高潮。到元月22日，全面完成了设计方案论证、汇报及外业测量的准备工作，首战告捷。

紧接着，以龙头专业油气室、勘察室为主，电仪、给排水、工程地质、车队等科室密切配合的现场踏勘人员，踊跃奔赴现场，积极开展外业测量，做了大量艰苦细致的工作，摸清了现场情况，为测量内业和施工图设计取得了可贵的第一手资料。（赵皓）

——摘自《长庆石油报》1996年3月8日

设计院计算机辅助设计形势喜人

加速计算机应用步伐　促进勘察设计现代化

设计院积极筹集资金，引进高档微机56台，使该院各专业室拥有微机总数达85台，接近平均两名专业设计人员就有1台微机，计算机出图率上升到50.1%，达到了建设部对甲级设计院1995年计算机。出图率的标准要求，基本实现了两个工程设计人员有一台以上微机的目标。

为了让专业设计人员迅速掌握辅助设计（CAD）技术，该院组织计算机学习班两期，共有110人报名参加学习，出现了设计人员踊跃学习CAD技术的喜人局面。与此同时，该院还引进SUN工作站两台及CV公司的管道设计、建筑设计软件；完成了各专业室及档案室计算机联网工程；先后选送有关技术人员近20人次，分别到上海、北京以及华北石油设计院进行培训。随着该系统的投入运行，标志着该院CAD技术由单机运行进入网络运行，由二维设计进入三维模型设计新阶段，大大促进了该院勘察设计技术的现代化。

另外，在机关管理工作现代化方面，生产计划、财务、劳资、干部管理等部门已实现计算机数据库管理，为下一步院机关管理工作进入全院计算机网络创造了条件。（赵皓）

——摘自《长庆石油报》1996年3月8日

设计院一项配套技术获奖

由设计院承担的总公司重点新技术项目“安塞特低渗透油田地面建设新工艺新技术推广配套技术”，于年初通过总公司验收，最近荣获总公司新技术推广项目优秀奖，3 月 5 日又获局优秀开发项目奖。

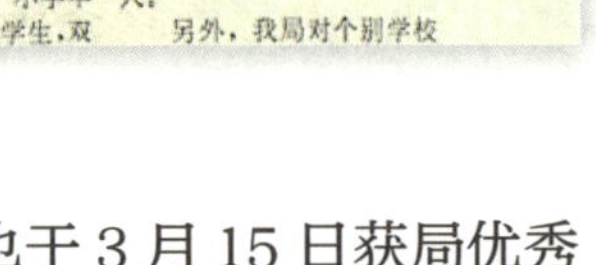

设计院一项配套技术获奖

本报讯（通讯员赵皓）由设计院承担的总公司重点新技术项目“安塞特低渗透油田地面建设新工艺新技术推广配套技术”，于年初通过总公司验收，最近荣获总公司新技术推广项目优秀奖，3月5日又获局优秀开发项目奖。

另外，该院承担的“陕甘宁中部气田开发先导性试验”，也于3月15日获局优秀开发奖。

另外，该院承担的“陕甘宁中部气田开发先导性试验”，也于 3 月 15 日获局优秀开发奖。（赵皓）

——摘自《长庆石油报》1996 年 4 月 12 日

开仓亮库搞设计　开源节流增效益

设计院利用积压物资达 400 多万元

今年以来，设计院从全局利益出发，尽量利用器材处库存积压物资，开仓亮库搞设计。截至不久前，已在设计中采用库存物资金额达 415.76 万元，有效地降低了库存积压。

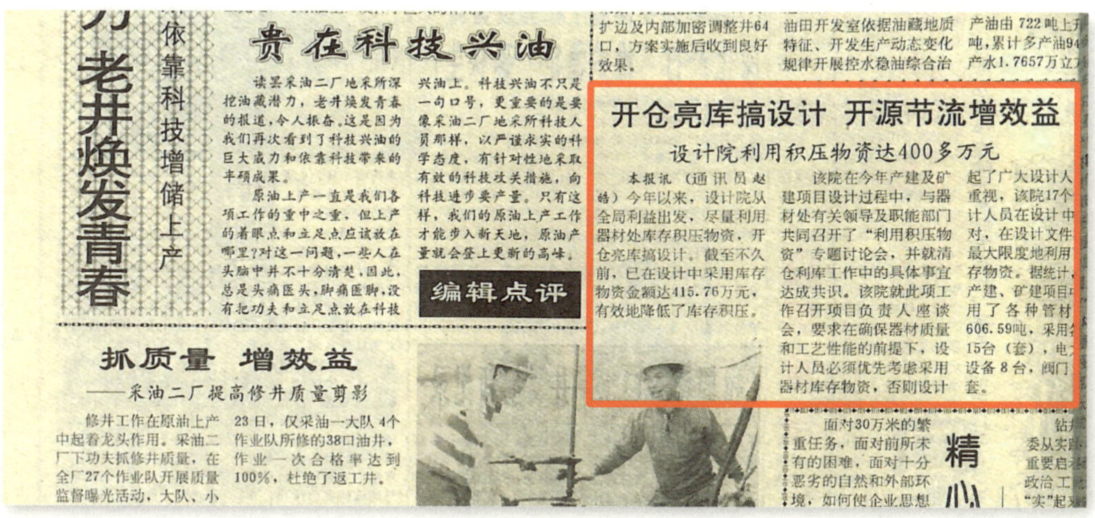

老井焕发青春

依靠科技增储上产

贵在科技兴油

读罢采油二厂地采所深挖油藏潜力，老井焕发青春的报道，令人振奋。这是因为我们再次看到了科技兴油的巨大威力和依靠科技带来的丰硕成果。

原油上产一直是我们各项工作的重中之重，但上产的着眼点和立足点应该放在哪里？对这一问题，一些人在头脑中并不十分清楚，因此，总是头痛医头，脚痛医脚，没有把功夫和立足点放在科技兴油上。科技兴油不只是一句口号，更重要的是要像采油二厂地采所科技人员那样，以严谨求实的科学态度，有针对性地采取有效的科技攻关措施，向科技进步要产量。只有这样，我们的原油上产工作才能步入新天地，原油产量就会登上更新的高峰。

编辑点评

扩边及内部加密调整井64口，方案实施后收到良好效果。

油田开发室依据油藏地质特征、开发生产动态变化规律开展控水稳油综合治

产油由 722 吨上升
吨，累计多产油94
产水1.7657万立方

开仓亮库搞设计　开源节流增效益

设计院利用积压物资达400多万元

本报讯（通讯员赵皓）今年以来，设计院从全局利益出发，尽量利用器材处库存积压物资，开仓亮库搞设计。截至不久前，已在设计中采用库存物资金额达415.76万元，有效地降低了库存积压。

该院在今年产建及矿建项目设计过程中，与器材处有关领导及职能部门共同召开了“利用积压物资”专题讨论会，并就清仓利库工作中的具体事宜达成共识。该院就此项工作召开项目负责人座谈会，要求在确保器材质量和工艺性能的前提下，设计人员必须优先考虑采用器材库存物资，否则设计

起了广大设计人员重视，该院17个设计人员在设计中对，在设计文件最大限度地利用库存物资。据统计，产建、矿建项目中用了各种管材606.59吨，采用各15台（套），电力设备 8 台，阀门套。

抓质量　增效益

——采油二厂提高修井质量剪影

修井工作在原油上产中起着龙头作用。采油二厂下功夫抓修井质量，在全厂27个作业队开展质量监督曝光活动，大队、小

23 日，仅采油一大队 4个作业队所修的38口油井，作业一次合格率达到100%，杜绝了返工井。

面对30万米的繁重任务，面对前所未有的困难，面对十分恶劣的自然和外部环境，如何使企业思想

精心

该院在今年产建及矿建项目设计过程中，与器材处有关领导及职能部门共同召开了“利用积压物资”专题讨论会，并就清仓利库工作中的具体事宜达成共识。该院就此项工作召开项目负责人座谈会，要求在确保器材质量和工艺性能的前提下，设计人员必须优先考虑采用器材库存物资。这个决定也引起了广大设计人员的重视，该院 17 个设计人员在设计中最大限度地利用库存物资。据统计产建、矿建项目中共用了各种管材 606.59 吨，采用各种设备 15 台（套），电力设备 8 台，阀门 100 多套。（赵皓）

——摘自《长庆石油报》1996 年 7 月 31 日

设计院荣获全国优秀设计金奖

“创新”与“用新”结合　技术与效益统一

在近日揭晓的全国第七届优秀工程设计评选活动中，设计院的“安塞油田70万吨产能建设”项目荣获全国第七届优秀工程设计金质奖。这是全国石油行业唯一获此大奖的项目。

去年，设计院还有13项设计项目获局级奖励。至此，该院已获各类创优成果奖200多项，其中获省部级以上奖励有53项。

近年来，该院把“用新”“创新”的设计思想建立在科学、求实的基础上，建立在适用、节省、效益的基础上，求科技进步与工程经效益的高度统一。设计人员在选用新产品、新设备、新材料、新技术时，都能够提供翔实的技术经济论证数据和方案，经过层层审核后，方在设计中使用。这种做法，有效地简化了工艺流程，发挥了工程设计人员的主观能动性，降低了工程投资，把设计工作不断推向了新水平。去年，该院用76.5万吨产能的建设投资，配套建成了80万吨的生产能力。

此外，该院设计的“简、短、单、小、串”的“安塞模式”配套技术，已在全国陆上石油系统广泛推广应用。（赵皓）

——摘自《长庆石油报》1997年6月11日

设计院通过 ISO9000 质量认证

经中国质量管理协会国际标准认证中心 6 月 23 日审核，设计院顺利通过 ISO9001 质量标准体系认证，同时获得国家出口产品企业质量体系注册认证。

为增强企业竞争实力，设计院自 1994 年起就着手进行 ISO9000 系列标准的宣传、学习和贯彻，建立健全了符合国际标准、适应勘察设计生产实际的质量保证体系。在今年的产能建设、气田产建设计项目中，全院职工以 ISO9000 贯标认证为契机，严把勘察设计产品的各个环节，使产品合格率达到 100%，产品优良品率达到了 85% 以上。（苏忠华）

充分发挥科技是第一生产力的作用，向新工艺、新技术要质量、要进尺、要速度。与去年同期相比，上半年全局平均机械钻速提高11.39%，钻机月速度提高21.66%；固井一次合格率、井身质量合格率均达 100%，取心收获率98.96%。

局防疫站对陇东片卫生监测表明

餐（饮）具消毒：忧大于喜

本报讯 （通讯员朱志宏）7 月份以来，局防疫站先后组织人力对所辖的74个经营单位进行了餐（饮）具消毒卫生监测，结果表明，合格率较上年提高 3 个百分点，但合格率为零的单位仍然存在。

6 月下旬以来，因餐（饮）具不洁引起顾客肠道传染病的情况时有发生。根据省、地卫生部门文件精神及局卫生处领导安排，局防疫站及时组织人员在 7 月份对陇东地区所辖的庆城、马岭共74个经营单位进行了餐（饮）具消毒卫生监测，局二招、采二厂招待所、报社立言酒楼、运输处芳菲苑酒店等13个单位监测合格率达100%，但总的结果不容乐观：招待所及幼儿园抽检口杯 110 份，平均合格率32.7%；而对 52 户营业性餐馆抽检260份餐具，合格率仅为 54.6%，有 11 个单位监测合格率为零。其主要表现是这些单位无相应的消毒设施、有制度不落实、消毒卫生管理不规范、消毒人员意识差等问题，究其原因是部分经营管理人员对餐（饮）具消毒未引起足够的重视，卫生法制意识差，考核措施不力。

油建处ISO9002认证通过再审

本报讯（通讯员杨宽新、阿蒙）7月24日，油建处ISO9002质量标准认证，再次通过中国质量协会质保中心的审查。

油建处是1995年12月获得中国质量协会质量保证中心ISO9002质量标准认证的。1996年7月份，中质协审核组首次对该处的质量体系运行情况进行复审并通过。事隔一年，中质协审核组再次对该处的质量体系运行情况采取查资料、看现场、听汇报的方式进行细致深入地检查，认为该处能严格按ISO9002质量标准施工，工程质量是可靠的。尤其是陕京线、靖西线两条管线的施工，被评为全线优良工程，说明长庆油建处工程质量是过硬的。

设计院通过ISO9000质量认证

本报讯（通讯员苏忠华）经中国质量管理协会国际标准认证中心 6 月23日审核，设计院顺利通过ISO9001质量标准体系认证，同时获得国家出口产品企业质量体系注册认证。

为增强企业竞争实力，设计院自1994年起就着手进行ISO9000系列标准的宣传、学习和贯彻，建立健全了符合国际标准、适应勘察设计生产实际的质量保证体系。在今年的产能建设、气田产建设计项目中，全院职工以ISO9000贯标认证为契机，严把勘察设计产品的各个环节，使产品合格率达到100%，产品优良品率达到了85%以上。

——摘自《长庆石油报》1997 年 8 月 6 日

设计院再造形象工程

勘探局“五会”结束以后，设计院认真传达、学习局领导在“五会”上所作的工作报告和重要讲话，院领导针对面临的困难和存在的问题，选准了突破口，提出了下一步工作的新思路。

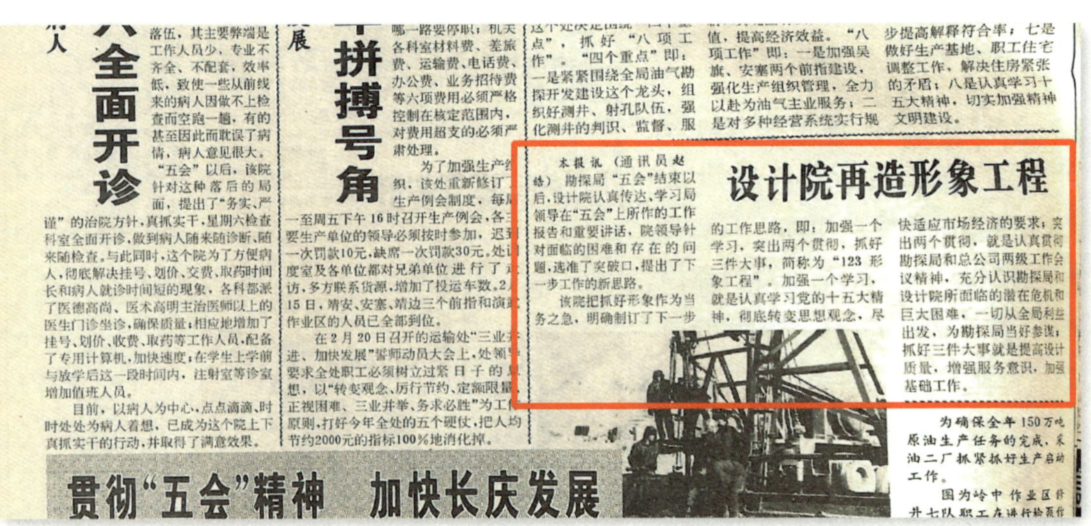

设计院再造形象工程

本报讯（通讯员赵皓）勘探局“五会”结束以后，设计院认真传达、学习局领导在“五会”上所作的工作报告和重要讲话，院领导针对面临的困难和存在的问题，选准了突破口，提出了下一步工作的新思路。

该院把抓好形象作为当务之急，明确制订了下一步的工作思路，即：加强一个学习，突出两个贯彻，抓好三件大事，简称为“123形象工程”。加强一个学习，就是认真学习党的十五大精神，彻底转变思想观念，尽快适应市场经济的要求；突出两个贯彻，就是认真贯彻勘探局和总公司两级工作会议精神，充分认识勘探局和设计院所面临的潜在危机和巨大困难，一切从全局利益出发，为勘探局当好参谋；抓好三件大事就是提高设计质量，增强服务意识，加强基础工作。

贯彻“五会”精神　加快长庆发展

该院把抓好形象作为当务之急，明确制定了下一步的工作思路，即：加强一个学习，突出两个贯彻，抓好三件大事，简称为“123 形象工程”。加强一个学习，就是认真学习党的十五大精神，彻底转变思想观念，尽快适应市场经济的要求；突出两个贯彻，就是认真贯彻勘探局和总公司两级工作会议精神，充分认识勘探局和设计院所面临的潜在危机和巨大困难，一切从全局利益出发，为勘探局当好参谋；抓好三件大事就是提高设计质量，增强服务意识，加强基础工作。（赵皓）

——摘自《长庆石油报》1998 年 3 月 4 日

设计院实施跨世纪人才工程

提供场所 营造氛围 创造机会

4 月中旬，设计院利用业余时间对全院青年技术干部进行了计算机知识的培训，这是该院实施跨世纪人才工程的一个组成部分。

针对青年技术人员多、实践经验不足的现状，设计院提出了“创造机会、提供场所、营造氛围、计划实施”的人才培养新思路，先后举办了计算机知识、软件开发等培训班，并通过送外培训、出国考察、技术讲座等办法，提高青年技术干部的整体业务素质。

今年，该院又开展了方案公开评审观摩、竞争现场设计代表和担任设计项目负责人等活动。据统计，近年来该院承担重大科研设计项目的负责人，大多数都由青年人承担，其中 1996 年以来的油气田产建设计项目负责人，全部由青年技术干部担任。（赵皓）

——摘自《长庆石油报》1998 年 5 月 8 日

春风吹又生

今年气田开发建设启动工作综述

当春天的脚步刚刚步入陕北的黄土高原时，我局的气田开发建设者们又迎着大西北春季特有的风沙，踏上了这片曾让世人瞩目的土地。

当记者再次来到这块两年前还是片荒漠的土地，如今已变成一座雄伟的现代化工厂——长庆第一净化厂和一座座漂亮整洁的集气站时，一种对人类伟大力量的敬佩之情油然而生。1996 年 4 月 18 日，我国最大的天然气净化厂在陕西省靖边县东北方向 7 千米的一片荒漠里破土动工，拉开了长庆气田开发建设的序幕。

1997 年 6 月 29 日和 9 月 10 日，长庆气田的天然气在北京和西安两地点火一次成功，长庆气田正式投入全面开发和利用阶段。1997 年 10 月 30 日，数千人云集在靖边基地，举行长庆气田开发建设庆功大会，数百名气田建设者披红戴花走上领奖台，长庆 17 万名职工、家属沉浸在欢乐喜庆的气氛中。1998 年的今天，长庆气田的建设者们又带着他们的智慧和才干，来到了这块让人自豪和激动的土地，长庆气田又沸腾了。

在南干线施工工地上，一辆辆装载车和推土机吐着浓烟欢快地轰鸣着，一个个山峁、土坡正在被平整成平坦的施工作业带。南 4 站到清管站之间平整的作业带上，已经摆放着一根根黄夹克集气管线。北 1、北 16、中 9 三个集气站里负责土建工作的施工人员，正在忙碌着，一台台建筑机械在工地上轰响着在净化厂水热车间里，工人们正在检查每一台设备，有的在更换阀门，有的在修理水泵。和净化厂只有一墙之隔的甲醇厂建设工地上，也是焊花飞溅，机声隆隆。

记者在承担今年气田建设任务的采气厂了解到，按照气田建设的总体部署，今年气田建设本应完成一期工程的 16.5 亿立方米的年生产能力，也就是说在去年建成 8.4 亿立方米的年生产能力的基础上，今年再增加 8.1 亿立方米的产能建设量就可完成总体部署计划。但考虑到气田下游工程建设的情况，勘探局要求，今年的气田建设要坚持“以销定产、以产定能”的方针，根据用户需要确定产能建设的规模和资金投入的时机。同时，要积极拓展天然气用户，扩大天然气销售量，抓好净化厂的投产运行，安全平稳地向北京、西安供气。

按照这个要求，结合天然气用户需求实际，勘探局确定，今年气田建设将新增加3.47亿立方米的年生产能力，总投资为10845万元。所以，今年气田建设的工作量与去年相比要少得多。但采气厂依然专门成立了气田建设项目组，再次按照项目管理机制开展今年的气田建设工作，保证今年气田建设任务的如期完成。

据气田建设项目组负责人介绍，今年气田建设将新建8座集气站；投产11口气井；敷设各类采气管线、集气支线管线、注醇管线92千米；敷设、安装、组焊集气干线34千米（其中南干线25千米，北干线9千米，以及清管站、阴极保护站、阀室等）。

今年，还要对去年已建成的集气、供电、通信、自控等工程进行适当的改造和调整，以保证净化厂如期开工。这些工作包括，集气工程中集气土建、安装工程建设，以及去年部分集气站加热炉、注醇泵、设备的调试和配产调整；供电16台小型燃气发电机及集气站设备接地工程的建设；通信工程中一点多址中继站、8座微型外围放站、直放站的安装、调试；供水站水循环系统的完善；自动控制座集气站RTU数据传输和安装；72.8千米的各种进站碎石道路的建设；还有靖边基地外排工程及净化厂供水系统的工作；此外，净化厂将于6月份进入开厂准备状态，8月份将正式投运一套净化装置，向投产的甲方供气。

记者还在净化厂集配气站了解到，截至目前，陕京输气管线输气量为40万立方米左右，比去年时增加了17万立方米；如果气田用户的需求量有大幅度的增长，那么今年6亿立方米天然气生产就有希望完成。

当记者离开气田，再回首一片荒漠的土地时，那雄伟工程是在告诉人们，刚刚起步的中国工业有着强大的资源后盾，为中国的天然气工业增光添彩。（尹兵、姬宏）

——摘自《长庆石油报》1998年5月13日

设计院积极开发研制新产品

大罐抽气装置“落户”胜利油田

设计院充分发挥科技人员的主观能动性，加快科技向生产力的转化步伐，该院研制的大罐抽气装置销往胜利油田，并于 4 月 13 日顺利投产。

该院在搞好勘察设计工作的同时，把发展多种经营列入重要议事日程，依靠自身的高新技术和特有的技术等优势，加大科技攻关力度，积极开发先进实用的新产品，并主动向油田外部市场拓展。这次由该院科研人员研究、实业工程公司制造的日处理气量 1 万立方米的大罐抽气装置，销往胜利油田实业集团公司科技发展中心后，由于装置本身先进适用，加工制造质量可靠，服务及时周到，因此，深受对方称赞。

这套装置的投产，不但取得了较为可观的经济效益，而且创造了良好的社会效益，为该院进一步开发新产品积累了经验。（赵皓）

——摘自《长庆石油报》1998 年 5 月 13 日

面向市场求发展

——访设计院院长王立昕

在当前的经济形势下，设计院面临走向市场的抉择：除了要承担全局地面工程的设计任务，还必须到外部市场找活干。6 月 25 日，记者就此采访了设计院院长王立昕。

北四转维持传统格局吃苦头

成本降不下 分配大锅饭

面向市场求发展

——访设计院院长王立昕

岗检访谈录

在当前的经济形势下，设计院面临走向市场的抉择：除了要承担全局地面工程的设计任务，还必须到外部市场找活干。6 月 25 日，记者就此采访了设计院院长王立昕。

王立昕说，影响设计质量的原因主要是管理、人员素质和体制问题。从管理上讲，这几年设计任务重、周期短、变动多，与设计人员严重不足形成矛盾，加上管理体系不完善，对设计质量监督力度不够；从人员素质上讲，我院缺少高层次、高水平的学科带头人，35 岁以下的年轻设计人员占到 82%，知识衔接出现空当，对青年技术干部和管理干部的培养不及时；从体制上讲，在市场经济条件下，仍然是按计划经济模式运行。

谈到目前设计院在提高设计质量方面都采取了哪些具体做法时，王立昕说，我们主要做了 4 个方面的工作，首先是建立起完善的管理体系，把好方案策划、审查和设计概算关，提高设计起点和设计标准，降低工程造价，加大质量监督检查力度，建立服务体系。其次，重点抓好职工教育和培训，提高职工队伍素质。再次，抓好组织机构改革，削减和压缩机关及辅助设计人员，加强质量监督检查和科研及其成果转化力量，将后勤辅助单位转变为经营实体，实行自主经营；第四，抓配套政策和行为规范的制定，建立起激励、竞争和约束机制。 本报记者 刘东臻

让有限的投资发挥最大效益

——访靖安项目组组长李安琪

自查自改 强化管理 提高效益

本版责任编辑 乘瑛

王立昕说，影响设计质量的原因主要是管理、人员素质和体制问题。从管理上讲，这几年设计任务重、周期短、变动多，与设计人员严重不足形成矛盾，加上管理体系不完善，对设计质量监督力度不够；从人员素质上讲，我院缺少高层次、高水平的学科带头人，35 岁以下的年轻设计人员占到 82%，知识衔接出现空当，对青年技术干部和管理干部的培养不及时；从体制上讲，在市场经济条件下，仍然是按计划经济模式运行。

谈到目前设计院在提高设计质量方面都采取了哪些具体做法时，王立昕说，我们主要做了 4 个方面的工作，首先是建立起完善的管理体系，把好方案策划、审查和设计概算关，提高设计起点和设计标准，降低工程造价，加大质量监督检查力度，建立服务体系。其次，重点抓好职工教育和培训，提高职工队伍素质。再次，抓好组织机构改革，削减和压缩机关及辅助设计人员，加强质量监督检查和科研及其成果转化力量，将后勤辅助单位转变为经营实体，实行自主经营；最后，抓配套政策和行为规范的制定，建立起激励、竞争和约束机制。（刘东臻）

——摘自《长庆石油报》1998 年 7 月 15 日

设计院搞整改举一反三 重质量严管理防微杜渐

本报对设计院溢流沉降罐的设计质量事故曝光后，在该院引起了极大的震动。院领导针对这一问题，不失时机地在院内开展了以抓质量严管理为中心的找差距、促整改活动。

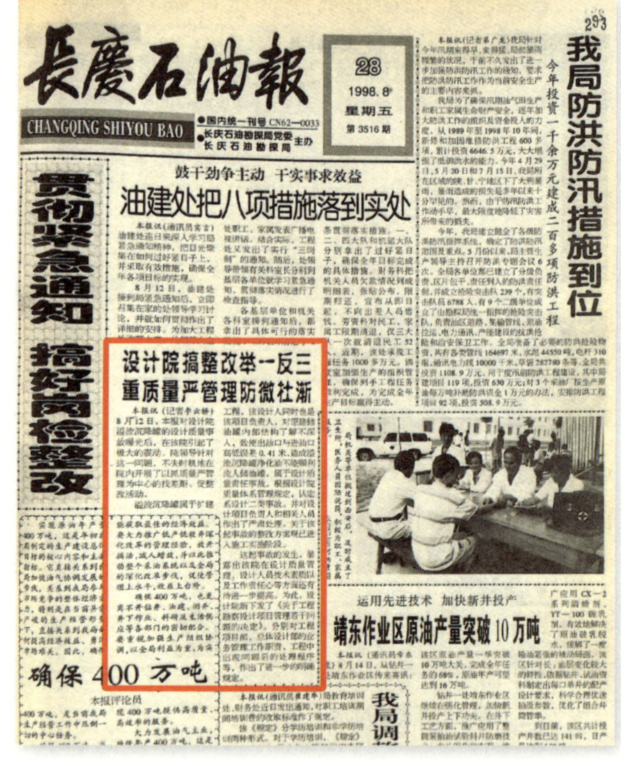
長慶石油報
CHANGQING SHIYOU BAO
●国内统一刊号 CN62—0033
●长庆石油勘探局党委 长庆石油勘探局 主办
28
1998.8
星期五
第3516期

我局防洪防汛措施到位
今年投资一千余万元建成二百多项防洪工程

鼓干劲争主动 干实事求效益
油建处把八项措施落到实处

贯彻紧急通知 搞好岗检整改

设计院搞整改举一反三 重质量严管理防微杜渐

确保400万吨

运用先进技术 加快新井投产
靖东作业区原油产量突破10万吨

溢流沉降罐属于扩建工程，该设计人同时也是该项目负责人，对原建储油罐内部结构了解不深入，致使出油口与进油口高低误差 0.41 米，造成溢流沉降罐净化油不能顺利流入储油罐，属于设计质量责任事故。根据设计院质量体系管理规定，认定系设计二类事故。并对设计项目负责人和相关人员作出了严肃处理。关于该起事故的整改方案现已进入施工实施阶段。

这起事故的发生，暴露出该院在设计质量管理、设计人员技术素质以及工作责任心等方面还有待进一步提高。为此，设计院新下发了《关于工程勘察设计项目管理若干问题的决定》。分别对工程项目部、总体设计部的业务管理工作职责、工程中出现问题后的处理程序等，作出了进一步的明确规定。（李云桥）

——摘自《长庆石油报》1998 年 8 月 28 日

育过硬作风　创优美环境

设计院全力创建“文明净地”

7月份以来，设计院采取多种形式教育职工“做文明市民，为长庆争光”，以培养过硬作风，搞好勘察设计工作。

三季度以来，设计院各级党政领导在认真抓好生产经营的同时，围绕向西安搬迁工作，加大入城教育力度，充分利用各种宣传工具，宣传和学习局领导有关指示精神及西安基地文明公约、搬迁管理规定等制度。搬迁西安后，该院把文明习惯的养成作为教育重点，制定了办公区管理规定，在楼道安装了写有“轻”“洁”“静”等提示标志的灯箱。国庆节期间，该院因陋就简，组织职工开展了丰富多彩的文体活动。

目前，该院办公设施摆放整齐，工作井然有序，职工自觉维护公共设施，模范执行基地各项管理规定；在办公区吸烟、吐痰、乱扔烟头、纸屑等不良行为已杜绝。（赵皓）

——摘自《长庆石油报》1998年10月21日

明年十一万吨产建设计告捷

设计院遵照勘探局部署，严密组织，认真勘察，精心设计，使勘探局提前实施的11万吨产建设计施工图于10月26日全面完成存档并发往建设单位。这是该院搬迁西安后打的第一场漂亮的设计攻坚战，该院充分发挥设计人员的主观能动性，保质保量地完成了设计任务。（赵皓）

——摘自《长庆石油报》1998年11月25日

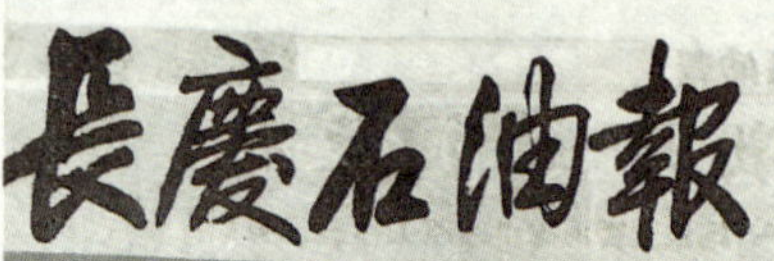

CHANGQING SHIYOU BAO

国内统一刊号 CN62—0033

长庆石油勘探局党委 长庆石油勘探局 主办

25 1998.11 星期三 第3546期

回顾改革开放历程 展望未来发展前景

我局举行纪念改革开放20年报告会

我局器材系统交流改革经验

物资管理专业化 直达供料到现场

修井，市场赋新生

——采油三厂深化改革纪实之四

采油三厂节约成本700多万元

计算机信息技术考试站成立

要闻简报

明年十一万吨产建设计告捷

本报讯（通讯员赵皓）设计院遵照勘探局部署，严密组织，认真勘察，精心设计，使勘探局提前实施的11万吨产建设计施工图于10月26日全面完成存档并发往建设单位。这是该院搬迁西安后打的第一场漂亮的设计攻坚战，该院充分发挥设计人员的主观能动性，保质保量地完成了设计任务。

水电厂开机发电保原油生产

提高运营效率　防止资产流失

设计院在盘活现有资产上下功夫

设计院以资产经营为突破口，在盘活存量资产、提高资产运营效率上下功夫，取得了显著的成效。

为了对国有资产进行合理配置，确保局下达的资产保值增值率的完成，从 3 月初开始，该院对所有资产进行了盘点和清查，做到账、卡、物、资金四对口。在此基础上，对各项资产的利用程度进行了认真的分析，并按照勘探局关于“盘活资产存量的规定工作程序及相关政策”，通过调剂、出售、租赁等形式，对部分资产进行了盘活，使闲置国有资产得到了充分利用。

与此同时，对全院现用的 414 项各类资产，都与使用单位进行核对签字、责任到人，有效地防止了国有资产的流失。（赵皓 ）

——摘自《长庆石油报》1998 年 12 月 25 日

设计院靠转变作风树立外部形象

转变作风天地宽　求真务实促发展

去年年初以来，设计院主动转变工作作风，扭转了被动局面，树立了良好的外部形象。

针对设计方案、质量及现场服务等方面存在的薄弱环节，设计院认真查原因，找差距，定措施，抓落实，把提高设计质量、增强服务意识、夯实基础工作作为突破口，努力培养严谨、求实、科学的工作态度，认真实施过紧日子的各项措施，全力以赴为勘探局服好务、把好关。本着对勘探局高度负责的精神，该院从方案审查入手，对 67 个项目的设计方案和施工图设计进行了 167 次审查，其中，对“长庆气田 1998 年产建施工图方案”进行了 4 次评审，举行了两场观摩会，仅此一项，降低工程投资 2000 多万元。为了加强与建设单位的沟通，该院建立了三级服务网络，挑选 15 名优秀设计人员进驻现场担任设计代表，配合现场施工；建立用户意见汇报反馈制度，安装了服务热线电话，24 小时值班，院领导 30 多次率领专业技术人员深入生产现场，当场解决疑难问题，同时组织回访 21 次。

工作作风的转变，有力地促进了全院生产任务的完成，确保了勘探局下达 152.06% 的保值增值率目标的实现。（赵皓）

——摘自《长庆石油报》1999 年 4 月 1 日

设计院发动职工参与民主管理

3 月 15 日下午 4 时，在设计院 1999 年度工作会议上，经过全院职工自下而上层层讨论的设计院 1999 年工作报告、财务经营报告、工会工作报告等，全院职工一致表决通过。

今年，设计院工作量大幅度下降，在严峻的挑战面前，院党政领导深深感到：只有充分发挥科研人员的聪明才智，与他们共商发展大计，才能同心协力，共渡难关。为此，从新年开始，该院征求 34 名科研人员对 1999 年工作的意见和建议；安排机关职能部门人员深入基层，主动征求意见；又组织全院职工开展讨论，拿出了本单位、本部门的工作计划在此基础上，连续 3 天召开院务扩大会议，充分听取职工的意见和建议，完善全院工作思路；在工作会议及六届四次职工代表大会上，再次发动全院职工开展了热烈讨论并进行了全员表决。这种充分依靠科研人员、工作思路由科研人员说了算的做法，在职工中产生了强烈的反响。

反复征求职工意见，对发展目标、方向等重大问题实行院务公开，进行全员表决，这在设计院历史上还是第一次。（赵皓）

——摘自《长庆石油报》1999 年 4 月 6 日

设计院优化设计控制投资

强化设计方案　节约工程费用　提高开发效益

设计院认真贯彻集团公司和勘探局工作会议精神，把局领导“设计上的节约就是最大的节约”贯彻到工作的全过程，克服困难保进度，强化监督保质量，政策拉动上水平，精心优化设计方案，认真控制工程投资，取得了显著的成效。

今年以来，为了扎扎实实地把局工作会议精神落到实处，该院引导和教育广大设计人员进步增强全局意识，牢固树立全局观念，把为勘探局把好关、服好务作为重要职责，以优化设计方案降低工程投资为己任，精心策划各种设计方案，对所有的方案，无论是预可行性研究报告、可行性研究报告，还是初步设计方案、施工图方案，都严格进行所、院两级审查。同时，对重点项目坚持不断优化设计方案，树立设计样板，带动其他设计项目整体上水平。

为了保证设计方案的准确性、科学性，从现场踏勘开始，就严格要求广大勘察设计人员认真选站选线，该去的地方无论是悬崖峭壁，还是戈壁沙漠，都要坚持踏勘，以便在以后的测量中准确地获取现场可贵的第一手资料。对重点项目，都安排院领导带队，其中靖安油田的现场勘测院领导就去了 3 次。

在各种方案的制定和施工图设计中，该院严格按照局领导的要求，严把各个关口，注重工艺流程和平面布置的合理性，严格设备材料的选型，充分考虑其先进性、实用性、可靠性及价格的合理性，做到了既能满足生产运行的需要，又能有效地降低工程造价。该院在降低工程投资方面做了大量行之有效的工作，取得了显著的成效，今年绝大多数油田产能建设、地面建设万吨投资降到了 300 万元以下。

在设计中，应用小型增压装置、标准计量拉油站（点）等标准化定型设计 10 多项，既节省了设计时间，又保证了质量。

为了从制度上、经济政策上全方位保证设计方案的合理性、科学性，在设计质量上不断上水平、上台阶，合理、有效地为勘探局控制投资，该院进一步建立健全了制度建设，对质量运行责任制、生产经营考核办法等制度细化考核内容，并以此进行严考核，硬兑现。同时，加大人事制度改革力度，打破论资排辈的做法，注重能力、贡献，认真推行设计师等级制度，做到责、权、利相统一，以此来形成人人关注设计质量，个个讲求效益第一，从而保证方案的优化、投资的节省。（赵皓）

——摘自《长庆石油报》1999 年 4 月 15 日

设计院为发展陇东作贡献

已完成陇东小区规划 12 个，完成住宅楼施工图设计 16.5 万平方米

设计院以实际行动认真落实勘探局稳定陇东工作会议精神。11 月 9 日，在井下作业处召开的陇东矿区规划调整暨环境工程会议上，广泛征求了陇东各单位意见，设计院的工作受到普遍好评。

長慶石油報

CHANGQING SHIYOU BAO

●国内统一刊号 CN62—0033
●长庆石油勘探局党委
长庆石油勘探局 主办

中国石油

7
1999. 12
星期二
第 3665 期

我局认真贯彻国务院关于安全生产指示精神

把安全管理真正落到实处

测井处获得走向国际市场的"通行证"

精心施工 精细解释 优质服务 用户满意

警钟长鸣

我局再次提高为职工缴交住房公积金比例

设计院为发展陇东作贡献

已完成陇东小区规划 12 个，完成住宅楼施工图设计 16.5 万平方米

本报讯（通讯员赵峰）设计院以实际行动认真落实勘探局稳定陇东工作会议精神。11 月 9 日，在井下作业处召开的陇东矿区规划调整暨环境工程会议上，广泛征求了陇东各单位意见，设计院的工作受到普遍好评。

该院于 4 月 7 日组织召开了矿建协调会及三个基地规划工作会议，由院长和主管生产的副院长全面负责对项目的协调、方案的审查、质量的监督及技术把关等各个重要环节，同时成立了两个项目组，分别由一级设计师和国家一级建筑师、一级结构师等专业人员担任项目负责人，有效地加强了生产组织。院领导带队，组织水、热、电、通信、建筑等专业人员对陇东各单位的现状进行深入细致地调查。同时，勘察设计所充分利用现有资料，运用现代技术手段对搜集到的规划图、地籍图等资料进行矢量化和精度分析，并在现场进行逐幅核对；有些原始资料年代久，搜集不到，就采取访问知情人和补测等手段，终于达到了规划图的精度要求。

在规划方案的编制过程中，严格坚持因地制宜、符合实际、调整规划相结合等原则。同时，充分考虑了整体效益和资源重组的稳定。经过一个月的紧张工作，完成规划图表 30.25 标准张，文字资料 63 页，小区调整规划 12 个，占地规划 5321.1 亩，居住户数 12576 户，计划总投资 30936 万元。在住宅楼设计中，坚持结构新颖、经济实用、确保质量等原则，共设计住宅楼 67 栋 2498 户，建筑面积 16.5 万平方米。无论是规划还是住宅楼设计，都是历年来规模最大的。

该院于 4 月 7 日组织召开了矿建协调会及三个基地规划工作会议，由院长和主管生产的副院长全面负责对项目的协调、方案的审查、质量的监督及技术把关等各个重要环节，同时成立了两个项目组，分别由一级设计师和国家一级建筑师、一级结构师等专业人员担任项目负责人，有效地加强了生产组织。院领导带队，组织水、热、电、通信、建筑等专业人员对陇东各单位的现状进行深入细致地调查。同时，勘察设计所充分利用现有资料，运用现代技术手段对搜集到的规划图、地籍图等资料进行矢量化和精度分析，并在现场进行逐幅核对；有些原始资料年代久，搜集不到，就采取访问知情人和补测等手段，终于达到了规划图的精度要求。

在规划方案的编制过程中，严格坚持因地制宜符合实际、调整规划相结合等原则。同时，充分考虑了整体效益和资源重组的稳定。经过一个月的紧张工作，完成规划图表30.25标准张，文字资料63页，小区调整规划12个，占地规划5321.1亩，居住户数12576户，计划总投资30936万元。在住宅楼设计中，坚持结构新颖、经济实用、确保质量等原则，共设计住宅楼67栋2498户，建筑面积16.5万平方米。无论是规划还是住宅楼设计，都是历年来规模最大的。（赵皓）

——摘自《长庆石油报》1999年12月7日

设计院勘察设计创新创优

“长庆气田产建一期工程”获集团公司优秀设计一等奖

设计院坚持在勘察设计工作中不断创新，采用新技术、新工艺、新流程、新材料，降低了工程造价，提高了产品质量，获得了多项科技成果。在今日揭晓的1999年集团公司优秀设计中，这个院设计的“长庆气田30亿立方米/年产能建设一期工程”获得优秀设计一等奖。

设计院注重用高新技术来改造传统技术和传统产业，在所级和院级评审时，将“四新”技术的采用作为一个重点进行评审。并制定出《关于油田产能建设工程主要设备材料开列暂行规定的通知》。开展了“增压装置”“拉油点”“配水间”“集气站”“油田注水”等工艺管道安装施工要求、常压加热炉等七项定型设计。方便了设计，提高了效率，减少了差错率，将整装油田万吨产能建设投资控制在300万元以下，小区域油田万吨产能建设投资控制在200万元以下。

由于在“四新”技术的采用上具有了这种意识超前、构思大胆、论证细密、决策谨慎的科学态度，设计院在创优方面也取得了喜人的成绩。以“三多”（多井高压集气、多井集中注醇、多井加热炉加热节流）“三简”（简化井口、简化计量、简化控制）、小站脱水、集中净化为突出特点的“长庆气田30亿立方米/年产能建设一期工程”，是设计院广大工程技术人员在大量调查研究的基础上，广泛吸收国内外先进经验，创造出的适合长庆油田特点、经济适用、先进可靠的流程和配套技术。多年来，该院获国家级科技进步奖3项、国家级优秀设计金奖1项；获局级、省部级奖励600多项。（赵皓）

——摘自《长庆石油报》2000年1月18日

靖咸输油管道工程设计正式启动

设计院经过两年多的前期调研和反复的技术论证，完成了靖咸输油管道工程可行性研究，日前在集团公司正式立项，初步设计工作已全面展开。

靖咸输油管道工程现场勘察

该工程是中国石油天然气股份有限公司的重点项目，也是长庆油田公司举足轻重的工程项目之一，按照长庆油田年产原油 500 万吨进行资源配置，是靖安、安塞油田至咸阳助剂厂的长距离原油输送管道工程，全长 461 千米、总投资约 7 亿元。

在前期准备工作中，设计院由领导挂帅精心组织，选派技术人员外出调研，优化设计方案，确定工艺参数，比选线路走向，优化线路设计。

靖咸输油管道工程现场勘察

春节刚过，设计院又调集精兵强将和先进的仪器设备，于2月20日分三路对管线站场、线路进行勘察，并与靖咸管线项目组结合，对管线进行了进一步的详细踏勘，预计9月份可完成全部施工图设计。（苏忠华、赵皓）

——摘自《长庆石油报》2000年3月15日

情系产建

——记局劳模、设计院首席设计师刘利群

夜已经深了，经过一天紧张的工作，人们这个时候也许正准备上床休息，也许已经酣然入睡。然而，设计院办公楼石油设计所内的灯光却依然亮着，一个衣着朴素、戴着眼镜的女同志正在电脑前忙碌着，一幅工整的设计图显示在屏幕上。不远处的地板上，平铺着一张硕大的标有各种符号的产建地形图……当她忙完手头的工作，抬起头叫常与她一起加班的女儿回家时，上小学的女儿已经趴在桌子上睡着了。

这样的情景不知有多少回了，由于工作性质的原因，与她同行的丈夫经常要去油田产建现场踏勘，带孩子的事情就落在了她身上，在工作特别忙的时候，她甚至把孩子也带到了现场。看着女儿熟睡的脸庞，她的心里不由得升起一股愧疚之情。作为一个母亲，她本应抽出时间让女儿撒撒娇或是给女儿辅导功课，给女儿一个温馨的夜晚，可她却做不到。她心里明白，作为一个油田产建设计师，院领导在自己身上寄予了多大的厚望，自己身上的担子有多重。

她，是设计院油气集输专业首席设计师刘利群，一个在长庆土生土长的石油娃。1987 年从西南石油学院油气集输专业毕业后，24 岁的她怀着对长庆、对油田的无比热爱和眷恋，怀着把长庆建设得更好的坚定信念，毅然回到了长庆，回到了父辈曾经战斗过的热土，投身于油田火热的建设事业，成了一名真正的长庆人。从此，她与长庆产建结下了不解之缘，只要有产建的地方就有她不知疲倦的身影和足迹。她用心血绘制的设计也变成了一座座耸立的井站、一条条横贯东西的钢铁输油动脉。

与她一起工作过的同事对她的评价是能吃苦、能干。在油田生活的人都知道，搞产能建设是一件非常辛苦的事情，产能建设设计也是如此。产能建设设计图称得上是产建的指向标，有了产建设计图，所有的工作才能全面展开。为了画好一张设计图，刘利群每次都要往产建现场跑四五趟，踏勘、领测总是一丝不苟。在老油区附近跑现场搞设计算是比较轻松的工作，因为有以前的基础，还可以以车代步，最艰苦的是在新区搞设计，住

农民的窑洞，吃饭没规律不说，由于没有供车辆通行的道路，踏勘、领测全凭两条腿跑，几天下来，她的皮肤晒黑了，腿也累得抬不起来。可是为了把工作搞好，她都咬牙挺了过来。艰苦的工作条件使很多男同志都吃不消，可她从不因为自己是个女同志而向领导提出照顾的要求。

刘利群的能干是有目共睹的。参加工作至今 13 个年头，她一直工作在第一线，先后参加和主持了靖安油田、马岭油田、安塞油田等重点工程项目的油田地面工程设计项目 40 余项，包括大中型工程设计、规划项目设计有 10 多项，其中她承担的设计项目《马岭油田 50 万吨地面建设调整工程》《悦—阜输油管道工程》等分别获局优秀设计一、二等奖，前者还获得了集团公司优秀设计三等奖。1997 年设计院决定让她担任靖安油田产建工程的设计项目人，她的这一项目占靖安油田全部产建任务的三分之一以上。她清楚地知道，靖安油田是我局“九五”期间重点开发建设的大型低渗透油田，地处偏远，地形复杂，交通条件极差，没有可利用的建设条件。为了搞好这项工作，她接来了婆婆照顾小孩，以极大的毅力和责任心投入到工作之中，经过多次深入现场，反复研究论证，在设计中，她与大家一起对安塞特低渗透油田地面建设工艺技术进行了进一步发展完善，使用了丛式井计量增压工艺技术和多井单管不加热集输工艺技术、一级布站、系统优化等多项技术，大幅度降低了建设投资，提高了开发效益，出色地完成了设计任务。1999 年，《靖安油田地面工艺技术》荣获局级科技进步一等奖。《靖安油田 110×10^4 吨 / 年产能建设地面工程》还被推荐参加集团公司优秀设计评选。

13 年的无私付出，收获了成功的果实。她荣获了设计院 1996 年、1997 年优秀党员，1997 年先进工作者，1998 年先进女工的荣誉称号。并多次获得了集团公司和长庆局优秀设计奖、科研成果奖、优秀全面质量管理成果奖。最近，她又被评为 1999 年长庆局劳动模范。面对成绩她平静地说，我做的只是我应该做的，表彰是对我工作的肯定，今后要再接再厉，为长庆持续稳定发展多尽一份力。（四言）

——摘自《长庆石油报》2000 年 3 月 30 日

倡导爱岗敬业　适应市场变化

设计院以形象工程凝聚人心促进发展

设计院有油气集输、天然气集输等28个专业，从事工程勘探、设计、监理及工程总承包等业务，这个院着眼于发展，注重挖掘人的潜力，大力实施形象工程，使思想政治工作有名有实，见到效果。去年共完成工程项目291项，获各类科研成果奖40项，其中长庆气田30亿立方米/年产能建设一期工程获集团公司优秀设计一等奖。3月1日，在设计院召开的发展研讨会上，党政领导明确了一条思路，市场竞争越激烈，思想政治工作越有用武之地，越是深化改革，越要加强思想政治工作，并注意方式方法，真正能入心入脑，调动起职工的创造热情。设计院开展的形象工程，首先在财力、人力上给予大力支持，确保思想政治工作的正常开展，使政工人员有为有位，树立以理服人、以情暖人的形象；其次通过实行院务公开制度，及等级设计师制度等重大问题上，尊重职工意见，树立领导廉政勤政形象；再次通过出版宣传画册、编写员工手册、制作宣传灯箱、统一员工着装等方式，提高企业知名度，树立企业重品质重信誉的市场形象。

设计院的形象工程，收到了积极效果，职工的心和企业贴得更紧密了，更关心企业的发展了。该院组织开展的“我和我院心连心”问卷调查活动，收集合理化建议100余条，全院计算机联网后，院领导又多次动员职工在网络上提意见或建议，进一步密切了干群关系。去年，实现内部利润比局下达指标大幅超额，完成了油田70万吨/年设计及气田10亿立方米/年地面建设工程设计等一批重点工程。今年已开始油田70万吨产建施工图设计，气田12亿立方米/年施工图已交底，靖咸输油管道工程正式开展初步设计，设计院呈现出人心稳定、经营发展生机勃勃的局面。（第广龙、赵皓）

——摘自《长庆石油报》2000年4月13日

局内产品网又添新丁

设计院13种新产品通过认证

4月14日，设计院实业工程公司开发研制的13类、共计33个不同规格的新产品顺利通过了勘探局和油田公司的质量认可评审。

设计院实业工程公司充分发挥本院技术力量雄厚、知识密集的优势，致力于新产品的开发研制，从九十年代初开始，先后成功地研制出了小型轻烃回收装置、大罐轻烃回收装置、真空脱氧装置等一系列能够满足油气田生产建设需要的新产品，取得了良好的社会效益和经济效益。近年来，这个公司坚持走科研与生产相结合的道路，相继开发了多功能增压装置、常压水套炉等13个品种、33个规格型号的经济适用、适销对路的节能新产品。其中STL系列常压水套炉和常压立式两用炉经靖安油田等单位试用，受到一致好评，为设计院实施多元化发展战略、参与局内外市场竞争、构筑新的经济增长点奠定了良好的基础。（赵皓）

——摘自《长庆石油报》2000年5月9日

活力从何而来

设计院依靠创新求发展纪实

设计院以其强劲的发展势头和引人注目的良好业绩，在强手如林的勘察设计行业中脱颖而出，自 1997 年以来，连续 3 年名列全国勘察设计单位前 100 名，令业内人士刮目相看。最近，国家建设部第三次对全国 12500 多家勘察设计单位 1999 年度的综合实力进行了评比，设计院再次获得这一殊荣，不仅向人们展示了这个院的实力，而且证明了一个企业只有全方位、多层次、高效率、高质量地不断创新，才能在激烈的市场竞争中立于不败之地。

通过制度创新 拉动思想观念的转变

设计院的管理者深深体会到，一个企业要充满活力，必须以深化企业改革为动力，超前思维、勇于实践、大胆探索、积极创新。为此，采用现代企业的“扁平式”结构模式，打破专业界限，进行机构重组，组建综合设计所，压缩服务和管理部门，使机构设置变得简洁了。管理层由原来的 6 层变为 3 层，部门由原来的 26 个减少为 14 个，实现了组织机构的变扁变瘦，使专业设计所更加配套齐全，实现了设计人员一岗多能，提高了工作效率，强化了内部管理。

设计院推行的等级设计师聘任制度，是在管理机制和用人机制上采取的又一重大举措。国内权威媒体曾以《长庆设计院首创管理新模式》为题进行过报道并产生了强烈的反响。为了提高设计质量，加强设计管理，建立良性用人机制，把设计人员分为五个等级，即：首席设计师、一级设计师、二级设计师、三级设计师和设计员。按照能力和业绩认定设计人员等级资格，再根据岗位设置需要聘任上岗，其中首席设计师 19 人，一级设计师 34 人，二级设计师 54 人，三级设计师 35 人。

通过质量创新 树立精品意识

质量是工程设计的灵魂，设计图纸是特殊的产品，来不得半点虚假，更不能出任何差错。设计院自 1997 年通过 ISO9001 质量认证以来，在质量管理中创造性地开展工作，有效地提高了设计质量，在设计人员中普遍树立起了精品意识。

首先在完善各项管理制度上狠下功夫。先后制定和实施了《设计师执业管理规定》《勘察设计及体系运行若干质量问题的处罚办法》等多项管理规定。

同时，编制了《质量手册》《设计手册》和《员工手册》，进一步细化了全体员工和设计人员的行为规范、工作职责、工作程序等。对全套质量体系文件换版，在建设部、中国质量认证协会、集团公司等组织的数次监督检查中，均给予了高度评价。这些举措增强了为顾客服务的意识，从质量的高度进一步强化了各等级设计师的职责，强化了质量终身责任制。

其次加强质量监控，加大施工图审查力度。该院任命一名副总工程师担任管理者代表，同时配备了 6 名技术业务素质较强的老高工担任院级内审员。今年又聘任了 10 名专业技术骨干担任内审员，加大了质量监控力度，使各项措施真正落到了实处。

严格设计程序，树立精品意识。为了最大限度地体现“凝聚智慧，追求卓越”的质量方针和“贡献智慧，服务社会，设计未来”的企业宗旨，设计院严格按总体规划—可行性研究—初步设计—施工图设计—工程验收及工程总结的工程建设设计程序进行工程项目的勘察设计，严把“设计资料输入关、设计方案策划关、设计方案审查关、设计文件校审关、设计图纸会审关、设计产品出版关”7 个关口。特别是花大气力，狠抓方案审查，成效十分显著。

对油气田产建规划、初步设计、施工图设计、靖咸输油管道工程、第二净化厂等初步设计方案，反复进行所级、院级审查，真正达到了精心设计、优选方案、控制投资、为建设单位服好务、把好关的目的，在油田公司、中油股份公司审查中均获好评。

通过科技创新　拓展生存空间

在长期的工作实践中，设计院不仅积累了丰富的设计、施工等经验，而且拥有先进、实用的专有技术近 30 项，共荣获以国家优秀设计金奖为代表的各类科技成果奖 330 多项，其中省部级以上奖励近 70 项。累计完成油田地面建设生产能力 1000 多万吨。

该院设计的“单干管、短流程、简化站、小装置、串联采油井”和“三从一新”的“安塞油田模式”，曾荣获国家优秀设计金奖和原总公司科技进步一等奖；以“优化布站、井组增压、火炕加热、简易拉油”为主要内容的“靖安油田模式”，为低产低渗透油田的开发提供了成功的经验。长庆气田以“多井高压集气、高压集中注醇、集气站脱水、集中脱流”的“长庆气田模式”，达到了国内领先水平。

同时，设计院充分发挥知识密集、技术力量雄厚的优势，先后开发油气田急需、市场占有率较高的高新技术产品近 20 项。其中大罐氢烃回收装置、小型氢烃回收装置、真空氧装置、三甘醇脱水装置等产品，有的填补了国内空白，有的在国内处于领先水平，产品问世后，获得了良好的社会效益和经济效益。（赵皓）

——摘自《长庆石油报》2000 年 7 月 27 日

心血铸丰碑

伴随着新世纪的到来，长庆迎来了自己的而立之年。此时此刻，在长庆人的心中有太多太多的回忆、憧憬与向往……

顺利开钻

场迈出第一步

同时，该处采取多种形式，强化职工的技术培训。积极着手进行 ISO9000 质量体系认证工作，争取获得走向国际市场的通行证。在此基础上，钻井三处发挥技术、质量和信誉优势，先后有 3 个钻井队通过了集团公司长城钻井队资质认证，有 1 个钻井队取得了中联煤公司的资质认证，同第一个国际合作伙伴壳牌公司建立了良好的工作关系，为进入国内高层次钻井市场、打入国际市场奠定了基础。

图为庆功大会会场。
郭兆生 摄

和局长助理杨庆理代表局党委、示慰问，并奖励一万元。

心血铸丰碑

●赵 皓

伴随着新世纪的到来，长庆迎来了自己的而立之年。此时此刻，在长庆人的心中有太多太多的回忆、憧憬与向往……

30 年前，党中央、国务院一声令下，参加长庆会战的大军从玉门、从青海、从新疆，从祖国的大江南北，伴着《我为祖国献石油》的嘹亮歌声，在铁人王进喜“宁可少活 20 年，拼命也要拿下大油田”的豪言壮语的感召下，跑步上陇东，人拉肩扛运设备，风餐露宿，顶风沙，抗严寒，战酷暑，驰骋于鄂尔多斯盆地，奔走于荒山大漠之间，勘探开发，钻井采油，为祖国的石油工业作出了巨大的贡献。

30 年来，长庆人为了共同的追求与理想，前赴后继，忘我工作。参加会战的老石油，有的已含笑九泉，有的进入了古稀之年。而更多的人，为油气田的开发建设，无怨无悔，在自己平凡的岗位上继续默默奉献着。

30 年弹指一挥间。长庆人用自己的勤劳与智慧、心血与汗水谱写了一曲曲雄壮的乐章，铸起了一座座骄人的丰碑。经过 30 年的发展，长庆油田的勘探面积愈来愈大，钻井进尺不断刷新，油气指标年年上升，经济效益持续增长。一个特大低渗透油田和世界级整装大气田在中国的中部迅速崛起，在陕甘宁三省区建起了一座座美丽的石油城，不仅用事实书写了长庆的辉煌，更向世人展示了长庆美好的发展前景。

长庆 30 年征文

●采油一处协办●

本版责任编辑 秦 瑛

30 年前，党中央、国务院一声令下，参加长庆会战的大军从玉门、从青海、从新疆，从祖国的大江南北，伴着《我为祖国献石油》的嘹亮歌声，在铁人王进喜“宁肯少活 20 年，拼命也要拿下大油田”的豪言壮语的感召下，跑步上陇东，人拉肩扛运设备，风餐露宿，顶风沙，抗严寒，战酷暑，驰骋于鄂尔多斯盆地，奔走于荒山大漠之间，勘探开发，钻井采油，为祖国的石油工业作出了巨大的贡献。

30 年来，长庆人为了共同的追求与理想，前赴后继，忘我工作。参加会战的老石油，有的已含笑九泉，有的进入了古稀之年。而更多的人，为油气田的开发建设，无怨无悔，在自己平凡的岗位上继续默默奉献着。

30 年弹指一挥间。长庆人用自己的勤劳与智慧、心血与汗水谱写了一曲曲雄壮的乐章，铸起了一座座骄人的丰碑。经过 30 年的发展，长庆油田的勘探面积愈来愈大，钻井进尺不断刷新，油气指标年年上升，经济效益持续增长。一个特大低渗透油田和世界级整装大气田在中国的中部迅速崛起，在陕甘宁三省区建起了一座座美丽的石油城，不仅用事实书写了长庆的辉煌，更向世人展示了长庆美好的发展前景。（赵皓）

——摘自《长庆石油报》2000 年 8 月 1 日

青春无悔

——记设计院副总工程师杨世海

1983 年 8 月，20 岁的杨世海怀着青春的梦想，从西南石油学院毕业，走上了长庆油气田地面工程建设设计岗位。十多年来，杨世海担任了 20 多项大中型工程项目负责人，从一名设计人员成长为一名管理干部。

1984 年，组织上将“和尚塬天然气集气工程”设计任务压在了他的肩上。由于是第一次搞天然气工程，缺乏经验和必要的技术资料，他深入现场，认真调研，针对气井分散、地形复杂、产量相差较大的实际，充分发挥自己专业特长，翻阅大量技术资料，经过无数次的反复计算，大胆将单井集气站改为集中建集气站，井口注乙二醇不节流至集气站一级节流降压，取消脱水装置，改低温站为常温站，节约投资 30%。年底，工程建成并一次投产成功，当年被评为局全优工程。此项技术为横山堡气田试采及长庆气田的开发提供了宝贵的参考资料。

1999 年以来，他担任了设计院质量管理者代表。在新岗位上，他认真研究，不断学习，主持修改了 20 多万字的质量体系文件，使质量管理更加程序化、制度化，有效地保证了设计质量，并顺利通过了中国质量协会质量体系认证复评。

经过十多年的磨炼，他已迅速成长为油气储运专业学科带头人，成为一名优秀技术管理干部。先后获得国家级优秀成果奖两项；集团公司优秀设计奖 4 项，局级科研成果 3 项，完成技术革新 10 余项；在安塞油田会战和长庆气田会战中均荣立三等功；并先后荣获设计院“优秀管理者”，勘探局“优秀技术干部”“杰出青年岗位能手”和集团公司“优秀青年设计师”等称号。

——摘自《长庆石油报》2000 年 9 月 7 日

建设部工程设计资质升级审查揭晓 设计院四项资质榜上有名

日前，国家建设部开展了有关专项工程设计资质的申报、审查工作，设计院有两项资质从乙级晋升为甲级，并新取得乙级资质两项。

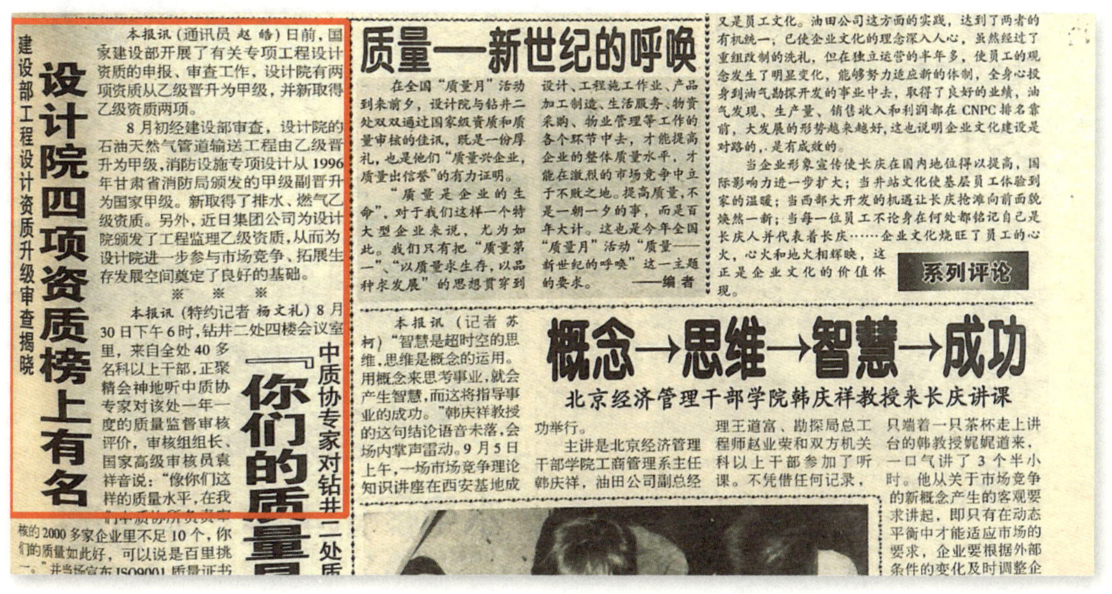

建设部工程设计资质升级审查揭晓

设计院四项资质榜上有名

本报讯（通讯员 赵皓）日前，国家建设部开展了有关专项工程设计资质的申报、审查工作，设计院有两项资质从乙级晋升为甲级，并新取得乙级资质两项。

8月初经建设部审查，设计院的石油天然气管道输送工程由乙级晋升为甲级，消防设施专项设计从1996年甘肃省消防局颁发的甲级副晋升为国家甲级。新取得了排水、燃气乙级资质。另外，近日集团公司为设计院颁发了工程监理乙级资质，从而为设计院进一步参与市场竞争、拓展生存发展空间奠定了良好的基础。

※ ※ ※

中质协专家对钻井二处质[illegible]

『你们的质量[illegible]

本报讯（特约记者 杨文礼）8月30日下午6时，钻井二处四楼会议室里，来自全处40多名科以上干部，正聚精会神地听中质协专家对该处一年一度的质量监督审核评价，审核组组长、国家高级审核员袁祥音说："像你们这样的质量水平，在我们中质协所负责审核的2000多家企业里不足10个，你们的质量如此好，可以说是百里挑一。"并当场宣布ISO9001质量证书[illegible]

质量——新世纪的呼唤

在全国"质量月"活动到来前夕，设计院与钻井二处双双通过国家级资质和质量审核的佳讯，既是一份厚礼，也是他们"质量兴企业，质量出信誉"的有力证明。

"质量是企业的生命"，对于我们这样一个特大型企业来说，尤为如此。我们只有把"质量第一"、"以质量求生存，以品种求发展"的思想贯穿到设计、工程施工作业、产品加工制造、生活服务、物资采购、物业管理等工作的各个环节中去，才能提高企业的整体质量水平，才能在激烈的市场竞争中立于不败之地。提高质量，不是一朝一夕的事，而是百年大计。这也是今年全国"质量月"活动"质量——新世纪的呼唤"这一主题的要求。 ——编者

又是员工文化。油田公司这方面的实践，达到了两者的有机统一，已使企业文化的理念深入人心，虽然经过了重组改制的洗礼，但在独立运营的半年多，使员工的观念发生了明显变化，能够努力适应新的体制，全身心投身到油气勘探开发的事业中去，取得了良好的业绩，油气发现、生产量、销售收入和利润都在CNPC排名靠前，大发展的形势越来越好，这也说明企业文化建设是对路的，.是有成效的。

当企业形象宣传使长庆在国内地位得以提高，国际影响力进一步扩大；当井站文化使基层员工体验到家的温暖；当西部大开发的机遇让长庆抢滩向前面貌焕然一新；当每一位员工不论身在何处都铭记自己是长庆人并代表着长庆……企业文化烧旺了员工的心火，心火和地火相辉映，这正是企业文化的价值体现。

系列评论

概念→思维→智慧→成功

北京经济管理干部学院韩庆祥教授来长庆讲课

本报讯（记者 苏柯）"智慧是超时空的思维，思维是概念的运用。用概念来思考事业，就会产生智慧，而这将指导事业的成功。"韩庆祥教授的这句结论语音未落，会场内掌声雷动。9月5日上午，一场市场竞争理论知识讲座在西安基地成功举行。

主讲是北京经济管理干部学院工商管理系主任韩庆祥，油田公司副总经理王道富、勘探局总工程师赵业荣和双方机关科以上干部参加了听课。不凭借任何记录，只端着一只茶杯走上讲台的韩教授娓娓道来，一口气讲了3个半小时。他从关于市场竞争的新概念产生的客观要求讲起，即只有在动态平衡中才能适应市场的要求，企业要根据外部条件的变化及时调整企

8月初经建设部审查，设计院的石油天然气管道输送工程由乙级晋升为甲级，消防设施专项设计从1996年甘肃省消防局颁发的甲级副晋升为国家甲级。新取得了排水、燃气乙级资质。另外，近日集团公司为设计院颁发了工程监理乙级资质，从而为设计院进一步参与市场竞争、拓展生存发展空间奠定了良好的基础。（赵皓）

——摘自《长庆石油报》2000年9月7日

设计院凭借科技实力占领市场

连续三年名列全国百强勘察设计单位

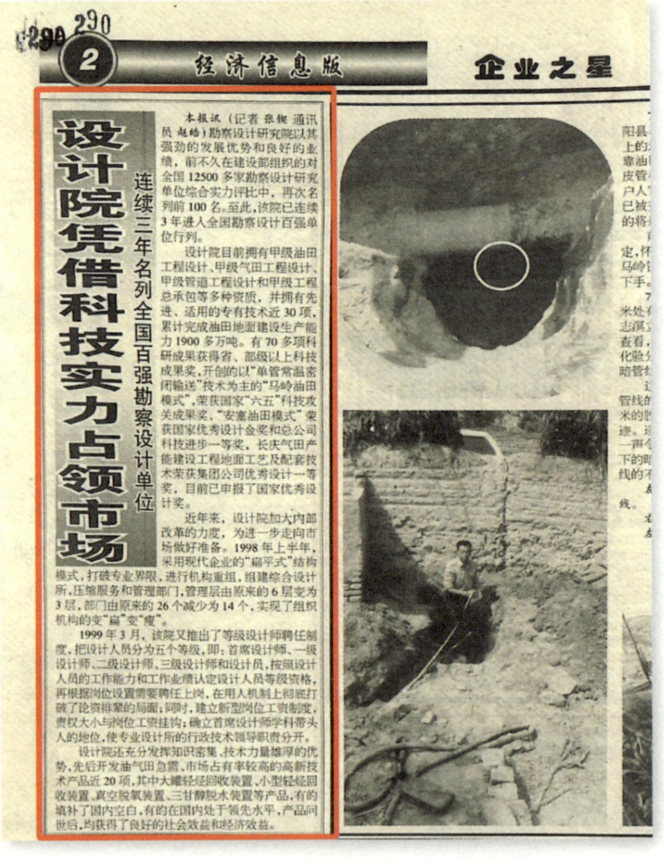

290

2 经济信息版

企业之星

设计院凭借科技实力占领市场

连续三年名列全国百强勘察设计单位

本报讯（记者 张锲 通讯员 赵峰）勘察设计研究院以其强劲的发展优势和良好的业绩，前不久在建设部组织的对全国12500多家勘察设计研究单位综合实力评比中，再次名列前100名。至此，该院已连续3年进入全国勘察设计百强单位行列。

设计院目前拥有甲级油田工程设计、甲级气田工程设计、甲级管道工程设计和甲级工程总承包等多种资质，并拥有先进、适用的专有技术近30项，累计完成油田地面建设生产能力1900多万吨。有70多项科研成果获得省、部级以上科技成果奖，开创的以"单管常温密闭输送"技术为主的"马岭油田模式"，荣获国家"六五"科技攻关成果奖，"安塞油田模式"荣获国家优秀设计金奖和总公司科技进步一等奖，长庆气田产能建设工程地面工艺及配套技术荣获集团公司优秀设计一等奖，目前已申报了国家优秀设计奖。

近年来，设计院加大内部改革的力度，为进一步走向市场做好准备。1998年上半年，采用现代企业的"扁平式"结构模式，打破专业界限，进行机构重组，组建综合设计所，压缩服务和管理部门，管理层由原来的6层变为3层，部门由原来的26个减少为14个，实现了组织机构的变"扁"变"瘦"。

1999年3月，该院又推出了等级设计师聘任制度，把设计人员分为五个等级，即：首席设计师、一级设计师、二级设计师、三级设计师和设计员，按照设计人员的工作能力和工作业绩认定设计人员等级资格，再根据岗位设置需要聘任上岗，在用人机制上彻底打破了论资排辈的局面；同时，建立新型岗位工资制度，责权大小与岗位工资挂钩；确立首席设计师学科带头人的地位，使专业设计所的行政技术领导职责分开。

设计院还充分发挥知识密集、技术力量雄厚的优势，先后开发油气田急需、市场占有率较高的高新技术产品近20项，其中大罐轻烃回收装置、小型轻烃回收装置、真空脱氧装置、三甘醇脱水装置等产品，有的填补了国内空白，有的在国内处于领先水平，产品问世后，均获得了良好的社会效益和经济效益。

勘察设计研究院以其强劲的发展优势和良好的业绩，前不久在建设部组织的对全国12500多家勘察设计研究单位综合实力评比中，再次名列前100名。至此，该院已连续3年进入全国勘察设计百强单位行列。

设计院目前拥有甲级油田工程设计、甲级气田工程设计、甲级管道工程设计和甲级工程总承包等多种资质，并拥有先进、适用的专有技术近30项，累计完成油田地面建设生产能力1900多万吨。有70多项科研成果获得省、部级以上科技成果奖，开创的"单管常温密闭输送"技术为主的"马岭油田模式"，荣获国家"六五"科技攻关成果奖，"安塞油田模式"荣获国家优秀设计金奖和总公司科技进步一等奖，长庆气田产能建设工程地面工艺及配套技术荣获集团公司优秀设计一等奖，目前已申报了国家优秀设计奖。

近年来，设计院加大内部改革的力度，为进一步走向市场做好准备。1998年上半年，采用现代企业的"扁平式"结构模式，打破专业界限，进行机构重组，组建综合设计所，压缩服务和管理部门，管理层由原来的 26 个减少为 14 个，实现了组织机构的变“扁”变“瘦”。

1999 年 3 月，该院又推出了等级设计室聘任制度，把设计人员分为五个等级，即：首席设计师、一级设计师、二级设计师、三级设计师和设计员，按照设计人员的工作能力和工作业绩认定设计人员等级资格，再根据岗位设置需要聘任上岗，在用人机制上彻底打破了论资排辈的局面；同时，建立新型岗位工资制度，责权大小与岗位工资挂钩；确立首席设计师学科带头人的地位，使专业设计所的行政技术领导职责分开。

设计院还充分发挥知识密集、技术力量雄厚的优势，先后开发油气田所需、市场占有率较高的高新技术产品近 20 项，其中大罐轻烃回收装置、小型轻烃回收装置、真空脱氧装置、三甘醇脱水装置等产品，有的填补了国内空白，有的在国内处于领先水平，产品问世后，均获得了良好的社会效益和经济效益。(张锲、赵皓)

——摘自《长庆石油报》2000 年 9 月 15 日

科技战线上的尖兵

——记设计院高级工程师冯凯生

长庆油田在石油系统最先研制并生产出了轻烃回收装置，该装置填补了我国在这一领域的空白，开辟了一条投资少、效益高的创收之路。这个装置的设计者，就是设计院高级工程师冯凯生。

他今年55岁，是60年代清华大学暖通专业毕业的高才生，在油田科研战线已奋斗了整整32个春秋。

30多年来，他积极投身新产品、新技术的开发和应用，为油田科技事业发展付出了大量艰辛的劳动。他先后开发了B8型钢串片散热器、采暖茶炉、橇装式小型轻烃回收装置、大罐轻烃回收装置、三甘醇脱水装置等产品，取得了可观的经济效益，创产值3000多万元，上缴利税1000多万元，多次被评为局、院劳动模范和先进个人，被集团公司授予“石油工业多种经营先进科技工作者”称号，并获得集团公司“优秀设计师”称号。

从刚踏上工作岗位的那一刻起，他便充满着创新和创造的激情。70年代，他为红井子油田计量站设计了密闭低温电炉。他首次在油田推广了密闭自然循环供热系统，设计了长庆第一个大型集中空调系统、第一个生活冷库；首次在油田推广用孔板对大、中型热水管网进行水力平衡技术；在国内最先提出并推行常压炉热水采暖技术……

20世纪80年代中期，冯凯生将研究开发的技术领域扩展到油田气处理的范围。他研制的小型橇装式轻烃回收装置，综合了石油化工、机械、热工、制冷、动力、电仪等各专业的技术。这套装置像一个小型化工厂，将油田伴生气经处理直接生产出液化石油气和轻油。此项技术填补了我国油气综合利用领域的一项空白，获集团公司科技进步奖，并被国家科委列为国家级科技成果。

两年后，冯凯生又研制成功了大罐轻烃回收装置，该装置的使用带来了可观的经济效益。目前，小型橇装式轻烃回收装置、轻烃回收装置和大罐轻烃回收装置已在全国11个油田推广应用，创产值达2000多万元。

——摘自《长庆石油报》2000年10月19日

国家第九届优秀工程设计评选揭晓 长庆气田地面产能建设工程喜获铜奖

12 月 4 日，设计院接到中国勘察设计协会通知，国家第九届优秀工程设计评选工作日前揭晓，设计院申报的《长庆气田地面产能建设工程地面工艺及配套技术》在去年被集团公司评为优秀设计一等奖的基础上，再度荣获国家优秀设计铜奖。

设计院结合长庆气田地面建设工程的实际进行设计、研究，并成功应用了“三多、三简、四小、四集中”的工艺技术，创造了“多井高压集气、高压集中注醇、集气站脱水、集中脱硫”的“长庆气田模式”，长庆气田产能建设工程地面工艺及配套技术简单、实用、可靠、先进、经济，代表长庆特色的 13 项主要技术达到了简化工艺、节约投资、降低能耗的目的，长庆气田各项指标均处于国内领先水平。（赵皓）

——摘自《长庆石油报》2000 年 12 月 12 日

设计院坚持以人为本强化职工培训

立足素质提高　着眼长远发展

设计院坚持以人为本，不断加大对职工的教育培训力度。12 月 8 日结束的建筑、岩土工程两个专业的工程建设标准强制性条文培训，把教育培训工作推向了高潮。

石油企业的重组改制，使设计院深深体会到，企业的竞争是人才的竞争。为此，该院在培训教育的组织、经费、内容、材料、人员、时间等各个方面予以保证。年初以来，选派技术人员参加集团公司压力管道设计审批人员资格、一级注册建筑师和结构师继续教育等培训 7 期；送外培训 15 批；参加局办培训班 4 期；自办培训班 7 期，参加 520 人次。另外，组织中层领导和机关人员观看电影《A 管理模式》，组织全体职工收看《现代企业制度》《公司法》专题讲话等。在培训中，院领导和部分老专家身体力行，共同制定培训计划，参加培训，甚至带头讲课，给青年技术干部作出了表率。

通过开展形式多样的培训教育活动，有效地提高了全院的管理水平和勘察设计质量，增强了设计人员自觉执行设计规范的自觉性，营造了人才快速、健康成长的良好氛围。(赵皓)

——摘自《长庆石油报》2000 年 12 月 26 日

报春花儿开

勘察设计研究院公司化改制工作纪实

世纪之交，勘探局连续出台了一系列重大举措，机械行业的重组、钻井系统的整合、施工队伍即将出征海外等，每一项举措都传递着鲜明的信息：传统体制的坚冰正在逐渐消融，以建立现代企业为核心的深层次改革正向我们走来。在新世纪的春风里，2月28日，以原设计院改制而成的西安长庆科技工程有限责任公司正式挂牌，这是第一家由勘探局控股的有限责任公司，标志着设计院进入了一个崭新的历史发展时期，也意味着勘探局深化重组改制迈出了新步伐。

"靓女先嫁"

用局领导的话来说，勘探局选择设计院进行股份制改造是"靓女先嫁"。因为设计院自身具有得天独厚的优势，这使得改制获得成功的机率较大，便于为局其他单位改制提供经验，这些优势具体表现为：

一是30多年积累起来的规模和优势。特别是近几年来，设计院发展较快，在全国设计单位综合实力考评中，已连续三年被评为"全国百强设计院"，是集团公司18家甲级设计院连续三年进入百强的5家设计院之一，具有较强的综合实力和加快发展的基础。

二是勘探局的大力支持和优惠政策。作为第一家改制试点单位，勘探局在政策上给予了很大的支持。自1998年以来通过两次重组，设计院人员从445人减少到225人，专业技术人员占到70%以上，劳动生产率人均约28万元，各项经济指标都在勘探局所属单位中名列前茅。勘探局还先后调出闲置、低效资产36项，现资产净值为405万元，减轻设计院的负担。在改制问题上，勘探局主要领导多次听取汇报，并作了重要指示。孙玉辰局长说，你们严格按《公司法》运行，不要怕，大胆去闯，搞好了，勘探局的股份可以逐渐退出，不控股；失败了，勘探局还给你们保基本工资。

三是长庆油田公司油气勘探开发的大好形势，为设计院提供了较为饱满的工作量和发展的基础。在 2001 年原计划工作量的基础上，油田公司最近增加了 50 万吨产能建设和 10 亿立方米产能建设任务，还将进行全油田集输系统大调整。从社会市场看，“西气东输”“西部大开发”为我们提供了更为广阔的市场和发展空间，市场前景看好。

四是有一支团结拼搏、勇于奉献的职工队伍，有一个团结协作、精干务实的领导班子，有一批经验丰富、技术过硬的科技人才，有一套适合低渗透、特低渗透油气田开发、成熟而实用的先进地面集输工艺技术，这些都为新公司的发展创造了有利条件。

改制势在必行

设计院上下统一了思想，认清改制是深化改革的必经之路，不改不行。

一是认清设计院的改制，是勘探局整体改革方案的一个重要组成部分。长期以来，设计院作为一个科研生产单位，习惯于按照上级的指令性任务来安排工作，只要任务和经营指标完成，职工就可以拿到工资和奖金并享受企业提供的福利。石油企业重组改制后，这个模式被打破。勘探局为了解决生存与发展的问题，提出了深化改革的总体方案，要求设计院等单位率先进行股份制改造试点，将在 3 至 5 年的时间内使全局大多数单位都完成股份制改造。所以，在股份制改造上，设计院必须坚定不移、义无反顾。

二是对科研设计单位进行股份制改造是党中央、国务院的重要决策。从全国科技大会精神及中央领导的多次讲话中都提出，要加快对中央各部门、各省市及大专院校、国有企业科研设计单位的产权制度改革，要采取多种形式，让国有资本逐步退出，创办符合现代企业制度的高科技型企业。不这样，就建立不了科技进步和创新的机制，特别是高科技产业的形成就缺少强大的发展动力，也不利于稳定高科技人才队伍。

三是股份制改造是解决企业生存与发展的必由之路。多年来，由于在计划经济的模式下运作，机制、体制存在着许多弊端，不利于企业自主经营和调动科研设计人员的积极性，影响和制约着企业的发展。激烈的市场竞争，要求科研设计单位必须在优势项目上做“专”、做“强”，如果不改制，设计院生存和发展的空间将会受到严重阻碍。

艰难改制路

作为勘探局第一家股份制改造的单位，缺乏可借鉴的经验，给改制工作带来了许多意想不到的困难和问题，观念滞后、产权不清、缺少竞争机制、高层次的科技人才和管理人才的比例偏低等都是影响和制约企业发展的关键。

国内设计市场竞争激烈，加剧了设计院改制工作的压力。全国 12517 家设计单位整体设计力量供大于求，工作量严重不足，仅集团公司内部设计力量过剩约 40%。随着国家关于勘察设计行业体制改革若干意见的实施，今明两年绝大多数设计单位都将完成股份制改造，组建起以设计为龙头的高科技产业集团，新的更加激烈的市场竞争是不可避免的。

中国即将加入 WTO 也给未来的设计市场造成不小的冲击。随着这样一个时机的到来，勘察设计行业的技术实力、管理水平，要逐渐与国际接轨。目前，世界前 200 名设计咨询公司，已经纷纷涌向中国，在北京、上海、广州等地设立分公司与代办处的企业就有 140 多家，“西气东输”的整体设计就被实力雄厚的外国公司捷足先登，设计院如果不抓住机遇、加快发展，增强自己的整体实力，就会失去立足之地。

在这种形势下市场开发的难度逐步加大。从 2000 年运行情况看，设计院勘察设计 98% 以上的工作量来自关联交易市场，而关联交易市场又要逐年增加开放比例。社会市场的开发，尽管取得了历史性的突破，但其份额仅占总产值的 1.6%。加之股份制经营具有风险性，投资主体多元化，把企业的利益和员工的利益紧密地“捆绑”在一起，使企业和员工成为利益的共同体。企业的兴衰，与员工的切身利益息息相关；企业的经营风险，也会波及员工。这一切都给改制工作带来了巨大的压力。

为了确保改制工作顺利进行，设计院认真开展体制改革可行性研究。在认真学习建设部、集团公司关于勘察设计单位体制改革文件精神的基础上，研究国际勘察设计单位的先进设置模式，及时成立体改领导小组，结合本院的实际情况，先后讨论 4 次，起草了《设计院体制改革（初步）方案》。同时在全院进行了现代企业制度和《公司法》等有关内容的电视讲座培训。制定了体制改革实施方案后，先后 3 次向勘探局进行了体制改革方案专题汇报，认真研究了勘探局对设计院体制改革的指示和具体意见，对体制改革实施方案进行了 8 次讨论，共修改 5 版，上报勘探局两次。

严格按照勘探局和西安市有关职工持股会的文件要求，咨询省、市和勘探局的有关部门，起草了 12 种相关文件，及时报批。根据勘探局和西安市体改委的批复和要求，在 3 次民意测验的基础上，于 2000 年 7 月 19 日和 20 日分别召开职工持股会全体会员大会、会员代表会议和理事会议。按照预先由全体会员通过的选举产生办法，采取民主选举的方式，分别由全体会员推选 43 名会员代表候选人，选举产生 31 名会员代表，再由会员代表推选 12 名理事候选人，选举产生 7 名理事，再由 7 名理事选举产生理事长和副理事长。

公司严格依照《公司法》，按国有控股、职工参股的方式进行改制，组建公司法人治理结构。公司成立了股东会，选举了13名股东代表，选举了7名董事和5名监事。由董事长聘任了公司总经理；由公司总经理提名，董事会聘任了公司高层管理人员；公司组建了6个分公司和7个机关部门。同时动员243名职工集资入股471.3万元，并积极开展公司注册、资产评估及公司成立工作。

新世纪的宏图

2001年是新成立的西安长庆科技工程有限责任公司深化改革、“二次创业”、实施“十五”规划的第一年，也是公司求生存、图发展、闯市场、增效益的关键一年，更具有挑战性和新的发展机遇。公司决策层在听取各单位、各部门工作汇报的基础上经过党政联席会议的研究讨论和董事会的审核，明确了企业经营战略和发展目标。

企业的经营理念是：创新、开放、简捷、明确、责任、自信，以及质量第一、用户第一、信誉第一。

企业的两条发展思路：一是以加强内部管理为重点，深化改革，逐步建立法人治理结构及激励和约束机制；二是以市场为导向，以勘察设计为龙头带动新产品研制与开发、工程建设、工程监理、工程咨询与计算机信息技术产业的发展。

为此，企业将全面实施四大战略：市场开发战略；质量效益战略；科技创新与人才培养战略；企业形象战略。

2001年公司经营目标是：投资回报率达到15%左右，企业收入4000万元，力争达到4500万元。

2001年西安长庆科技工程有限责任公司要重点抓好10项工作，特别是要抓好实施以设计为龙头、带动其他产业发展的公司经营战略，促使产业结构从单一设计向多元开发的转变。

在这个问题上，公司总经理何宗平说：“勘察设计是公司的主营业务，也是公司发展壮大的基石，工程设计公司是公司业务的主体，要以此带动四个产业的发展。一是带动高科技产品产业的发展，使研制开发的科技产品能够及时地在油、气田地面建设工程中运用，提高工程建设的科技含量。二是带动工程建设产业的发展。工程建设业务是我院主要发展的产业，多年来在参与建设的很多工程项目中积累了经验，培养了人才，为公司开展总承包业务打下了良好的基础。三是带动工程监理业务的发展。按照国家关于设计单位对自己设计的工程进行监理有利于设计意图的体现和工程质量保证的精神，我们将积极开展工程监理业务，并逐步拓展这一领域的市场份额。四是带动工程咨询和信息产业技术等其他产业的发展。我们将积极开展计算机应用技术、工程技术咨询、工程项目经济评价等工作，力争这方面的产值有一定的增长，将科技成果转化为生产力，并促进专利、专有技术的应用和产品升级，努力拓宽发展领域，实现多元化持续发展。

西安长庆科技工程有限责任公司的成功改制，只是新世纪春天的报春花，当勘探局股份制改造全面铺开，待到山花烂漫时，长庆的春天定会更美！（苏柯、赵皓）

——摘自《长庆石油报》2001 年 3 月 2 日

设计人生

——记国家一级注册建筑师、勘探局劳模黄琨

1968年从清华大学土木建筑系建筑专业毕业分配到油田，第一次拿上尺子、圆规，黄琨就注定这辈子与油田设计工作结下不解之缘。

如今30多年过去了，在设计出一座座井站、一个个住宅小区的同时，黄琨也设计出了自己的人生：国家一级注册建筑师、勘探局劳动模范。

“只有干好工作才能有好心情。”黄琨常挂在嘴边的这句话正是他热爱工作和热爱生活的真实写照。

1994年，勘探局决定在银川郊区建设一座集办公、住宅、娱乐、工业生产为一体的多功能综合石油基地，该基地占地2040亩，可容纳35000户居民，是我国目前最大的几个住宅小区之一。

优秀的设计，一流的管理，使燕鸽湖基地荣获国家建设部“全国城市物业管理优秀示范住宅小区”等多项荣誉称号，被宁夏回族自治区誉为“塞外明珠”。

“设计人员是创造美的人，应该有美好的心灵。”不论是当设计员还是当项目负责人，黄琨多年来一直以此为座右铭。选他当先进，他让给年轻人；得到他帮助的单位和个人请他吃饭、给他送礼，都被他回绝；领导推心置腹地找他谈心，希望他挑起室主任的重担，他都以搞专业更能发挥作用为由而婉言谢绝；1996年，院里聘请他担任了副总工程师，负责审查方案，为年轻人把关，但他从来没有间断过搞设计。

一花独放不是春，万紫千红春满园。黄琨对年轻人总是将自己的所有倾囊传授，毫不保留。每次下现场或外出学习回来，他都将自己获得的新知识、新信息及时传递给年轻人。由于在工作实践中，他十分注意搞好传、帮、带工作，坚持以老带新，以老促新，使年轻人如雨后春笋，一个个成长起来，成为本专业的中坚力量。

一分耕耘，一分收获。黄琨多年来先后完成了一大批大、中型建筑工程设计，累计建筑面积超过了 1000 多万平方米。在生活住宅小区、城镇建设、工业建筑等规划和设计等方面积累了丰富的经验，取得了引人注目的成绩。同时，他参与的项目获得各类科研成果奖 10 余项，其中《医院制剂室设计改进》获全国优秀质量管理奖。

——摘自《长庆石油报》2001 年 8 月 21 日

西安长庆科技工程有限责任公司举行揭牌仪式

勘探局和油田公司领导出席，孙玉辰、喻昌荣、赵业荣分别讲话

2月28日，勘探局在西安基地为西安长庆科技工程有限责任公司举行隆重的揭牌仪式。在揭牌仪式主席台上，摆放着新制作的公司牌匾和油田公司总经理胡文瑞在出国前特意派人送来的大型瓷瓶。勘探局领导孙玉辰、张继昌、杨庆理、刘自强、蒲建中、赵业荣、张芝兰及局党委常委张启英、局长助理邓火孝和油田公司领导喻昌荣、何自新及总经理助理杨华出席了仪式。

28日上午8时30分，揭牌仪式在鞭炮声中开始，孙玉辰局长和喻昌荣副总经理一起揭牌。

勘探局总工程师、西安长庆科技工程有限责任公司董事长赵业荣首先讲话。他指出，勘探局审时度势，把设计院作为整体改制的试点单位，具有十分重要的意义。目前，设计院已经完成了整体改制任务。公司在新体制、新机制运行过程中，必须做到“三个坚持”和“一个确保”，即坚持公司效益最大化的原则，坚持按照《公司法》规范运作，坚持多元化发展战略，确保改革改制试点的成功。

西安长庆科技工程有限责任公司总经理何宗平在讲话时表示，要以勘探局12字企业理念为宗旨，实施科技创新与人才开发战略，努力实现公司经营目标。

油田公司副总经理喻昌荣在讲话中说，希望设计院整体改制后，在局党委、勘探局的领导下，按照现代企业制度规范运作，以优质的设计质量和一流的服务拓展油田市场；抓住西部大开发的机遇，积极占领外部市场；实施科技创新和人才发展战略，开拓国际市场。今后油田公司将一如既往地大力支持西安长庆科技工程有限责任公司的发展。

長慶石油報
CHANGQING SHIYOU BAO
CNPC 中国石油
●国内统一刊号 CN62—0033
长庆石油勘探局党委
长庆石油勘探局 主办
2
2001.3
星期五
第 3842 期

西安长庆科技工程有限责任公司举行揭牌仪式

勘探局和油田公司领导出席，孙玉辰、喻昌荣、赵业荣分别讲话

图为勘探局局长孙玉辰与油田公司副总经理喻昌荣一起为长庆科技工程有限责任公司揭牌。 苏柯摄

本报讯（记者 章锲）2月28日，勘探局在西安基地为西安长庆科技工程有限责任公司举行隆重的揭牌仪式。在揭牌仪式主席台上，摆放着新制作的公司牌匾和油田公司总经理胡文瑞在出国前特意派人送来的大型瓷瓶。勘探局领导孙玉辰、张继昌、杨庆理、刘自强、滴建中、赵业荣、张芝兰及局党委常委张启英、局长助理邓火孝和油田公司领导喻昌荣、何自新及总经理助理杨华出席了仪式。

28日上午8时30分，揭牌仪式在鞭炮声中开始，孙玉辰局长和喻昌荣副总经理一起揭牌。

勘探局总工程师、西安长庆科技工程有限责任公司董事长赵业荣首先讲话。他指出，勘探局审时度势，把设计院作为整体改制的试点单位，具有十分重要的意义。目前，设计院已经完成了整体改制任务。公司在新体制、新机制运行过程中，必须做到“三个坚持”和“一个确保”，即坚持公司效益最大化的原则，坚持按照《公司法》规范运作，坚持多元化发展战略，确保改革改制试点的成功。

西安长庆科技工程有限责任公司总经理何宗平在讲话时表示，要以勘探局12字企业理念为宗旨，实施科技创新与人才开发战略，努力实现公司经营目标。

油田公司副总经理喻昌荣在讲话中说，希望设计院整体改制后，在局党委、勘探局的领导下，按照现代企业制度规范运作，以优质的设计质量和一流的服务拓展油田市场；抓住西部大开发的机遇，积极占领外部市场；实施科技创新和人才发展战略，开拓国际市场。今后油田公司将一如既往地大力支持西安长庆科技工程有限责任公司的发展。

在揭牌仪式上，勘探局局长、党委书记孙玉辰作了重要讲话。他在回顾了30年来设计院取得的辉煌业绩后指出，重组改制后，存续企业面临“二次创业”。要完成市场结构、产业结构、组织结构的初步调整。要在经营理念上实现认识上、理念上、理论上的升华，加大人才开发力度，使长庆在实现年产油气当量超千万吨目标的过程中使分开、分立的双方建立起战略同盟关系。在这非常特殊的关键时刻，设计院率先迈开了改制的第一步。他强调，今天揭牌，仅仅说明设计院在法律程序上、组织结构上完成了法人治理结构的建立，要真正按照建立现代企业制度的要求进行运作，还需要实践。

在新世纪谱写新篇章

油田公司党委、油田公司致信祝贺西安长庆科技工程有限责任公司成立

本报讯 西安长庆科技工程有限责任公司2月28日正式成立，油田公司党委、油田公司致信祝贺。

贺信说，30多年来，长庆勘察设计研究院伴随着油田的发展，由小变大，由弱变强，取得了辉煌的业绩。作为长庆低渗透、特低渗透油田和长庆大气田开发建设的主体设计单位，累计完成各类工程项目设计4000多项，完成油田产能建设工程设计1900多万吨，完成各类管道设计7800多公里，完成工业与民用建筑设计1000多万平方米，荣获科技成果奖340多项，获国家优秀设计金奖等省部级以上科技成果奖78项，通过了国际ISO9001质量体系认证，连续3年跻身“中国百强设计院”行列，已发展成为综合性工程勘察设计单位，你们丰富的勘察设计经验和雄厚的技术优势为在新世纪更大发展奠定了坚实的基础。

贺信说，建立现代企业制度，组建有限公司，是推行现代企业融资、管理、运行、激励的体制要求，是人才和技术密集型企业快速发展成为高新科技企业的必然产物，更是设计院自身生存和发展壮大的形势需要。希望勘察设计研究院整体改制后，在局党委、勘探局的领导下，继续坚持“质量第一、用户第一、信誉第一”的服务宗旨，按照现代企业制度规范运作，以优质的设计质量和一流的服务，拓展油田市场；抓住西部大开发的机遇，积极占领外部市场；实施科技创新的人才发展战略，开拓国际市场，在新世纪创立新业绩，谱写新的历史篇章。

贺信说，油田公司按现代企业的新体制、新机制和国际规范运作的第一年，天然气勘探取得举世瞩目的重大突破。石油勘探也获历史性的重大进展，油气产量继续以百万吨以上规模大幅度攀升，呈现出快速发展的大场面，也为西安长庆科技工程有限公司提供了大展宏图、大有作为的历史机遇和广阔市场。我们将一如既往地大力支持西安科技工程有限公司的发展。为共同的事业、共同的目标和长庆美好的明天密切合作、努力奋斗。

打好新的攻坚战

——谈企业持续重组改制

●本报评论员

正当全局上下认真贯彻落实勘探局2001年工作会议精神，不断掀起生产建设热潮，誓夺“十……

在揭牌仪式上，勘探局局长、党委书记孙玉辰作了重要讲话。他在回顾了30年来设计院取得的辉煌业绩后指出，重组改制后，存续企业面临“二次创业”。要完成市场结构、产业结构、组织结构的初步调整。要在经营理念上实现认识上、理念上、理论上的升华，加大人才开发力度，使长庆在实现年产油气当量超千万吨目标的过程中使分开、分立的双方建立起战略同盟关系。在这非常特殊的关键时刻，设计院率先迈开了改制的第一步。他强调，今天揭牌，仅仅说明设计院在法律程序上、组织结构上完成了法人治理结构的建立，要真正按照建立现代企业制度的要求进行运作，还需要实践。（章锲）

——摘自《长庆石油报》2001 年 3 月 2 日

在新世纪谱写新篇章

油田公司党委、油田公司致信祝贺 西安长庆科技工程有限责任公司成立

西安长庆科技工程有限责任公司 2 月 28 日正式成立，油田公司党委油田公司致信祝贺。

贺信说，30 多年来，长庆勘察设计研究院伴随着油田的发展，由小变大，由弱变强，取得了辉煌的业绩。作为长庆低渗透、特低渗透油田和长庆大气田开发建设的主体设计单位，累计完成各类工程项目设计 4000 多项，完成油田产能建设工程设计 1900 多万吨，完成各类管道设计 7800 多千米，完成工业与民用建筑设计 1000 多万平方米，荣获科技成果奖 340 多项，获国家优秀设计金奖等省部级以上科技成果奖 78 项，通过了国际 ISO9001 质量体系认证，连续 3 年跻身“中国百强设计院”行列，已发展成为综合性工程勘察设计单位，你们丰富的勘察设计经验和雄厚的技术优势为在新世纪更大发展奠定了坚实的基础。

贺信说，建立现代企业制度，组建有限公司，是推行现代企业融资、管理、运行激励的体制要求，是人才和技术密集型企业快速发展成为高新科技企业的必然产物，更是设计院自身生存和发展壮大的形势需要。希望勘察设计研究院整体改制后，在局党委、勘探局的领导下，继续坚持“质量第一、用户第一、信誉第一”的服务宗旨，按照现代企业制度规范运作，以优质的设计质量和一流的服务，拓展油田市场；抓住西部大开发的机遇，积极占领外部市场；实施科技创新的人才发展战略，开拓国际市场，在新世纪创立新业绩，谱写新的历史篇章。

贺信说，油田公司按现代企业的新体制、新机制和国际规范运作的第一年，天然气勘探取得举世瞩目的重大突破。石油勘探也获历史性的重大进展，油气产量继续以百万

吨以上规模大幅度攀升，呈现出快速发展的大场面，也为西安长庆科技工程有限公司提供了大展宏图、大有作为的历史机遇和广阔市场。我们将一如既往地大力支持西安科技工程有限公司的发展。为共同的事业、共同的目标和长庆美好的明天密切合作，努力奋斗。

——摘自《长庆石油报》2001年3月2日

长庆科技工程有限公司一举中标

“西气东输”工程勘察测量揭标

3 月 15 日晚，从首都北京“西气东输”项目经理部传来喜讯，西安长庆科技工程有限责任公司一举中标“西气东输”工程第五标段勘察测量。这是该公司成立以来开拓市场迈出的第一步。

“西气东输”管道工程长庆科技工程公司勘察项目部揭牌仪式

2 月 12 日，长庆科技工程公司接到“西气东输”工程项目经理部发来的管道线路勘察测量投标邀请函后，立即研究决策，成立了商务、技术两个编制小组，认真分析各标段的具体情况，明确工作目标，制定出了详细的工作进度计划表，全公司上下集中力量，全力以赴编制标书。经过 20 多天的昼夜苦战，于 3 月 8 日在北京参加了正式投标。

在石油系统 18 家投标的甲级设计院中，有 7 家获得投标资格。长庆科技工程公司参加了 10 个标段中的 7 个标段的投标，在所投的 7 个标段中有三个标的技术标名列前茅，并在第五标段一举中标。第五标段全长 391 千米，由甘塘至靖边，属三类地形，共有大型穿跨越 14 条，其中黄河跨越两处，古长城穿越 6 处。（苏忠华）

——摘自《长庆石油报》2001 年 4 月 5 日

“西气东输”排头兵

长庆科技工程公司“西气东输”第五标段勘察测量纪实

长庆科技工程有限责任公司在今年第一个承揽的油田外部工程中就打了一个漂亮仗，在“西气东输”工程第五标段中标后，勘察测量外业任务完成出色，充分展示了改制后企业新机制的生机与活力。

5 月 22 日，“西气东输”项目勘察总监来到长庆，对“西气东输”第五标段的勘测工作给予了高度评价，认为长庆科技工程有限责任公司的组织管理和队伍作风好，进度快。

长庆科技工程有限责任公司今年初实行企业改制后，把实施市场开发战略作为重中之重，而参与竞标的第一个项目就是举世瞩目的“西气东输”工程。该公司经过激烈的竞争，在第五标段一举中标。

“西气东输”工程是西部大开发的标志性工程，是国家“十五”期间四大重点建设工程之一，全长 4000 多千米，预计年输气量 120 亿立方米。输输气管道将横穿长庆气田；长庆作为“西气东输”的主力气源之一，在工程中负有重要使命。

中标固然令人振奋，然而要干好这项工程绝非易事。“西气东输”第五标段全长 391 千米由甘塘——靖边属三类地形，共有大型穿跨越 14 处，其中黄河跨越一处，古长城穿越 3 处，地形十分复杂，有平坦的田野农庄，更多的是山丘和一望无际的大漠，处于腾格里和毛乌素两大沙漠的南部边缘地带，现场作业难度很大，工期很紧。工程项目部要求必须在 5 月 15 日前提交中间成果，6 月 15 日前全部提交内业资料。

为确保勘察测量工作的优质高效完成，长庆科技工程公司在该项目中第一次实行了项目管理，严格执行 HSE 管理体系和《A 管理模式》。组建了项目组，配备了精良的勘察测量设备 28 台（套），制定了《项目财务管理办法》《项目部日常工作管理办法》《勘察测量及技术管理办法》《安全质量管理办法》等规章制度 10 余项，并对勘测人员进行了 HSE、技术规定、“三禁一反”等方面的培训教育。

4月6日，“西气东输”管道工程第五标段勘测项目部在宁夏大水坑举行了简朴而隆重的开工仪式，一场前所未有的攻坚战正式拉开了帷幕。

“西气东输”管道工程第五标段勘测项目开工仪式

在施工中，项目组积极探索项目管理办法，制定了“严”“情”“活”的三字工作原则。“严”即严格管理。工程管理、设备管理、经费管理以及队伍管理、日常工作秩序，一切都按规章制度办事，用制度管人、管钱、管物；在工程质量上，提出了在所有参加“西气东输”工程勘察测量的7支队伍中“争二保三”的奋斗目标，在经济、技术、质量、工期等指标上，不折不扣地执行公司的规定，严格按照项目管理运作，决不讲人情和条件。“情”即严格按照HSE管理体系运行。把职工的安全、健康放在重要位置，在有限的条件下尽可能地让参战人员吃好住好，在奖金发放等方面向他们倾斜。在近两个月的时间里，公司领导多次去现场慰问，当场解决问题。“活”即公司总体把握项目部灵活控制。在保持总体进度、质量、费用等技术经济指标的前提下，尽可能地发挥项目部及各勘测组的主观能动性和生产积极性，使其在工作中有决策权、奖惩权。项目部和各勘测组政令畅通、关系融洽、团结一致、共同拼搏，有效地加快了作业进度，提高了作业质量。同时，每周都严格检查HSE执行情况，狠抓安全，注重环保。五标段战线长，地形复杂，给作业增加了难度，也给安全工作带来了困难。为此，项目部要求各作业组严格按规范、标准、科学施工，并坚持预防为主，把所有隐患消灭在萌芽状态之中。由于领导重视，认识到位，机构健全，措施得力，HSE管理体系运行效果好，受到了“西气东输”工程项目部的称赞。

勘察测量的重点是外业，最艰苦的也是野外资料录取。在作业过程中，参战人员一次次克服了难以想象的艰难困苦。4 月 8 日，线路勘测刚刚开始，忽然刮起了七八级大风，沙尘暴席卷而来，风声、沙声呼呼作响，撕打着队员们的身体，3 米之外什么也看不见。第二天，又下起了大雪，气温骤然下降到零下 10 摄氏度，40 厘米厚的积雪中断了现场作业。4 月 17 日，沙尘暴再次肆虐，黄沙漫天，队员们的脖子、耳朵里灌进了沙子，满嘴都是沙子，嘴唇干裂结了干痂。近两个月时间，难得遇上一个好天气。队员们在这样恶劣的气候中，早晨简单地吃一碗牛肉面后，就带上干粮和水，深入沙漠，直干到晚上 8 点多才收工返回驻地吃饭。大家发扬“攻坚啃硬、拼搏进取”的长庆精神，团结协作，紧密配合，不仅优质高效地完成了任务，而且为实行项目管理积累了丰富的经验，树立了长庆的良好形象，提高了公司的知名度和市场竞争力。（赵桢、赵皓）

——摘自《长庆石油报》2001 年 7 月 10 日

长庆科技工程公司稳占油田市场

已完成明年产能建设方案设计工作

長慶石油報

CHANGQING SHIYOU BAO

中国石油

●国内统一刊号 CN62—0033

●长庆石油勘探局党委
长庆石油勘探局 主办

18
2001.10
星期四
第 3924 期

一切注重实效
——油田公司管理理念透视

●本报记者 赵桢 綦广龙

“一切注重实效”的管理理念作为长庆油田公司企业文化建设的核心和灵魂，经过近两年的培育和实践，已经深入人心，不折不扣地贯穿到油田公司生产经营的全过程，转化为全体员工共同的群体意识、评判标准和行为准则，成为凝聚员工、激励员工、推动大发展的纲领和动力。在新的企业管理理念的引领下，油田公司已进入了快速发展的轨道，并取得了令人瞩目的成就。

面对新形势，油田公司适时构建了以“一切注重实效”的管理理念为灵魂的一整套企业文化体系。“一切注重实效”这一管理理念，不仅适应油田公司作为具有现代企业色彩的上市控股公司所应遵循的准则，同时包含着丰富的哲学内涵。

进入21世纪，在经历了脱胎换骨的改革之后分开独立运作的油田公司，面临着新的机遇和挑战，也肩负着中国未来能源接替区的重要使命。在重大的机遇面前，长庆具有得天独厚的资源优势、技术优势、装备优势、队伍优势、区位优势，为……“十五”期间，长庆被集团公司列为加快发展的重点区域，是中国石油油气产量增长、资源接替的三大……

国家审计署西安特派办来油田检查工作

加大监督力度 强化资金管理

本报讯（记者 徐志武）国家审计署西安特派办一行11人10月16日来长庆，对油田公司2000年度的财务收支情况进行审计检查。

在审计汇报会上，油田公司副总经理喻昌荣表示将竭尽全力配合审计工作，为审计提供全面、真实、准确的资料，圆满完成这次审计工作。油田公司财务部门负责人就油田公司的基本情况、资金的使用、预算执行情况、在经营管理方面所做的主要工作向特派办各位领导和专家作了汇报。

油田公司把实施全面预算作为加强管理的首要环节来抓，建立了一套三维预算管理体系，实施成本过程监控，整章建制，创立新体制运行的纲性框架，以公司经营目标为导向，以财务管理为手段，谨慎投资，强化了资金管理，提高了资金的使用效益。

在审计会上，特派办的领导宣读了关于审计工作的有关文件，强调了本次审计工作的要求和任务，其目的是了解企业财务核算方法是否规范，检查国家财经法规和“会计法”的执行和落实情况。重点检查会计信息质量、资产质量，通过检查帮助，促进企业管理，提高审计监督力度，增强廉政建设的意识。

发挥『第一生产力』作用 全力提高市场竞争力

勘探局加快实施科技进步与人才开发战略

本报讯（记者 赵桢）为了尽快提高整体科技实力和市场竞争力，勘探局加快实施“四大发展战略”中的科技进步与人才开发战略，近日制定出“十五”科技发展计划。

近两年，勘探局根据企业重组后面临的新形势、新变化，大力加快实施科技进步与人才开发战略。加大科技攻关的投入力度，每年投入1千多万元用于科技攻关和新产品的开发；投入3亿多元对装备进行更新改造；加大对科技人员的培训力度，积极探索符合长庆实际的科技人才队伍建设管理的新途径、新方法，启动了“优秀技术干部形象工程”，设立1000万元科技奖励基金；加强物探、钻井、测井、试油压裂、地面建设5大系列的科研攻关，形成了黄土塬地震勘探技术、天然气欠平衡钻井工艺技术等8大特色技术，充分发挥了科技是第一生产力的作用。

作为勘探局总体规划重要组成部分的科技发展规划，对近、中期的发展方向、重大问题进行了战略策划。其总体目标是：实现科技管理体制的转变，形成适应市场经济的科技进步工作体系；重点发展主体工程技术，形成先进适用的长庆特色技术；培育和发展一批品牌技术，形成新的经济增长点；增强效益观念，注重科技成果与应用的中间环节，使科技成果应用率达到85%以上，科技投入产出比达到1:5，科技贡献率达到50%以上。为了实现上述目标，勘探局将进一步加大科技投入，多渠道筹措科技经费；加大科技改革力度，重塑和强化研究开发主体；建立开放、流动、联合、竞争的科技项目管理运行机制；建立健全科技政策体系和激励机制；实施人才开发战略，广纳科技人才；搞好信息开发应用工作；重视软科学研究工作；加强知识产权保护工作。

长庆科技工程公司稳占油田市场

已完成明年产能建设方案设计工作

本报讯（记者 赵桢 通讯员 赵皓）长庆科技工程责任公司未雨绸缪，提前介入，精心组织，到10月15日，已完成了2002年油田180万吨产建方案、气田20亿立方米产建方案、靖宁输油管道工程可行性研究等方案设计工作，并对12个区块的油气田产建方案进行了审查。

长庆科技工程公司面对严峻的市场形势，树立为甲方提供全方位优质服务的思想，牢牢占领油田市场。2002年的油气产建，是长庆有史以来规模最大的。为使油田公司的产能建设早日争取主动，长庆科技工程公司面对工作量大、技术要求高、设计人员少的困难，提前开展2002年油气田产能建设的现场勘察，精心编制设计方案，按照“优化方案、完善系统、控制投资、提高水平”的原则，加强方案审查，编排计划进度，强化项目管理，精心勘察设计，优质高效地完成了安塞油田160万吨、靖安油田140万吨产建可行性研究、2002年油气田产建方案和部分重点工程的方案设计工作，为下一步的施工设计奠定了基础。

长庆科技工程责任公司未雨绸缪，提前介入，精心组织，到10月15日，已完成了2002年油田180万吨产建方案、气田20亿立方米产建方案、靖宁输油管道工程可行性研究等方案设计工作，并对12个区块的油气田产建方案进行了审查。

长庆科技工程公司面对严峻的市场形势，树立为甲方提供全方位优质服务的思想，牢牢占领油田市场。2002年的油气产建，是长庆有史以来规模最大的。为使油田公司的产能建设早日争取主动，长庆科技工程公司面对工作量大、技术要求高、设计人员少的困难，提前开展2002年油气田产能建设的现场勘察，精心编制设计方案，按照“优化方案、完善系统、控制投资、提高水平”的原则，加强方案审查，编排计划进度，强化项目管理，精心勘察设计，优质高效地完成了安塞油田160万吨、靖安油田140万吨产建可行性研究、2002年油气田产建方案和部分重点工程的方案设计工作，为下一步的施工设计奠定了基础。（赵桢、赵皓）

——摘自《长庆石油报》2001年10月18日

长庆科技工程公司向管理要效益

强化核心业务　盘活存量资产

西安长庆科技工程有限责任公司面对激烈的市场竞争，不断提高公司经营管理水平，增强了企业活力，为进一步深化改革、加快发展奠定了坚实的基础。

该公司坚持“立足油田、面向社会、精心设计、质量第一”的工作思路，在强化核心业务，把强项做强、做精、做专、做大的同时，盘活存量资产，从资产经营逐步向资本运营转换，为真正把公司变成科技型现代企业创造了条件。

该公司积极探索现代企业的管理方式，在管理制度上不断创新。初步建立了适应公司制运作的 10 多项管理制度；对油气田产建设计、靖咸管道工程等重点工程实行项目管理，逐步和国际通行规则接轨，为今后承揽大型勘察设计项目积累了经验；加强了合同管理，加强了合同审批立项及结算工作：对设备耗材的采购管理采取使用单位提前上报计划，采购部门货比三家、招标采购。一系列切实可行的措施有效地控制了成本，截至 10 月底，该公司实际发生的成本费用控制在年度预算之内，董事会年初下达的产值 4000 万元、投资回报率 15% 的目标有望超额完成。（赵桢、赵皓）

——摘自《长庆石油报》2001 年 11 月 15 日

长庆科技工程有限责任公司通过西安市高新技术企业认定

西安市科学技术委员会11月27日正式认定西安长庆科技工程有限责任公司为高新技术企业，标志着该企业改制工作迈出了新步伐。

作为勘探局首批改制企业之一，在外有巨大的竞争压力、面临经济体制转轨的新形势下，西安长庆科技工程有限责任公司超前思维，更新理念，积极创新。今年以来，重点研究了低渗透油田开发工艺、轻烃回收工艺、高压天然气集气工艺、低温分离技术、天然气发电技术、污水处理及真空脱氧技术、长距离加剂输送工艺、沙漠黄土高原水工保护技术、天然气加气站技术和工业自动化控制技术等10项专有技术，发展了自己的特有技术，做到了人无我有，人有我优，人优我特。同时，该公司充分发挥知识密集、技术力量雄厚的优势，成功地开发了油气田急需、市场占有率较高的高新技术产品20多项。其中的天然气三甘醇脱水装置是气田开发的重要设备，我国一直依赖国外进口。去年，该公司研制开发成功后，目前正式投入工业化、定型化生产阶段，其主要技术参数、指标均达到设计要求，达到国外同类产品的先进水平，产品在安全、节能、环保及经济运行等主要性能及整体质量和外观上已达到或超过进口装置水平，为该公司找到了新的经济增长点。

西安长庆科技工程有限责任公司成为名副其实的高新技术企业，将享受国家规定的有关优惠政策，对提高企业的知名度和市场竞争力、加快发展步伐、提高经济效益将起到积极的推动作用。（赵桢、赵皓）

——摘自《长庆石油报》2001年12月6日

矢志不渝为科研

——记勘探局劳模科技公司高级工程师冯凯生

从事油田地面建设科研和科技产品开发推广工作的西安长庆科技工程有限责任公司高级工程师冯凯生，立足长庆油田，先后研制出 B_8 型散热器、橇装式小型轻烃回收装置、天然气三甘醇脱水橇装置等多种产品。先后荣获国家、集团公司、勘探局多项科技成果奖。这些产品的推广应用为油田多种经营创造了数以千万元的经济效益。为此，他被授予“局劳模”、石油天然气总公司“多种经营优秀科技工作者”、集团公司优秀设计师等荣誉称号。

天然气三甘醇脱水橇是气田开发中的重要设备，在长庆气田开发中，该设备一直从美国和加拿大进口。冯凯生接到集团公司和勘探局下达的天然气三甘醇脱水橇国产化的任务后，潜心研究三甘醇脱水的机理，深入到气田现场了解进口脱水橇的操作运行情况。通过详细的工艺计算，对装置工艺流程进行反复优化，在冯凯生的带领下，设计并制造出勘探局第一套日处理 40 万标立方米的国产装置。该装置 2000 年 11 月在气田集气站投入试运行，经测试各项技术性能指标均达到设计要求。专家评定认为：天然气三甘醇脱水橇装置现场运行安全、平稳、可靠，实现了完全自动化控制，脱水效果良好，整个装置达到了国外引进装置的同等水平。可以定型系列生产，并在天然气田推广使用。从而，结束了在气田开发中多年来从国外引进三甘醇脱水橇装置的局面。

在装置设计过程中，冯凯生运用扎实的理论基础和丰富的实践经验，反复审视三甘醇脱水和再生的各个技术环节，不放过任何一个细小的疑点。他常常为了弄明白一个技术细节而一次又一次在资料室里查阅技术资料，橇块组装一开始，他天天身穿工服到现场指导工人安装、检查每一个细节。因为他知道，往往一个细小的环节出了问题就会导致整个项目的失败。

这个项目的试验并不是一帆风顺的。装置试运行时，三甘醇重沸器的重沸温度始终上升不到设计要求值，这对脱水橇来说是一个致命的问题。经过几天的调试仍不见效，冯凯生夜不能寐，和他住在一起的同事半夜醒来看见他仍披着衣服坐在床上沉思。同事们能感受到冯凯生身上沉重的压力，知道试验到了最艰难的时候。

在此后的几天里，为了排除种种因素，在现场极其困难的条件下，他们设法增大了燃烧器前的燃料气压力，在重沸器外重新加厚了保温层。种种努力失败后，冯凯生开始怀疑国内燃烧器专家设计的火咀的性能。他断然抛弃这个火咀，自己重新设计加工了一种大气式燃烧器，问题终于解决了。

在天然气三甘醇脱水装置通过科技成果评定后，为了使科技成果尽快转化为生产力，冯凯生带领项目组的同事们努力奋战，短时间内又完成了日处理10万标立方米、30万标立方米、40万标立方米三种规格脱水橇的定型设计。

——摘自《长庆石油报》2002年2月28日

涌动的春潮

长庆科技工程有限责任公司改制工作纪实（上）

阳春三月，万物复苏，春潮涌动。作为勘探局第一家国有企业改制试点单位，长庆科技工程有限公司这朵报春花经过一年的公司制运作，呈现出勃勃生机。

根据勘探局的部署，勘察设计研究院经过三年的筹划，于 2000 年 12 月 26 日整体改制为西安长庆科技工程有限公司。重组之初，面对严峻的形势，科技公司确立了“以市场为导向，以核心业务带动四个产业协调发展；以加强内部管理为重点，深化改革，逐步建立法人治理结构及激励约束机制”的基本思路和“用三到五年时间，把公司建成符合《公司法》规范运作，集勘察设计、新产品研制开发、工程建设、工程监理与技术咨询、计算机信息为一体的高科技企业”的发展目标。

公司成立后，先后通过了集团公司关于企业改制方案的正式批复和公司国有资产的最后确认；通过了西安市科委高新技术企业认定，正式取得了高新技术企业证书。

“三项制度”改革有了实质性的进展，在充分调研的基础上，结合公司实际，初步构想了“以岗位工资为主，基本工资、工龄工资和绩效工资为辅”的薪酬结构；调整了公司组织机构，16 名优秀中青年走上了中层领导岗位，公开招聘技术干部 6 名，吸纳新分配大学生 32 名，251 名员工中止了和勘探局的劳动合同，与公司重新签订了劳动合同；在调整“老三会”（党委会、工会、职代会）的基础上，建立健全了“新三会”（董事会、股东大会、监事会），积极探索新老“三会”的共同点和各自的职责目标。经理班子先后两次向股东及员工汇报了生产经营情况，监事会按期委托局审计处对公司经营情况作了审计，保证了公司按照《公司法》和《公司章程》规范运作。（张新民、赵桢、赵皓）

——摘自《长庆石油报》2002 年 4 月 18 日

喜人的成果

长庆科技工程有限责任公司改制工作纪实（下）

一分耕耘，一分收获。长庆科技有限责任公司通过一年的精心运作，新体制、新机制带来了新变化，取得了喜人的丰硕成果。

——员工的思想观念发生了根本转变。改制后员工既是公司的持股者，又是公司的劳动者；既是投资者，又是受益者，成本意识、效益意识不断增强。2001 年公司完成的产值比董事会下达指标高 24.3%，投资回报率达到 15% 以上。

——靠质量和服务赢得了市场。全年组织对各施工现场进行巡回服务 200 多人次，及时解决各类问题，先后优质高效地完成了油田 150 万吨、气田 2 亿立方米产建设计任务，完成了靖咸管道、第二净化厂等重点工程。与此同时，通过投标拿到了“西气东输”勘察设计、长呼管线等社会市场工程。

压力管道设计资格认证审查会

——创新意识在工作中明显增强。在油气田地面建设工程设计中，公司开发出盘古梁模式、榆林气田模式。在高新技术研究及应用方面，重点研究了 10 项专有特色技术，对简化地面集输流程，降低工程投资起到了积极作用。同时，研制的替代进口的高新产品三甘醇橇装脱水装置已进入系列化工业生产阶段。

——内部管理更加严细。公司积极探索公司制运作的管理模式，建立健全了 10 多项管理制度，确保了公司生产、经营工作的正常运行；顺利通过了国家质量技术监督局压力管道设计单位资格审查和中质协对质量保证体系复评后的第一次监督检查，并有 1 人取得国家一级注册结构师资格，有 4 人获得集团公司颁发的项目经理证书，有 5 人被勘探局确定为一级学术带头人。（张新民、赵桢、赵皓）

——摘自《长庆石油报》2002 年 4 月 23 日

勇当科技先锋

——记勘探局模范集体长庆科技工程公司石油工程设计部

石油工程设计部是西安长庆科技工程有限责任公司最大的综合性设计部门。2001年，该部创造了多项公司纪录：设计前期工作量是历史之最、设计经营产值创历史新高、油田技术攻关创历史之最，市场开发创历史最高水平。先后完成可行性研究、方案设计84项，施工图137项，设计工作量是上年同期的211倍、编制设计是上年工作量的3.55倍；实现经营产值2000万元，比上年同期增长46%。

石油工程设计部注重技术创新工作。在工程设计中，形成了低渗透油田开发工艺、轻烃回收工艺、天然气发电技术、长距离加剂输送工艺和沙漠、黄土高原水土保护技术等10项专有特色技术，节约投资3.89亿元，有效地提高了设计产品的科技含量，形成了公司的品牌效应，扩大了市场竞争能力。

石油工程设计部还注重推广新工艺、新技术。在靖安油田设计中采用“变干管串支线多井配水汽化水洗井工艺技术”，初步形成了“优、多、两、转、变”的地面建设技术；安塞油田王窑区初步形成“站场加药、分散脱水、串管输油、处理回注、树枝状串管无配水间流程”地面建设技术；机械专业在泾河工业园推广了轻型彩钢框架结构厂房和壁挂式采暖设备工艺技术。这些技术的研究和采用，使设计水平达到了国内先进水平，部分达到国际先进水平。（赵桢、赵皓）

——摘自《长庆石油报》2002年4月30日

西气东输“先锋气”产建设计完成

科技工程公司精心勘察设计

科技工程有限责任公司紧紧抓住长庆气田大开发的良好机遇，认真开展 2002 年气田产建设计，目前已优质高效地全面完成了靖边、榆林、乌审旗气田 9 亿立方米的产能建设施工图设计，为早日完成今年气田产能建设任务争取了时间。

西气东输“先锋气”现场

长庆今年的天然气产建任务是有史以来规模最大的一年。科技工程有限责任公司作为“西气东输”先锋气的产建主要设计单位之一，深入现场调查，充分了解甲方意图和现场情况，精心策划方案，从工艺流程、平面布置、设备选型到安全环保、工程造价等诸方面多次进行设计评审。

为了提高地面建设整体水平和气田整体开发效益，科技工程有限责任公司在方案中推广和采用了高压低温集气工艺技术、优化布站技术等多项新技术和新工艺，并严格按照 HSE 管理标准进行设计，方案的深度、广度、适用性、先进性都达到了油田公司的要求。（赵桢、赵皓）

——摘自《长庆石油报》2002 年 5 月 23 日

悠悠设计情

——记长庆科技工程公司高级工程师刘利群

38 岁的刘利群，是西安长庆科技工程有限责任公司石油工程设计部主任工程师，油气集输高级工程师。1987 年毕业于西南石油学院，随后进入西安长庆科技工程有限责任公司从事油气集输及储运工程设计，先后荣获局级劳动模范、“九五”先进科技工作者、陕西省“十五”科技创新能手、优秀党员、先进（生产）工作者、“三八红旗手”等多项荣誉称号，获国家、省（部）级及局级优秀设计奖、科研成果奖、优秀 QC（全面质量管理）成果奖 10 余项，在国内权威专业杂志发表技术论文数篇。

在油田生活的人都知道，搞产能建设是一件非常辛苦的事情，产能建设设计也是如此。为了搞好一项工程设计，刘利群每次都要往产建现场跑四五趟。最艰苦的是在新区搞设计，住农民的窑洞，每天早起晚归，常常一天只能吃一顿饭，由于没有供车辆通行的道路，踏勘、领测全凭两条腿跑。1999 年上半年，她从靖安油田新区领测回来，山风吹得鼻子起了皮，白皙的面孔和手上外露部分被骄阳晒得黝黑。艰苦的工作条件使很多男同志都吃不消，可她从不因为自己是个女同志而向领导提出照顾的要求。

刘利群是一个对工作很执着的人，在参加工作至今的 15 年里，一直在设计工作第一线，先后承担的大中型工程设计、规划项目 10 多项，其中她承担的设计项目《马岭油田 50 万吨地面建设调整工程》获总公司优秀设计三等奖；《中国油田开发图集》长庆油田地面建设部分编制组被评为 1997 年度全国工程建设优秀质量管理小组。

——摘自《长庆石油报》2002 年 6 月 25 日

气田含甲醇污水处理工艺技术获集团公司创新奖

填补国内油气开发污水处理技术空白

长庆科技工程有限责任公司的“气田含甲醇污水处理工艺技术”近日获得集团公司科技创新二等奖，填补了国内油气田开发污水处理方面的一项空白。

从 1998 年开始，长庆科技工程公司积极组织科技人员进行科技攻关，于 1998 年 8 月建成投产了“长庆靖边气田第一净化厂甲醇回收及污水回注工程”一期工程，标志着我国气田含甲醇污水处理首例工程成功运行。2000 年又完成了二期改扩建工程。这项技术解决了甲醇储运及回收装置全密闭运行的问题，最大限度地降低了甲醇对环境的污染；处理后的不含甲醇的污水回注到地层中，避免了矿藏污水对地面水环境的污染，达到了保护环境的目的。同时，再生的甲醇循环使用，节约了天然气开采的成本，取得了良好的经济效益。（赵桢、赵皓）

——摘自《长庆石油报》2002 年 11 月 26 日

长庆科技工程公司被评为西安市诚信单位

以诚信为本　凭质量创优　靠服务取胜

长庆科技工程有限责任公司坚持诚信经营，以高质量的设计和优质的产品赢得了用户的信赖。12 月 2 日，被西安市消费者协会命名为诚信单位，以表彰该公司在“讲诚信、反欺诈”活动中的突出表现。

长庆科技工程有限责任公司始终坚持“用户第一、质量第一、服务第一”的原则，坚持学法用法结合，组织员工认真学习《安全生产法》《产品质量法》《消防法》等法律知识，举办《环境职业安全健康体系培训》班；全面贯彻 ISO9000:2000 版质量管理体系，启动了 ISO14000 环境管理体系、OHSAS 职业安全健康管理体系，有效地增强了职工的质量意识、法律意识、环境意识和职业安全健康意识。

在油气田产建和建筑工程设计中，长庆科技工程公司实行设计质量终身负责制，严把勘察设计各道关口，不断优化设计方案，大力推广新技术、新工艺、新流程、新材料，严格校审制度和设计评审制度，定期开展设计质量检查，强化现场服务，在 2002 年油气田地面工程竣工验收检查中受到甲方的充分肯定。在工程监理中，长庆科技工程公司以高度负责的精神，认真执行有关法律、法规和强制性标准，大胆行使监理职权，确保了工程质量，赢得了业主的称赞。在新产品加工制造等方面，该公司也以过硬的产品质量和及时周到的售后服务取得了良好的经济效益和社会效益。（赵桢、赵皓）

——摘自《长庆石油报》2002 年 12 月 10 日

西安长庆科技工程公司
整体改制　质的飞跃

根据勘探局总体部署，科技工程公司依据“一法、六文、三批复”分步实施“体制改革、机制改革和人事制度改革”。目前已完成的体制改革带来了 6 个方面的变化：

一、改制使企业发生了质的变化：公司 2000 年 12 月 26 日整体改制为有限责任公司，并以高新技术企业入住西安经济技术开发区，这样企业整体性质不但发生了变化，而且可以享受开发区优惠政策。企业产权：从国有独资到国有控股 52%+ 职工持股 48%；企业性质：从模拟法人到有限责任；员工身份：从国有职工到双重身份（劳动者 + 投资者）；产业结构：从单一的勘察设计到工程公司模式 + 高新技术及产品研发的多元化发展；优惠政策：经过四次谈判，和经济技术开发区签订了以免税为主要内容的入住协议。

二、等级设计师制度创下新业绩：等级设计师制度，政策向员工的绩效倾斜。

2002 年，共聘任首席设计师 14 人、一级设计师 51 人、二级设计师 47 人、三级设计师 13 人；实行竞聘上岗，低职可以高聘，高职可以低聘。有 11 名工程师被聘为首席设计师，两名高级工程师被聘为二级设计师。

三、全方位市场开发成绩喜人：改制以后，员工思想观念发生了深刻变化，不等不靠找市场，市场地域不断拓展，市场工作量大幅度攀升。

四、企业和个人资质不断提升：改制以后，员工通过“劳动、技术和资本”三要素参与分配，在工作量成倍增加的情况下，刻苦钻研技术，不断提升企业及个人资质。

五、科技创新提升核心竞争力：改制以后，员工积极创新核心技术，通过核心技术来保护核心市场，开拓外部市场。改制两年来推出了三个油田设计模式和 10 项专有技术。公司连续三年在全国 12500 多家勘察设计研究单位综合实力评比中跻身百强。2001 年，公司被西安市科学技术委员会认定为高新技术企业。2002 年，公司被西安市消费者协会评定为诚信单位。

——摘自《长庆石油报》2003 年 1 月 6 日

科技工程公司获“优秀高新技术企业”称号

创建西部最佳　实现跨越发展

西安市经济技术开发区“评优创佳”先进单位评选日前揭晓，西安长庆科技工程有限责任公司荣获“优秀高新技术企业”称号。

西安长庆科技工程有限责任公司是勘探局按现代企业制度进行改制的企业。改制两年来，该公司确立“创建西部最佳、实现跨越发展”的发展目标，持续深化改革，建立和完善法人治理结构，探索公司制运作的经营管理模式；积极开拓市场，以优质的产品质量和一流的服务，不断扩大市场份额，取得了良好的经济效益。2002 年底曾被西安市消费者协会评为“诚信单位”，今年元月 25 日又成为西安市经济技术开发区评选出的 5 家优秀高新技术企业之一。

该公司充分发挥高新技术企业优势，加大科技创新力度形成了低渗透油田开发工艺、高压天然气集气工艺和天然气发电技术等 10 项专有特色技术，做到人无我有，人有我优，人优我特，先后获得多项科技成果奖。仅近两年就荣获国家银质工程奖 2 项、铜质工程奖 1 项、QC 成果 1 项；获集团公司科技创新奖 1 项、优秀工程设计 3 项、优秀工程咨询成果 1 项；获局级科技进步奖 9 项同时，公司的资质也不断提升，取得国家石油天然气全行业甲级资质、石油及化工产品储运甲级资质、工程测量和岩土工程甲级资质等。（赵桢、赵皓）

——摘自《长庆石油报》2003 年 2 月 12 日

科技工程公司重视工程监理培训

强化内部培训　提高监理水平

为了有效提高工程监理水平，严格控制工程建设投资、质量、工期，最大限度地满足油气田产建工程建设需要，为建设单位提供高质量的技术服务，西安长庆科技工程有限责任公司于 2 月下旬对 30 多名工程监理人员进行了培训。

近年来，西安长庆科技工程有限责任公司把工程监理作为拓展公司业务范围、寻求新的经济增长点、提升综合实力的重要手段，紧紧瞄准油田产建市场，精心组织，严格管理，加强对监理人员的培训，建立和完善各项规章制度，树立精品意识，立足过程控制，完善质量负责制、强化创优意识、严把材料质量关，强调事前预防，注重过程控制、严格按照工程监理的各项要求，确保了工程质量。2002 年优质高效地完成了 20 余项监理项目，受到了建设单位的充分肯定。（赵桢、赵皓）

——摘自《长庆石油报》2003 年 3 月 6 日

西安长庆科技工程公司进军东南市场

苏州分公司挂牌运营

8 月 25 日，西安长庆科技工程有限责任公司苏州分公司在苏州正式挂牌运营，标志着该公司向东南市场迈出了坚实的第一步。

西安长庆科技工程有限责任公司改制两年多来，在搞好长庆油气田产建设计的同时，认真实施“市场开发战略”，精心打造“长庆勘察设计”品牌，勘察设计市场从油气田已辐射到内蒙古、山西、海南、安徽、河南、河北、青海等十个省市自治区。随着西部大开发和国家“西气东输”重点工程的建设，东西部交流日益频繁，为该公司进一步拓展社会市场，实现对外扩张提供了有利的契机。

西安长庆科技工程有限责任公司苏州分公司揭牌仪式

苏州分公司是该公司在长庆油田工作区域之外设立的第一个分公司，分公司的成立为进一步开拓社会市场、逐步走向国际市场、增强市场竞争力、加快发展步伐、谋求共同发展，奠定了坚实的基础。（向阳）

——摘自《长庆石油报》2003 年 8 月 30 日

长庆科技工程公司取得国际市场通行证

一举通过三个体系认证

日前，西安长庆科技工程有限责任公司在全国同行业中率先通过了质量、环境和职业健康安全三个体系的认证，顺利拿到了中质协质量保证中心颁发的 ISO9000:2000 版（质量）、ISO14000(环境)、OHSAS18000(职业健康安全)3 个证书，取得了参与国际市场竞争的通行证，为提升企业实力、加快发展步伐奠定了良好的基础。

西安长庆科技工程有限责任公司早在 1997 年就通过了 ISO9000:1994 版的质量体系认证，有效地促进了设计质量的提高。近年来，该公司坚持“贡献智慧、服务社会、设计未来”的企业宗旨和“重法规、讲诚信、创优秀设计，防污染、求改进、保健康安全”的环境、职业健康安全方针，一直在努力建立稳固的技术基础和良好的信誉，在设计产品及其生产过程中强化质量监控力度，关注环境保护、职业健康安全，认真听取顾客意见，不断改进设计和服务，提高顾客满意率，设计质量、企业信誉和市场竞争力稳步提高，油气田产建一次通过验收，“西气东输”等外部项目均受到业主的充分肯定。

为了迎接市场经济的挑战，尽快和国际市场接轨，该公司从 2001 年开始，把质量体系换版、环境和职业健康安全体系认证列入重要议事日程，多次组织内审员和设计人员培训，编写、修订程序文件，开展内部审核和监督检查，规范质量、环境和职业健康安全管理。特别是坚持以人为本，制定全年《环境、职业安全健康工作计划》，积极征求员工对环境、职业安全健康工作的意见和建议，改善和规范办公环境，在所有办公场所配置花卉，定期进行体检，配置体育用品，开展乒乓球、扑克牌比赛等群众性文体活动，提高了员工的环境、职业安全健康意识，增强了队伍的凝聚力和战斗力。（赵皓）

——摘自《长庆石油报》2003 年 9 月 21 日

构筑企业发展的基石

长庆科技工程有限责任公司科技创新纪实

技术创新是推动现代企业发展的基本力量，是现代企业竞争力的重要源泉。西安长庆科技工程有限责任公司在强手如林的市场竞争环境中，依托较先进的机制优势，依靠不断创新的技术优势，使企业在激烈的竞争中脱颖而出，显现了强劲的发展势头，成为石油行业有一定知名度的综合甲级设计院，并跻身于西安市优秀高新技术企业行列，走出了一条科技强企之路。

开发特色技术　练就技术“绝活”

在近日揭晓的第十届全国优秀工程设计评选中，长庆科技工程公司设计的“靖安油田五里湾一区 120 万吨 / 年产能建设地面工程”摘取了银质奖，这也是此次评选中唯一获奖的油田产能建设地面工程设计大奖。这一奖项，充分显示了这个公司的设计水平和实力。

作为一家油田设计企业，油气田建设技术和模式是其看家本领。伴随着长庆油气生产的发展，这个公司的这一看家技术也在不断地创新和丰富。油田开发初期，开发的“马岭油田模式”，在全国首创单管密闭常温输送工艺技术，荣获国家优秀设计金奖和总公司科技进步一等奖。在此基础上，这个公司的设计成果在油气田建设中全面开花。

在气田建设中，开创了以“多井高压集气、高压集中注醇、集气站脱水、集中脱硫”为主要内容的“长庆气田模式”，达到了国内领先水平，摘取了国家工程设计铜奖的桂冠。在油田建设中，开创了以“优化布站、井组增压、火炕加热、简易拉油”为主要内容的“靖安油田模式”，使靖安油田的地面工程投资占产建总投资比例，由“八五”期间的 41% 下降到了 30%; 地面工程建设的 15 项主要指标均达到或超过股份公司对新建整装油田的技术指标要求，有些指标还接近或达到国外水平或国内先进水平。靖安油田的成功开发和建设，为低渗透油田的开发提供了成功的经验，“靖安油田模式”也成为中国特低渗透油田开发建设的又一成功范例。

两年来，这个公司先后获得国家级科技进步奖 3 项、省部级奖 17 项、局级奖 59 项。

搭建创新平台　创新管理机制

企业的技术创新能力取决于技术创新机制。作为高新技术企业，开创一两项在同行业叫得响的专有技术并不难，难的是具有持续创新的动力和激励机制。

为了提高设计质量，加强设计管理，这个公司首先创新用人机制，在全国同行业中率先推行等级设计师聘任制度，按照设计人员的技术水平、工作能力和工作业绩认定设计人员技术等级资格，再根据岗位设置需要聘任上岗，等级设计师按照规定的岗位职责执业。这一机制的建立，打破了论资排辈的现象。同时，这个公司还配套建立了新型岗位工资制度，将设计岗位的责权大小与岗位工资挂钩，同岗同薪，易岗易薪，确立了首席设计师学科带头人的地位。在职称评定、等级设计师评定等工作中，把是否承担科研项目、是否有专利、是否有获奖项目、是否开发了新产品等，作为评定的重要依据。这一机制的运行，充分调动了设计人员的工作热情，激励设计人员钻研业务，提高自身素质和水平，重视工作业绩、设计质量和科技创新。

进行技术创新需要足够的资金作保证。为此，这个公司每年都筹集一笔资金用于科研项目、新产品开发及优秀设计、科研成果的奖励，并且逐年加大技术攻关的投入，为科技创新提供了有力的保障。同时，为了加强科研管理，使科技创新工作制度化、规范化、科学化，这个公司还修订完善了《科学技术研究计划管理办法》《新技术推广工作管理办法》《科学技术研究成果评定实施办法》《科学技术进步奖奖励办法》等多项规定，新制定了《知识产权管理办法》《专利管理实施细则》《专有技术管理实施细则》《对外科技协作合同管理实施细则》《科技发展基金管理办法》《优秀工程勘察设计评选管理办法》等管理办法，从制度上健全了激励机制，为科技创新搭建了平台。

加快成果转化　获取最大效益

只有把新技术转换为新产品，才能为企业带来经济效益。这个公司把科研成果的产业化作为公司新的经济增长点，充分发挥知识密集、技术力量雄厚的优势，成功地开发了 40 多项油气田急需、市场前景广阔、市场占有率较高的高新技术产品，每年可为公司创造上千万元的经济效益。

近几年来，长庆科技工程公司重点引进开发了高压天然气集气工艺、低温分离技术、污水处理等特色技术已逐步进入产业化阶段。研制的“气田含甲醇污水处理工艺技术研究与应用”技术填补了国内环境保护项目的空白，荣获中国石油天然气集团公司科技创新二等奖。该项目达到了低投入、低能耗的目的，有效地降低了投资及运行成本，实现了环境保护的目的，在长庆气田推广应用取得了良好的经济效益。最近研究开发的小压差节流低温脱水脱烃技术在长庆气田现场应用获得成功，这项技术再次填补了国内外低温脱水脱烃工程技术的空白，已成为该公司一项独特的专有技术。正在研究开发的油田强化套管换热器、三井式稳流配水阀组和微正压加热炉等多项新技术和新装置，有力地配合了油气田产建的技术创新和工程优化设计，节约了建设投资，为公司找到了新的经济增长点。新开发的“计量增压装置”“小城镇天然气城网 SCADA”等新产品进入试验阶段。研制开发的天然气三甘醇橇装脱水装置已形成系列化，该装置的安全、节能、环保及经济运行等主要性能和整体质量已达到进口装置的水平，在长庆气田投入使用后，受到了用户的好评。（赵桢、赵皓）

——摘自《长庆石油报》2003 年 11 月 30 日经济信息版

劍紀

长庆设计历史传承与记述

口述历史

当年修的那条铁路专用线

原长庆勘察设计研究院　院长　李士富

李士富作为油田的一名老同志，回忆那难忘的会战年代，想起当年修的那条铁路专用线时，眼睛一热，老泪像断了线的珠子洒落下来。

1970 年 4 月下旬的一天，我随玉门石油管理局油建处二队赴陇东参加长庆油田会战。那天天公不作美，外面下起了鹅毛大雪，我们身穿再生布棉工作服，戴着皮帽子站在卡车上向嘉峪关挺进，大风夹着瑞雪一路伴行，大约走了两个多小时才到达嘉峪关火车站。

我们乘坐的是两节慢车硬座包厢，那时的火车跑得很慢，加上站站都停，到达咸阳已经是两天后的中午了。4 月下旬的咸阳，天气已经很热，小麦已快抽穗，我们却还穿着棉衣，热得汗流浃背，旁边观看的群众以为我们是一群“劳改犯”。我们的驻地是咸阳民族学院的一个教室。为了工作方便，后来搬到了秦腔剧团的剧场，在地上铺上麦草，将铺盖一展就是床了。

李士富工作照

我在铆工班，任务是负责车辆装卸，将玉门拉来的会战物资从火车上卸下来，然后装上汽车拉至庆阳会战前线。我们的驻地距咸阳东货场大约 3 千米的路程，每天步行上下班。可以说长庆油田会战初期的物资都是经我们的手从火车上卸下来，再装上汽车的。

这项工作大约进行了 2 个多月，我们又接受了一项新的任务，那就是从咸阳站修一条 2.5 千米至长庆咸阳转运站的铁路专用线。这条专用线要经过一条约 40 米宽的小河沟，沟里是屠宰场流出的污水，太阳一晒臭气熏天。按照设计，要在这里打下 9 米长的木桩 96 根。在班长杜天寿、赵廷海的带领下，在铁路局人员的指导下，大家努力奋战从修建路基开始，就有的路段需要填土打夯，有的路段要挖出流沙填上块石。“呦——喂呦吼，呦——喂呦吼”的劳动号子响彻整个工地。

因为没有住房，就在离工地不远的路边搭了两个单帐篷，又因为地处“蚊子滩”，所以每人都要挂上蚊帐，人多天又热，几十个人挤在一顶帐篷里，相当闷热。由于地势低洼，下雨天脸盆和鞋子都漂在水上。生活上的困难还不算什么，最困难的是打桩。那时的口号是：“有条件要上，没有条件创造条件也要上！”我们没有修过桥，也没有打桩机，就从临潼某单位借了一个 750 千克的大铁砣，用吊车吊起来，然后打到木桩上。为了固定木桩，技术员张有若设计了一个铁架，上面用一个四方形的钢架将木桩套住，木桩是一根长 9 米的圆木，四面用钢绳人工拉住。当木桩不断下降的时候，人要爬上钢架松开钢绳往下窜，就这样每天上上下下不知多少次。早上天刚亮就起床干起来，晚上天黑才收工。工地上连一棵树都没有，人们赤膊上阵，黝黑的肩膀好像流的不是汗，是油！除此之外，还要忍受蚊虫的叮咬。就是在这样的艰苦条件下，经过我们的努力，96 根木桩终于在 9 月份打完了。接着又进行混凝土浇筑，一座崭新的铁路桥耸立在人们面前，向“十一”献了礼。铺轨工作完成后，当我们坐在火车头上压轨的时候，那种激动心情真是无法用语言来形容的。

到大庆取经破解污水处理难题

原长庆勘察设计研究院　给排水室主任　葛辉

1975 年，马岭油田中区开始开发建设，当年上产 30 万吨。长庆油田第一座集中处理站——马岭中区集中处理站即将开展设计工作，这时一个原油污水处理问题难住了大家。当时规划设计研究院设计室的污水处理专业只有 5 个人，又没有一个完整的工艺流程可供参考。这样的情况下要完成一个 100 万吨规模的集中处理站的污水处理真是难上加难。正当大家一筹莫展的时候，我提出了一个想法：“去大庆取经怎么样？大庆是油田开发的老大哥，肯定有污水处理的好经验！”我的想法得到了大家的响应，并立即上报给了设计室主任黄天德，他听到这个想法后非常高兴：“就去大庆取经，事不宜迟，马上出发，把宝贵的经验给咱们带回来！”

葛辉工作照

10 月底，我与何多多坐上了开往大庆的火车。当时东北早已进入了隆冬，出发前，两人没有厚衣服，只好找人借了一件翻毛的毛毡袄穿上。坐了三天两夜火车，到达了大庆。下车时正是凌晨 2 点，漫天飞舞着雪花，黑漆漆的车站没有一辆汽车，也没有地方休息，没有办法，两个人只好步行向大庆设计院走。冰天雪地，到处静悄悄的，只有两个人踩在雪地上发出的咯吱咯吱声。年轻的何多多冻得瑟瑟发抖，轻轻地问："葛师傅，大庆设计院在哪里啊？咱们能找到吗？"听到何多多微微发抖的声音，我也有点发怵，为了安慰他，我镇定地说："能找到，鼻子底下压着嘴，不行咱们就问吗。"风雪交加的黑夜，两个人蹒跚前行，走一阵就敲住家的门询问，黑漆漆的夜里，有的人家根本就不开门。实在问不到怎么走，也没有地方可以投宿，我俩担心在黑夜中迷失方向，只好找到路边一个背风的地方休息，把行李放在脚底下，两只手插进袖筒里，靠坐在一起等待天亮。

等到天微微发亮时，两个人赶紧站起来，双脚早已冻得发麻，跺跺脚，搓搓手，温暖一下通红的脸颊，互相拍打身上的积雪，继续赶路前行。不一会就似乎走到了闹市区，找到招待所住下后，问清了大庆设计院的具体位置。洗洗脸、喝口热水，就精神抖擞地赶往了大庆设计院。

来到大庆设计院后，我与何多多向接待我们的工程师说明了来意。当得知我们是为了学习污水处理工艺而来时，大庆设计院的同志立即向我们介绍了大庆的污水处理流程，并拿出了一些已建站场的图纸。看到图纸后，我们抓紧研究学习。为了提高效率，两人进行了分工，何多多负责研究大庆设计院提供的图纸，学习工艺流程。当时的条件下，图纸不能拷贝、不能复印，只能依靠手、眼、心，在笔记本上手工绘制。我抓紧时间和大庆设计院的设计人员进行技术交流，了解大庆原油污水的特性，虚心请教在污水处理方面的经验和教训。经过两天的学习，我们对污水处理有了一个更加全面的认识，两人赶紧辞别大庆设计院的同志，乘火车回到了庆阳。

回到庆阳后，设计室污水处理专业的 5 个人迅速对大庆的污水处理流程进行讨论。经过大家反复研究、论证，最终确定了马岭中区集中处理站的污水处理流程。历时 2 个多月，完成马岭中区集中处理站的污水处理设计工作，后经过投产初期的短暂磨合，污水处理效果良好，达到了回注要求，完成了长庆油田污水处理设计的第一次尝试。

今天回想起来，短暂的大庆取经之行虽然辛苦，但是意义却非常重大，解决了怎样处理含油污水这个难题。到 1979 年马岭北区开发建设时，我们对马岭中区集中处理站运行情况进行了深入分析与总结，大胆尝试，对大庆流程进行了大量的简化优化工作，取得了良好的效果。1985 年，污水处理专业与油气集输专业共同创建了"井口加药、管道破乳、大罐溢流沉降"的长庆模式。直到今天，已经累计设计污水处理站百余座，污水处理的流程、技术一直在不断地进步，但长庆含油污水矿化度高、腐蚀极其严重，处理难度远高于其他油田，我们还要继续努力，把长庆的污水处理工艺做精、做强！

从井架安装工到建筑大师

原长庆勘察设计研究院　建筑总工程师　黄琨

黄琨参加清华大学建校 108 周年

1968 年我从清华大学毕业后，响应国家号召分配到玉门石油管理局银川勘探指挥部钻井二所工程队井架班，后于 1970 年参加长庆会战，当了 5 年的井架安装工。井架安装工人工作生活条件的艰苦，没有亲身经历的人是难以想象的。那个时候设备落后，从井架安装到拆卸、装车、转场再安装，几乎没有大型机械设备，全靠安装工人人力完成。井架基坑的开挖、地基土夯实，我们就用最原始的打夯办法一下一下夯实；砌筑基础用的大块毛石，我们全部肩扛人拉，一块一块从料场背到工地，一天下来肩膀被磨得破皮流血，人累得腰都直不起来。基础施工完后开始井架安装。我们要背上几十斤重的工具包，顺着塔柱手脚并用爬到操作面上去，在塔架上面一干就是半天，到吃饭时候才能下来。几十米高的塔架爬上爬下，几次下来就把膝盖磨烂了，忍着疼还得继续爬继续干。天气对野外安装操作的人来说就是巨大考验。那个时候冬天气温比现在低，安装现场又全都是在深山的梁峁上，北风一刮就更冷了。我们每天到现场开始工作前的第一件事就是到处拾柴，点上篝火好让工人们围着烤火暖手暖身子，否则手指被冻得僵硬根本抓不住工具。夏天天气酷热，我们每天要爬上高高的塔架上顶着烈日连续工作几个小时才能下来，塔架钢管被太阳晒得滚烫，我们就在裤子后面用结实的厚布缝上几层隔热，否则人在钢管上面根本坐不住。那时井场周围没有人烟，干了一天活儿的我们只能就地搭帐篷休息，有的时候在山上找一个天然的洞穴，把帐篷布挂在洞口，党员干部靠洞口，群众工人睡里面，人就这样在里面过夜了。从 1968 年到 1973 年，我整整干了 5 年井架安装工。5 年艰苦工作生活让我尝尽了酸甜苦辣，但也磨炼了我的意志，令我时时怀念。

1970年长庆指挥部成立，我们安装队从大水坑转战到甘肃环县参加长庆会战，我从此成为长庆的一分子。我印象非常深刻的是，从大水坑到环县区区几百千米的路程，由于当时路不通，我们的队伍不得已绕了一个大圈。今天乘车几个小时就能赶到的路程，我们用了整整三天才赶到。随着会战的开展，长庆进入了发展时期，急需大量工程设计和工程建设人员以满足油田发展的需要，同时1973年油田决定从油田职工中抽调专业人员组建成立长庆油田一分部设计室，我也终于结束井架安装工生活，开始从事建筑结构设计工作。从1973年到1979年，为了配合油田建设需要，一分部设计室先后转战吴起、和尚原、富县，最后搬到庆阳与其他分部设计室合并，成立长庆油田勘察设计研究院，工作才稳定下来。刚开始从事设计工作条件差，摆在眼前主要有两方面困难。一方面，为了配合油田建设，设计室时常转战各地，没有长期固定的工作和住宿场所。为了转战需要，我们吃、住都在临时搭建起来的极其简陋的板房里。那时候的板房远没有现在的临时板房舒适，墙板和屋面板里面根本没有保温隔热层，屋面为了防水铺的是油毡，保温隔热性能非常差。由于条件所限，十多个人生活、工作全在活动板房里，夏季房子里更是酷热难耐。房子粗糙简陋搭起来四面透风，根本挡不住蚊虫，睡觉时全靠蚊帐发挥作用。由于房子里住的人多，每个人只有蚊帐围成的一小块个人空间，所以大家的蚊帐一年四季都不拆。冬天寒风从四面直往屋子里钻，冷的人牙齿直打架。为了保证正常生活和工作，只能想尽一切办法采暖。最后制作了简易采暖装置，直接燃烧井场伴生气和废油采暖。由于设备简陋，加之原油燃烧产生大量烟灰，一个冬天下来，室内墙面、屋顶上到处都挂上一层黑黑的烟灰，蚊帐也从夏天的白色变成了黑灰色。

燕鸽湖二区（燕乐园）小区内部

生活条件的困难是容易克服的，技术上面临的困难才是最大的难题。因为大学一毕业就分配到安装队过了5年井架安装工人生活，整整5年没有条件接触书本，专业技术完全中断。同时，大学所学专业并不是建筑结构专业，因此建筑结构设计工作对我来说是一个完全陌生的领域，一切相关知识和技术必须全部从头学起。为了做好设计工作，满足油田发展和建设的需要，我从最基础的工程测量学起，利用每天晚上的时间点着煤油灯抓紧学习，一点一滴地积累。经过整整 2 年坚持不懈刻苦努力，终于自学完成了建筑结构专业全部专业课程，为很好地完成建筑结构设计工作奠定了坚实的基础。到了 20 世纪 70 年代末，油田对建筑功能和造型的要求逐步提高，我明显感觉到了建筑专业知识的欠缺，于是我又从零开始，系统地自学建筑学课程。经过了几年的刻苦学习，同时在工作中注意不断积累和与外界交流，终于比较系统地掌握了建筑学知识，胜任了建筑设计工作。也是在这个时期，我养成了每天坚持学习、做学习笔记的好习惯，这个习惯一直到现在快 40 年了，从未间断，到现在我的学习笔记累计有近 50 本，摞到一起有半米多高。

机会更青睐有准备的人。多年来的不断学习和扎实积累，终于迎来了事业上的成功。1994 年长庆石油勘探局银川燕鸽湖基地工程开始启动，我负责建筑和总体规划设计，同时担任总项目负责人。银川燕鸽湖基地占地 136 公顷，规划住宅 8000 多套，总建筑面积 750000 平方米，直到最近几年一直是长庆油田最大的生活基地。当时油田提出建设这个基地是为了改善员工的工作生活条件，是给员工办的实实在在的大好事。我对油田职工艰苦的生活工作条件是有切身体会的，所以对这个项目更是倾注了全部心血，想尽一切办法，一心一意把基地设计工作搞好。这个项目当时是长庆油田成立以来规模最大的基建项目，设计遇到的困难真的是不计其数。记得当时结构方案抗震审查，由于不熟悉当地建设市场行业管理程序，对规范的理解和把握不到位，抗震审查迟迟无法通过。最后绞尽脑汁想出一个办法：我们几个主要设计人直接前往北京，当面向中国建筑科学研究院的专家请教，最后终于把这个难题很好地解决了。燕鸽湖基地项目大、任务重、工期紧，但我们当时心里就一个信念，就是想把这个项目又快又好地完成，好让长庆职工有一个舒心的居住环境。凭着这个信念，全体设计人员都精心对待基地里的每一个单体，大到几千平方米的托幼园，小到几十平方米的自行车库、配电室、居委会，真正做到了精心设计，认真计算校核，就像对待自己的孩子一样，倾尽心血栽培和浇灌，建筑结构设计小组整个工程共完成图纸设计达到 5000 多标准张。银川燕鸽湖基地工程设计最终夺得中国石油

黄琨（左）和朱利捷合照

总公司优秀设计一等奖，被誉为“塞外明珠”，这是长庆油田土建专业到目前唯一一次获总公司优秀设计一等奖，也是对我们的辛苦付出最大的肯定。今天每当我到银川燕鸽湖基地，看着当年的芦苇荒滩终于在我们手中变成了今天风景秀美的石油城，作为石油人真的由衷感到自豪和关荣！

经历了40多年的发展，长庆的变化可谓翻天覆地。现在我时常想，长庆油田从无到有、从小到大发展到今天，就像40多年前我们亲手栽下的一棵小树苗，经过几代人的辛勤培育和悉心浇灌终于长成了参天大树，结出了甜美的果实。今天长庆油田取得了这样的好成绩，我打心眼里高兴，更为自己是一名为长庆发展作出贡献的老石油人而自豪，我衷心地祝愿长庆的明天更美好！

企业化经营第一家

原长庆勘察设计研究院　院长　李士富

1984年11月前，设计院还是一个以油田开发建设为主的油田事业单位。各项费用支出完全靠勘探局拨款，年均130万元左右的经费很紧张，一到年底领个铅笔都困难。费用开支不够，还得伸手向上要，内部奖金很少，分配上是“吃大锅饭”。勘察设计人员工作积极性不高，一部分职工不太安心，单位没有活力。面对困难，院领导都很着急，难道知识分子自己养活不了自己吗？怎样才能改变这种现状？为了慎重起见，我组织张景海、张经发等几名设计人员，对1979年至1984年上半年的设计图纸资料进行了统计。全院平均每年出图2550个标准张，按国家计委的收费标准测算，在未包括方案设计和可行性研究项目的条件下，每年平均营业收入可达112.82万元，完全能自己养活自己。

李士富工作照

1984年7月18日、19日，院领导层和全院职工开展了大讨论，大家致认为，设计院的改革势在必行。要解决自主权和吃“大锅饭”问题，要走自己的路，要立足油田，在承接油田建设设计工作的同时，面向社会，打开设计工作的新局面。

就在这时，勘探局传达了石油科研单位体制改革座谈会纪要的精神，同意设计院试行企业化管理。

1985年1月23日、24日，设计院院务会讨论通过了《设计院内部经营管理办法》，正式拉开了企业化经营的序幕，确定1985年目标收入141万元，力争165万元。按照“千斤重担人人挑，人人肩上有指标”的原则，将全年的收入任务指标下达至各个室和每个人，极大地调动了广大职工的积极性。

设计院的企业化经营，在长庆油田是第一家。我们进行了大胆尝试，改革了旧的传统管理方式和习惯，实行独立经营，自负盈亏的企业化管理；采取横向合同，纵向承包的经营管理体制；制定了适合企业化经营的管理办法；按照责权利相结合，国家、集体和个人利益相统一，职工所得与劳动成果相联系的原则，确定了经营目标；制定了全院对外实行有偿合同制，内部实行任务包干，基本产值承包和费用承包的经济责任制；制定任务、产值考核的独立核算，联产计酬，超支分成，多劳多得的经营核算与奖励办法。经过管理体制改革，初步实现了由生产管理型向生产经营型的转变。通过实行企业化经营，增强了职工责任感，充分调动了大家的积极性，解放了知识分子劳动生产力，激发了广大职工的创新精神，使勘察设计科研工作的质量、水平得到很大提高，产生了最佳的经济效益。1985 年至 1988 年共签订业务合同 380 份，合同结算收费 706.48 万元，支出成本和各项费用 469.83 万元，盈余 236.56 万元，上缴利税 126.63 万元，经济效益有了明显好转。国家、企业和个人的经济收入都得到了好转。在勘探局的统一安排下，三年中设计院有 698 人次晋升了三次工资，增加工资总额 52 万元，人均工资增长 1533 元。

通过企业化改革，企业有了活力，生产得到了大发展，个人收入增加了，真正尝到了企业改革的甜头。设计院从此走上了自力更生的创业之路。

研发常温密闭集输工艺

原长庆勘察设计研究院　党委书记　夏银田

常温密闭集输工艺是长庆油田自主研发的第一个油气集输技术，也是长庆油气集输理论的基础，回想起当年的研发历程，我心中感慨万千。

我是在1970年随玉门石油管理局油建处参与陇东油田会战的，当时我在油建设计室从事油田地面设计。随着马岭周围等油田的开发，到了1973年，为了满足油田发展的需要，抽调技术人员进入设计勘探研究院设计室，我的主要工作是进行油田集输设计。当时的油田集输设计主要是利用原有各油田（如大庆油田，玉门油田）的已成型技术，设计的形式是现场配合，即设计人员入驻施工现场，边设计边施工。我们住在油毡帐篷里，靠土坯打造烟道进行采暖。帐篷里只有简易行军床，画图板就放在床上，所有的设计及计算工作也在行军床上进行。狂风呼啸，帐篷也随着摇晃，我们哈出热气来暖手。就是在这样的环境下，我们圆满地完成了会战初期的所有设计任务。

当时的加热炉方式有大庆油田的井口加热炉流程、掺入式热水或热油加热方式及山东油田的稠油三管流程。随着油田开发的逐渐开展，上述三种流程的弊端也渐渐显露。首先是加热流程费用过高；其次是采用井口加热炉流程部分管线在冬天常出现憋压堵管现象，给集输油带来了极大的困难。这个问题引起了指挥部的高度重视，现有情况已经表明全套模仿其他油田成型技术并不能满足长庆油田大规模建设。

1974年10月，在指挥部领导和规划院的共同运作下，原油冷输实验小组成立了，其主要任务是完善和解决现有的输油流程，为马岭油田大规模上产做好准备。

实验小组的主要参与单位是规划设计研究院和采油二厂，规划设计研究院负责技术部分，采油二厂负责具体施工，并选取了10口油井进行实验研究。我们首先分析管线结蜡的原因，通过对于不同地区结蜡管线的分段解剖，发现井口加热流程在遇到冬季过大的温差时容易析蜡，井口出现大量结蜡现象，造成憋压堵管现象。根据这一现象，只要解决了井口结蜡的问题，完全可以放弃加热输送流程，采用常温输送。但在理论支撑上遇到了困难，在当时，国家规范对于进站油温的要求是必须高于其凝固点 3 ~ 5 摄氏度，这也正是各油田使用加热输送流程的原因。经过多方的探寻，我们发现玉门白杨河油田采用的是常温输送，因为油井产量特别低，如果采用加热输送，其开采成本远大于原油产出成本。经过现场调研之后发现，白杨河油田冷输流程虽然也很成功，但油井产量低输油管线口径小，并不适合大规模的推广和使用。调研期间得到的各种数据及思路对于我们正在进行的冷输实验起到很好的参考作用。

从 1974 年 10 月开始，我们连续 7 个月坚守在站场，对 10 口油井及其附近的单井管线进行了细致的数据收集，包括地温、油量、液量、油压、油温等数据。我们轮流值班，每一小时换一次，每 10 米、20 米、50 米、100 米锯一段管线进行分析。数九寒天，寒风刺骨，大雪天，我们的脚陷在白皑皑的雪地里，一测试就是几个小时，冻得鼻酸头痛，两脚就像两块冰。功夫不负有心人，根据统计后的大量数据，搞清楚了管线结蜡的原因，进行了针对性的井口清蜡实验，自主设计了清管器及收发球装置，并取得了良好的清管效果。这套装置的原理一直使用到了今天。

最后，我们对 10 口井在不同的外部环境下进行了单管常温输送实验由于有着大量数据计算基础，整个实验非常成功。当我们为实验最终的成功而高兴的时候，才发现整个实验小组的人已经整整 3 天没睡觉了。

夏银田与技术人员现场论证

实验成功后，我们针对陇东油田特有地貌和气候，进行了上万次的模拟计算，最终确定了最合理的管道输送数据。至此，单井常温密闭输送理论完全成型，长庆油田从此有了自己特有的集输理论。

单井常温密闭输送作为一个新的输送工艺技术引起了石油工业部的重视，开始在全国推广，科研人员的艰辛劳动得到了认可。石油工业部地质勘探司司长焦力人推荐我们实验小组去各油田介绍推广常温输送流程，将我们送到大庆、吉林、辽河、胜利等油田参加专门的技术交流会，讲解单井常温密闭输送理论及应用效果，单井常温密闭输送流程正式被国内石油界认同。

这套系统彻底突破了原有的原油集输“国家规范对于进站油温必须高于其凝固点 3 ~ 5℃”的理论基础，将我国原油集输工艺提升到了一个全新的水平，为油田开发节约了大量投资和能源，也为长庆油田的大规模开发和上奠定了坚实的基础，在一定意义上，可以说是原油集输工艺的一次革命。

随着油田开发的深入展开，1978 年油田成立规划设计院，科研力量逐步增大，科工作者们根据单井常温密闭输送的理论基础，先后自主完成了单管常温密闭集输工艺阶段，以及井口加药、井口投球、多井阀组常温密闭集输工艺阶段和含蜡原油热处理常温输送工艺阶段，形成了大罐抽气与轻烃回收联合工艺技术、伴生气轻烃回收和轻烃综合利用技术等具有明显的长庆特色的油气集输配套工艺技术，也同时确定了设计院在长庆设计市场不可替代的优势。

现在回想起来，当时实验的成功除了领导的支持、小组成员的辛勤工作以外，更重要的是在单管常温输送研究中坚持了“实践是检验真理的唯一标准”的这一正确科学原理，正是这种求实创新的精神，才使得我们完成了一个个技术难题，创立了具有长庆特色的输油工艺系统。

研制国内首套轻烃回收装置

原长庆勘察设计研究院　天然气设计部　张庆芳

20 世纪 80 年代，长庆油田自主研制了利用油田伴生气和放空气（大罐挥发气、原油稳定气、分离缓冲罐气或油井套管气等）生产轻油和液化石油气的轻烃回收装置，在全国石油行业中率先谱写了节能降耗的新篇章。

张庆芳工作照

1982 年，随着长庆石油勘探局规划设计研究院的成立，我随三分部综合设计室从宁夏马家滩转战来到了甘肃庆阳，参加新一轮石油会战。1979 年冬天，我曾被派往大庆学习油气损耗测定，回来之后进行了连续多年的油气损耗测定，并编写了《长庆油田油气损耗调查报告》，据统计当时仅大罐挥发气每日为 9.6 万立方米，平均每立方米挥发气中含液化气 1215 克、轻油 353 克，即每日从大罐挥发气中损耗液化气 116 吨、轻油 34 吨。然而在油田油气集输过程中，特别是中、小油田或边远油区，许多大罐挥发气、小型原油稳定装置稳定气及一些油田伴生气都无法纳入集中输气系统，被作为生产废气而白白烧掉。资源严重浪费又污染环境，十分可惜，如果能从其中回收轻烃作为化工原料和新型燃料，将会大大提高油田的经济效益和社会效益。

1986 年，在长庆石油勘探局的重视支持下，设计院成立了以我为组长，邱志刚、倪衡生、冯凯生等人为组员的科研队伍，展开了轻烃回收利用的设计研究。作为长庆油田第一批创业者，“建设油田”与“报效国家”就是我们朴素的理想。我们几名设计人员从最基本的理论、原理着手，翻阅大量的资料，发现长庆油田需要研制的处理装置与国外的小型装置相比，日处理气量要小一个数量级，其规模更小、难度更大。

为了尽快突破技术难关，在艰苦的工作环境下，我们依靠丁字尺、三角板、计算尺这些简陋的工具进行画图和计算。在不到一年的时间，经过方案初选—简化流程—确定设计参数—仪器设备选型，并且经设计院、长庆局、石油工业部的审查，设计组装了一套小型橇装轻烃回收装置。该装置具有处理量小，橇装化、投产迅速，直接生产液化气和轻质油等特点。于 1987 年 11 月中旬在元城集油站试验，日处理气量 1000 立方米，生产液化气 1867 千克、轻油 398 千克，试验达到了预期的效果。随后便在长庆油田推广使用，仅回收大罐气一项，按平均回收率 80% 计算，每天就可从大罐气中回收液化气 82 吨、轻油 29 吨，按当时的市场价格，年产值可达 3600 万元，而设备及安装投资不到半年即可回收，具有很好的经济效益。

橇装式小型轻烃回收装置的创新设计，为国内油田充分利用伴生气和油罐挥发气资源开辟了一条新的途径。仅 1988—1992 年就在大庆、长庆、胜利、中原、大港、河南、辽河、土哈等十余个油田推广使用了 26 套，并于 1995 年荣获了国家科技成果奖。该工艺技术经过 20 余年的研究，已经形成了一系列专有（专利）技术，发展成为国内领先的知名品牌技术，并获得两项专利及国家科技进步奖，为长庆油田的大发展提供了有力的技术支撑。

实践证明，研制并在油田联合站、接转站推广使用的橇装式小型轻烃回收装置，广泛地从分散的油气资源中回收轻烃，减少了油气损耗，提高了资源利用率，减少了有害气体（硫化氢及二氧化碳）造成的环境污染，极大地改善了油气生产区域环境，降低了安全隐患的发生，产生了较好的经济效益和积极的社会效益。

不断钻研　探索真理

原长庆勘察设计研究院　副总建筑师　任兴文

1961 年 3 月，我出生于甘肃省华亭县一个普通的农民家庭。上学、期间，我是班里年纪最小却学得最快的学生。在那个艰苦的年代，我和周围人一样，响应国家“学工、学农”的号召，积极投身劳动建设。但我从未想过放弃学业。高考是当时唯一走出困境的方法，它不断唤醒我内心深处对知识的强烈渴望。那时，我脑海里只有一个目标，那就是通过自己的不懈努力考上大学，改变命运。

1978 年，17 岁的我考上甘肃工业大学，攻读工业与民用建筑专业。作为恢复高考后的第一届学生，我和周围的同学们来自各行各业：应届毕业生、插队知青、工厂工人。只有经历过教育的匮乏才明白知识的可贵，我和同学们都十分珍惜这来之不易的学习机会。为了抢到图书馆自习的位置，我们每天一大早就要背着书包到图书馆门口排队。

巨大的学习热情和对专业知识的强烈渴求，再加上老师们殷切的教导，即便身处全校专业课最多、学习任务最重的工业与民用建筑专业，我坚持努力学习，我认为“努力永远比天赋重要”。当大家都还习惯于打算盘的时候，我最先学会计算尺；计算机出现后，我也能很快掌握新技术并应用到工程设计项目中。

任兴文工作照

毕业后我成为改革开放后石油工业部第一批工程师。1982 年，我来到长庆设计院土建室担任技术员，在师傅们的带领下做一些项目的设计工作。当时全国上下学习“大庆精神”“我为祖国献石油”的热情，激励着每个石油人。在这种环境下，我不仅认真出色地完成部门的各项设计任务，工作之余还对平时积累的各项技术参数进行分析整理。虽然还处于实习期，可我深深地意识到，想要将学校所学的知识应用到实际工程中并不是一件容易的事情。一有空，我就会查看老师傅做过的项目资料，认真分析，不断总结。我相信只有不断提升自己的设计水平，才能从容不迫地面对工作中各项挑战。1993 年，我被任命为土建专业技术负责人。

2004 年，随着靖咸输油管道的建成，标志着长庆油田集中上产模式的开启，随之而来的是之前的原油储罐储存能力不能满足上产需求，迫切需要建设更大的储油罐。要设计制造更大的储油罐，在确保安全的前提下，做好地基处理成为了成败的关键。我临危受命，多次组织人员进行不同的地基处理试验、研究。通过对湿陷性黄土进行预浸水、振动、然后测试其渗透性、抗震性。在这些方面都达到预期效果后，我再次提出采用灰土石垫层的创新思路以满足更安全、经济的设计标准。不久我主持设计的 2 万立方米容量储油罐顺利投产，并在此基础上成功设计出了 4 万立方米、10 立方米的储油罐及基础，尤其两具 10 万立方米的储罐，罐体直径 81 米，高 22 米，罐体重量 2000 吨，冲水总重 10.2 万吨，其基础设计及地基处理方式在当时尚无国家规范可循。由于大幅提高了储罐的储藏量，再加上可靠、经济、安全的设计方式，我的这一技术成果获得了国家发明专利的授权。

长庆油田第四净化厂地处延安安塞县。场地所处微地貌单元为黄土斜坡，地形较为破碎，高差最大约 60 米，场地平均自然坡度约 17%，局部超出 40%。拟建场地位于两条冲沟之间，冲沟周边地形破碎。场地中间发育长约 270 米、宽约 50 米，最大深度约 20 米冲沟，冲沟中间发育多处小型滑坡。另在拟建场地脱硫、脱水装置附近发育一条宽约 30 米、长约 150 米、最大深度约 10 米的古冲沟。此外，站场还存在切沟、小型滑坡、黄土陷穴及崩塌等多处不良地质现象。当时建设场地最复杂的净化厂，该站场平面、竖向几经修改，最终平衡土方量仍较大。面对棘手的问题，我创新性地提出针对高湿陷性黄土场地分台阶布置站场总平面，并将竖向排水坡度按原始地形由规范规定的 0.3% ~ 0.5%，增大到 1%。修改后的平面使得站场挡墙高度减少 20%，平衡土方量大幅降低。此外，该站场创新性地针对填、挖方不同区段，分别进行设计考虑，采用“扶壁式挡土墙 + 填方区桩”基础方案。整个设计过程中，我先后 5 次带领踏勘小组，抓着绳子沿着泥泞的边坡硬是把站场每一处隐患仔仔细细地踏勘了一遍，掌握了珍贵的第一手资料，为后续工作的开展打下了坚实的基础。这集中体现了我们每个土建人严谨细致的学术作风、不辞辛劳的工作态度、事必躬亲的求真意识。事实胜于雄辩，在 2013 年夏季第四净化厂的边坡支挡结构经受住了延安地区大暴雨的考验，保证了场地的稳定和安全，获得了业主的肯定，为长庆油气田大发展作出了贡献。该站场总图设计方式作为长庆油田湿陷性黄土场地特色技术一直沿用至今。

任兴文正在现场踏勘

如今长庆油田的变化可谓翻天覆地。现在，我时常想对身边的设计人员强调：在设计过程中要始终坚持“强化生态保护，重视自然恢复，集安全、生态环境于一体”的绿色矿山设计理念，采用多种先进绿色建筑新技术，建立了建筑多效防护结构型的绿色防护技术体系，大力推广装配式建筑，重点聚焦油气田站场改扩建技术、湿陷性黄土地区地基处理技术、建筑噪音治理技等绿色矿山设计尖端技术，使长庆油田站场设计成为国内第一条环境优美的大型绿色矿山风景线，开创节约型与环境友好型的油田工程建设新模式。

自己作为一名亲身经历长庆油田不断壮大，取得一次次辉煌成绩的老石油人而自豪，我衷心地祝愿长庆油田的明天更美好！

自行设计建设马岭轻烃回收装置

原长庆勘察设计研究院　院长　李士富

二十世纪六七十年代，我国油田比较少，在轻烃回收方面还是个空白。大庆油田开发后，为了给乙烯厂提供原料，从国外引进了 14 套轻烃回收装置，其中有浅冷流程和深冷流程。随着胜利油田、华北油田、中原油田、大港油田、克拉玛依油田、江汉油田、南阳油田、长庆油田的相继开发，我们看到天然气大量放空，不仅是资源的极大浪费，而且还污染环境。轻烃回收自然被提上了议事议程。

1977 年 11 月 4 日至 12 月 23 日，由石化部规划设计总院总工程师龙怀祖牵头，各油田派人到华北油田设计院开展原油脱水、原油稳定和轻烃回收的标准化方案设计。长庆设计院由我和王贞伦、王定富三人参加了设计，通过这次方案设计，设计院掌握了轻烃回收的计算和流程设计，为马岭轻烃回收装置设计打下了基础。

1979 年，勘探局决定在马岭油田建设轻烃回收装置，该项目采用压缩浅冷流程，设计规模为 6 万立方米 / 天，原料气从 0.15 兆帕压缩至 1.9 兆帕，用氨为冷冻介质，采用三甘醇为脱水剂。

李士富和设计人员开会交流

那时设计条件很差，设计手段落后，没有计算机，就连计算器也没有。那时对氨制冷系统还比较陌生，基本上是边学边干。三甘醇脱水也没干过，只是从一些资料上了解一些。但设计院设计的三甘醇脱水是甘醇在压缩后的天然气进入贫富气换热器之前，采用文氏喉喷嘴与天然气混合的，实践证明效果很好。

设计人员在计算时还发现脱乙烷塔顶脱出的气体中 C_3，含量比原料气中的 C_3 还多，于是设计了将这部分气体节流后循环至原料气罐的流程，既补充了原料气的不足，又防止了因操作不当造成的有用组分的损失。

马岭轻烃回收装置 1980 年 8 月开工建设，1981 年 10 月投产。由于设计合理，投产一次成功。当第一瓶液化气出来时，在场的人都十分激动，高兴地鼓起掌来。该项目是我国自行设计的第二套浅冷流程装置，并在华北油田原设计方案上有新的技术突破，1984 年该项目被评为石油工业部优秀设计奖。

研制 ZKG-1 组合控制柜

原长庆勘察设计研究院　电仪室副主任　戴今平

1990 年，ZKG-1 组合控制柜研制成功，在采油二厂中六接转站进行了工业性试验后，于 1991 年在安塞油田普遍推广，为油田设计标准化、自动化打下了初步基础。

ZKG-1 组合控制柜集双容积计量设备控制、电感应收球装置控制和接转站分离缓冲罐液位控制、可燃气体浓度报警等功能为一体，抽屉式结构，可以根据工艺装置的多少灵活组合。它的平均无故障工作时间、维修时间和可靠性均满足当时国家标准对电子产品的要求，1993 年曾经获得陕西省优秀新产品奖，1996 年荣获中国石油天然气总公司科学技术进步一等奖。

ZKG-1 组合控制柜的产生，经历了将近 15 年的逐步改革和完善。它的研制是分两步完成的。

第一步是对附着于工艺设备上的传感器的改进与完善，这是必不可少的、关键性的一步。这一步，经历了近 10 年的艰苦探索和现场考察、实践。工艺设备的改造、定型在陆续进行，相应的控制检测设备也随之陆续完善。首先，我们对双容积计量设备进行更新改造。双容积计量设备的更新改造，是与工艺、机械专业的紧密配合分不开的。双容积计量是一种传统的计量方法，在玉门、新疆油田曾获得广泛应用。但是，初期的双容积计量分离器，用带水银开关的机械式浮标测量液位，用电磁计数器计数，用两个电磁阀排油。液位测量不准，有时甚至卡住，计数滞后，电磁阀不同步。这些问题造成了计量不能满足工艺的要求甚至失灵。在不断的探索研究中，我们用浮球液位变送器代替带水银开关的机械式浮标，用计数模块取代电磁计数器。机械专业的安兴才经过两年多的研究，研制成排油三向电磁阀。完成这一系列改造后，我们用误差分析法计算出计量误差为 ±2.5%。这个结果，得到长庆油田计量站实测认可。1986 年，分离缓冲罐及其液位控制箱投运。至此，第一步的标准定型基本完成。

第一步工作完成后，出现了一个新的问题：如果一个计量站或者计量接转站同时拥有所有基本设备，或者同时拥有几套基本设备，小小的值班室墙上就挂满了各种设备的控制箱，不仅拥挤凌乱，而且给工人的操作带来极大的不便。看到像杂货铺一样的值班室我感到了脸红和不安，就产生了对计量接转站控制设备进行整合、升级，研制一体化控制柜的想法。随后与当时仪表专业的陈建第、慕立斌等研究讨论，获得了他们的支持。这样，就开始了第二步的改造完善。

戴今平在图纸上绘图

一开始，我们走自己绘图、外协加工的路子。委托加工了10台组合控制设备，分别在采油二厂中六接转站、中二、中三接转站和油房庄接转站等五处进行试验。结果，因为元件质量和线路故障，5台设备最长的只连续工作了15天，最短的连2天都不到。虽然初战不利，但我们并没有气馁，还在苦苦思索着。这时，慕立斌提出与技术力量、生产能力都较强的科研生产机构合作研制。我们定方案，他们出资金，负责绘图与制造，双方优势互补，责任共担。这一提议立即使我们进入了“柳暗花明又一村”的佳境。1990年，我们与西安航联研究所合作研制出了第一台组合控制柜，在采油二厂中六接转站进行了试验。紧接着，该装置通过了西安市科委、西安市工商联的鉴定，并获得了生产许可证和计量器具生产许可证。我们将它正式命名为ZKG-1组合控制柜。

虽然今天占领油田市场的是以RTU-Ⅰ、Ⅱ、Ⅲ为代表的油田控制装置。但是如果没有长庆设计院设计人员早期的艰苦探索、研究与实践，没有长庆油田这个大的试验场，没有长庆油建工人和采油工人的紧密配合和操作实践，就没有这些由此派生的技术更先进、功能更强大的油田控制装置。

设计建设马岭炼油厂

原长庆勘察设计研究院　院长　李士富

1976 年，陕西和甘肃陇东地区还没有炼油厂，汽车和民用燃料十分缺乏，所用油料主要依靠兰州炼油厂。为满足油田和地区对成品油的需求，1976 年长庆石油勘探局决定在马岭新建一座炼厂，加工规模为常压 30 万吨 / 年，减压 15 万吨 / 年，催化裂化 7 万吨 / 年，以及与之配套的系统工程。

规划设计研究院在接到此设计任务后，由院总工程师黄剑谦带队，在马岭董家滩新搭的木板房里开展现场设计。

由于项目比较大，涉及的专业比较多，设计人员第一次设计这么大的工程，遇到了很多困难。在厂址选择时，局总工程师王天增组织基建处、计划处、设计院相关人员一起到马岭选址。根据当时的备战需要，有人主张将厂址选在山根底下，认为那里防空条件好，比较安全。但那里的湿陷性黄土厚度达 20 米以上，地基处理投资很大。后来又在环江的二级台地上重新选了一个厂址进行了对比，这里的黄土层比较薄，离基岩比较浅，投资相对较低，但又与备战相冲突。后来考虑到炼厂规模比较小，若建在马岭川，飞机很难到达，遭到轰炸的可能性很小，最后确定将马岭炼厂的厂址选在环江的二级台地上。

李士富和设计人员开会交流

在工程设计中遇到的另一个问题是油建工程处不能制造大型塔器，器材处从安庆炼油厂要来了几具闲置的气体分馏用的塔器。我们按照 30 万吨处理规模进行核算，常压塔直径 ϕ1800 毫米就可以了，而要来的塔器是 ϕ2200 毫米的气体分馏塔，须采用改造的方法满足分馏要求。为了简化流程，我们采用内汽提的方法，取消了侧线汽提塔。投产以后，证明塔的改造是成功的，各种产品都符合当时的质量指标。

除了设计中遇到的困难之外，生活上困难也不少。几十个人在木板房里工作，夏天天气热又没有空调，电扇也很少用。怕图纸被吹起来，就在图版上绘图，汗水从胳膊上流下来，为了不将图纸弄湿，图板上都垫上毛巾。

1978年4月21日，马岭炼油厂常压装置正式投产，一次成功，生产出了合格的汽油、煤油、轻柴油、重柴油和常压渣油产品。各种产品除了油田自用外，还销往陕西和陇东地区，解决了庆阳地区和陕西部分地区的生产生活用油。常压装置投产后，庆阳民用燃料就由煤改为煤油，使用煤油炉既清洁、热值又高，炒菜做饭十分方便，煤油成为当时的抢手货。常压渣油主要用于锅炉燃料，庆阳各地和油田单位的采暖锅炉全部采用马岭炼厂生产的常压渣油。

马岭30万吨炼厂的投产，使陇东和陕西在生产、生活用油方面的紧张形势得到了缓解，为地方经济发展作出了贡献。

长庆气田第一套控制系统的引进与投运

原长庆勘察设计研究院 电仪室副主任 戴今平

讨论控制系统方案

20 世纪末，长庆发现了靖边大气田。中国石油天然气总公司要求 1997 年“七一”向西安输气，“十一”向北京输气，按时供气成为一项不能打任何折扣的政治任务。但是，靖边气田单井产量低，传统的开发模式行不通。以长庆设计院为主体的地面建设工程技术人员，顶着压力、刻苦攻关、努力实践，经过近 5 年的积极探索研究，终于创造了符合长庆实际，满足长庆需要的高压集气、集中注醇、集气站脱水工艺流程。

自控系统是地面工艺流程的关键技术，是安全可靠运行的保障。为了提高靖边气田自控系统的技术水平，油田领导决策引进具有世界先进水平的 SCADA 和 DCS 控制系统，这在长庆历史上还是首次。光荣的使命激励着我们，艰巨的任务考验着我们。我们无数次与集气专业王立昕、杨世海等讨论自控方案，目标是确保靖边气田工艺流程的实现。经科技处金贵孝处长引荐，我们到上海交通大学、航空航天研究院、西安卫星测控中心、上海金山石化总厂等单位学习、咨询。我们多次到现场调查了解、考察试验装置的运行情况，与当时采气厂的李兴业厂长等进行技术交流，对集气过程中必须检测的工艺参数进行多次精选。为了选上可靠的、性能价格比最佳的系统，我们与 20 多个外商进行了技术座谈，每次都留下了详细的资料，终于确定了集气系统以数据采集为主、过程控制为辅的二级 SCADA 系统，集气站建立有人值守的 RTU；净化厂采用隶属于 SCADA 控制中心的 DCS 控制系统；控制中心建立强大的数据库，为今后建立专家库、决策库打下基础。

回忆起当年方案的确定过程，说是如临深渊，如履薄冰，一点也不过分。在大会小会上挨批多，得表扬少。记得有一次，总公司在川南矿区召开长庆气田方案研讨会，因为对一些质疑没有思想准备，设计院王超柱总工程师和设计人员被主管局长批评得体无完肤，会还没有开完，就打电话让院长王培成、书记郭克寿去四川领人，可见当时的压力有多大。王院长、郭书记亲自带车连夜到西安接人，一见面就说："你们辛苦了，成绩是主要的。"我们设计人员自觉地将压力变成了动力，历经近 4 年的艰苦探索，一套符合靖边气田开发实际，较为完善可行的方案终于形成了，经过可靠性分析计算，该系统可靠度为 99.99%。由于经过详细的调查研究，有了充分的准备，该控制方案一汇报，就得到了领导的首肯。方案确定后，更加细致的工作还有很多。从国外引进自控系统我局尚属首次，技术规格书如何写、怎样区分工程设计与详细设计的界线、怎样引进，当时都没有规范可循，没有实例可以借鉴，就到引进过系统的石油管道局学习，找中国石化的朋友咨询 DCS 设计导则的草稿。经过不懈努力，我们编写出了 56 页近 10000 字的技术规格书。在谈判中，ABB 公司的销售经理说："这是我看到的要求最详细、最具操作性的技术规格书。"为了引进性价比最高的系统，我们几次到了与外商拍桌子、气氛紧张到不得不休会的地步。为了摸清气井早期的含水量，曾 3 次请教北京师范大学数学教授，推导出计算单井含水量的数学模型。该模型在靖边气田开发的前期起到了一定的作用。采气一厂的张振文厂长带领的技术人员和设计院的孙志鹏、吴宝祥等 10 人在墨尔本整整待了 100 天，从系统制作、组态到工厂试验全程跟踪。系统进入现场安装调试阶段后，我与油建工人、外国专家一起一个一个集气站进行安装、检查、调试，常常忙到开饭时间赶不回来吃不上饭。

几年的辛苦总算有了收获，1997 年 10 月 15 日，这套只能成功，不允许失败的自控系统终于一次投产成功。这是长庆油田有史以来成功运行的第一套 SCADA 和 DCS 控制系统。该系统荣获长庆石油勘探局 1999 年科技进步一等奖，与工艺系统一起参评荣获中国石油天然气总公司 1999 年优秀工程设计一等奖和 2000 年国家优秀工程设计一等奖。该自控系统强大的功能和优越的性能，保证了工艺流程安全可靠地运行，获得了大量宝贵数据；该项目的成功引进证明了决策的正确性；昭示了长庆气田自动化的前景，也验证了长庆设计院自控工程设计人员的能力和自信。这套系统的成功投运，为油田自控人才提供了可供学习、借鉴的实例；系统成功的经验和不尽人意之处，也为以后的设计改进提供了依据；系统平台的建立，为油田的信息化、自动化、数字化打下了基础。以后，又有第二套、第三套和管道 SCADA 和 DCS 顺利投运。我们坚信长庆油田自动化、信息化、数字化的路子会越走越宽广。

把设计作品当作自己的孩子

记燕鸽湖基地设计始末

原长庆勘察设计研究院　建筑总工程师　黄琨

长庆油田燕鸽湖基地是长庆油田会战以来建设的规模最大的生活基地工程，也是长庆设计院建院以来承担的最大的矿建设计项目。20 世纪 90 年代初，长庆油田为改善职工家属的生活条件，解除他们的后顾之忧，决策依托大城市建设生产科研和生活基地。长庆油田宁夏片区（原长庆油田会战第三分部）包括大水库、马家滩等地的职工家属全部向银川市转移，在银川市城区以东 3 千米处的沼泽地兴建基地，因银川有“塞上江南”的美誉，当地又是二十四连湖之一的燕鸽湖，于是就有了长庆油田燕鸽湖基地。

燕鸽湖基地

燕鸽湖基地占地近 3000 亩，规模为城市的居住区级别，下设居住小区、居住组团以及院落。与居住有关的所有配套项目完备，包括变电站、自来水厂、供热站、通信站、教育、医疗、交通、人防、娱乐等。该基地从 1994 年开始设计并开工，直至 2007 年完全竣工，历时 13 年。总建筑面积 170.76 万平方米；居民户数 16636 户；总人口 5.82 万人。从此荒漠戈壁上的石油人陆续迁入基地，告别风沙，告别咸水，安居乐业。

基地建筑、施工极其复杂，设计院承担此项目无比艰辛，其中的酸甜苦辣非三言两语能够说清楚。长庆油田设计院一直都是以承担油气田产能建设设计项目为主，矿区建设的设计处于从属地位，矿建项目几乎都是矮小的、零散的、简单的、重复的，局限于油田内部的，造成人员、资历、技术、资料等方面的严重匮乏，承当如此巨大的居住区设计项目，其艰险、困难可想而知。

首先要争取这项设计任务就非常不容易，院长亲自带队，组织建筑、结构、供热、给排水、电气、通信、勘察等专业的老同志去银川参加工作会议。当时长庆油田第三分部的领导认为我们拿不下来这么大体量的居住区，讲话毫不客气，坚决不让我们院承担。后来由于局长的鼎力支持才拿到这个项目。本来是应该庆幸的，可是我却是心头一紧：千斤重担压下来了！

接着要收集各专业所需的基础资料，包括工程地质、地基处理、供水供电、污水处理、防震节能、标准图集、主管部门的条例……实地参观天津市的“田园新貌”居住区，请教西北建筑设计院的同行，拜访银川市规划局的领导，经过努力终于走出了第一步：基地规划总平面图。

黄琨生活照

那时计算机辅助设计还未普及，还是以图板、丁字尺、三角板和圆规为主要绘图工具。平面图宽 1 米，长 3 米，$0^{\#}$ 图板放不下，我们就用成卷的晒图纸置于乒乓球台上，5 个设计人员同时绘制。住宅平面要求适用，立面要求美观可辨别，而且户型众多，我们群策群力，多方案举行评审会，选择最优方案向下深入。

银川地区是 7 度设防区，其抗震设计比油区要严格，住宅抗震尤其重要，我们的住宅单体设计必须通过当地审查部门的审查，而恰巧就是他们提出疑问，我们就带着设计图去北京，请建筑研究院结构所的专家提意见，最终得到通过合格的结果。高层建筑的防火设计是极其重要和严格的，银川市设计审查部门对我们设计的小高层住宅提出了否定意见，我们认为他理解规范有些片面和绝对，后来咨询了规范制定单位的意见，回复是我们的设计无误，在后来的规范中该条文修改得更明确了。

燕鸽湖二区（燕乐园）活动室

基地所在的燕鸽湖是沼泽地，多年的沉积淤泥根本不能作为天然地基使用，且饱和的粉土遇到地震时会出现液化现象。如果在其上建设房屋，可能会出现倒塌的危险。我们在黄土地区的设计中，地基处理均以分层夯实加灰土垫层，这种方法根本无法采用。经过技术人员反复计算和详细论证，根据不同建筑的荷载不同，采用了新的地基处理技术，强夯法、碎石加密夯坑法、钻孔灌注桩、夯扩桩法、筏板基础，均取得了良好的效果。沼泽地比周围公路低 1 ~ 2 米，必须用土垫高，以防止基地内雨水无法外排，给排水技术人员提出利用浑浊的黄河水沉积而取得填土的意见，得到建设项目组的认同。基地面积宽广，供热管线损失造成供热不均匀，热工技术员采用同程布管流程，解决了该难题。基地范围内原有一条灌溉农田的沟渠必须保留，我们将它作为一条雨水总管，将居住区的路面向此处倾斜，利用路面作雨水支管，降低了费用。

在基地建设过程中，各专业技术人员也逐渐成熟，从不会干的变成能干的，从生疏的成长为熟练的，地基处理、抗震节能、人防工程、环境绿化……很多困难都难不倒我们。

燕鸽湖基地已成为石油人的洞天福地，清晨迎接朝阳，傍晚送走红霞。基地中央的湖面引来了成群的红嘴鸥，看到如此景象，心中升起一股暖意，总算没有虚度此生！

长庆油田规划设计研究院原党委书记夏银田技术工作自述

原长庆勘察设计研究院　党委书记　夏银田

我是1964年从西安石油学院中专部毕业，被分配到玉门石油管理局油田地面处工作。到班组实习半年后，根据石油工业部文件，1964年以后毕业的中专学生按工人安排工作，我就被安排在原实习的班组当了管线安装工。在管子工的岗位上，我先后参加过油田计量站、集油站、配水间、注水站、炼油厂101装置、酮苯脱蜡、水电厂备战电厂等工程的管线安装工作。由于自己有一定的理论知识，又能吃苦耐劳，刻苦钻研技术，我很快就掌握了管工的基本知识和技能。1968年，在宁夏建设马家滩1500千瓦热电厂时，我被抽调出来帮助干了一段时间的描图绘图工作。1969年，我被借调参加马家滩二号油田产能建设的设计工作，从此我便走上了设计岗位。

1970年，我随单位整体调到长庆油田，到设计室搞油田设计工作。一开始，我被任命为油气集输设计技术员，承担新型抽油机——链条抽油机全套图纸的设计，但因其他原因未进行试验。1971年至1973年，我在油田现场搞设计工作，由于当时缺少有经验的设计人员，自己有上进心，勇于承担任务，得到领导的信任，先后承担了马岭加油站、马岭集油区车用油油库、庆阳柴油机发电厂站区管线的设计，参加了工程施工和投产运行，并圆满完成了任务，得到领导和施工单位的好评。在此期间，我还参加了现场实测地温、出集油管线传热参数、井口加热炉自动循环参数的工作。1973年冬至1974年初，我被领导指定为设计小分队队长，带领一部分同志参加了宁夏马家滩至大水坑输油管线的设计，担任了副项目负责人，对40千米的输油管线进行了踏勘、计算和设计。

1974年，我被任命为油气组组长。当时石油工业部已决定从1975年起长庆油田要正式投入开发建设，作为一个油气集输设计人员，认为油田建设中采用什么样的流程是当务之急。责任心的驱使，我反复组织大家进行讨论，结合我几年的现场实践、现场设计的经验，以及马岭油田油品性质好、产量低的性点，提出了单管常温油气集输流程的设想，得到了领导的大力支持，并带领几名同志去玉门的白杨河进行了考察学习。回来后在局领导的大力支持下，我于1974年冬至1975年春带领几名同志首先在马岭田油田十口单井上进行了现场试验。试验中发现管线结蜡是井口回压上升的主要原因，是实现常温输送的主要矛盾。针对出现的问题，我翻阅有关资料，得到启发，提出了在井口投放清蜡球以清除管线结蜡的设想，得到大家支持，并设计了投球装置，提出了保证投球管线施工质量的具体措施，在岭50井上进行了投球试验，清除了管线的结蜡，降低了井口回压，取得了试验的成功，解决了常温输送的关键问题。经向组织汇报，经过鉴定，决定自1975年起在马岭油田建设中全面推广常温输送流程。当年石油工业部领导还指定我到大庆、吉林扶余、辽河、大港、胜利、华北等油田介绍了经验。

1975年，在马岭油田30万吨产能建设设计中，我作为领导者和项目负责人之一参加了现场设计工作，并承担了具体的设计任务，完成了两个类型计量站和油田油气管网的设计，同时配合施工和投产。投产后又在现场做进一步的试验完善工作。其间，我进一步完善改进了收球装置，并开展了接转站原油密闭泵输的试验。在接转站原油密闭输送试验中，经多次反复试验，发现原设计安装的升降式两通出油阀，不能适应密闭输送的需要，当泵出口压力稍一升高，就控制不住缓冲罐的液面，往往造成缓冲罐的抽空，泵进气、烧坏盘根而被迫停泵。发现问题后，我们又对原出油阀进行了研磨，还是不行；后又重新设计加工了一种形式的出油阀，通过试验虽然比原来的阀好些，但当泵压高时仍控制不住。针对这种情况，我反复思考，发现升降式出油阀存在着一个上下压差的问题，当泵压高时压差就加大，阀关不严，造成抽空。于是我就设想了一种基本不受压差影响的旋转式出油阀，得到同志们和领导的支持。1977年，在宁夏红井子油田建设中我和做机械设计的同志一起研究，设计加工出了“三通旋转出油阀”，安装在王家场转油站试验，取得了比较好的效果。1979年秋季，我又和另一名领导带领几名同志住在现场，对这种阀进行了比较系统的试验，使马岭油田中区的中五、中七、中八接转站顺利地实现了用旋转出油阀控制缓冲罐液面，进而控制泵的排出量，进行了原油的密闭泵输送，后经指挥部鉴定后在其他接转站也进行了推广。后经生产实践考验，进一步改为自动控制缓冲罐液面进行泵的间歇输送等方法。这个关键性的问题解决后，才使原实验的“单管常温密闭油气集输流程”名副其实地在长庆油田得到了实现，经过组织鉴定，该项目成果被评为石油工业部1979年度科技进步一等奖，我拿到了该项目的最高奖，并出席了全国科学技术奖励大会。

在试验、完善新流程的同时，1976 年冬我又和同志们一起在现场搞了一些原油常温输送机理方面的研究工作，开展了井口掺水条件下的原油黏度及回压试验。实验过程中，我们发现随着含水的升高，在一定的范围内，原油黏度有升高的趋势。井口回压也随着升高，因此就组织了井口加药降黏的试验，通过和其他同志一起努力，筛选出了降黏好的药剂，并在油田上进行了推广，保证了常温输送流程的顺利推广。同时我们还收集了其他集油、出油管线的回压、油温、油气比等资料，总结出了一套长庆油田的混气原油常温输送距离（长度）的经验数据以指导设计工作。

为了使常温输送流程得以配套完善，当时我们试验组还提出并开展了“井下高压聚乙烯防蜡”的试验，后来也取得了成果，延长了油井的检泵周期，克服了常温集输后，不能再用井口加热炉进行定期热洗井筒的，清除井筒结蜡的缺陷。[1]

在参加常温输送的同时，我还参加过一些在当时看来是比较大的油田建设设计工作。1975 年夏季，我带领组里的几位同志住在现场进行了马岭油田南区一号计量站的设计。当时我们 4 个人以 15 天的速度全面完成了任务，创造了当时开式计量站设计的最快速度，得到了领导和工人的高度赞扬。1976 年夏季，我又以小分队领导人之一兼项目负责人，带领几名同志住在现场，进行了马岭油田南区五万吨产能建设的设计，用不到两个月的时间全面完成了任务，向党的生日“七一”献了礼，得到了领导的表扬。1977 年春夏期间，我又作为设计小分队领队之一带领二十几名同志赴青海参加了花土沟油田的设计，并具体承担了 50 万吨原油集中处理站的扩大初步设计，按时完成了任务。通过多次设计工作的锻炼，我掌握了设计工作的一些基本知识，也对设计工作程序和全过程有了全面的了解，增长了才干，具备了承担大的工程设计项目负责人的能力。

在具体的设计工作中，我也做了一些有益的工作。1969 年，参加宁夏马家滩二号油田设计时，我具体承担了“双容积量油分离器”的设计工作。我结合施工的知识将原来玉门设计的两头大中间小的分离器筒体改成为上下一样直径的筒体，这样方便施工，省工省时。后来这种形式的分离器在长庆油田的建设中得到普遍推广。1972 年，在马岭油田中区试验区集油区的设计中，我首次将隔油池的设计应用在油田上。在马岭油田中区车用油加油站的设计中，我设计了一种形式别致的卸油漏斗，得到同志们的好评。我还设计了油罐上的取样孔和泡沫发生器，均加工使用了，还设计过油罐的梯子平台等。

1978 年设计室成立科研组，调我任科研组组长，1979 年机构变动，原科研组改为科研室，我也随之升为科研室副主任。专搞科研工作后，我组织同志们开展了原油破乳降黏、高压聚乙烯防蜡、油田管理自动化、油田污水净化、炉前泵后原油凝固点测定、齿轮流量计计量试验、防爆三相电磁阀试验、原油含水分析仪试验、电加热收球装置试验、井口自动投球试验等一系列工作，取得了一定的成绩。同时我还担任项目负责人进行了引射器回收油罐气的项目试验，提出了边远站轻烃回收的设想，组织开展了前期的调研工作。这两项工作在我调离科研室后均取得了好的成绩，引射器抽气获得局科技进步三等奖，边远站轻烃回收已试验一年多，收回了液化气，经济效果非常明显。在这期间我还参加了国家“六五”期间重点科技攻关项目——马岭油田中含水期节能技术研究的论证和研究工作，参加了国家科委组织的论证会，做了一系列的工作。

1983 年 3 月局领导体制调整中，组织提拔我担任设计院党委书记。我干起了自己并不熟悉的工作，刚开始我的精神压力也比较大，工作也比较吃力，经常有不如搞技术工作的念头，苦恼过一段时间，但我并没有放弃对技术的学习，因此对党委书记的工作产生了一定的影响。后来受到了局领导的批评，我才有了一定的改进。经过几年的磨炼，我在党委书记岗位上也增长了不少的才干，也基本能胜任党委书记的工作，但我仍然念念不忘搞技术工作的岁月。

[1] 最初采用的油气集输流程是每个井场均设加热炉，把油井被抽油机抽出来的油气经加热炉加热后，再经出油管线送到单井计量站，出油管线比较长的，在途中还要设加热炉加热。当井筒的出油管线、油杆结蜡严重后，可以经井场加热炉将油气加热后再回到井筒内将结蜡融化清除掉。实行常温集输后，没有了井场加热炉，就不能用加热的方法清除井筒的结蜡了，只能定期用通井机起油管油杆清蜡了。所以又采用了井底高压聚乙烯防蜡和井口加药降粘的措施，以延长井筒的清蜡周期。

三甘醇脱水装置实现国产化

原长庆勘察设计研究院　副总工程师　冯凯生

在天然气输送过程中，为防止天然气含水形成水合物堵塞输气管线，必须进行脱水后再管输。三甘醇脱水装置是气田开发地面集输系统中的核心装置。2000 年以前，由于国内三甘醇脱水装置的工艺技术发展相对滞后，长期以来，市场一直被美国、加拿大等国外公司垄断，进口装置订货周期长，设备费用高，大大制约了我国气田开发。

1999 年秋天，长庆油田设计规划研究院接到“实现三甘醇脱水装置国产化”的任务。由于橇装式脱水装置的研究开发在国内尚属空白，组织上把这项装置的研发任务交给了我。

在困难面前，我没有退缩，花了 3 个月的时间翻阅了大量的资料，埋头攻读各类相关书籍，悉心钻研天然气脱水原理及理论计算，在借鉴世界先进技术基础上，立足自主创新，方案顺利地通过审查并投入了样机试制。

三甘醇脱水装置

2000 年，处理能力 40 万立方米 / 天三甘醇脱水装置研制成功，在采气一厂南 9 集气站顺利投运。首套设备的投资仅为进口设备的 1/3。2001 年，国产橇装三甘醇脱水装置研制项目通过了长庆油田及中国石油天然气集团公司的评审验收。之后，在长庆油田采气一厂北 4 集气站、乌 4 集气站、采气二厂榆 9 集气站和陕西子洲集气站共 5 套脱水装置相继交付使用。

2004 年，国产三甘醇脱水装置走出长庆，为中原油田设计制造两套 170 万立方米 / 天

冯凯生汇报轻烃回收装置

的低压大处理量脱水装置。2006 年 2 月，150 万立方米 / 天的装置进入西气东输工程，在江苏金坛地下储气库应用两套。同年 11 月，70 万立方米 / 天的装置进入新疆吐哈油田。2008 年 9 月，150 万立方米 / 天的装置进入山西煤层气项目……

自此，国产化的三甘醇脱水装置逐渐在长庆气田、吐哈油田、中原油田、西气东输金坛储气库、山西煤层气等项目中应用，一举打破了美国、加拿大等国在三甘醇脱水装置方面的垄断局面，填补了国内空白，获得陕西省科技进步一等奖等省部级各类奖项 10 余项，为我国天然气开发输送节约了大量的资金。

国产装置多工况应用测试的比较结果证明：各项技术经济指标达到或部分超过国外同类产品水平，并在部分关键技术上取得突破，在多次与国外脱水装置的竞标过程中以技术、商务双第一中标，奠定了国产化脱水装置在国内的地位。目前已为印度尼西亚、孟加拉国、巴基斯坦等国外项目编制了脱水装置项目建议书，三甘醇脱水装置不但实现了国产化，而且正在走出国门。

我亲历的长庆设计院巨变

原长庆勘察设计研究院　电仪室副主任　戴今平

我都退休 20 年了，设计院还记得我，很兴奋。因为我就是个普通老百姓，说白了也就是个干活的。

今天我就说说我所经历的长庆巨变，因为我是站在一个老百姓的立场，有些事情不一定是准确的，只是说说我的体会。

1975 年 12 月，我从新疆独山子总炼油厂调到长庆油田设计院。那时候设计院只有 70 多个人，那时设计院也不叫设计院，叫西北石油设计部，各个室的主任在那时候就叫班组长，我们是从新疆的克拉玛依和两个地方调来的一共调来了 40 多个人，你想本来那个时候他们都没房子住，一下有又调来了 40 多人更没房子住了，当时就说了，我们要去的话小孩一律全送回家，不能带。因为当时我要送孩子回老家，没和大部队一起走。那时我们只能到咸阳转车去西北石油设计部。咸阳有个转运站，到咸阳我们又不知道怎么走，就去问别人西北石油设计院怎么走，别人根本就不知道什么西北石油设计院，后来经过再三打听，有人告诉我们长庆在庆阳。我们买了第二天早上的火车票，那时候一张票 10.5 元，后来在庆阳终于找到了西北石油设计部。

记得我们到设计院的时候没有仪表专业，那时叫机电，是个组，它包括电器、机械、热工，仪表就是个空白，我们一起来了 4 个人成立了一个仪表室。我们室的组长是权有根，那时连工艺都没有，一口锅就能炼油，很低水平的那种工艺就是压力表、温度计，我记得那时候应该已经是八几年了。

记得我们单位的组织部部长去华东石油大学参加校园招聘时，说长庆油田要大发展，需要大量优秀人才。当场有个教师说我们的学生都那么优秀，到你们单位就是看个压力表、温度计多么屈才。当时说得部长有点下不来台，但最后还是笑脸迎人地说这个问题我们回去后会调查，我们一定会珍惜人才。记得当初我在述职报告中写道：“我就像一个孤独的老农，每天拿着小锄就在那个凋零的园地里耕耘。”当时就是这样的情况，感觉没什么前途。当时长庆的领导压力更大一些。

作为长庆油田人，我们非常骄傲。因为我们发现了大气田，大气田的发现对北京申办 2008 年奥运会有极大的帮助作用。

就长庆的发展来说，原来只有马岭油田，红井子油田、安塞油田的陆续发展，尤其是苏里格气田的发现，让长庆油田的地位发生了很大变化。但当时我们的压力也是很大的，能不能保证 1997 年的 7 月 1 日给西安、10 月 1 日给北京输气，这可是个大问题。如果输不了气，没法向党和国家交代，北京没有清洁能源奥运会怎么办，所以当时领导的压力也是非常大。当时领导把我叫过去问：小戴你们的那套系统有没有问题，我说应该没问题，局长说我要的不是应该，而是你直接说没有问题，那我也只能硬着头皮说没问题，说实话当时的压力真的是非常大，我就是一个井口一个井口看一个站一个站地检查。西安、北京的输气成功了，长庆的地位也有所提高。那时因为没房子住就盖了三排木板房当宿舍。那个木板房隔音效果不好，只要一个人说梦话几乎大家都能听到。当时的条件非常艰苦。但咱长庆人还是很有骨气的，大家都在努力立足自己的本职工作，默默奉献。如今单管密闭冷输流程已成为长庆油田投收球清蜡装置的关键技术之一，是非常重要的一条规范。

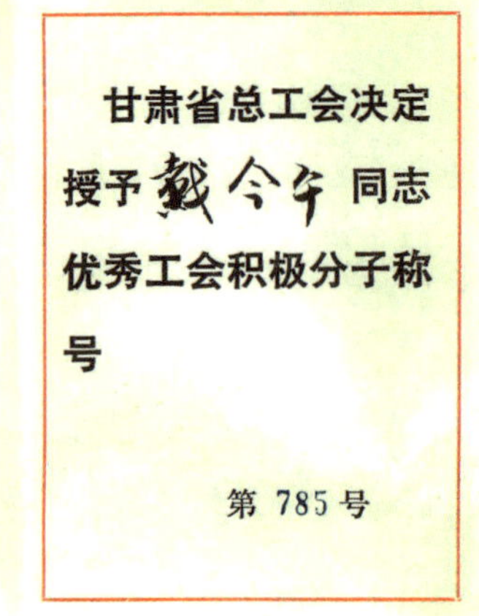
甘肃省总工会决定
授予戴今平同志
优秀工会积极分子称
号

第 785 号

一九八五年一月

戴今平荣获甘肃省总工会“优秀工会积极分子”称号

可当时并不是这样的。当时管线到底埋多深，怎么做，这些都是工人们冰天雪地、炎热寒暑地趴在地上一点一点测出来的，确实是辛苦。而现在这些在规范中都有了，管线埋到冻土层以下，管顶标高 10 厘米。可这个规范真的是老一辈们趴在地上趴出来的，当然长庆油田不是首创，但成功地把这个管道投球技术应用到单井是咱们长庆油田的创造，就是夏银田带着大家创造的，他也因此获得了当时石油工业部劳动模范的光荣称号。但是一个流程会有很多很多的细节需要注意，当时投球轻拿有个收球桶，而收球桶却靠站上的加热炉去加热，当时根本就加不热，因为它的热量很有限，本来油就产得不多，怎么会舍得用太多的油去烧这个加热炉呢。

当时每天收球时，工人用长长的耙子把橡胶清蜡球一个个勾出来，放到汽油中浸泡、用手清洗干净，一一核对编号后，再送到井口投出去。无论是春夏秋冬，她们天天如此。一个接转站每天几乎要清出来近 15 千克的蜡、油混合物和 3 ~ 5 千克清洗过清蜡球的汽油，接转站旁边总有一大片农田被污染。看到采油姑娘数九寒天手上裂着大黑口子，作为一个技术人员，我深深地为不能让她们有更好的劳动条件而羞愧。井口投球也是天天由人工操作，算不上真正意义上的密闭。对这个油田自用非标设备，是否应该进行配套改造呢？作为仪表自控技术人员，突然意识到这是责无旁贷的。能否用电对收球器进行加热，使蜡熔化呢？萌生了这个念头后，我开始进行准备。然而，手头没有可用的资料，也找不到可以参考的类似设备。我翻遍了设计院资料室所有相关资料，还专程到西安电炉研究所进行调研、学习，最后决定用无芯工频感应加热技术对收球器进行技术改造，再采用蜡油温度或者加热时间作为控制参数，形成一个完整的设备。当时，机械专业倪衡生想到用时间继电器来控制，实现投球自动化的想法，但苦于没法解决集球筒保温的问题，经过交流，我和夏银田一拍即合，决定用工频交流电的趋肤效应加热技术为井口投球器保温。虽然当时这项技术在理论上是成熟的，但手头只有英国采用高频电流的趋肤效应为马路化雪的应用记载，我国还尚无应用实例。国内有采用无芯工频感应加热技术进行电炉炼钢的，用在油田的非标准设备上还找不到先例。何况，对这项技术，我完全是个门外汉，简单地采取拿来主义肯定不行。方案虽然确定，但距离实用还很远很远。方案是否可行，每天有多少球可取，有多少蜡油需要加热，采用多高的电压、电流，需要多大功率，线圈要绕多少圈，要加热到多少摄氏度，要用多少时间才能化蜡取球，都是未知数，都必须经过电气试验研究才能确定，才能用于工程实际。

在领导的支持下，我们开始了实验工作，但实验材料很难寻找，最后在张晓师傅的帮助下找到了一批报废的变压器。再从 20 千米外拉回来，在露天将扁铜线和矽钢片拆下来，用橡胶水浸泡后，用木棒刮去原有的绝缘材料，用台钳拉直。有一次，在用烘箱烘烤时，因为我心急，一次放入的矽钢片量太多，差点酿成火灾，领导批评了我，但因为没有造成任何损失，所以没给我任何处分。就这样，在零下十多度的严寒里整整拆了十台变压器才把材料凑够。每天冻得瑟瑟发抖，手上的血口子一道又一道，橡皮膏贴了一层又一层。

虽然室内试验结果证明方法可行，但并不表示可以满足工程实际的要求。在设计院和采油二厂的支持下，我与马金生在中五接转站进行了一个月的电气现场试验。每天坐油田班车到董家滩，再步行 5 千米到站上做试验，检测电流、加热温度与加热时间的关系、每天收球的数量与加热时间的关系等。虽然辛苦，但是很充实。现场试验证明了这种方法是可行的。女工们高兴地说：“这下好了，冬天我们的手就不会遭罪了。”验证了加热效果，取得了必要的数据后，在拆除试验装置时，工人们坚决要求给他们留下，我们只得反复向她们解释说，试验装置过于简陋，操作不当可能发生危险，她们才理解。工人们对装置的欢迎就是对我们的最高奖赏！ 1982 年 1 月，我与机械专业倪衡生一起研制的第一台电感应收球装置在采油二厂的中六接转站进行了工业性试验，结果也是满意的。同时研制的井口自动投球器也在采油二厂柳树湾井场进行了成功的试验。这两项成果均获得 1986 年长庆油田科技成果奖。电感应收球装置在油田“服役”近 20 年，直到 2000 年被设计院刘春江研制的新型装置取代。

我再说一下原油稳定，原来我们的原油就是个常压，连减压都没有，可原油里还含有很多挥发气体，最后还得搞个稳定。记得当时设计院的李院长让一个叫李慧的姑娘和我一起做科研，这个李慧对工作特别认真，但是她的胆子却很小，为了这个科研她都神经衰弱了，她每天睡到半夜突然坐起来就喊：“爆炸了、爆炸了……”当时的实验条件非常简陋。

设计院当时虽然没有太多的工作，但是我们什么都干。记得马岭炼厂最后要建个催化炼化，但当时谁也没做过催化炼化项目。在那个年代，只有玉门炼油厂有同轴式催化炼化，其他炼油厂都没有的。于是我们便去玉门炼油厂看，看他们的图纸，学习他们的技术，学了一段时间后，就要过年了，当时大家都想回家过年，可领导却发话不让回，说是要我们在玉门过个“革命化”的春节。

毛主席说过，人类总得不断地总结经验，创造历史，有所发现，有所发明，有所创造，有所前进。停止的论点、悲观的论点，无所作为和骄傲自满的论点，都是错误的。我觉得长庆油田现在的年轻人都在沿着正确的道路前进，这点我们都感觉很欣慰。著名作家穆旦说过，我拼尽了毕生的精力，而达到了平凡。我觉得我们也是这样的，拼尽了毕生的精力，而达到了平凡，但平凡即是伟大。

咸阳助剂厂是一个七万吨的同轴式催化裂化，我们原来搞了三万多吨，没有搞过七万吨的同轴式催化裂化，没办法就到外头去学，这个过程是一次成功。

长庆没有油养不活这么多人怎么办。我们什么都干，发电厂、903 水泥厂，纺织厂等，反正只要拿下来我们都干。青海花土沟发现了油田，石油工业部点名要长庆去。虽然那个油田很小，但是设计院的力量还是很强，我们就在青海花土沟干了一段时间，就拿下一个产建。我觉得长庆设计公司历届领导班子都是很团结、廉洁、务实，而且是充满人情味的。员工是经得起考验的，不会就学。长庆能发展到现在，我觉得在技术水平上不亚于石油工业部的任何设计院，甚至在有些方面可能都比他们强。

我们回顾历史，尊重历史，但我们回想历史的时候，我们应该是充满温情的、敬畏的。走到今天也是不容易，但是我觉得这二十年长庆设计公司发展很快，我也很高兴，我对现在的年轻人很崇拜，也是很敬佩的。我觉得现在的年轻人知识结构、技术水平都比我们强，他们的智商和情商都比我们高。他们不像我们认死理，技术上走了很多弯路，现在的年轻人确实是值得我们老一辈人敬佩的。

我讲一点我的感悟：虽然创业很艰辛，也受了很多委屈，有时候也会遇到一些困惑与无奈的事情。我觉得长庆设计公司是很有优良传统的，一代一代的设计人员，即使是在最困难的时候，都守得住寂寞，耐得住孤独，受得了委屈和误解，也吃得了苦、扛得住冷。能发展到今天，设计人员是一步一个脚印地创造出来的，很不容易。

设计生涯的开始

原长庆勘察设计研究院　天然气设计部　贾德义

从职业萌新到独当一面，需要的是脚踏实地的心态和永无止境的耕耘。

——题记

我刚到设计院实际上专业是不对口的，但当我了解到原来设计院的朱美源也不是学通信工程的，我的师傅郭文仲也是后来改的行。我才下定决心，继续在设计院工作下去的念头。

设计院的实习生涯和现在比起来还是非常接地气的。按照实习计划，我先从外线工程开始，在水电厂马岭通信大队工程队实习 3 个月。我每天与工人师傅们一起，抬电杆、背金具、挖坑、放线。在那里学到了外线的施工过程、材料计算和用途。在 3 个月的实习期间，我把外线工程搞得一清二楚，明明白白。从选线的基本原则、线路设计用料等，我都铭记在心，这些都给我从事线路设计打下了坚实的基础。

在外线实习完后，我就到水电厂庆阳通信站学习长途载波、市话电缆、电源、电话修理、电话站内的配线、布线原理等业务。又经过 3 个月的努力学习，我圆满地完成了实习任务，正式走向设计工作岗位。

贾德义工作照

长庆油田通信工程在油田建设初期比较单一，就是有线通信。当时通信系统的布局是以庆阳为一级通信中心站，辖属会战指挥部机关和庆阳各二级单位所有用户。油田各二级单位均有自己的电话站，称为二级通信站，除汇接自己各单位的电话用户外，有些站还要担负起长庆油田通信系统大网的转接功能。

后来，随着油田的发展，我所学的专业也逐渐派上用场。长庆油田通信系统被微波和光纤通信代替。其通信系统设备的应用、通信方式及技术的应用均走在地方邮电公众网的前列。之所以长庆油田通信系统能比地方通信系统先进是与设计人员的知识更新、设计理念超前分不开的。

长庆油田通信系统"八五规划"具体实施后，长庆油田的通信起到了质的飞跃，彻底摆脱了各个地方邮电公众网落后"卡脖子"的局面。南北微波干线的建成连通了长庆油田陕、甘、宁三省的通信网，全网实行自动拨号，由四级升为三级拨号，与西安邮电公共网联网。

原来通信专业人员配备只有我师父和我两个人，后来方俊、陈国庆和刘成文才被分配到此工作。人员壮大了，但通信专业设计任务加重了。原来只是单一的话音通信，后来发展到数据业务通信。这一通信模式后来又被延伸到油区建设工程中去。为了节省投资和施工、管理的方便，在设计中提出推倒电线杆，走无线的通信模式，后来油区内部都是无线组网通信模式，给油田带来了很大的经济效益和社会效益。

我们和邮电部研究四所共同开发、研制成了微波信号放大器。放大器的原理很简单，就是同频放大，解决油气田边远站信号达不到设备传输要求这样的难题。这一难题在长庆油田通信系统中普遍存在，靖边气田采用的全部都是一点多址数字微波通信；安塞油田采用 450 兆赫的集群通信；陇东油田新建油田和已建油田（通过改造）均采用 150 兆赫集群通信。通过这一技术的成功应用，不仅解决了杨山末站这样的特殊难题，更为靖边气田一点多址数字微波通信解决了偏远站的通信问题。借鉴 1.5G 数字微波频段这一成功经验，我们又研究了到 450 兆赫和 150 兆赫这一频段放大器，成功解决安塞油田 450 兆赫和陇东油田 150 兆赫移动集群通信边远站通信质量不好、覆盖率低的特殊难题。其主要特点是安装方便，一般装在井场或者有电源的地方，节省投资，施工周期短、管理方便。

回忆在设计院走过的历程，我可以自豪地说，我没有辜负这个特殊时代对我的期望。从一个专业不对口到专业熟练、从一个在师父带领下的设计人员到培养和指导新来的技术人员我起到了承上启下、传承、桥梁、中流砥柱的综合作用，为长庆油田通信工程设计积累了经验，同时也为设计院培养了通信专业的设计人才。

精品工程

原长庆勘察设计研究院　天然气设计部　贾德义

一个人要在事业上有所建树，不仅要尽职尽责，更重要的是要用自己的业绩来点缀……

——题记

设计工作是一个非常严谨而又与时俱进的行业。说它严谨，始终离不开规范、标准和技术规定，离开了这些规范、标准和规定，设计工作和质量是无法完成和保证的。如果一味地执行这些严谨的规范、标准和规定是无法适应新技术、新材料、新设备的应用。这是一对矛盾，互相存在又互相矛盾。所以，需要不断创新。创新不意味不执行这些规范、标准和规定，恰恰相反，要在这些规范、标准和规定的范围内要达到"三新"的设计与应用，不断创新本专业和本行业的精品工程，打造适应新形势下竞争的"秘密武器"。

长庆油田通信工程和其他行业一样，都有一个发展、壮大、创新的过程。油田建设初期，通信工程在长途传输方面采用有线线路、铁线载波（3 路、12 路）和叠加载波（24 路、最大 48 路）传输技术，实现异地之间的话音通信。其缺点是投资高、建设速度慢、传输容量有限、通信质量不好。后来随着通信技术进步和新设备的应用，微波技术取代了有线线路。微波北干线在宁夏 263 号站入网，与国家微波干线网联网，解决了长庆一级通信中心和宁夏地区二级通信站联网，以上各油田实现了长庆油田长途通信直拨功能。微波南干线与西安邮电公用网联网，长庆油田用户成了西安用户远端区域，升级为 029 局向功能，同时又传输一路陕西电视节目。所以，微波干线网的建成，弥补了有线载波技术的缺点。后期，随着光纤通信技术的发展，长途通信传输采用了大对数、大容量的光纤通信技术。在交换技术方面，先期是以磁石交换机手工接线方式进行交换，中期采用自动纵横制交换机自动交换，后期采用数字程控电话交换机时隙控制交换技术，使得长庆油田通信交换系统达到了具有综合数字交换网的功能（ISDN），为数字化办公、传输提供了高质量的信息平台；在通信业务方面由单一的话语通信过渡到多功能的综合业务，实现了办公自动化、传输数字化、管理科学化和局域网络一体化的高新通信技术。

以上通信系统成绩的取得从小的方面说，与每一位设计、管理、维护人员是分不开的。当然，与领导人员的决策也是分不开的。

贾德义工作照

我在通信工程设计方面采用的态度是“与时俱进”，在长庆油田通信系统建设的不同历史时期中，不断采用“三新”技术来描绘长庆通信建设蓝图的。下面就不同时期采用了当时的最先进的技术，为长庆油田通信技术的发展、建设“首次”采取的通信技术上升到所谓“精品工程”范畴做一简单描述。

环路载波技术

1982 年，悦乐至南 108 站输油建设工程中首次采用环路载波技术。

根据工艺要求，该工程悦乐联合站安装电话单机 8 部，中间加热站 1 部，南 108 站 2 部。如果按照当时的通信工程建设模式，要得三层八线担才能实现，即使这样也只能满足本工程的需要，无法为悦乐和南区采油大队通信站提供中继电路和维护线路。

为了解决这一难题，在设计中采用了当时刚通过邮电部技术鉴定的环 12 路载波通信技术。其原理第 1、2 路传输距离最远，安装在南 108 站，3 路安装在加热站，其余安装在悦乐联合站。外线只架设了一层八线担。一对线开环路载波，一对线做维护用，其余两对作为两个通信站的中继电路。通过这一新技术的应用，既节省了投资，又为长庆通信大网提供了局部段的中继电路。

无线组网通信技术

油房庄油田为一单独区块，距最近的马坊采油大队直线距离约 50 千米，油区最近的站距油房庄采油作业区也在 5 千米以上。1988 年，在油房庄油田地面建设工程开发建设中，会战指挥部要求减少工程投资，通信工程必须采油“三新”设计技术。

马坊采油大队有线通信已覆盖到大队的所有生产站、点。在大队内部设100线磁石电话交换机设备1套，该交换机汇接大水坑采油厂电话站，就是说，外部条件已具备通信条件，本次设计范围就是将油房庄作业区和油区所有的生产电话纳入马坊采油大队已建成的通信系统，即可实现油区内部、油区与外部有/无线通信系统。

我担任该工程通信设计的项目负责人，通过严密的计算和对新设备的研究，在设计中采油了二级无线组网通信技术。在马坊和油房庄分别建50米铁塔各一座，这两点之间无线通信采用双向异频双工通信，在马坊通信机房安装有/无线转接盒，从而实现有线打无线、无线打有线电话业务。油房庄铁塔安装全向天线，在机房安装无线接、收发设备，油区所有的无线电话组成单向同频通信方式，汇接到油房庄交换机，这样就形成了油房庄二级无线组网通信系统。该系统获石油工业部优秀三等奖（该地面建设奖为当时设计院最高奖项）。

数字程控电话交换机技术

在咸阳助剂厂通信工程建设中首次采用了数字程控电话交换机交换技术。这是长庆油田通信工程交换技术的突破。改变了长庆油田交换机技术以磁石、纵横制自动交换模式。在设计上没有任何的资料借鉴，通过和厂家上海贝尔电话公司技术人员的技术交流，又在西安实地进行了考察和学习，首座数字程控电话交换通信站设计就完成了，经过设备安装、调试、投运一次成功，为长庆油田数字程控电话网的设计积累了经验，也为“八五”通信工程项目改造打下了基础。

“八五”地面建设工程规划

在设计院专业室工作的几年里，我担任和间接担任长庆油田地面 “七五、八五、九五、十五和十一五” 建设工程规划，唯有“八五”地面建设工程规划严谨、细腻，操作性强的一次规划。这次规划提出了南北微波干线网的建设、骨架电话站的改造和模拟微波电视节目。“八五”规划得到了长庆油田和中国石油天然气总公司的批复，单列通信工程“八五”地面建设项目组实施，从而改变了长庆各处信息不通的局面。

“八五”地面建设通信工程规划获中国石油天然气总公司优秀规划奖。

集群移动通信技术

安塞油田由坪桥区、杏河区、侯市区、王窑区组成。最远的坪桥区直线距离达到45千米左右，候市区也在30多千米外。

安塞通信系统经历三个阶段的建设、改造、升级形成了独特的通信模式，在长庆油田的建设史上具有极其独特的深远意义。在油田开发初期为试采阶段，站点少，通信系统采用超短波通信，即每个站安装短波电台保持与采油一厂调度室联系。随着油田开发建设规模的不断扩大，其产量也呈直线上升。原通信方式已无法满足要求，在安塞油田通信系统建设的第二阶段，通信系统就采用了集群移动通信方案。

集群通信系统能使大量的用户共享相对有线的频率资源，即系统的所有可用信道可为系统内所有用户共用，具有自动识别用户，自动并动态地分配无线信道的功能，是一种多用途、高效率的移动调度通信系统。

在安塞油田地面建设设计中，根据集群移动的技术要求，我们在桦皮峁和坪桥油区最高点分别建四信道450兆赫集群移动中心站1座，两中心站之间采用一点多址数字微波联网。两个集群移动中心站覆盖坪桥、王窑、侯市、杏河四个油区所有的生产站点。

由于当时集群通信技术的局限性，集群设备采用的模拟集群。按照安塞油田区块的布局，系统按容量的多少，分为两个一大一小制式。坪桥为小区制覆盖，小区服务半径为2～10千米。桦皮峁划分为大区制覆盖，业务区半径一般为30千米左右，也可大至60千米。大区制一般可容纳几千名至上万名用户。从覆盖业务半径和容量均满足坪桥区、杏河区、侯市区、王窑区所有生产点、站的话音业务。

模拟集群最大的缺点是按信令占信道方式分为固定式和搜索式。当时由于设备技术的局限性，在系统配置时采用的是固定式。固定式是指信令信道（控制信道），用户在入网或业务请求式固定向该信道发起请求。信道是固定分配，信道资源不能共享，造成话务量不均衡。

为了改变这一弊端，第三阶段，设备更新为美国友谊盾数字集群通信系统。所谓的数字集群通信系统采用的是时分多址TDMA技术：把时间分割成周期性的帧，每一帧在分割成若干个时隙。然后根据一定的时间分配原则，使各个移动台在每帧内只能按指定的时隙向基站发送信号，在满足定时和同步的条件下，基站可以分别在各时隙中接受各移动台的信号而不混扰。同时基站发向多个移动台的信号都按顺序安排在预定的时隙中传输，各移动台只要在指定的时隙内接收，就能在合路的时隙中把发给它的信号区分出来。这样，信道能充分利用，达到了资源共享的目的，从而提高了话务可通度。

由于这一技术在安塞油田成功的应用，不仅标志着在石油系统、就是在国内也处于领先地位，该工程项目获得了几项大奖：长庆油田勘探局优秀设计一等奖；中国天然气总公司优秀设计一等奖；中国天然气总公司低效油田开发建设一等奖；国家建设部获优秀设计金奖。

一点多址数字微波通信技术

随着长庆气田的开发建设，对通信工程建设也提出了严格的要求。通信系统要适应自动控制 Scada 数据传输需求；各集气站做到无人值守、甲醇回收等高新技术的需求。

通信系统在方案设计中，充分考虑各专业采用的新工艺要求，按照国际国内油气田建设通信系统的最高建设标准和模式配套，经反复论证，靖边气田通信系统方案采用一点多址数字微波通信技术。

在靖边基地安装数字程控电话交换站 1 座；气区采用 1.5G 数字微波通信系统，建 1.5G 数字微波中心站 1 座，气田北区、中区和南区设相应数量的 1.5G 微波中继站，各集齐站安装 1.5G 数字微波外围站，通过各中继站汇接，将各集气站数据传输到通信中心—自动控制中心—数据处理中心，从而达到了气田建设对通信系统的高、新的技术要求。

结缘于长庆油田设计院

原长庆勘察设计研究院　电仪室副主任　戴今平

1975年，我从新疆独山子炼油厂调来长庆油田，到现在完全脱离工作岗位，已经十多年了。但往事并未尘封。回忆起来，充满了自豪、甜蜜和无限的眷恋！

那时，长庆油田的全称是“长庆石油会战指挥部”，由原兰州军区管理。当时还没有设计院，只有一个几十人的设计室。室主任黄天德，书记崔林桐。下辖油气组、土建组、机电组、描图组和后勤。设计人员是从玉门、江汉、抚顺石油设计院（后迁到洛阳）来的“臭老九”。那时，各组组长都是来自一线六级以上的老工人。我们机电组组长就是八级电工权友庚。后来这些老人都陆续退出了领导岗位，但他们的朴实、亲和、谦虚和友爱，至今令人难忘！

那时，院子里仅有两栋二层小楼，总共十二个房间，六排小土坯平房，三排木板房，一个锅炉房，一个开水房，一个食堂，四个蹲坑式厕所。无论是工作环境还是生活设施，都十分简陋和艰难。从新疆调来46人后，两年内又陆续将三分部大水坑和一分部富县的设计人员合并了过来，也就200人左右。1978年后升级为设计院。

我们机电组，原有机械、电气、热工三个专业。因为从克拉玛依热电厂来了唐梦琳，地质所茅念曾，独山子石油学校尹韵钿老师和独山子炼油厂的我，才增设了仪表组，唐梦琳任组长。

那时，产能一直在只有十几万吨/年，几十万吨/年的水平徘徊，设计人员什么都要干：挖管沟、通管道、修路甚至帮老乡收麦子……除了完成有限的产建任务外，设计人员需要往来于采油队、油建，以便及时发现问题，解决问题。夏银田、张帆、王竹圣为了研发“单管常温密闭流程”在现场顶烈日、抗酷暑，经历160余天昼夜监测，取得2万余个数据，独创出具有长庆特色的工艺系统。我发现采油工在回收清蜡球时用一个长长的钉耙将沾满蜡油的球抠出来，用汽油浸泡后清洗。每收一次球，就得倒掉近12千克的蜡油和汽油，不仅污染了站外农田，姑娘们的手也是裂口重重。如果能将蜡油熔化随原油流走，不是既降低损耗，减少了污染，还改善了劳动条件吗？问题的关键是解决加热的问题。我回到院里，查阅了很多资料，无解。偶然在一本“电炉”杂志上看到西安电炉研究所彭绪友写的有关电感应加热炼钢的文章，很受启发，立即去向他请教。那时，没有私利私产，只要有介绍信就接待。他毫无保留地解答了我的所有问题。回到庆阳我立即着手试验。没钱买漆包线，找到器材处张晓科长，他立即带我找到钻井二处废品仓库搬回一堆钻机上报废的变压器。拆下漆包线洗干净用。经过反复测试，将加热温度定在（55+5）摄氏度。室内实验后，我和马金生就背着几十千克的漆包线、绝缘材料和工具乘石油通勤车到董家滩，再过一座吊桥来到马岭中区中五转油站进行试验。没钱买热继电器就用日光灯启辉器代替。经过两个多月的试验终于取得成功！当姑娘们取出干干净净的清蜡球时，她们笑了，我也笑了！但当我们要拆除试验装置时，她们不干了，骂我们没良心，过河拆桥。我们一再向她们解释试验装置不完善，不安全也不听。直到队长出面才拆除。生产性试验成功后，我和倪衡生研制成功了工频电感应加热收球装置。 通过鉴定后正式投入生产使用。从 1982 年投产一直到 2000 年被刘春江研制的新产品取代，为油田服务了整 18 年。接着，倪衡生又和我一起研制成功井口自动投球器，均获长庆石油勘探局单体非标设备科研成果奖。其论文也发表在《油气田地面工程》杂志上。

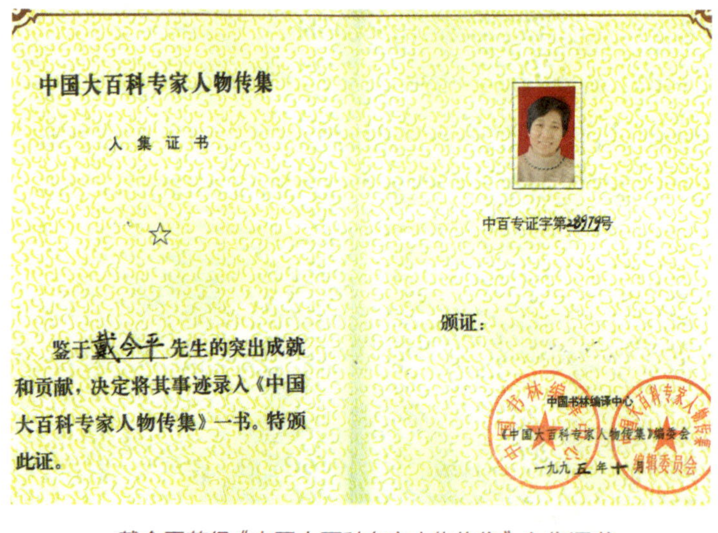
中国大百科专家人物传集

入集证书

☆

鉴于戴今平先生的突出成就和贡献，决定将其事迹录入《中国大百科专家人物传集》一书。特颁此证。

中百专证字第[illegible]号

颁证：

中国书林编译中心
《中国大百科专家人物传集》编委会
一九九五年十月

戴今平获得《中国大百科专家人物传集》入集证书

在设计院，科研设计人员对节能降耗，挖潜改造，技术更新的探索从未停止。张庆芳的轻烃回收装置；李慧接替李士富的大罐轻烃回收；冯凯生的三甘醇脱水装置国产化；张廷秀主持的集中注水橇；仪表专业研制的 ZKG-1组合仪表控制柜等，在后来安塞油田的开发中都得以广泛应用，取得了很好的效果！

1982 年，民选院长李士富，书记夏银田主持设计院工作。勘探局只承担设计人员的基本工资，其他费用一律自筹。单靠长庆油田产建设计根本无法养活设计院。很多人又分别调离长庆油田到中原、任丘和胜利油田。为了摆脱困境，李士富亲自带队外出揽活。上河南，跑山东。河南濮阳他的校友给了一个原油稳定及轻烃回收的项目。由何宗平担任项目长，王志丰和我参与。设计完成后，现场施工和投产我们整整配合两月之久，直到顺利投产。后来，在山东也承接到一个类似项目。有的地方项目付不起钱，就用农产品抵。像河南的花生油，山东的对虾就吃了好几年，另外，还有敦煌 2×6300 千瓦 / 小时热电厂、热交换站；新疆独山子锅炉房改造；辽河油田产建等等。大小项目都不放过。不管什么行业，也不管什么专业，只要有就干！没干过？总有第一次。马岭炼厂 7 万吨 / 年提升管式催化裂化，咸阳助剂厂同轴式催化裂化都属当时先进技术，都没干过，都同样能干出来，并且一次投产成功！不会干？学！孟兴业还承担过庆阳毛纺织厂工程；何炳忠和我承担过九连山水泥厂转窑炉电气—控制系统设计……

那时，出去找活根本不要什么手段，就是凭执着，凭诚信。打打“亲情牌”，“校友牌”。比如，院里听说中原油田有一个投放中子源机器人厂房的设计工程。中原油田设计院那个女院长是清华毕业的。而消息是长庆设计院调到中原油田设计院任生产办主任的清华校友游西庆透露给李士富的。院里就派同是清华毕业的徐明璋带何茂林和我前去争取。谁知道这位女院长不吃这一套。只给一个小幼儿园的设计项目，还要求我们的人到她那儿去设计。徐明璋婉拒后她竟然说：“要着吃还想吃热的？”不久，徐明璋就调回吉林油田了！就这样，设计院不但解决了员工的奖金，福利，还盖起了 4 栋住宅。因无房居住而托管在外的子女也陆续接了回来。

李士富调任长庆勘探局副总，夏银田调任长庆油田油开处任处长后，由王培成院长，郭克寿书记主持设计院的工作。他们继续前任的策略，广开门路。鼓励设计人员在技术上精益求精，大胆创新。出了问题他们担着，有了成绩大力表彰，极大地调动了设计人员的积极性。另外，他们着手改变人员的工作条件和生活条件。主持修建了三层的设计楼、二层的档案楼、办公楼和职工食堂（兼会议厅），将“雨天水泥路，晴天洋（扬）灰路”的主干道修成了水泥路，彻底改变了设计院的环境！到荆永福院长接任，设计院已经不需要四处化缘了。他就紧跟国内设计行业形势，强力推行计算机绘图，彻底取代了描图员的工作，大大提高了工作效率和图纸质量。在设计中大力推广计算机设计；设计过程中，推行全面质量管理；信息管理上推行规范化、标准化。形成了设计院自己的设计管理体系。使我们在油气田开发及招投标工作中稳操胜券。

设计院能在困境中崛起，除了广大设计人员的埋头苦干，技术上精益求精，永不言败，厚积薄发，坚持坚守外，不能不佩服历任领导的远见卓识。在困境中坚持吸揽人才，挽留人才，磨炼人才，鼓励设计人员积极进行知识积累，技术创新，终于使长庆油田设计院在油田发展中大展宏图。

这是她的工作

记原长庆设计院退休职工陈一珍

原长庆勘察设计研究院　电仪室副主任　戴今平

1976年，马岭油田要建成30万吨/年产能建设工程，建设一座加工规模为30万吨/年常压、15万吨/年减压和7万吨/年的炼油厂和注水装置。上级决定在这三项工程所在地成立三个现场设计项目组，分别由副院长苏全华、总工程师黄剑谦等带队在埠城、董家滩和贺旗三处新搭建的木板房内驻扎开展现场设计。三处地点相距约有100千米。

搞设计，除了图板、计算尺等工具外，规程、规范、设计手册、产品样本是最基本的，必不可少的硬件。本来，地处深山沟的设计院资料数量就很有限，一下子要分成4处办公，涉及的专业很多，周转困难。当时的设计院只有一间约20平方米的资料室，只有陈一珍一个资料员。当时，所有规程、规范，设计手册、产品样本由国家统一管理，只有1-8机部的出版社有资格编辑出版。每年年底这些机构将资料目录邮寄到相关需要部门征订，再通过邮局发行。陈一珍每年年底就拿着征订单一个办公室一个办公室征求意见汇总，报批后再送到距设计院10千米外的庆城邮局订购、交款。资料到达后通知她，她就用一辆拉拉车，叫上两个同事拉回来。为了提高周转效率，她要求每个设计人员借阅不能超过3本，时间不能超过3个月。时间一到，她就到一个一个办公室催着归还。当然，也免不了产生矛盾和纠纷，她都能平平和和地解决。

现在，设计人员分成四摊，而且那三个现场设计点的人还不在院内，怎么保证资料的供给呢？当时，设计院除了拉煤拉菜拉水的两辆大卡车外，没有小车，也没有电话可以联系。但是办法总比困难多，石油人没有条件创造条件也要上，她灵机一动，想出了“背篓下乡“的办法。坐石油交通车，把设计人员需要的资料用背篓送下去！每周，她用背篓装上这三个点设计人员所要的资料自己去送。从设计院出发到五里坡石油车站有将近3千米，背着高过头顶，重达100多斤的背篓上路，其难度可想而知，第一站埠城，第二站董家滩，第三站贺旗。她身高不足 1.5 米，背篓比她头都高，就这样送、送。从最后一站贺旗回到家，天都已经黑了。她家里还有两个不谙事的几岁男孩正等着吃饭呢，就这样一直坚持到三个现场设计组完成任务回到院里，她的这项使命才告完成，时间长达七个多月。

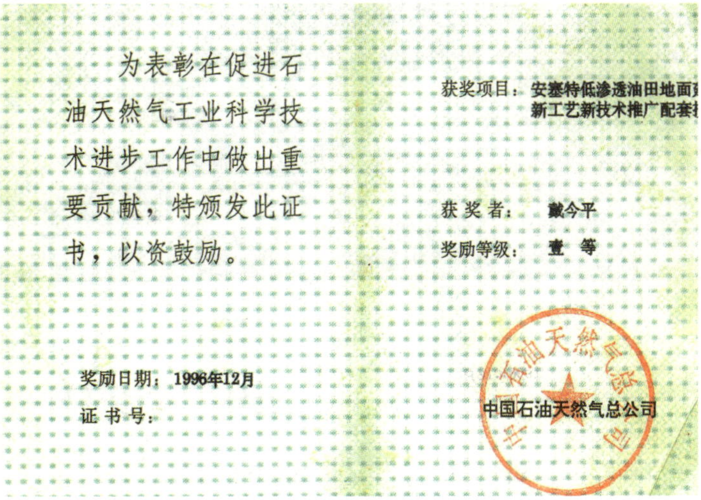
为表彰在促进石油天然气工业科学技术进步工作中做出重要贡献，特颁发此证书，以资鼓励。

奖励日期：1996年12月

证书号：

获奖项目：安塞特低渗透油田地面
新工艺新技术推广配套

获奖者：戴今平

奖励等级：壹等

中国石油天然气总公司

戴今平荣获中国石油天然气总公司科技进步重要贡献奖

我当时在董家滩的设计组。每当她来到时，设计人员马上就围上去寻找自己需要的资料。再把用过的资料还回去好给别人用。等把这些事情处理完，基本上就到了吃午饭的时间了。当时粮食、油、肉都定量，男每月 31 斤粮，半斤油，女每月 27 斤粮，而且 40% ~ 60% 是粗粮。现场设计组的人员只能在当地的石油职工食堂就餐，而食堂又不做粗粮，本身就不够吃。所以，她忙完就立马背起背篓走人，怎么留也留不住。她说她带着干粮和水。每次我、曹淑华和赵世彩都是怀着无奈和愧疚的心情目送她吃力地跨上石油通勤车奔向贺旗设计点。谁也无法统计，她累计走了多少路，背了多重的东西！

年终总结评比了。三个现场设计组的设计人员集体为她请功，要求将她评为一九七六年度先进个人。在院领导办公会议上，她那个担任生产副院长的丈夫王昌敏却淡淡地说："这是她的工作。把名额让给一线的科研设计人员吧！就这么定！"

她依然笑嘻嘻地从事着她的本职工作，没有怨言，没有懈怠，一直到退休。

这就是长庆石油人的担当！长庆石油人的情怀！长庆石油人的奉献！正是因为有一代一代长庆石油人的无私奉献，才有了长庆油田今日的腾飞！明日的辉煌！

如今，她已年过 80 岁，每当我看到她拄着拐杖，蹒跚行走在小区步道上的身影，脑子里总是浮现出她背着背篓吃力地爬通勤车的背影！

勇于担当　攻坚啃硬

原长庆勘察设计研究院　副总建筑师　任兴文

当年的生活环境

40 年来我们的生活环境发生了翻天覆地的变化。

1982 年，我毕业以后到设计院工作，那时基地里面的排水设施不好，全是泥土路，如果刚下完雨，穿着布鞋，走在泥土上，会一不小心陷进去，找不着鞋子。

住房有几种情况：有最原始的土坯房、有混凝土红砖墙房、当时设计院住宅最高档为一梯一户，有两三栋，每户 40 多平方米，再有两三层办公楼、勘察室和设计绘图楼，这几栋建筑至今还在。

生活状况：有一个食堂，早期家里没厨房。一家有一间住房，人口多一点的可能有一间半房间，内有火炕，火炉和火炕连起来火炉做饭，大部分人在食堂吃。有一个公共澡堂，隔天男女分开洗澡，吃的水只有一个水房，水是从外面拉回来烧开后，大家用水票打水，一天开放三次。那个年代的设计院只有一个厕所，还是旱厕。不管是办公楼里的人还是家里的人都共用一个旱厕，20 世纪 80 年代中后期家里才逐渐有厕所。

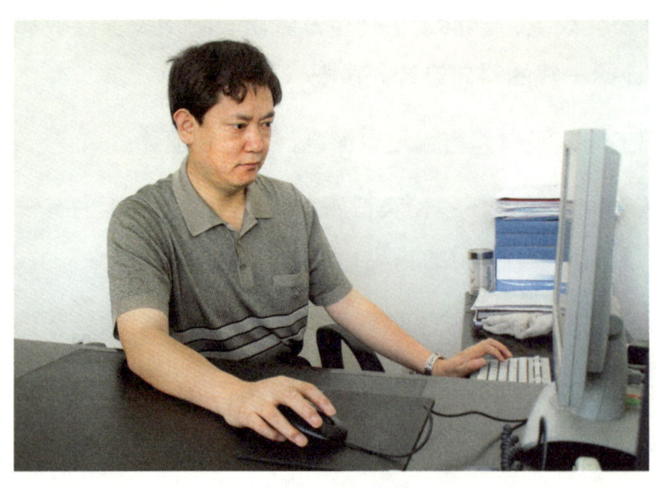
任兴文工作照

20 世纪 80 年代中后期设计院有个菜篮子工程有效地解决了大家的买菜问，单位把菜拉回来装好，下班后每人提一份回家做饭。

1985 年设计院维修混凝土路面。20 世纪 80 年代开始建多层建筑楼，一间 50 多平方米，并设计了卫生间，当时人的观念把卫生间当库房用。

一个单位就是一个小社会，

配套建设有卫生所、食堂、幼儿园。

从长庆油田的发展指导思想，先生产后生活，生活很简单，发扬的是军队的作风。

20 世纪 90 年代以后开始集体建设，1994 年后进城大规模建设，设施配套、路况非常差，主要的交通工具大卡车，庆阳到西安要用一天时间，庆阳到兰州需要两天时间。出差住所需要单位开证明，吃饭要带粮票。通信情况非常紧张，当地邮局排队给家打电话，还有就是发电报中间需要两天时间。整个长庆油田对外长途电话号码只有 10 个，非常不容易。

挑战性工程使我们的工作能力及技术水平快速提升

在我刚参加工作那个阶段设计院的人才非常多，有一批老的工程师，就是 20 世纪五六十年代毕业的大学生，即当时所说的“108”将，这是当时设计院的绝对主力，再就是工农兵学院毕业的学生，还有长庆桥学校培训的专业人才，我们当时是被评论的对象，就是恢复高考后的新的大学生，1982 年第一届毕业的大学生，来到设计院很受欢迎，大家对他们给予很大的期待和帮助。在那个年代，我们这一批基本上在初高中没有怎么好好地学习，每天基本大多时间都在劳动。由于高中基本没有学什么东西，工作起来非常费劲。记得当时工作第一件事就是帮别人画几张图，就是画一个项目里面的一部分图，画完后交校审发现后，发现存在很多问题，包括图纸和计算书，当时我们很受打击，学了四年出现了那么多的差错，所以发奋要不断学习。那时候资料比较缺，消息也比较闭塞，主要靠设计院的一个图书室，里边有一些专业书籍，我们一方面主要是靠借图书室的专业书籍来看，另一方面找一些专业的图纸和手册来看，仔细地阅读分析他人的图纸。将与设计构造相关的上下两册厚厚的专业书籍反复地看、研究，再和工作结合就比较熟悉了。

1985 年设计院改制，从原来的事业单位转变成事业单位企业化管理，承担了一些工程，比如青海油田、中原油田的一些项目。在青海油田敦煌热电厂有个大项目——两台 35 吨锅炉及两台 6000 千伏发电机主厂房的设计。当时对土建专业来说是建院以来最大的项目，难度也是最大的。当时没有人敢承担这项工作，领导就找我来干这项工作。对于 1985 年参加工作的我来说，虽参加工作时间不长，但胆子大，既然领导来找我就敢接，也没管有那么多的后果，就接下来了。但是干的时候非常困难，那时初设部分还比较简单，没有现在这么深。那时候的初设都是概念性的、方案性的，很快就完成了。但到制作施工图时，难度是非常大的。为这个项目费了不少精力和时间，由于当时各种资料非常短缺，为这，我们出去购买了六七十本各种标准、图集一类的书籍，并认认真真把它们从前至后整个都阅读翻看了一遍。把当时流行的建筑及构造都基本了解了一遍。看完以后，在工程应用的时候再进一步细化，如果有不懂的，再去翻阅书籍。那时建筑和结构是不分家的，一个人把建筑和结构全部承担下来，时间和精力有限，如果不能按时完成再给你配几个人，但给你配的人员由你来负责，把方案确定下来，怎么画怎么做安排，他只负责画图，别的不做。所以每个专业有每个项目负责人，画完拿走，那时候的画图就是这种情况。白天我就没有时间去画自己的图，一天就是和各个专业内部的人沟通协调，到晚上才是自己的时间，才开始画自己的图。当时各个专业整理起来的流动文件再次整理后，有些相互冲突时还要再次和专业人员联系协商，调整挪动避免冲突。整理出来管沟流动文件、管件图纸有四五张大图，把它整理协调好了以后，再交给有关的专业人员来画这个图纸。这中间的这个工作就由我来做，一个专业负责一个，和其他专业打交道就是一个人来做。

任兴文（左二）现场踏勘

这个项目，主厂房这部分画了 60 多张一号图，这中间不是我一人画完的，是由好几个人来共同完成。完成后出成白图交去校审，当时校审室没有发现啥问题，我自己内心就不踏实，不敢交出去描图。由于当时工期不是很紧自己就把图纸压下来，不往外交，其他什么事情都不理，把各个项目的图纸拿来自己又整整看了一个星期，其中发现了不少问题，又修改完善以后才交去描图存档，这个项目就完成了。

这个项目对于我来说是参加工作以后最大的项目，一个最有挑战性的工程。经过这个工程我的设计水平有了一个突破性的提高，这个项目完成以后，对于今后我的工作有很大的帮助。通过这个工程项目，我感觉其他的项目都没有什么难度了，都能干。

最后的一个体会就是，对于设计人员来说，你设计的产品质量还是要设计人员自己来把控。虽然工期可能推后两天，也要把好质量关。这个项目最后施工的时候，以及交接审图时都没有发现什么问题。当时在土建施工的时候我在现场待了一个月的时间，土建上没有出现一个问题。得到了甲方的高度评价，对于青海油田的建设有着很大的贡献。

在这个工程以前他们设计的项目出现很大问题，浪费很大，我们做的这个项目给他们节省了不少时间和资金。对这个项目，当时我们的设计手段非常的落后，时间长，计算部分靠手算，人工绘图。

技术水平提升是大量工程经验的不断积累

大家一起讨论技术问题的良好气氛是大家共同提高的良策

经常参加讨论的人一段时间以后水平就比别人强，提高快，这就是见多识广，参加的多了遇到的问题多了，知道的多了，解决问题的能力就会显著提升。很多人有问题来找我，不会不懂的找资料分析问题，把这个问题解决了，久而久之解决的问题多了，大家的水平自然而然便提高了。

多干一些没有干过的项目是积累经验的好办法

不同企业管理方法和考核办法不一样，总是会出现一些项目难干且吃力不讨好。我有一段时间就是干这些项目，没有资料，自己琢磨分析思考慢慢地找到办法设计出来，这种花费代价不是一般项目能相比的。考核是按你的图纸工作量，我是部门考核结果最差的那一批。这种项目干的多了什么样的问题来了都能对付。提醒大家现在技术水平高了，手段先进，但有些问题以前没有干过，遇到这些问题不要计较一时的得失，眼光放远点。

设计人对校审人提出的问题多少，一定程度上决定着技术水平的提升

不同的人有不同的结果。第一种人是校审提出问题后，他完全认同、照搬照改，完全不动脑子；第二种人是校审人员提出问题后，他不认同，但也提不出充足理由说服校审人员，也不修改；第三种人是校审人员提出问题后，能充分查找资料，与校审人员讨论，形成新的论点。这三种情况在我的工作中遇到过，通过实践可以证明的是：第一种人可以说水平也就那样，不动脑子水平也不可能提高。第二种人的能力有可能提高但也有限，因为他们不接受别人意见，光靠自己的己见，提高有限。第三种人的水平会不断提高。当时我们土建室的陈宏斌，我是他的师父，有时我对他图纸校审提出比较多的问题，他不同意，便不断查找资料讨论形成新的观点，通过一段时间他在土建室技术水平非常突出。讲这个故事，我是希望大家以后工作中吸取经验教训，校审人员的意见也要认真听取，不能我有经验就必须按我的意见执行，也要尊重设计人意见，讨论商量着来，最后拿出合理的办法。

讲了这么多，可能也有不对的地方，一些自己亲身经历、感受。大家听了后对以前的生活环境、观点、思想会有一些体会，当时水平确实不高，和现在没法比，这是历史，已经过去了。那么现在应该是一个新的时代，一个奋斗的时代，希望大家能够努力奋斗为长庆油田发展书写新的篇章、新的历史。

从纸质存档到电子存档

长庆工程设计有限公司　技术服务中心　杨廖蓉

我在档案底图岗工作了 17 个年头，亲眼见证了底图从纸质化到数字化的全过程。为了更加高效地管理底图档案资料，部门组织人员对历史底图进行扫描，并存为电子档案。这是完成底图纸质化到数字化的重要环节，这种档案管理过程的深刻变化也反映了社会发展的进程。

我现在的工作是扫描图纸进行上传挂接工作，在工作中看到部分老图已模糊不清，我思绪万千，想起老一辈设计人员绘制图纸时的艰难，也想到纸质图纸存档时期各环节工作的烦琐，真正意识到实施档案数字化的重要性。

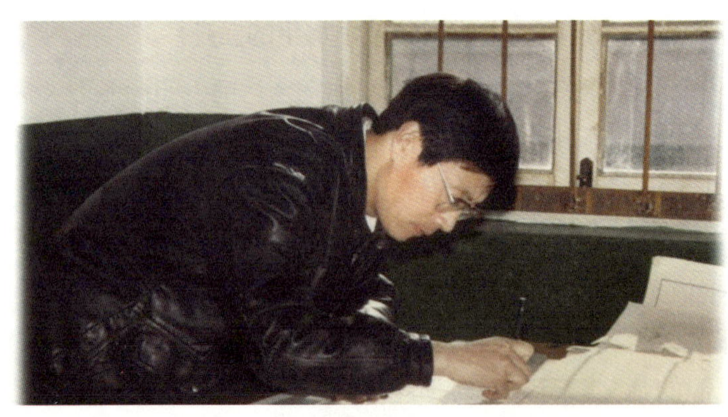

图板制图

从上班开始，我就听老档案人员讲以前是如何画图的。1968 年，刚开始大家经验少，便以部分参考图纸当模板，在图纸上进行修改设计。等有了一定的实践经验积累，设计人员便开始自己设计图纸。手工绘图非常考验设计人员的制图能力，还需要投入大量的时间和精力。在画 0# 图纸时，绘图人员要站着绕着固定在制图桌的白图上画，用铅笔、三角板、丁字尺、量角器、比例尺、圆规分规等工具将图纸手绘出来，然后描图人员用鸭嘴笔、针管笔等工具把图纸内容从白图描到透明硫酸纸上。如果出现差错，就需要用刀片把描错的地方小心地刮掉，再重新描准确。描图用的是芬兰进口的透明纸，很薄，稍不小心就会把图纸刮破了。而一旦刮破，整个图纸就废了，对出图速度造成很大的影响。那时候，进口纸价格很贵。所以，每名描图员都小心翼翼地描图，就怕出现错误，浪费纸张不说，返工造成时间延误，可能会造成图纸未及时存档。所以对于这些珍贵的图纸，负责底图的梅如珍老师傅十分认真。梅师傅是从设计部门到底图岗的，她懂设计，从图纸交付到档案部门的那一刻，她会结合编制规程仔细检查，并将发现的问题及时反馈给设计人员。1998 年以前，设计院还在庆阳时，底图库房设在一楼，每当雨季来临、降水较多的时候，档案人员怕库房被淹损坏宝贵的设计图纸，每天都要查看库房周边的水情，晚上还要定时巡查。

随着科技的发展，信息技术的广泛应用，1994 年前后，设计院逐渐进入了计算机制图时代。存纸质底图时期，设计人员要将图纸打印出来拿到存档部门存档，档案管理人员要熟悉尺寸，熟记规范，对图纸的大小、线条的粗细、人员签名等都要进行认真核对，对总目、总分目、分目、目工程名称，记忆图纸张数、文件号等一一核对。一项工程存档完毕，底图人员再次核对，配齐复用图纸将成套透明硫酸底图拿到楼下晒制蓝图，蓝图晒完再将底图取回进行清点、核对，对损坏图纸进行技术修复，包边入库。为了防止图纸损坏，还需要用缝纫机扎边。随着图纸处理方式和设备不断的进步，采取了更为先进的卷边机和带胶的胶纸给底图扎边。但是，由于保存时间长胶质会溢出，在晒图时，会对晒图机造成一定的影响，并损坏图纸。后来，又改成热熔塑料薄膜包边进行图纸处理。

准备电脑绘图的设计师杨开玖

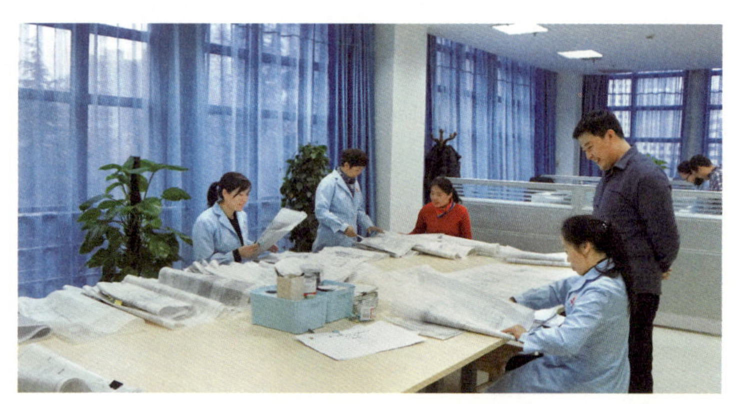

纸质底图收存典型场景

档案利用增晒时，需要在底图库房在二十几不同专业档案区域里根据需要分别提取，按照总分目、目录的顺序配齐，然后返还时再分门别类放回原区域，费时费力。2010 年，开始大力发展信息数字化存档系统，为了满足信息时代要求，对所有纸质图纸进行扫描存入共享服务器。

现在公司采用纬衡系统，设计人员只需提供二维码信息单，存档人员通过纬衡系统收存电子底图，实现了图纸电子归档、数字出图，设计人员再不用拿着纸质图纸存档，档案人员也省去了底图整理入库的烦琐程序，也解决了库房容量不足的问题。图纸档案资料网上查阅，有力提高了图纸利用效率。

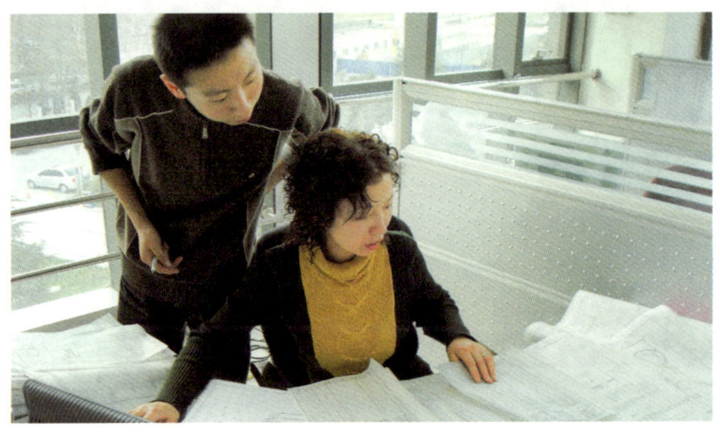

杨廖蓉在查看存档的底图资料

从事图纸存档工作，我感受到了科技进步对图纸存档工作的巨大促进作用。从手工绘图、人工描图、纸质存档，到计算机制图、打印底图扫描电子化存档，再到全信息系统电子存档，图纸存档技术实现了质的飞跃，存档人员的劳动强度也比以前降低了许多。在以后的工作中，或许随着 AI 技术的进步与运用，图纸存档技术还将迎来巨变，设计存档与档案管理工作也会变得更加高效、更有价值，我翘首以盼。

仪表专业的往事

原长庆勘察设计研究院　电仪室副主任　戴今平

我们专业全称“工业过程检测与控制”，人们习惯简称为“仪表专业”。

1975 年以前，长庆设计院只是一个几十人的设计室。下辖规划、油气、土建和机电四个专业组。根本没有仪表专业，好像也不是很需要。实在需要时，就从油建借调过来仪表专业的侯哲雄，工程干完就回到油建。1982 年侯哲雄才正式调来。

当时，产能很少，地面建设工程并未完全定型。关键是用于地面建设的投资少得可怜。大部分工程只采用弹簧管压力表、水银温度计、机械式液位计等来测量几个最基本的参数，无法要求什么精度，过程控制就更谈不上了。

1975 年底，从新疆调来了 40 多个“臭老九”。有在油田和工厂从事检测和控制的“仪表工”：1965 毕业于承德石油学院的克拉玛依热电厂的唐梦琳、1957 年毕业于北京石油学院地质系在克拉玛依从事井下仪器仪表应用维修的茅念曾、1956 年北京师范大学数学系在独山子石油学校数学老师尹韻钿和 1968 年毕业于华中科技大学无线电系自动控制专业的独山子炼油厂的戴今平。充实到当时已有电气、机械、热工三个专业的机电组，成为第 4 个专业，由唐梦琳负责。机电组组长是 8 级电工权有庚。

机构有了，就应该尽其责，忠其事！我们开始对油田的现状进行调研和分析，完善和改造。由于长庆油田油气产量长期低迷徘

优秀科技工作者证书

戴今平同志在油田科技工作中，成绩显著，荣获长庆石油勘探局优秀科技工作者称号。特发此证书。

长庆石油勘探局

一九八四年十月

戴今平获得的长庆石油勘探局颁发的优秀科技工作者证书

徊，很多人又陆续成批地调往胜利、中原、江汉和吉林油田。设计院也曾有过要外出“化缘”才能养活自己的经历，人心浮动。想走的走了，要走的走了，能走的走了。老的走了，新来的也走了。但是只要还有人在，我们的探索就一直没有停止。酸甜苦辣 15 年，终于研制成功了具有长庆特色完全符合长庆油田工艺流程需要的、集计量站双容积计量控制、工频无芯感应加热收球装置控制、接转站分离缓冲罐液位控制和站场可燃气体浓度检测控制为一体的 ZKG-1 组合仪表控制柜，1989 年在安塞油田集中处理站获得广泛应用。该系统从传感器到二次仪表都经历了多次改造 、优选到最后定型。有过自制失败的经历、自己设计外委加工失败的经历，最后走我们负责设计并包销让利、合作方出资研制的路子终于获得成功。我们的计量精度经油田计量站标定达到 2.5 级。该项目也获得省部级各种奖项和制造许可。随着长庆油气田产量的步步攀升，我们又成功地引进了长庆气田第一套控制系统。马岭炼油厂、咸阳助剂厂催化裂化装置的控制系统也都获得一次成功。至此，仪表专业才算是走出了“可有可无”“聋子的耳朵——摆设”的屈辱境地！

然而，技术的进步并不意味着一劳永逸，“背锅”受屈的事还在后头。

大约是 1985 年的一天，时任生产办主任的张贵义把我叫去。对我说：“华池计量站跑油了，局里在查。有人说是因为你们的仪表不指示。你去看看。有什么问题回来再说。不要随便表态。”我去了一看，确实跑了不少油。从站场地上铲上来的油用编织袋装着，一袋一袋一直从泵房排到了站场围墙外。我想，这得跑多长时间啊！进到值班室，仪表盘上所有设备都处于断电状态。三通排油阀和抽油泵则打在“手动”挡。我问他们班长：“为什么断电？”“泵和阀一直开着抽不下来，闪光灯不停地闪，蜂鸣器不停地叫，吵得人心烦，不断电怎么办？”“那你们说仪表不指示？”“我们从没说过这话。泵不上量嘛！”第一次“背锅”真相大白。

1989 年王窑集中处理站投产试运转，我在现场配合。分离缓冲罐第一次试水后，时任采油一厂生产副厂长的潘瑞祥对我说：“你们的仪表是聋子的耳朵。”我一听就要求他与我一起去看看。半途他被另一个人叫走了。我上到分离缓冲罐二层平台上，看到一个工人正在卸人孔螺丝，人孔处有梯子还没有拆。我就爬进去了。一看，浮球液位计的浮球全部镶嵌在接口套管内，我简直哭笑不得。正在这时，我听到潘瑞祥问：“刚才设计院那个女高工来了吗？”工人回答：“来了，怎么一下不见了？我没注意。”我在罐里大声喊：“我在这里。”潘瑞祥说：“你怎么跑罐里去了，马上就要试压了，你赶紧上来。”我说：“我不上来，你下来！”他只好也爬了下来。我把液位计的安装错误指给他看，他无言。立即将油建负责人也叫下来，限期进行整改，并且要求举一反三将已经安装的全部液位计检查整改。从而避免了更大的“背锅”事件发生！

1997 年 7 月 1 日长庆气田必须向西安输气，10 月 1 日必须向北京输气，这是一项不能打折扣的任务。当一切都准备就绪的关键时刻。六月的一天，靖边突降大雨，电闪雷鸣。靖边基地前的土路立即变成了滔滔黄河。靖边的雷好像是一种“滚地雷”，落下地后在地上滚，摧毁碰到的一切。它先把所有的灯打灭，再烧毁我们调度中心的线路板，再返回烧毁卫星通信系统调度室的线路板，切断靖边与庆阳总调的联系。一切陷于不可想象的混乱。总调一天几十个电话催促。大家分析是自控系统调度中心出的问题，因为通信系统已经运行了一年多，也经受过雷电损坏，但从来没有这么严重。我急得几乎要跳楼。先查三套系统的接地装置。测量结果证明电气、通信、仪表三个系统的接地装置都完好。其接地电阻分别为十欧姆、零点一欧姆和零点五欧姆，全部符合设计规范要求，没有问题！没有问题！问题有可能就在三套接地系统之间的距离不到十五米，可也满足当时的规范要求。怎么办？改的话，工程量大。主要是时间来不及！当时采气厂厂长李兴业当机立断，将通信系统和自控系统之间改为光信号联系，钱由采气厂解决。我们立刻加班加点架设光缆，两天内就恢复了正常。

立功证书

代今平同志：

在长庆气田勘探开发建设中，成绩显著，荣立三等功，特发此证。

中共长庆石油勘探局委员会
长庆石油勘探局
一九九七年十月

戴今平荣获长庆气田勘探开发建设三等功

还有更令人啼笑皆非的“背锅”呢。大约是 1983 年，李士富已经担任院长，侯哲雄为一室副主任，他们设计的大罐原油稳定和轻烃回收装置要进行生产性试验，他们自然是不能亲自参与了。因为我也参与了设计，所以这个任务就由我去完成了。我每天早上七点坐石油交通车到马岭集中处理站进行试验，八点准时开机到下午五点结束，整整三个多月，没有出过任何差错。上千个数据证明了工艺可靠，仪表系统运行灵活，保护作用可靠。突然有一天，科技处总工袁家端给我打电话：“小戴，你怎么把人家的大罐抽扁了？这是要上报石油工业部的呀！你赶快去看看吧。”我说：“这是绝对不可能的！我每天人到才开机，人走就关机锁门，钥匙只有我有！我有大量的数据和记录可查。”

我心急火燎地赶到站里，拿上所有记录去找到当时采油厂总工严思贵，向他汇报了一切，并让他看了所有记录。他说他没有听说，马上和我一起赶到现场。他叫来班长问：“哪个罐扁了？”班长带我们走到一个大约200立方米的小罐前，指着一条洼陷说：“就是它。”我一看，心里有底了，因为这个罐根本就不在试验范围内。严思贵说：“这个罐上次检修时就有洼陷。你们胡说八道，把人家小姑娘吓得够呛。”班长说：“我们没想这么多，她天天来，这么久了，占着我们的工具间，我们没处抽烟，没处休息，也不知她还要占多久？”严总就说：“行了，小戴，你回吧！我给你签字：试验成功！”

往事如烟，不胜枚举。仪表专业今日的翻身与发达，得益于工艺过程的科学可靠，得益于各个专业的配合默契，也得益于施工管理的日益严谨！ 更得益于油田的兴旺发达！

峥嵘岁月　以苦为乐

长庆工程设计有限公司　建筑设计部　唐琼

1992年夏，我们作为新生力量初到长庆油田。开始工作后，映入眼帘的就是图板。那个时候都是手工绘图，电脑是稀缺资源，只有特殊项目才能上机设计，年轻同志没有资格上机。公司有一个专门的房间放置电脑，由专人维护。印象最深的就是每一次进机房都得脱鞋，然后穿着拖鞋，带着防静电的帽子。每次上机对我们来说都是一次宝贵的机会，是莫大的荣幸。因为那个时候电脑贵呀，记得一台就得5万元左右，在那个时期这几乎就是天文数字，根本就不可能保证每人有一台电脑，每个室只有一台电脑。那个时候电脑速度慢，每次生成图的时候都要等好久，往往是在外面转了一圈了图还没有生成完。

唐琼工作照

那时主要还是手绘图纸，一笔一画地描出来，一个项目不是由一个人单独负责。而是同时分给好几个人一起干，一个人负责楼梯，一个人负责楼板，一个人负责地基处理，一个人负责留洞预埋件图……最后由项目负责人把所有的图拼起来，这才算完成了一个项目。手绘最麻烦的就是得提前对图面进行规划，下笔前就必须明确平面布图，在脑海里构建好整个布局，做到心中有数，这个时候才能提笔开画。无法像现在在CAD里随便布置，放在这不合适了就换个地方。那个时候框架结构很少，基本都是砖混结构，专门有一个人去算框架，而且大家都是手算，是按照平面去计算，无法采用立体的计算方式，因为计算量太大。

记忆最深刻的就是工作后做的第一个大项目，一个四层的中学教学楼。这个项目我从方案、计算、建筑结构都是自己一手完成的，我也担心自己表达不够清楚，还专门画了一个透视图。我的师傅是黄琨，他的要求非常高，拿着我的计算书一块板一块板地核对。黄师傅给人的感觉是无所不能的，他本身就是学材料的，又对结构理解得很深刻，我们都很崇拜他，在我们心里他就是土建室的定海神针，只要有他在，就没有解决不了的问题。

那时候图画得漂亮，写得一手好字是一件很重要的事情。图画完了还不算结束，还得拿到描图室里去找专人进行描图，他们平时会描各种各样的图，描得多了也会对比，往往还会私下讨论，比比谁画得好。要是图不漂亮，字写得不好，绘图员都不愿意描，等到闲聊的时候再一说，第二天就传的满院皆知。

繁忙的工作之外大家的生活也是丰富多彩的，各种体育赛事不定时举行，每年年终的晚会也是从不缺席。这归功于每个单位都是一个体系完整的大院子，最前面是办公区，中间是后勤类的辅助设施区，最后是家属区，麻雀虽小五脏俱全，甚至小银行，幼儿园都有。大家的邻里关系很和谐，大家基本就是吃完饭上班，上完班遛弯，干啥都在一个院子里，这也造就了简单的社会关系。单位的文化生活也比较多，有篮球比赛、排球比赛……甚至每周周末单位还会组织大家一起在大食堂跳交谊舞。土建室那时候排球和篮球都是优势项目，这归功于室里的几个“大个子”，而且大家也都喜欢运动。虽然大家收入不高，但幸福指数很高，人的欲望没那么高，一结婚单位就分配房子，孩子上学也就直接上单位的子弟学校，也没有很多的焦虑。

然而，电脑普及又好像是一瞬间的事。就是一年多的时间，电脑从一个稀缺物变成了人手一个的必备品。时间不久，咱们公司就开始了浩浩荡荡的“西迁”，开始回归“社会”。

那个时候我们又赶上了“大发展”，好多东西都是新的，那时候没有标准图，好多项目全部都是摸着石头过河。燕鸽湖基地就是在这样一个背景条件下咱们完成的一个标杆性的项目。2003 年，突破了一万立方米罐的地基处理壁垒，不管是工艺上，还是机械上都是新的突破。

2005 年我们又遇到了一个“大难题”：十万立方米罐的地基处理。“咸阳输油末站”

是“庆阳—咸阳输油管道工程”的终点站，也是长庆油田北油南调原油输出的主要出口；担负着为咸阳长庆石化分公司，新建的500万吨/年原油加工装置提供管输原油并进行储存和调节的重要作用，是整个输油系统的核心。该站新建的两具10万立方米原油储罐，是那时长庆油田储罐中容量最大的罐体。储罐内径81米、罐壁高22米、罐体重1970吨、充水重102000吨，罐底压力300千帕。储罐的地基处理（包括提高承载力、减小地基变形等）和建造直接影响着储罐的安全，也影响着整个工程的正常运行。但是我们从未做过这么大体量的地基处理，罐的沉降性的要求我们完全没法把握。之前做的地基处理都是按照一种形式去做，但是这次这个罐的场地又比较特殊，是河滩地，砂土和黄土是夹杂在一起的。地基处理的要求相对应的也比较高。针对这个未知问题，我们先是自己做方案，然后邀请了西安市权威的专家来会审，再通过在现场做试验。那时候专家们也没有做过这么大体量的项目，大家面对这个完全陌生的项目，只能是通过自己以往的经验，然后再通过现场试验，充分考虑了周围环境的客观因素，最终确定了综合性的处理方式。突破了在湿陷性黄土地区、液化砂土地区建造大型储罐的技术瓶颈，并对今后大型浮顶油罐建设有着示范和借鉴的作用，增加了长庆油田的储油能力和抗风险能力，培育了设计建造队伍。同时形成了一套先进实用的10万立方米以上大型储罐设计与建造技术，对长庆设计建造队伍参与国内战略储备库建设和社会市场竞争具有深远的影响。

奋笔绘初心　砥砺新征程

长庆工程设计有限公司　一级工程师　朱利捷

“画笔”绘基业

1995年，我刚毕业，与朱林、刘小婷一同分到长庆设计院工作，那时候土建室的主要工作也是根据每年的产能布局进行工业与民用建筑的设计工作，建筑和结构专业还没分开，大部分设计人员以施工图设计为主，建筑方案表现手段较为单调。

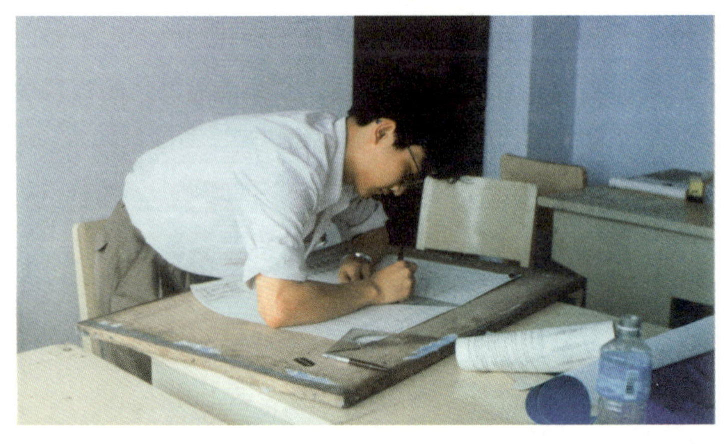

朱利捷工作照

我们三人毕业来到院里，土建室里的领导安排我们专心从事建筑设计工作。开始做方案的时候，建筑设计行业用计算机做效果图刚处于萌芽阶段，（3DS和Photoshop等软件约1998年后在建筑设计行业开始使用），所以效果图都是设计人员自己画，表现形式主要是水粉画、水彩画、钢笔手绘等。当时院里非常支持建筑方案设计工作，特地从西安购买了喷笔、针管笔、水彩水粉颜料、彩铅和马克笔等画建筑效果图所需要的一系列工具。一般规模较大的方案我们选择用水粉画的形式，但是在画水粉画时，最好一口气画到底，中间不能停下，一旦停下颜色干掉的话就看起来非常明显，再次配色时会有色差。当时办公楼里没有自来水，用水不方便，为了保证画作的质量效果，设计人员一般都是在下班回到家里开始画，连续画10多个小时一直到第二天早上画好，可以赶上早上八点半方案汇报。说起来通宵画图挺辛苦的，但是方案通过的成就感也是非常开心的，当时《河庄坪基地职工活动中心》《河庄坪基地地质工艺楼》《银川燕鸽湖基地第二幼儿园》等众多方案都是那个阶段画的。

除了在院里画图汇报方案外，出差进行现场设计也是常有的事。现场大都是在偏远的山头，交通不便，生活点也还没建设好，我们就带着画板画笔，开几个小时的山路到现场，拉着尺子测量，结合实际场地进行设计。吃、住、工作就在项目组的临时建设的平房里，洗漱、上厕所等虽然不方便，但项目组的同志都是非常热情的。建筑专业设计人员就是“有个支撑的桌子就能画图”，为了达到直观建筑效果，在现场我们一般用彩铅或马克笔绘制效果图，直到向建设单位汇报完方案才算结束。当时采气厂的建设工作如火如荼地进行着，建筑专业的三名设计人员，在任兴文的带领下，在靖边的员工宿舍里通宵为第一净化厂大门做了 3 个方案，第二天审方案时，获得采气厂领导的好评并当场敲定了设计方案，为施工图的设计争取了宝贵的时间。我在跑现场的过程中不但深化了对油气田前线工作的认识，也与各采油采气厂的同志们建立了深厚的情谊。

手绘效果图汇报方案的时间持续了几年，我们这批设计人员都在这个过程中锻炼了绘图基本功，培养了良好的设计表达素养，同时加深了对现场的认知，为后续工作打下了坚实基础。

“鼠标”绘新篇

随着计算机普及和绘图软件的成熟，电脑绘图成为主流，建筑专业设计人员的画笔也慢慢变成了鼠标。计算机辅助制图的优势是设计场地区域不再受局限，对于完成较大规模居住区设计更有利；但另一方面国家各项规范要求逐步完善，利用计算机辅助设计、模拟计算的要求越来越多，设计难度也逐步增大。“学习是没有止境的。”工作以来，我们时时刻刻都在学新知识，学习过程固然有痛苦，但“土建人不怕困难”，这是从黄琨、任兴文、胡银学等老师傅们身上学到的，也是这么多年工作我始终坚持的。

朱利捷工作照

2004 年，院里接到《泾河工业园桥北住宅区建设工程》的通知，这是长庆办公点搬到西安后，为适应油田快速发展，满足员工住宿需求，改善职工生活条件建设的大型生活基地，是“万套住宅建设工程”的重要组成部分，是继银川燕鸽湖基地之后规模最大、智能化水平最高的大型综合性生活基地。

一直以来，设计院的土建专业主要是根据每年的产能布局建设生活点，是地面工程的服务辅助。除燕鸽湖基地建设工程外，规模多为几十人最多千人，建设用地一两千平方米最多两三万平方米，建筑矮小、简单、零散，而此次桥北住宅区建设用地两千余亩，约一百四十万平方米，总户数约一万五千户，规模如此大，对我而言确实是个非常大且艰巨的挑战。

因为有燕鸽湖基地珠玉在前，设计前期我仔细研究学习了燕鸽湖的设计思路，又无数次找当时的专家、燕鸽湖项目的总负责人、我的师父黄琨请教，需要设计哪些功能来满足上万人的生活需求？多种功能在规划时如何合理周全地布置？大型居住区的内外部交通设计怎么处理？建筑造型与总图景观如何相协调？建设模式怎么考虑？投资成本还能怎么控制？等等全是问题。

在老师傅们的帮助下，项目完成并落地，整个基地设置了配套幼儿园、活动中心、超市、卫生所、治安室、供热工程和配电室、商业网点等，基本涵盖了所有公共建筑类型；整个项目一次规划、分期建设，集约利用配套资源，节约工程投资；交通系统“两轴线、八复环”高效安全、层次分明；景观设计人景结合，人车分流；这对于我个人、甚至整个土建室的成长都大有裨益。

笔耕不辍绘传承

“桥北住宅区”到“泾渭苑一、二、三期工程”从 2004 年持续到 2010 年，我逐渐从设计人变成审核人、审定人，这期间刘宏梅和王璐加入土建室，和结构设计的唐琼、郭明等设计人员一起完成了桥北住宅区、泾渭苑的土建设计；后来我也做了师傅，成为建筑专业负责人，但尊重设计、服务一线的初心从未变过，始终在设计中将老一辈土建人吃苦耐劳、严谨敬业、不言放弃、不怕困难的精神传承下去。

回想当年来院里的时候，产能建设 30 万吨，现在产能已经 6600 多万吨，工作任务重了，内容多了；规范要求多了，实际遇到的困难也各种各样；从开始一年不到十万平方米的建设规模，到最高峰一年 120 万平方米的建设规模，建筑专业始终以初心做设计，力求保质保量、按时按点完成。最近几年公司新能源业务发展如火如荼，保障点屋面光伏设计日趋完善，新材料新技术广泛应用，我们始终与长庆油田共进步共发展。

初心不改　匠心筑梦

长庆工程设计有限公司　机械工程设计部　张咪

光阴流转，初心不改，三十年精耕细作，三十载匠心筑梦。1994 年，张丽娟大学毕业来到原石油院参加工作，那时候的她风华正茂、意气风发，干事创业的梦想也从这里起航。得益于艰苦奋斗、拼搏进取的扎实作风以及“哪里需要我就往哪里去”的强烈责任心，短短几年时间，她就练就了一身硬本领，成长为公司技术专家，今天就讲讲机械设计部张丽娟的故事。

不惧挑战，迎难而上。2000 年，靖咸输油管道工程紧张启动，由于工艺专业设计人员吃紧，在部门领导的鼓励和支持下，作为机械设计人员的张丽娟独自担任起了耀县站工艺设计负责人。跨专业开展集输站场工艺设计并不是一件简单的事情，但这并没有让她退缩，她反复翻阅标准规范，查阅大量技术资料，遇到专业问题虚心求教，遇到推进阻力敢于突破，统筹组织、积极协调，凭借过硬的业务能力和专业技术，先后完成总图布局、竖向设计、流程优化、管网布置、设备选型、辅助配套等全部内容，拿下了在别人眼中不可能完成的任务，得到公司领导和同事的高度评价。

此后，张丽娟先后到立得公司、技术质量部和机械工程设计部从事管理工作，工作中的她踏实勤勉、精益求精，无论在哪个岗位都能将业务处理得井井有条，遇到生产小高峰，往往一项工作没有完成，第二项、第三项工作接踵而至，于是加班成了“家常便饭”，面对繁忙的工作和巨大的压力，她三十年如一日从不

张丽娟工作照

抱怨，但是不管怎样辛苦，经她手的工作从来没有耽误过。坚实的脚步背后常常伴着阵阵掌声，激励着部门一批又一批年轻人。

兢兢业业，良师益友。平日里，张丽娟性格开朗、亲切友善，是部门年轻人的知心大姐，可一进入工作状态，尤其是在进行压力容器设计和图纸校审的时候，她就会变成一个严肃认真不放过任何小细节的严苛师傅。她经常告诫大家，“压力容器关乎个人生命和国家财产安全，设计质量不容有半点马虎，留下设计隐患就是人为制造事故，对设计的不认真就是对生命的不尊重。”

张丽娟参会照

作为专业技术方面的前辈，无论多忙，她都会耐心细致地为年轻人答疑解惑，会和声细语地悉心相授，“这个设备材料选择还要考虑矿化度，这个容器主要用在天然气脱硫装置区，低温容器设计时需要注意这些细节，这个结构你可以参考原石油部的标准……”一边说一边还会不停地翻着各类标准规范和自己那早已泛黄的笔记本。对于同事们所提及的任何问题以及后续设计中即将会遇到的问题，她都会打包似的和盘托出、一一解答，让人豁然开朗、受益匪浅，是部门所有人的良师益友。

手握书卷、初心不改、勤学好思，匠心筑梦，张丽娟的身上生动体现了工程设计人不惧挑战的责任使命和兢兢业业的精神风采，三十年风雨兼程，她用自己的实际行动助力公司发展，与公司一同成长，她是我们所有年轻人学习的榜样。

那年十七岁

长庆工程设计有限公司　技术经济部　黄静

17 岁，花一样的年纪，懵懂的青春年少，这一年在为高考奋力拼搏着，也对未来充满了无限期许，怀揣着美好的梦想，以及藏在心底的小秘密，不知天高地厚、不食人间烟火和怎样都不为过的年纪。

17 岁时齐君家突遭变故，作为长女的她自然成了家里的“顶梁柱”，提前踏上了人生中的另一段旅途，携带着还未褪去的稚嫩脸庞，加入了长庆规划设计研究院科研室概算组（现为长庆工程设计有限公司技术经济部）。年轻的心总是天生有不服输的劲头，恰如她加入的这个刚成立六年的部门一样，尽管一切从零开始，却像初升的朝阳一样朝气蓬勃，迸发着青春该有的活力。年轻的齐君以及这个年轻的部门以时不待我的昂扬劲头和“初生牛犊不怕虎”的奋斗精神，疯狂汲取着各种跟石油、跟工程概算有关的专业知识，一点点积累，一步步成长，经历了概预算从手工计价到电子表格辅助计价再到造价软件计价的发展历程，见证了工程造价这个专业的蓬勃发展和沧桑巨变。

最初阶段的手工计价工具就只是纸和笔，工程量计算、工料机分析、设备主材价格计算和表格汇总需要手工完成，耗时耗力，但却为“安塞模式”的建成留下了载入史册的一笔；电脑办公软件的出现，打破了传统手工编制造价模式，实现了手工录入、数据自动计算和方便成果存储的电子表格

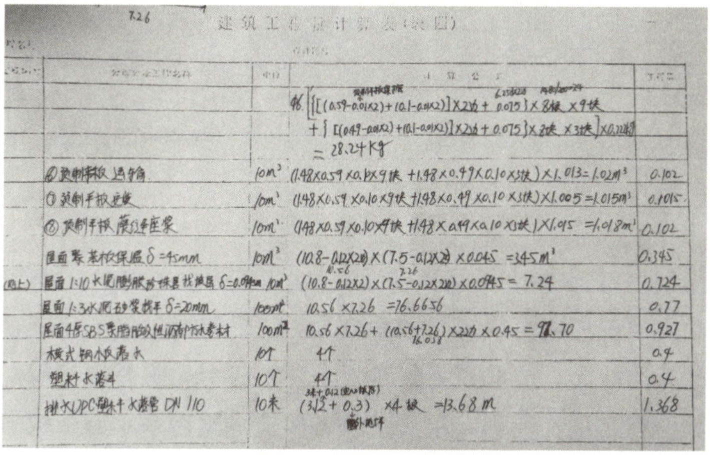

早期工程造价手工计价留存图

辅助计价，在油田工程前期投资估算中得到很好的应用，为油田的大规模建产贡献了造价力量；随着电脑的普及和软件工程的逐渐兴起，原有造价编制模式无法满足工程量繁杂的造价需求，于是齐君和她的同事们，立足生产需求，成立攻关小组，开发了适用于长庆油田地面建设的造价软件，满足了不同设计阶段的编制工作。一次次的挑战，激发着年轻的心以“海阔凭鱼跃，天高任鸟飞”的壮志豪情不断勇于变革和创新，一次次的突破，是“不忘初心、牢记使命”和“磨刀石上闹革命”的勇气担当和神圣职责。

齐君由一个中专生逐渐成长为了一名高级工程师，成为中国石油造价领域知名的专家，对于预算总能精确把控，也总是精打细算，细致全面地完成投资估算及经济评价编制工作,力争用数据说话,给造价数字赋予生命,严谨细致每一次的预算。齐君是部门的“活字典”，更是青年员工的“定心针”，参与集团公司重大项目审查上百项，上古天然气处理厂、苏东 39-61 储气库、榆 37 储气库、绥德处理厂、深度处理总厂这些复杂重点工程都留下了她浓墨重彩的一笔。正所谓“泰山不拒细壤，故能成其高；江海不择细流，故能就其深”。齐君常说“我们经济人的底气来自质量，质量的底气来自细致”，她以工作以来以零失误的工作成效向青年们传递着老一辈的石油人精神。这种精神，经历风雨却更加璀璨；这种精神，引领着我们振奋前行。

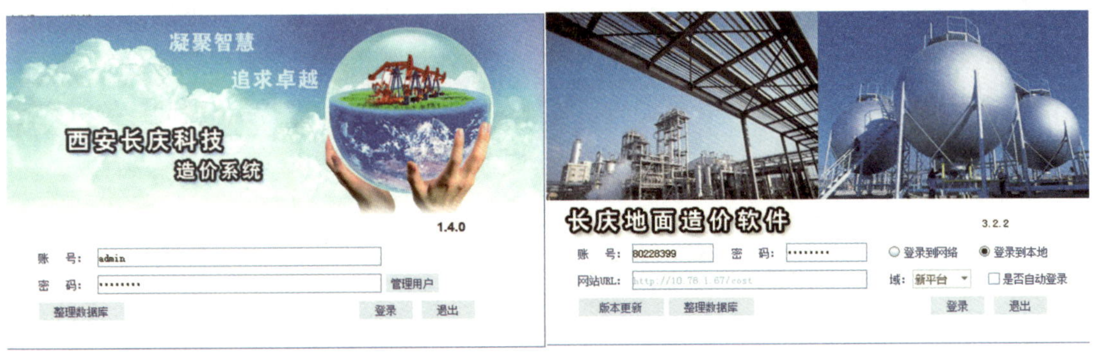

长庆油田工程造价软件

光阴荏苒，齐君一路走来，也到了即将退休的年纪，她经历了部门由 1988 年的技术经济室到 1998 年的经济研究所再到 2001 年的技术经济部的几次历史变革。作为部门发展历程的参与者，齐君注入了整个青春年华，见证着部门由最初的名不经传到逐渐地发展壮大。技术经济部连续十余年获得油田公司工程造价管理先进集体等荣誉，软件著作权 3 项，专利 3 项，荣获各类技术奖百余项，参编集团公司工程造价标准多项，为长庆油田地面建设工程投资精准管控作出了重要贡献。这一切成果的取得，离不开齐君的付出，离不开一代代造价人的付出。

1998 年即将搬迁到西安时，技术经济部成员在庆城公司办公楼前合影留念（第一排右二为年轻的齐君）

齐君用她38年的坚守和奉献，书写了属于技术经济部的辉煌历程，一批批的年轻“齐君们”，用造价人特有的初心和执着，谱写了属于长庆油田的造价模式，当然后来者们，也会一如既往，坚定不移地走下去，为基业长青的百年长庆发展奋斗不止。

攻克不同型号 GPS 联合作业难关

长庆工程设计有限公司　工程勘察部　党支部书记　李相庭

靖咸输油管道全长 460 多千米，是当时长庆油田有史以来里程最长、管径最大、投资最多的一条南北输油大动脉，其重要程度不言而喻。

2000 年 3 月初，部门启动了靖咸输油管道控制测量作业。该管道工程控制点数量多，跨度大，要求精度高，时间紧迫。面对这一巨大的工作量，部门把所拥有的两套 GPS 全部用在了控制测量上。

这两套 GPS 是：公司在 1999 年底引进的具备 RTK 功能的 Trimble 4700 GPS 接收机；公司在 1994 年引进的 WILD 200 GPS 接收机。这两种型号的接收机来自不同的国度和生产厂家，从生产年限上相差了近 10 年，在这一段时间里，GPS 接收机的天线类型、卫星跟踪技术、数据采样模式、数据处理等技术也发生了巨大的变化。

按照常规的作业模式，两种品牌型号的接收机分别组成两个作业组，单独采集数据，最后通过联测公共部分，组成整体控制网进行解算。按照这种作业模式计算，460 多千米的控制作业时间大约需要 26 天的时间。

李相庭工作照

能否将两种不同型号的 GPS 接收机进行联合作业？如果能够联合作业，将有着巨大的优势：两种 GPS 接收机采集的数据和信息共享，可实现同时段内两两接收机之间基线的解算；成倍缩短外业作业时间，成倍增加同步基线数量，提高控制网图形强度；方便作业，使仪器的野外调度不受限制，便于更加合理地组织和优化作业方案，为进行大范围、大面积控制网的建立提供有效的技术手段。

虽然有了想法，但实现起来谈何容易：Trimble 4700 是新引进的仪器，首次投入生产使用；两种仪器的说明书均为英文，摞起来有一尺高；国内同型号的仪器不多，类似可借鉴的经验甚少。要确定两种仪器的数据采样率、采样间隔、采样方式及其相关的卫星信号跟踪等参数；解决两种仪器的数据输出格式；确定数据文件中信息参数的含义和设置; 确定数据文件转换方法; 处理软件接收数据的格式和条件……一个问题解决不了，其他的都难以实现。

几名骨干人员查资料，咨询售后技术支持，给专家打电话咨询，翻阅说明书，研究资料，分析数据，尝试不同的方法，连续几个不眠之夜……

经过一系列的试验和研究，终于攻克难关，使得靖咸输油管道控制测量仅用了 12 个观测时段，外业作业时间由 26 天缩短到了 9 天，同时也增强了控制网的强度，提高了精度，为后续西气东输管道工程控制网测量积累了经验，也为其他不同型号的 GPS 接收机联合作业开辟了通道。

2003 年“Trimble 4700 与 WILD 200 GPS 联合静态作业技术”荣获中国石油专有技术。

从经纬仪到全站仪的历史性变革

长庆工程设计有限公司　工程勘察部　党支部书记　李江锁

今天，当测量人员在现场要完成一座场站地形或一条线路测量时，不论用全站仪还是用 GNSS，只要将棱镜或 GNSS 接收机天线置于所测点位置处，在仪器上按一下“测量”键，这个点的地理信息就被记录在仪器的储存卡里，测量一个点的时间也就 5 秒钟左右，简单快捷、精度高、用时少。

然而，在全站仪和 GNSS 之前，测量人所用的仪器就是经纬仪，经纬仪是测量人的职业性和权威性工具。经纬仪是英国人西森 1730 年发明的，经过几百年的发展，经纬仪在精度和结构上也不断改进提高，经纬仪按精度分为精密经纬仪和普通经纬仪，按读数设备分为光学经纬仪和游标经纬仪，按轴系构造分为复测经纬仪和方向经纬仪。

1994 年以前，我们在测量场站或线路时，用的测量设备就是经纬仪和五米长、刻画精度为一厘米的木制塔尺以及绘图板。完成一个场站测量，一个作业小组需要 5 名作业人员：观测员、司尺员、绘图员、记录员和计算员。作业时，观测员将观测点的水平角、立角、视距报给记录员，记录员记在观测记录表格里，由计算员用计算器算出所测点水平距离和高程，绘图员根据水平角及水平距离用半圆仪将所测点绘制在图板上。测量一个点用时最少一分钟，如果遇到植被遮挡或者测区高差过大，用时更长。

李江锁（右）在二机厂现场绘图

随着科技的发展，测量设备也在不断变化创新，一种全新的测量设备——电子经纬仪（即全站仪）应运而生，最初的全站仪是 20 世纪 80 年代初的组合式全站仪，到 20 世纪 90 年代初，已发展为整体式全站仪。目前数字智能型全站仪已与计算机联合，组成智能观测系统，实现全自动瞄准、观测、记录、存储和数据传输，被称为测量机器人。

1994 年初，勘察室（工程勘察部原称）引进了第一台徕卡 TC500 型全站仪。仪器到位后，技术人员怀着极大的热情立即熟悉仪器，对着说明书逐步操作，了解操作步骤，熟悉按键功能，力争尽快投入到工作中去。该仪器第一次应用于高压线测量，当前视立镜人员站立在距离一千米之外的另一座山头时，观测人员只要将仪器镜头照准棱镜，按下“测量”键，2 秒钟后，仪器到棱镜的水平距离等测量要素立即显示在仪器显示屏上，即使有植被遮挡视线，只要露出棱镜头就可以观测。而之前用经纬仪时，不能有丝毫遮挡，且距离大于一千米时就没法测量，只能通过多架设仪器次数往前测。如果两座山头距离大于一千米的话，那距离只能估读，根本谈不上测量精度。通过在线路测量中首次使用全站仪，大家感到全站仪给作业带来的高精度、高质量、高效率，第一次深深体会到“科技是第一生产力”的含义。

该仪器在最初应用时，虽然还是人工记录观测数据，但在外业工作方面，毕竟大大解放了生产力，提高了工作效率，随着仪器使用的推广，部门又组织人员对仪器功能进行开发，主要研究实现测量数据的传输，逐步实现了测量内业工作半自动化。

2006 年李江锁在吴延管道现场勘察

之后，勘察室陆续引进了徕卡系列、尼康系列、捷创力等知名品牌的高精尖全站仪，逐步实现了测量内外业的全自动化，彻底告别经纬仪时代。

每一次测量仪器设备更新、每一步技术的创新发展，对测量人来说，都是一次历史性的变革。

水源勘察设计的“一瞬间”

长庆工程设计有限公司 一级工程师 王治军

长庆油田属低渗、低压、低产“三低油田”，井井有油，井井不留，面对这样一个“采之无法，弃之无道”的油田现状，几代长庆人矢志不渝，奋发进取，攻克了一个又一个世界级技术难题，创造了一个又一个油田开发奇迹。2013 年实现油气当量 5000 万吨，全面建成“西部大庆”，成为中国石油工业一颗璀璨的明珠。

注水技术是“三低油田”开发关键技术之一，以水驱油，实现油井高产稳产。由此可见，水在长庆油田开发中之重要，油田开发离不开水。那么如何解决水的问题，也就是说找水的思路是什么？在哪里找水？如何供水？担子就落在水源勘察设计者们的肩上。

2010 年王治军（右一）在中贵兰成管道现场踏勘

在油田供水历史进程中，长庆设计院于 1996—1998 年有幸承担了油田水源勘察设计的重任。三年间，技术人员顶风冒雨、烈日寒冬、风餐露宿，跑遍了油田的梁峁沟坎、山川河流，了解掌握了油田区块目前及未来发展趋势，收集整理了油田区域范围内地下水资源勘探资料，调查摸底了全部在产、停产及报废水源井，详细掌握了油田供水现状，为后期水源勘察设计奠定了坚实的基础。之后，研究制定了“因地制宜，优化设计，降低投资，节约和保护水资源”的水源设计总方针，坚持贯彻了“总体规划，分步实施，建设集中水源”和“依托井站，力争直供”相结合的水源设计总思路，以建设集中水源地为主，尽可能地减少征地，节省建材，方便管理，灵活调控；以零散水源井为辅，对需水量小、分布零散、地下水资源复杂的区块采取就近打井，单井直供的方式，油水井同场或井站合一，既满足了供水需求，又解决了管理上的难题。先后建立了靖安油田张新庄水源地、周河水源地，华池油田柔远川水源地，南梁油田玉皇庙水源地，西峰油田米家川水源地，靖东油田张渠水源地等大型集中供水水源地，供水能力超过 3 万立方米 / 天，构建了供水系统骨架网络雏形，油田供水水源勘察设计模式基本形成，为此后供水水源勘察设计工作提供了理论基础和成功的供水典范，确保了长庆油田开发建设目标的实现。

三年的时间是短暂的，在历史的长河中可以说是无法记忆的“一瞬间”，然而，长庆设计院供水水源勘察设计的三年是不平凡的三年，它的影响是久远的，意义是深远的，我们应该永远记住它。它是长庆油田供水水源勘察设计的里程碑，由此奠定了水源勘察设计的思想理论基础；它是油田供水水源勘察设计的分水岭，由此走向水源勘察设计的专业化、规范化和系统化；它是油田开发建设的重要转折点，由此实现了真正的“油水同步、注水先行”油田开采目标。短暂的“一瞬间”为我们带来骄傲的微笑，因为它为油田发展作出了重要的贡献。

2011 年王治军（右一）在轮吐管道现场踏勘

长庆勘察发展的里程碑

西气东输管道工程勘察纪实

长庆工程设计有限公司　二级工程师　耿生明

在 2001 年 3 月初接到西气东输管道工程勘察测量招标文件邀请函后，公司领导高度重视，立即抽调精兵强将成立投标编制小组。该工程横穿我国东西，起始于新疆塔里木的轮南，终止于上海市西郊的白鹤镇，管道线路全长为 4000 多千米，管道沿途所经之地几乎涵盖了目前国内所有的复杂地质地貌，有戈壁滩地、滕格里沙漠和毛乌素沙漠、黄土高原山地、丘陵、盆地、平原、黄河和长江等大河，以及水系发达的江南水网区等多种地貌单元。由于时间紧迫，现场调研是不现实的，只能结合招标文件，通过互联网、图书馆等手段搜寻相关的区域地质、工程地质、水文地质、地震、水文、气象等资料，在短短的几天里，投标小组成员以宾馆为家，夜以继日地工作，综合分析各种因素，认真研究、论证，确定切合实际又经济可行的勘察方案。按时完成了公司领导决策的 10 个标段中的 7 个标段的投标技术文件的编制工作。

耿生明工作照

接到第五标段中标通知后，固然令人振奋，然而要干好这项世界级的工程绝非易事。西气东输第五标段全长 391 千米，沿线通过的大型河流、冲沟、水渠、铁路、古长城、等级公路等穿跨越勘察测量 32 处。由宁夏的甘塘镇至陕西的靖边县，地形地貌十分复杂，既有复杂多变的山前冲洪积扇及岩体极为破碎的中低山区，更多的是山丘和一望无际的大漠，处于腾格里和毛乌素两大沙漠的南部边缘地带及北部黄土边缘区，现场作业难度极大。

西气东输第五标段勘察测量项目部从 3 月 26 日开始进入现场进行踏勘、收集资料，至 5 月 13 日外业工作全部结束，仅用了 49 天。在此期间，在项目部的周密组织、安排下，全体作业人员紧紧依靠测绘高新技术，战春寒、斗沙暴，吃苦耐劳，忘我奉献，出色地完成了外业任务。完成的主要工作量有：东、西两段首级 GPS 控制 D 级网共 45 个点；线路勘察测量 392 千米；测绘复杂地段带状地形图及纵断面图 78 千米；地质测绘 4.4 千米；穿（跨）越河流、铁路、等级公路、古长城等勘察测量 31 处。

在作业过程中，参战人员一次次克服了难以想象的艰难困苦。刚刚开始线路勘测，天公不作美，和队员们较起劲来。4 月 8 日，忽然刮起了七八级大风，进入现场作业的人还没有醒过神，沙尘暴席卷而来，风声沙声呼呼作响，撕打着队员们单薄的身子，3 米之外什么也看不见；第二天，更是下起了大雪，气温骤然下降到零下 10 摄氏度，40 厘米厚的积雪，中断了现场作业，大家心急如焚，只好在招待所学习规范，整理内业。4 月 17 日，沙尘暴再次肆虐，黄沙漫天，队员们脖子、耳朵里都灌进了沙子，大家满嘴沙子，嘴唇裂起了干痂，被迫停工。近两个月时间，难得遇上一个好天气。然而，尽管天气恶劣，队员们早晨简单地吃一碗牛肉面，带上干粮和水，深入沙漠，一直干到晚上八点多才收工返回驻地吃饭，一个个还是硬撑着，没有怨天尤人，没有叫苦叫累。充分发扬了“攻坚啃硬、拼搏进取”的长庆精神，团结协作，紧密配合，优质高效地完成了任务，特别是大力弘扬了积极投身勘测工作，全力以赴保重点的主人翁精神；齐心协力，密切配合的团队精神；忘我工作，任劳任怨的无私奉献精神；攻坚啃硬，敢打恶仗的顽强拼搏精神；解放思想，求实创新的开拓进取精神。年近六旬的总工程师曹家泉，为了确保勘测质量，在爱人患心脏病做手术期间，把自己对妻子的爱深深地埋藏在心底，继续坚守在勘测现场，夜以继日、忘我工作，直至全部完工才返回西安，来到妻子的病床边；杜志伟同志患病期间，早晚输液，白天仍坚持在勘察现场；4 月 29 日正作业时，突然下起暴雨，李丰同志毅然脱下自己的衣服罩在仪器上，顶着狂风暴雨步行 5 千米回到配属车上……参战人员不仅提前出色地完成了外业勘测任务，而且为今后实行项目管理积累了丰富的经验，树立了长庆的良好形象，提高了公司的知名度和市场竞争力，同时，锻炼了队伍，增强了凝聚力和战斗力。

由于外业工作的顺利进行，于 5 月 10 日按照合同要求按期向业主提供了《中线成果表》等中间资料，并使内业工作从 5 月 14 日全面展开。虽然勘察测量的关键是野外数据资料录取，但最终产品和业主所需要的是勘察报告和图纸。如何将现场用汗水和泪水采集到的原始数据，用不到一个月的时间，对大量杂乱的数据，经过统计、分析，绘制在高水平的勘察成果中体现出来，是项目部面临的又一个困境。

非常任务需要非常措施。时间紧，任务重，为了高速度、高质量、高水平、高效益地圆满完成任务，向业主提交一份优秀的成果，给国家交一份满意的答卷，项目部在5月15日晚召开了全体工作人员大会，在肯定外业取得的成绩的基础上，对内业资料整理提出了更高、更严格的要求和标准，制定了详细的资料整理作业运行进度计划，明确提出勘察测量内业资料整理人员必须是野外现场作业人员的作业原则，具备在作业过程中发现问题能够及时解决的质量保证措施。全体参战人员现场返回后，没有得到一丝的喘息，又默默无闻地投入内业资料整理中，体现了以企业为家的主人翁精神和具有连续作战的忘我精神。项目部办公室彻夜灯火通明，每个人都超负荷工作却毫无怨言，单身职工以办公室为家，忘我工作；小孩尚小的职工，晚上和双休日加班时孩子没人带，就把孩子领到办公室，每天晚上加班到凌晨回家时，玩累了的孩子早已熟睡在办公室；深夜偶尔传来清脆的电话铃声，肯定是职工家属亲人关心的问候。

梅花香自苦寒来，功夫不负有心人。在项目部的严格把关下， 三十九份几十万字的岩土工程勘察报告在校审人员的审阅下，四易其稿；九百多张测量图表逐页校审五遍，精益求精，做到了一点不差，差一点不行的质量目标。体现了我公司在质量上的精品意识，名牌意识。6月15日前完成装订出版，准时送达业主，确保了国家重点工程的质量和工期要求。一分耕耘，一分收获，长庆的勘察测量资料，在专家评审中得到表扬和肯定，同时作为样本，供其他单位参考进行资料整改和完善。

“路漫漫其修远兮，吾将上下而求索。”长庆工程设计有限公司在二次创业中已迈出了坚实的一步，在国家大型管道建设项目中实现了勘察“零”的突破，突出的业绩赢得了好的声誉，为后续在市场博弈中奠定了坚实的基础，一定能够乘风破浪，勇往直前，再铸辉煌。

砥砺五十载　奋斗已半生

长庆工程设计有限公司　二级工程师　卢朝辉

历史，就像一台时光机，带我们穿越回到那个年代、那个场景，遇见熟悉的人，体验在那个年代的波澜起伏。“读史可以明智，读史可以知兴亡，读史可以知兴替。”长庆工程设计有限公司在半个世纪的发展中，经历的种种，都是一笔宝贵的财富，我们在见证着历史，也在创造着历史。接下来的故事，只是设计院发展过程中的一小部分，却反映了无数设计工作者的初心与奋斗。

筚路蓝缕启新篇

2006 年以前，设计院并没有总图专业，但是总图有关的工作一直在做。当时总图专业只有卢朝辉一个人，建筑、结构、总图的相关工作都有涉及。他在土建室多次担任勘探局和油田公司生产基地、生活基地的设计总项目负责人，圆满地完成了各项设计任务。

2006 年苏里格气田大开发，大规模站场数量激增，为提高站场设计效率，解决工艺流程复杂、地形复杂、站场规模扩大等情况，设计院计划成立总图专业。当时的卢朝辉正在 600 路公交车上，接到领导打来的电话，听到这个消息，他感觉压力倍增，毕竟要独立承担起一个专业的发展，他还不确定自己能否做好。看着窗外缓缓变化的景色，他陷入了深深的思考中……留给他思考的时间并不多，很快，他就接到了苏里格第三天然气处理厂的设计任务。“由于人手不够，为了补充总图专业的力量，工艺上的老师傅们都来

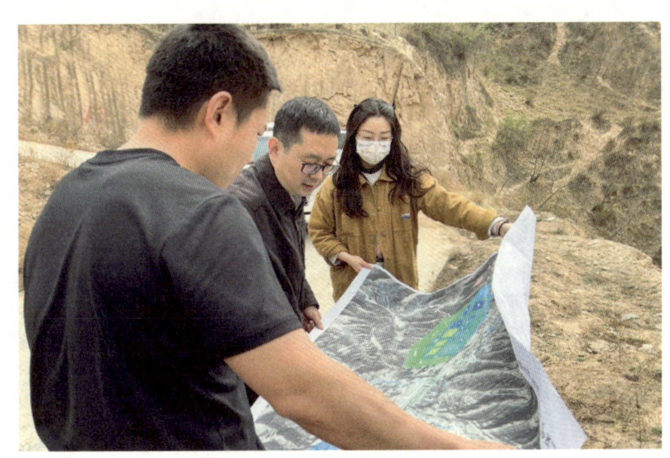

卢朝辉（中间）现场勘察指导工作

帮忙，设计、校对、审核、审定人员甚至都是不同专业”，说着他便陷入了回忆之中：“那会儿设计院的人手不够，各专业之间经常交流学习，有一些老师傅们都是全才，我当时作为一名新人，也时刻不敢松懈。”

大型站场一个接着一个，不仅涵盖长庆油田内部站场，还有许多外部项目，卢朝辉完成了国内最大的煤层气中央处理厂——山西沁水盆地中央处理厂的总图设计工作。工艺特殊，可借鉴案例较少，为了全面了解煤层气的工艺流程，他在网上查找资料，常常加班到深夜。

在驻现场期间也有许多趣事，在苏里格第四天然气处理厂的选址过程中，带队的师傅在沙漠中迷了路，大家跟着他走了半天才走到目的地。那会儿没有手机，没有导航，眼前只有茫茫沙漠，走了两个小时，终于走到目的地。在卢朝辉的表述中，我终于明白为什么中国石油的工服是鲜艳的红色，为了在黄土高原、内蒙古草原、苏里格沙漠之中一眼看到只属于石油人的颜色——鲜艳的红，印证那句铿锵有力的誓言——我为祖国献石油！

蓄力前行展新貌

2007 年，终于有两名新员工加入总图专业了。面对只有一个师傅独立撑起门户的崭新专业，总图专业的一切都刚刚开始。新人将伴随着专业的发展一起成长，这是个绝好的机遇也是巨大的挑战。

“小孟一个人承担起苏里格前线生产指挥中心的设计重任，在现场一待就是三个月，她一边学习巧妙地处理问题反馈建议，一边熟悉施工技术和方法。同时还在现场协助撰写了总图专业的第一本技术规定和设计流程，在人员缺少的情况下只能这么干了。”说着卢朝辉觉得很对不起新人，作为师傅，他没有给新员工系统地指导，不能时刻跟踪徒弟的发展状态，他觉得很内疚。

“小丽接手了长庆史上最大的原油储备库——宁夏石油商业储备库的总图设计，2 个罐组，12 具直径 80 米的 10000 万立方米储罐，配套各种公用设施，不论占地面积和储存规模上都是一项巨大的工程！再加之要利用已建惠安堡输油站的周边地形，平面、竖向与其整体考虑，站库合一，又给总图设计增加了双重难度！”说起他的徒弟们来，他都是满满的自豪。

“2008 年，小胡加入进来，人家都说我一个师傅带了三个女徒弟，我就说巾帼不让须眉嘛！”那段时间总图专业做了许多外部项目，保障着国家能源安全的中缅管线工程，KAM 油田总体开发地面工程，蓝一成管线工程项目等。

随着长庆油田的发展，标准化建设进一步提升了设计效率，但对总图专业来说从来没有标准化，每一座站场都是新的，每一次设计都是新的探索，不同的站址就是一次全新的设计旅程。为了提升全院的设计效率，总图专业对其他专业在站场设计方面进行了培训，与其他专业共同成长。

总体把控创新局

从 2020 年开始，总图专业每年都在补充着新鲜力量。从最初的 1 人，到现在的 9 人。“看着这些年轻的面孔，感觉自己已经老了，时间过得真快。”伴随着长庆油田迈上高质量发展的新征程，总图专业一直在稳步前行，全面开展油气田站场设计，从最开始的一年 10 座站场，到现在每年 100 座站场。不仅设计能力在提升，设计质量也在提高，并且形成了《不同工程条件下土石方计算方法及精确度研究》《长庆油田站场排雨水系统研究》《石油天然气站场总图技术研究》等多项科研成果。承担了上古天然气处理总厂、苏里格气田深度开发处理厂这两个“天字号”工程的总图设计。虽然总图专业很“年轻”，但它同样见证着设计院的发展历程，成为这五十载春秋的证明。

时间无语，但它默默记录着发生的一切。五十个春夏秋冬，记录着设计人的酸甜苦辣，无法言明设计工作中的诸多辛苦，但每一个工程实例都是无数个设计工作者的精心布局、用心钻研、细心打磨的结果。还有许多像卢朝辉一样的同志，他们朴实无华，甚至不愿意提起这些在他们看来普普通通的故事，但是在笔者心中却是学习的榜样，激励着无数的年轻人对石油工作的向往，对设计人的崇敬。

两万个数据的由来

长庆工程设计有限公司　二级工程师　张帆

长庆油田“单管密闭冷输流程”曾获得国家“六五”科技发明金奖，这套技术作为长庆油田开发建设的一项关键技术，已经为长庆油田40年的开发建设作出了重要贡献。然而在这项技术攻关过程中，两万个数据的采集让我至今记忆犹新。

20世纪70年代初，长庆油田会战开始后，油气集输流程没有成熟的经验可以借鉴。1972年底，从学习玉门油田单管密闭不加热流程得到了启发。1973年冬天至1978年底，设计人员不分春夏秋冬、一年四季奔波在马岭油田开展单管密闭流程试验。那时，一切从零开始，没有可借用的试验数据，现场试验条件也非常简陋，最好的计算工具就是一把计算尺。

张帆工作照

单管不加热密闭集输技术的形成，首先要确定管道的合理埋深深度，而管道埋深则必须要通过试验数据来确定。1973年11月至1974年3月，我和夏银田、王竹圣3个人负责地温试验数据的录取，连续5个月坚守在站上，每小时换班一次，半小时测量一次地温数据，不论白天黑夜、刮风下雨，24小时从不间断。每年的1—3月是测量数据的最好时期，也是最为寒冷的时候，寒风“呼呼”地咆哮，人被吹得东倒西歪，针一般地刺入肌肤。我们仅穿着单位配发的劳动布棉衣，在寒风中瑟瑟发抖。但再冷再累也得坚持，稍一放松，就会前功尽弃。每一条输油支线，都要我们去跑，去测数据。自行车是唯一的交通工具。更多的时候却是靠两只脚一步步去走，算下来，跑了不下上千千米。5 个月的现场试验共取得了 2 万多个宝贵的数据。

为了得到合理的油井试验数据，我们分别对 10 口油井进行了勘察，测出了油并产液量、油量、油压力、套压，并口油温、进站压力、温度、汽油比等数据。通过试验，发现井口回压逐渐升高的主要原因是管线不断结蜡，填塞管道。于是，又对冷输试验并做了清蜡试验，并安装了清蜡球的发放与接收装置，清结球发放与接收装置的试验成功又给冷输流程提供了一项可靠的保证。

为了准确地反映当时马岭 1 号计量站的地温状况，我们测量了包括从并口一试验井的大气最高温度、最低温度以及 2.4 米处、2.0 米处、1.6 米处、1.2 米处和 0.8 米处的地温。在现场，通过对不同深度温度的测量，发现当最大冻土深度为 0.79 米、管线埋在冰冻线以下 0.4 米，即输油管线埋深 1.2 米时，温度为 3 摄氏度，油流量正常。这套合理的马岭油田管道敷设深度的取得，让我们如获至宝，单管不加热密闭技术走完了关键的一步。

但仅有这些数据还是不够的，为了得到合理的管道铺设系数，勘察设计人员分别对不同地形地貌，96 口井的出油管道进行勘察，仅仅依靠一把计算尺计算了上万个测量数据，最终取得了符合实际的管道铺设系数，振（平台）上为 1.03 米、斜度系数为 1.05 米。在艰苦的条件下，经过无数次的试验，终于形成了一套符合马岭油田实际的单管不加热密闭技术。

在单管不加热密闭流程的探索过程中，长庆油田会战指挥部李敬副指挥十分关注该项目的进展，而且要求极严。记得有一次李敬副指挥等领导要听汇报，我们立即从庆阳赶到马岭。由于走得太急，有一张挂图忘了拿，在会上就为此事被批评了 40 多分钟。为此，我们没有做任何解释，而是老老实实地承认自己的疏忽大意，回到工作岗位后继续一丝不苟地工作。会战中环境恶劣，条件艰苦，领导严格要求的例子很多，对我们养成严格细致的工作作风大有益处。

这套流程为长庆油田密闭冷输流程的确立、发展和大面积推广应用打下了基础。经过近 10 年的时间，单井阀组双管不加热密闭流程、丛式井阀组不加热密闭流程、安塞油田流程的形成相继产生。为长庆油田的持续发展在地面工程建设流程方面闯出了一条简单易行、高效节能的新路，为长庆油田持续发展地面建设奠定了重要的基础。

珍惜机遇　砥砺前行

长庆工程设计有限公司　石油设计部　穆冬玲

非常感谢公司领导在我临退休前，给我这个宝贵机会，让我有幸能与大家面对面交流、谈心。也是我从业以来首次抛开技术，结合长庆发展和自身成长，与大家畅谈工作经历和人生阅历，更是最后一次和大家面对面交流，我非常珍惜这个难得的机会。

说心里话，接到任务，还真有些小压力。和大家谈什么呢？理想、工作、生活？脑海里浮现出三十多年来的经历，像一幕幕电影一闪而过，仿佛刚刚发生，有苦有甜、有悲有喜。时过境迁，人是物非，在此，将对大家今后发展有借鉴意义的片段，稍做整理，作为一个临退休老大姐的礼物，与大家分享共勉。

初到长庆油田

1987 年 7 月，我从西南石油学院油气储运专业毕业，响应国家“服从分配、到祖国最需要的地方去”的号召，那时候是统招统分，没有“双选”一说，被分配到“长庆石油勘探局”。怀揣着对工作的向往，经过二十多个小时的火车、在古城西安长庆油田办事处报到后，稍作休息，再乘坐油田交通车，经过十多个小时的长途颠簸，来到了勘探局所在地——甘肃省庆阳县。繁华都市与贫困山沟的鲜明对比，内心期望与实际现状的真实落差，心里真有点失落。从勘探局到油建工程处，从处机关到大队技术组；从大都市到小县城，从县城到阜城村；报到完后，工作单位的逐级具体，工作环境的逐步变迁，心理落差越来越大！一切安排就绪后，给父母报个平安吧！书信是最常用、最廉价的通信方式，一个“甘肃省庆阳县三十里铺乡阜城村”的通信地址，仿佛置身于一个鸟不拉屎的穷乡僻壤！但想到自己就要自食其力了，内心稍有些安慰。

每次休假回家，落后的交通，让我发怵。第一天从阜城村乘油区班车到庆阳，住一晚，第二天早晨 6 点再乘石油交通车，颠簸一天到西安，然后再乘坐四五个小时的地方班车回到老家。冬季天短，到了西安，一般赶不上地方班车，必须在西办住一晚，第三天中午以后才能回到家。从老家回单位，第一天来到西安，在西办住一晚，第二天到庆阳，顺利的话，当天可以赶到阜城，否则，也得三天！休假路途需要五六天，尤其是1990年小孩出生我在老家休完产假上班后，困难更大！那时，孩子父亲读研还未毕业，一个人将孩子带在身边，怎么工作？留给母亲带，又非常不舍！加之路途遥远、交通不便，第一次对工作产生了动摇，也对前途失去了信心。一边是来之不易的工作，一边是离不开母亲的儿子，我一个参加工作不久的小姑娘，怎么也摆不平这个困扰！有一次回家探亲，看着日思夜想的儿子，儿子一脸陌生的眼神，我痛下决心告诉母亲："妈，我想辞职，不去油田了，在西安随便找个工作。"用现在的流行话说，就是想"跳槽"！母亲当即愣了，回过神心平气和地说："你学的专业，在西安没有对口单位，如果改行，这么多年学你不白上了，大学四年你不白辛苦了？"母亲接着说："我知道，你舍不得孩子，孩子给妈留下，我帮你带，你安心上班，农闲时节，我带孩子去看你！"望着母亲坚毅的目光，也是一个母亲对女儿用全部的爱和全力支持，让一个初为人母的年轻母亲打消了"跳槽"的欲望！那次归队，是母亲带着儿子，亲自把我送到西办，陪我住了一晚，第二天目送我坐上油田班车，我带着母亲的厚爱、带着对幼子的依恋，闷闷不乐地返回油田。如今回想起来，母亲是怕我中间溜号，才亲自送我到西安！

传帮带的典范——穆冬玲

后来发生的许多事，让我渐渐地爱上了这个工作，爱上了这里的一切……

初来油建，人地两生。单位怕我们两个新员工孤独，将我俩安排到的一个宿舍，临近篮球场。下班后，小伙子们打篮球，年轻姑娘们坐在一起织毛衣，好不热闹。工作中，我们渐渐熟悉起来。姑娘们喜欢聚在我们宿舍门前，和我们聊天，听我们讲外面的世界，时常流露出无比羡慕的眼神。那时我们觉得非常自豪，相比她们，我们从学校出来的孩子，是多么幸运！她们出生在油田、成长在偏远的大山里，两代人为长庆油田发展默默付出、无怨无悔。交谈中的，大多数年轻人没出过大山，没见过火车！而我们这些从学校出来的学生，国家培养了你，理应接受国家的分配，有什么理由不安心呢？

再来说说年轻焊工的奉献精神。油建女焊工很多，工作中穿着厚厚的工装，沉重的大头皮靴，尤其是炎热的夏季，钻进一具具大型压力容器，脚踩炙热的钢板、呼吸着呛人的焊烟、一干就是几个小时，出来时几乎衣衫尽湿。吃苦耐劳、兢兢业业、甘于奉献的精神，在这里淋漓展现。年轻女孩，谁不爱美？一年四季，几乎工装工靴不离身，焊枪、面罩不离手！只有在有限的假期和不加班的工作之余，才会美美打扮一番，走到街上展示姑娘们的秀美，冬季下班时，天都漆黑，根本没有臭美的机会！这些，对我触动很深。

还记得那是1991年春天，爱人也毕业分配到油田，两人商量把孩子接来。谁知接来不久，他便去井队实习。不巧的是我生病了，要住院治疗。单位领导安排家属帮我照顾孩子、派专人在医院陪护。单位的关爱、周围人的帮助、工作的顺手，让我渐渐爱上了这个企业，是这儿让我有家的感觉。1991年冬天，单位派我去甘肃省劳动局参加压力容器检验资格证培训班学习，我以优异成绩取得了压力容器检验资格证。过完年，一回到单位，领导给我更换了新的办公桌、办公用品，为不辜负领导的信任，我也满怀信心，准备撸起袖子好好干。谁知四月初，接到调令，通知我办调动手续，同事们都有点难以相信，我怀着难舍的、纠结的心情来到了设计院。

成长的设计院

每个人，走出校门，步入社会，便开始人生自食其力的真正生活，而接受并容纳我们的就是单位，是单位提供了一个让每个人施展才华、奉献青春、实现理想的舞台。试想想，一个才华横溢、多才多艺的舞者，没有一个施展的舞台，如何将优秀的作品呈现与观众，怎能将成功的喜悦与观众分享？如今的“双选”，意味着单位认可你，同时你也选择单位，既然如此，我们更没有理由不爱这舞台，即使工作后可能出现一些心理落差，就如同我当初的心理波动一样，这些都很正常，正如一首歌中所唱到的，“不经历风雨怎么见彩虹，没有人能随随便便成功”。我并不反对“跳槽”，但频繁跳槽，对任何事情都浅尝辄止，对自己的成长并不利。多年以后，回想当初母亲的“苦苦劝说、稳定军心”是对的。

来到设计院我体会最深的是：“团队协作”和“工作与生活关系”。

团队协作。来到设计院，我体会最深的就是“团队”，一个项目，需要一个团队协作完成。一旦走进这个集体，你就不是单纯的个体，是团队不可分割的一份子，你的一言一行不仅代表自己，而且代表这个集体，与企业荣辱与共，休戚相关，才是每个员工必备的基本素养，也才是个人成长的前提。既然选择了这个企业，首先要爱它，努力培养集体荣誉感，积极参与单位举办的各类活动，即使当不了主角，也甘愿做一名忠实的观众和卖力的啦啦队员！是共同的理想和目标，把大家凝聚在一起，也是人生的缘分使我们成为同事朋友，关爱身边的人，热衷于身边的事，为他人鼓掌、加油，塑造人生大格局，开心工作、快乐生活。常言道：“只有心里充满爱，周围才充满阳光。”

工作与生活。人本身就是多重角色，既是单位的一分子，又是家庭的一成员。在单位，与同事协同工作；下班后，回归家庭。如何处理好单位与家庭、工作与生活的关系，这是每个从业者必修的科目。在单位，入职教育会告诫你：“尊重领导、团结同事”；回到家庭，全社会都倡导：“尊老爱幼，家庭和睦。”家庭生活中最关键的夫妻关系，是处理工作与生活的关键问题。夫妻之间的相互支持、相互理解就不尽人意。每个人都有自己的工作，谁也不想在单位甘做人后，尤其是有孩子后，矛盾会更加突出，孩子的吃喝拉撒、成长教育等，显然，担当主角的，付出多，无论是时间还是精力，在时间精力有限时，势必会影响工作，久而久之就会产生矛盾，解决这个矛盾就要夫妻双方共同努力，相互理解，相互支持。一开始，很难尽人意，年轻夫妻经常会因此出现矛盾，需要两个人相互理解、相互支持、逐渐磨合。1994 年夏，孩子满四岁后，我们接来上幼儿园。吴起油田有个油维项目，安排我去调研。下班后回到家，当我把第二天出差的事情，告诉爱人后，他的第一反应就是：“我也要去安塞！”我说：“你哪天去？”他说：“就这两天。”我说：“我明天去，三两天就回来。你们没定，若果有冲突，你推后两天，我就回来了。”谁知他竟然说：“我们这说走就走，哪能像你说的！”……两个人各执己见、互不相让，争执一番。无奈，我一赌气第二天带上四岁的儿子去了吴起。白天现场调研，晚上孩子睡了，一个人思绪万千，孩子母亲帮我们带到四岁，这刚一接来，他就这么不想尽责、不支持我的工作，今后咋办？既然这样，为何当初要成家？俩人还能继续往下走吗？这个家还能撑多久？……我突然后悔成家了！三天后从吴起回来，一进家门，他估计我们快回来啦，把家里收拾得干净整齐，看见我第一句话就是：“得知你把儿子带去吴起，我心里很内疚！”委屈的泪水再也控制不住，低着头一句话也说不出来。所有的怨气和疑惑，被爱人的真诚道歉和改过的行动一扫而光！ 从此后，爱人再也没有为难过我，尽力支持我的工作。

随着年龄的增大，我也渐渐意识到，那时，我们都太年轻，面对工作和家庭，我们真无所适从，更谈不上处理好它们之间的关系！这些都需要时间、需要相互理解、需要慢慢磨合。也只有处理好工作与生活的关系，我们才能安心工作，家庭才能幸福和谐，人生才有可能出彩！当然，出彩的人生离不开个人的努力和良好的机遇！

平凡工作的体会

设计工作，平凡而繁杂，单调枯燥、重复乏新，但“设计质量终身制”使设计人肩负的责任重大、压力山大！从业数十年的经历，让我想结合几个小故事讲以下几点认识。

攻坚克难、勇于创新

那是1999年，在靖咸管道工程设计时，由于人员缺乏，将耀县加热站项目负责人安排给了机械专业张丽娟，对一个矿机专业毕业的年轻人，这可是跨专业设计，压力和困难可想而知。但勤学好问的小张，一边学习，一边搞设计，虚心向老师傅请教，不懂就问，不懂就学，付出了多少艰辛，熬过了无数个日日夜夜，终于把耀县加热站施工图完成。当她把一整套图纸拿给校审人员时，大家非常敬佩，图纸布局合理、干净整洁、设计规范，作为整个项目总审核人，真让我刮目相看。在日常工作中，我们经常会遇到一些难题、面临一些新的挑战，只要不畏艰难、苦练内功、勇于创新，就可以战胜一切困难。在这个过程中，我们收获的不仅是新的工作经验，也积累了满满的自信，更积淀了丰富的人生阅历。

精益求精、追求卓越

油田地面工程设计工作，是油田建设的龙头。一个项目从整体规划到施工图设计，从设计蓝图到现场服务，哪个环节都不能马虎，必须精益求精。方案规划前的现场调研，如果不用心、不务实，现场了解不清楚，那我们的规划就可能与现场实际脱节，那样的规划又怎能指导后期的初步设计乃至施工图设计呢？我们的施工图如果不遵循前期的规划可研，图纸设计粗心大意、错误百出，又怎能指导项目施工？这些环环相扣的工作，只要任何环节出问题，都会影响项目施工进度和工程质量。工作中精益求精、追求卓越，时刻把设计质量作为企业的生命线，把维护企业形象作为每个员工应尽的义务，是企业员工合格的必要条件。只有把个人前途与企业命运有机结合在一起，我们员工才能进步，企业才有生命力。

记得1992年11月，我来到设计院不久，负责的第一个产建项目——坪桥油田先导性试验开发项目。第一次跟着师傅去安塞油田坪桥区踏勘，师傅吃苦耐劳、精益求精的工作作风给我留下很深的印象，也使我很受启发。我的师傅叫艾克明，是油气室的高级工程师。那时师傅已经五十多岁，因长年的伏案工作，落下腰椎毛病。走在黄土高原的山路上，尽管躬着腰、双手背后，可走起路来精神抖擞、脚下生风。在一个视野开阔的山峁上，师傅拿出带有井位的地形图，面对密密麻麻的等高线，教我如何识别地形地貌，判断沟壑梁峁，哪种地貌可以建站，哪种地形不宜布站，并在图上预选出建站位置后，再去实地踏勘站址，分析所选站址真实地貌及周围沟壑稳定性，并判出进站道路走向及可行性后，最终确认站址。中心站址选定后，交与测量专业开始测量站址，师傅便带我开始单井管线路由踏勘。数十口井，一口不落地走一遍，边走边教我，遇到沟怎么过，遇到峁怎么绕，遇到小河，哪种河床地貌必须设计跨越，哪种地貌只能设计穿越，等我们走完这数十口单井，我脚底都打起了血泡。返程路上，我又累又渴，心里很不高兴，越走越慢。望着走在前边的师傅，心里非常不满，但说不出口！心想：这哪叫工作，时而下沟、时而爬坡，甚至沿着那半山腰的羊肠小道绕山转，山又陡，路又窄，对一个从没走过山路的我，心惊胆战！师傅看出了我的心思，放慢了脚步，我低着头，满脸不高兴。师傅笑着说："走累啦？"我头也不抬、一脸不高兴地说："有的地方，车明明可以开过去，非要让人走！"师傅一听笑了，说："管线可不能都顺路走呀！"那次踏勘，尽管我很累、甚至很生气，可我从师傅那学到了许多专业知识，更学到了师傅吃苦耐劳、精益求精的工作作风，在我后来的设计生涯中，受益匪浅。

和师傅共事多年，师傅从来不表扬我。尽管我每次接手项目，心里总是暗暗鼓劲，一定要把这个项目做成精品工程，给师傅争气。记得有一次，负责设计沐浴联合站，设计规模 30 万吨，预留扩建到 50 万吨。那是安塞县钻采公司项目，站址是甲方选定，合不合理、是否满足规模需要、是否可行？他们不管。不能建，创造条件也在这建！这种限"额"设计，难度很大。站址选在废弃的一个荒坡上，整个坡面落差 50 多米，推平建站，土方太大，几乎不可能；分台建设，站内道路如何修建，坡度怎样保证，平面布置必须紧密结合工艺流程。地方采油厂非常注重运行能耗，能用位能的绝不用电能，因此对我来说真是一个挑战，经过多方面比较，仅平面就布了四五版供师傅批判！最终，通过全面分析、综合比较，决定分五个台阶布置。当我把最终的工艺流程和平面布置图拿给师傅审查后，师傅自言自语地说了一句："都像这样干就好啦！"这是我的师傅对我这个徒弟唯一的一次"表扬"，而且很不直接，乍一听好像说给别人听，又好像针对所有人，但也让我心里美了很久，使我更加认识到了设计工作精益求精、追求卓越的重要性。

勤奋学习、善于总结

一个勤奋学习，善于总结的人，才能不断进步，快速成长。在这个知识更新换代非常快速的年代，学习如同逆水行舟，不进则退。稍不学习，就可能落伍，跟不上时代。常言道："处处留心皆学问。"一个爱学习、会学习的人，走到哪都会有收获。同时，培养一个善于总结的良好习惯，把随时学到的知识，记录下来，日积月累，对以后的工作会大有帮助。

养成良好的学习习惯，努力将自己培养成学习型人才。年轻人是祖国的未来，是国家实现繁荣富强的主力军。长庆青年是油田的希望，是稳产"5000 万吨"的生力军。身处科技日新月异的时代，技术的飞速发展，迫使我们必须学习。借助先进的网络技术，让学习如同插上双翅，快捷方便。培养良好的学习习惯，积极了解相关技术，及时更新所学的专业知识，才能适应技术飞速发展的时代。

“勿以恶小而为之，勿以善小而不为”。现代社会倡导大众创业、万众创新。结合具体工作，发挥自己的聪明才智，创新思维、锐意技改，不断发现问题、解决问题，从小事做起，“小创新、小改革、小发明”，只要能解决生产实际中的问题，我们都积极去做，积少成多、积小成大，做到勤思考、勤动手、勤创造，为油田发展增砖添瓦。

善于总结，积累经验。勤于思考、善于总结是一名优秀技术人员的基本素养。常言道:“好记性不如烂笔头”，将工作中的点点滴滴用笔记录下来，无论是工作中发现的问题，还是解决问题时思考出的“新点子”，及时记录在册，也许就是一个创新发明，也许就能写出一篇新颖的论文，“滴水穿石”就是这个道理。

自我历练、快乐成长

奉献。一个人的成长，总会有很多烦恼，但面对这些烦恼，喜也是一天，恼也是一天，苦也是一过，乐也是一过。人的一生，就是索取和奉献交织的一生，我们在讲奉献的同时，也在索取别人的奉献。如果只想到索取，一不满意，你会很不开心；反过来，你不在乎索取，只讲奉献，当你看到别人在享用你的奉献时，你就有一种存在感、满足感，你就会很开心快乐。知足常乐，就是看淡索取的最高境界。

协作。我们的工作，是一个团结协作的团队工作。公司就好比一架钢琴，我们每个人就如同钢琴上的十个手指，钢琴手就是我们的领导团队，只有琴手大脑指挥下的十个手指，共同协作，才能奏出美妙动听的乐章。一个团队的协作意识，是顺利完成一项工作的前提，也是团队创造辉煌的基石。只有每个员工热爱这个团队、热衷团队从事的事业、热心团队每个具体工作，才能将团队能量发挥到极致，也才能创造一个接一个的辉煌！

修养。个人修养，往小里讲，是一个个体的品德，它体现一个人的与他人相处时的人格魅力；往大里讲，代表了一个团队的整体面貌，只有每个人都能博览群书，注重个人修养，才能提高整个团队的整体形象。常言道：“腹有诗书气自华”！气质是一个人的内在魅力，它不浮于表象，能被设计院选中的员工，都是受过高等教育的优秀人才，尤其是你们这代年轻人，接受的知识更新，受到的教育更优良，相信修养与知识成正比。

自信。自信的人，永远年轻！相信自己，走自己的路，一定会梦想成真。自信的人，遇到困难，不会缩手缩脚，甚至裹足不前，能直面困难、迎难而上；自信的人，他与别人不攀比，不羡慕别人的一切，做最好的自己；自信的人，只知道埋头苦干，干自己认为对的事，干自己认为有意义的事！希望我们每个人相信自己，对接手的任何事情，都能做到 “我能行”！

学会感恩与知足

学会感恩，只有心中充满爱的人，才懂得感恩；懂得感恩的人，他才知足；知足的人，他才快乐！

感恩祖国，让我们赶上改革开放四十年、国家大发展的良好机遇，让我们没有虚度年华、荒废学业、学有所成、学有所用，我们拥有满满的获得感和幸福感。

感恩企业，给我们搭建这么完美的平台，给我们创造出无比优良的成长环境、工作氛围和生活条件，让我们有机会施展才华，绽放青春，实现人生价值。

感恩领导，让每个人各司其职，各尽其能，快乐工作，享受生活。

感恩同事，工作中的默契配合，生活中的相互帮扶，成长中的相互鼓励。让我们如同兄弟姐妹般一起工作和生活。

感恩家人，默默的支持、宽容、理解、无私奉献，让我们能消除后顾之忧、安心工作学习。

……

当我们心怀感恩时，就会少一分抱怨，多一分理解。试想想，一个处处与人作对、时时好挑他人毛病、对事事感到不满的人，消极地对待一切，他不但自己不快乐，其散发出的负能量，还会给周围带来不和谐的气氛，影响大家情绪。人生苦短，苦也一天，乐也一天，与其抱怨，何不快乐地度过每一天呢？只有充满正能量的人，才能带来阳光和温暖，让我们都历练为一个充满正能量的人，快乐生活和工作。

岁月无情，青春有限。希望大家珍惜大好年华，抓住长庆油田发展的大好机遇，团结协作，攻坚克难，再创辉煌！

今天，作为一个老大姐，借助这个难得的机会，和大家聊了这么多，只有一个愿望，就是希望公司每个员工在公司领导的带领下，各司其职、各尽所能、各献其才，辛苦并快乐地度过自己的从业时光，在个人快速成长的同时，也使公司有突飞猛进的发展。

最后，感谢公司多年来的辛勤教育和培养，感谢领导多年来的关爱和理解，更感谢所有员工的无私帮助和默契配合！

离开公司，心中有多少难言的不舍，所有依依情都化作浓浓的祝福。

祝福我的企业日新月异，蒸蒸日上；祝福我的公司攻坚克难，再创辉煌；祝福我的同事事业有成，梦想成真！

往事的回忆

长庆工程设计有限公司　项目管理部　水金龙

得知长庆设计院准备举办建院50周年纪念活动，我一时心喜，回顾自己在院工作和生活的过往，仿佛眼前呈现出丝丝缕缕、片片页页，仿佛许多思绪又回到了我的眼前。

今天我讲讲老院长张贵义，总工程师张帆在油气田开发建设中的一些经历。1990年至1997年是长庆油田安塞、靖安油田和靖边气田开发建设时期，当时长庆油气田建设区块地理环境非常差，油田建设处在山大沟深、沟壑纵横的黄土高原，气田建设处在腾格里沙漠地区，到处是沙漠荒丘，人员稀少，没有运输道路，没有可住宿旅店，没有吃饭的地方，给现场勘察工作带来了极大的困难。当时油气田每年的产能建设项目要求建设时间短，任务急，给当时的勘察设计工作带来了极大的困难和挑战，油气田建设的勘察设计必须走在项目的前端，由于当年的设计院交通工具缺少、老旧，只有两台老旧的北京吉普车，人员的劳动保护也不到位，现场工作困难重重，不能满足现场勘察设计现场工作的需求。

水金龙（右二）和同事合影

今天我叙述的往事是我服务设计院专业技术人员和院领导现场工作中发生的部分往事。我记得1990年12月，当时我是一名驾驶员，从小车队租借了一辆北京吉普车，车上没有暖气，车门车窗到处漏风，我就是开着这样的一台车第一次服务张贵义副院长，和冯凯生去坪桥项目组处理对接现场设计工作事宜，第一次服务领导有点紧张，早上8点从庆阳出发，当年陕北天寒地冻，又因下雪道路比较滑，再加上自己情绪紧张行驶了两个多小时，我感觉身体冰凉有点发颤手脚都麻木了，老院长看到有点冷就让我就把车停在路边，让我下车跑跑步，两位领导和我开着玩笑看着我在路边跑操， 让我们手脚恢复知觉，缓解了紧张情绪后我们继续行驶，当时我心里是满满的暖意。当天我们行驶 12 个小时，晚上 7 点多才到达坪桥项目组，我们住在项目组临时搭建的帐篷里，帐篷里面有一个小煤炉供我们取暖，随后大家随便吃了点东西，两位领导就全身心地投入到对接工作中，一直持续到凌晨 2 点。第二天一早还要去现场，由于天冷车辆不好发动，两位领导一个帮我提热水，一个帮我摇车，又开始了一天的紧张现场工作。这一次在现场连续工作了 3 天完成了现场服务，在返回庆阳的路上，看着两位领导疲惫身体让人感到心里有点说不出来心中的感慨。像这样场景在我们的勘察技术人员以及院领导中比比皆是，他们不辞辛苦，忘我工作的精神值得我们敬仰。随着安塞坪桥油田集中处理站、结转站、发电厂以及输油管道等工程建成，设计院的每位工程技术人员都感到自豪。

水金龙（左二）和同事合影

1993 年开始建设靖安油田的时候，全院上下都投入到新油田的建设工作中，当时张贵义副院长、张帆总工程师带领 16 名设计人员、配备 4 台车辆从庆阳出发，途经吴起、志丹、顺宁、靖边沿线进行现场踏勘选址选线。因为当时的乡村路都没有修好，车辆在很窄的乡间道路行驶，靖安油田的地理环境比安塞油田还要复杂，我们两天都没有找到能建集中处理站的地方，山与山之间也没有连接的道路，现场踏勘工作十分困难，为了找到开发方案提供的油井坐标，两位领导带领各专业设计人员翻山越岭徒步走了十几千米。因为两山间没有连接的老路，车辆绕道去对面的地方等待接应，晚上 6 点多我们来到一个偏远的村镇，镇上提供住宿的只有一个院落，院落仅有三间住人的房子，房间里面是农村的土炕，也没有取暖设备。当天我们分了两组，我们这组十个人，两台车，我们让主人给我们做了点面条，饭后张院长与其他技术人员查看图纸，规划第二天的踏勘线路，晚上大家睡在一张土炕上，由于白天太累睡觉的呼噜声此起彼伏，一声接着一声，虽然辛苦，大家心情还是比较愉快的，就像一个大家庭一样其乐融融，此次踏勘 9 天时间，我们历经了重重困难完成了集中处理站站址，输油管路的现场工作。回想起这些往事心里总有一点说不出的成就感。

再看下现在的油气田建设规模，看着油气田今天的辉煌，我们回头展望，这一代代的设计人用自己的智慧创造了陇东油田、安塞油田、靖安油田、靖边气田，当在电视中看到这片黄土高原上拔地而起的一座座油气场站，一条条输油、输气管道，就像一道亮丽的风景线，让我们一代代设计人心旷神怡，因为这条风景线是他们用智慧的双手画出来的，用他们的双脚走出来的，我也非常有幸，能和他们一起参与了油田建设的辉煌过程。

从“一把刷子”到“几把刷子”

长庆设计人防腐事业的逐梦前行

长庆工程设计有限公司　完整性管理技术研究中心副主任　孙银娟

【题注】“几把刷子”的典故：我国古代文人把“笔墨纸砚”当作看家本领，尤其是毛笔，更是宝中之宝。一次，一位文人挽起衣袖，提起毛笔写了一副龙飞凤舞的字，还创作出一篇惊艳天下的宏文。当那些文人雅士称赞他的文章写得精妙、书法自成一家时，他就自谦有“几把刷子”，别无其他而已。于是“几把刷子”的说法在文人中间流传开来，直至成为民间广泛使用的语言，含义也由起初的简单变得凝练和丰盈起来，最终成了本领和能力的代名词。

三种认识在改变：长期以来，人们认为腐蚀是一种必然现象、自然规律，无碍大局，腐蚀处处有，但其危害并不处处见；腐蚀虽可控制但要投入，而其效益是滞后的和间接的，所以人们认为腐蚀控制可有可无，作用不大；在过去的想象认知中，防腐蚀业很简单，无非是一把刷子刷刷油漆、搞搞衬里而已。

管道技术研究所，就有这么一群拿着“刷子”的人，是他们在五十年的磨砺中，改变了长庆石油人对防腐事业的认知、改写了油田绿色发展的新途径。他们取得了令人瞩目的成绩，成为油田效益开发中一个不可缺少的重要行业。

我作为一根设计新钉，采访了长庆油田地面工程设计的防腐“排头老兵”们。

阴极保护的“三个臭皮匠”

“第一条的长距离输油埋地管道阴极保护是在 1962 年至 1967 年，克拉玛依到独山子的输油管道”，管道技术研究所副主任黄志回忆了自己的防腐故事。

咱们的第一代防腐人王友仁师傅也是最初参与这次阴保建设的首批石油防腐专业技术人员之一，他们是来自新疆院的一帮我们心中的老专家，其实也都是青年人，年富力强的二三十岁的时候，开展了牺牲阳极法管道阴极保护的现场试验应用，他们不是一两个人在做，他们是一个专门的团队，一共六个人设计完成了全线五个阴极保护站，开创了中国石油阴极保护的先河，最终这个项目也获得了国家科技进步奖。

当时我还见过那个奖状，上面有国家科委主任宋健的签名，国家科技进步奖的分量就能看出这对中国石油阴极保护技术带来的奠基意义，当时在国内对这个领域知之甚少，专业人员培养不断地建立起来，王友仁师傅最后也随着长庆油田的开发，从新疆来到了甘肃庆城。

从1973年建院到1988年，真正在做防腐专业的只有两个人，就是王友仁和王君玺，直到1988年胡建国专家毕业加入，在我1992年加入防腐专业的时候，王友仁师傅也退休了，整个长庆的防腐专业就一直只有三个人在研究。我们当时的在管道干的业务也比较多，从管道的阴极保护到油田区域性、油水井套管的阴极保护。

从“零”开始亦能技术引领

毛丽师傅1994年来到庆城县，几十年来她的身影踏足了鄂尔多斯盆地的每个角落，积累了丰富的防腐专业现场经验，凭一个个腐蚀形貌、一个阴保参数的微小变动，就可以精确判断腐蚀情况，在她面前，铁锈会说话，恒电位仪会做证。

孙银娟（前右一）和黄志（后左二）、毛丽（前右二）等同事合影

“我是第一个提出并研发出无溶剂涂料的”，毛丽师傅回忆道，她的这一研究成果也获得当时局级科技进步奖。

我刚到设计院的时候，设计院很多人都不知道有这个防腐专业，王友仁师傅他们在聘工程师的时候，人家都在惊讶：“刷沥青的还有工程师？”这是真实发生的事情。

一直到20世纪90年代初，

管道的防腐都是用涂抹沥青的方式，沥青工艺本身是防腐作用很好的防腐材料，但是因为施工操作质量的不可控以及沥青加热对人和环境的污染很大，加上加热温度比较高，存在安全风险，逐渐被环氧煤沥青替代。

现在看到我们防腐保温的设计目录文件里有底漆、中间漆、面漆，加上保温材料用铁丝一层一捆，外面弄一个保护层，这些以前用这个是很少的。以前大都用氯化橡胶，玻璃布，从氯磺化聚乙烯—氯化橡胶—丙烯酸聚氨酯—氟碳，涂料越来越好，也越来越环保。4 月 24 日，我们的防腐日展板上的现有技术，就能反映出我们防腐保护的技术在行业内以及全国都处于领先水平。

在当时防腐技术推崇的三化：无溶剂化、水性化、粉末化，也是防腐涂料防腐的一个发展方向，在这个契机下，毛丽师傅在国内首次提出了并研制出无溶剂涂料，一直沿用至今。

逆流而上更胜乘风破浪

“可以说我们对中国的防腐事业发展还是作出过不小的贡献”，黄主任习惯性地摸了下头，充满着自信又带着谦虚地说。

内防腐是油田行业内的“硬骨头”，在 1996 年我们就这个难题开展攻关，发明出在线喷砂除锈防腐技术，填补了行业技术空白，在油田行业内大范围使用，防腐蚀表面处理技术也跃上了新台阶。2017 年至 2023 年，历经 5 年时间，防腐人先后引入 5 种站场管道内防腐技术，实现了“模块化预制与生产线作业”的双线防腐。

随着油田发展，管道向长距离、大口径、高压力方向转换，对防腐也提出了更高的要求。站外管道从最初的手工环氧煤沥青防腐，逐步转变为工厂预制的 3 层 PE、熔结环氧粉末技术，极大提高了防腐层质量。

“逢山开路，遇水架桥”，一系列防腐技术的成长其实是防腐人逆势奋发的一个缩影。

矢志不渝　砥砺前行

科研的脚步是不停歇的。

现代防腐事业是一个很大的产业群，有一个从科研开发、产品生产使用，一直到防腐施工的完整产业链。其腐蚀机理的研究剖析，耐蚀新产品、新材料的研制开发，不同介质和不同环境下防腐工艺的选择等都很复杂；涉及电化学、物理化学、材料学等很多学科，很多问题还在探索之中。

即使仅就防腐施工而言，也包括施工机具的改进、施工工艺和技术的提高、施工组织设计和人员培训等多个方面。防腐工程的施工不同于一般的装修工程，其要求非常严格，每道工序必须通过仪器检验合格，没有先进的施工机具和高素质的施工队伍，根本干不了这种工程。现代防腐事业已不是一把刷子、一把铲子就能干的行业，而是具有高技术、高标准、高难度的特点。耐腐新产品、新技术、新工艺更是层出不穷，亟待我们去开发验证。

几点遗憾

毛丽师傅抬手指向正在电脑前忙碌的同事们："我常说，整个长庆油田从事防腐事业的人都在我们这里了，跟当年三个臭皮匠比起来，我们的队伍已经很很强大了，有更多的奇迹等着我们……不，是你们去造就。"

毛丽师傅今年就要退休了，但是她还有一点遗憾，一点期许。毛丽师傅说："我最大的遗憾就是当时知识产权意识不强，像在线喷砂除锈技术、锁扣式热收缩套技术等我们苦心钻研出来的技术没有申请专利，没能握在自己手里。""现在这么好的时代，有着这么好的平台，可以依托科研项目真正做一些我们一直想干的事。"

苏里格气田阴极保护半径短，这是毛丽师傅这几十年的一个专业情结。毛丽师傅想在退休前，凭借矢志不渝的深耕防腐精神把它做完，解决掉！

四十多年过去，当年的管道仍如矫健油龙为祖国输送着汩汩能源，长庆设计人用激情与汗水筑就的防腐铠甲，至今守护着管道的青春。

留点遗憾吧，我们下次再见！

【防腐圆梦】2022 年 6 月，《苏里格气田阴极保护设计研究》作为 2022 年长庆工程设计公司科研项目立项，所辖范围内 36 座阴保站、保护近千千米管线的防腐效果，即将第一次揭开神秘面纱。

忆西气东输项目江苏金坛天然气储气库 150 万方脱水橇下线盛况

长庆工程设计有限公司　高新产品研制分公司　任鹏辉

时间回溯到 2006 年 10 月，金秋送爽，马家湾泾渭五路立得公司院内，张灯结彩、锣鼓喧天，一派喜庆的景象，长庆油田公司领导、陕西省科技厅领导、西安长庆科技公司领导等嘉宾受邀，参加立得公司举办的西气东输项目江苏金坛天然气储气库 150 万立方米脱水橇下线仪式。

2006 年初，立得公司承接国家重点项目——天然气西气东输子项目江苏金坛储气库重点设备制造任务，经过立得公司压力容器制造厂全体员工 1 个多月加班加点的辛勤努力，在天然气西气东输项目组监理的见证下，于 10 月初两套 150 万立方米天然气脱水装置完成制造，具备发货条件。该装置是西安长庆科技公司自主研发、独立完成工厂制造第一批销往外部市场的设备，时任领导非常重视。多次亲临立得厂区指导该项工作，可谓事无巨细。当时立得公司长庆油气田产品承揽量达到全盛时期，两套脱水橇是首次制造，制造工艺相对容器和其他成熟产品要生疏许多，且项目交期时间紧迫，工作量巨大，压力容器制造厂当时生产压力巨大。

长庆科技工程公司 150 万立方米橇装三甘醇脱水装置下线仪式

记得当时接到任务当天，立得公司主要领导会同容器制造厂领导连夜组织召开设备制造专题会，就设备制造进行筹划安排，决定公司一切向重点项目倾斜，无论油田设备交期压力有多大，也要为重点项目开绿灯，决定从厂里四个班抽出两个班分梯次进行装置制造，技术、无损检测等力量尽可能向重点项目倾斜，确保设备按期完成。由于计划安排合理，质保措施得当，功夫不负有心人，经过一个多月的辛勤劳动，两套装置终于要成功线下，不能不说是一件盛事。

下线会上立得公司副董事长兼总经理王文武详细介绍为首台国家重点项目设备制造完成情况做了简要介绍。西安长庆科技公司董事长、总经理何宗平对装置制造充分肯定，说该装置成功下线是彰显立得公司在油气田设备制造领域的市场竞争力。表示："本次立得公司拿下国家重点项目天然气西气东输客户订单，主要凭借三大优势：第一，立得公司依托西安长庆科技公司设计优势开发产品市场；第二，立得公司拥有油气田设备加工经验，也积累了完善的工艺保障和科技成果转化实现能力；第三，立得公司通过两套150万立方米脱水橇制造总过程逐步积累了装置制造和产品检测、检验能力，同时为设计、制造、运行测试三者的高度整合构成满足该客户高技术、高标准要求的核心要素。"油田公司和陕西省科技厅领导也对装置做出好评。

成长的故事

长庆工程设计有限公司　工程勘察部　张曦

光阴荏苒，岁月如歌，长庆工程设计有限公司在50年的发展过程中雕刻着成长的痕迹，同时工程勘察部也在这50年的时光中留下了一段段艰苦奋斗、攻坚啃硬、勇于拼搏的感人事迹。这些事迹，是工程勘察部发展的见证，也是年轻的勘察工作者学习的榜样。

20世纪70年代初，在陕甘宁盆地勘探发现有大型油气藏分布，石油工业部开始组织长庆油田会战。由于地处陇东、陕北黄土高原，属于湿陷性黄土地区，为了确保地面建筑物稳定安全，急需组建一支工程地质专业队伍。1974年初，为适应油田建设的需要，在规划设计研究院设计室下组建了勘测组，设立工程地质专业。

那时全国处在计划经济时期，工程勘察也刚刚起步，大家对于勘察方法、程序、技术准则等都很生疏，熟练的技工、工程技术人员很少，面临着许多前所未有的挑战，没有先例可循，只能摸着石头过河，在干中学、学中干。听师傅们讲，那会儿大家都有一种紧迫感，谁也不愿落后，白天工作，收集现场遇到的问题，晚上查规范、翻资料解决问题，夜以继日。

1976年，工程地质正式投入生产，并对“马岭炼厂集中处理站”进行勘察，正式出版勘察报告。从此，长庆工程地质专业队伍在陕甘宁大地开始耕耘。

一说起地质工作者，人们首先想到的就是地质工作者的艰辛，他们跋山涉水、翻山越岭、夜宿星辰，风餐露营。地质工作者管出差叫出野外，意味着他们要脱离城市生活，去荒山野岭风餐露宿了。而对一大片陌生地域的工作没有十天半个月或一年的大部分时间根本做不完，有条件时可以住农民家，没条件时在野外基本上是帐篷，这就是地质人的“出差”，年复一年，渗透着行走在这个山头与那个山头间的孤独与辛酸。

1996年春节前，某集气站岩土工程勘察任务由耿生明同志担任项目负责人，那会儿槐东升师傅还是刚实习的大学生，项目场地位于靖边县的某座高山，到了该取样的日子，大雪封山，车辆无法到达，为了保证工期按时完成及保持土样的原始状态，他们决定徒步上山。山路本来就崎岖，再加上大雪覆盖，走到场地时已经中午 12 点了。他们顾不上吃饭休息，下到 20 米深的探井中取样、削样、密封、记录，下午 3 点一个个标准的土样已切削完成，装入两个取样的土样箱中。俗话说得好，上山容易下山难，面对下山的路，两个人又犯起了愁。路上一个人都没有，只有他们俩一前一后地走着，每个人的背上还压着一个五六十千克的土样箱。每走一百米就得停下来休息，两个人相互鼓劲互相加油，平时 1 个小时的下山路，他们足足走了 5 个小时，走到山下的两人眼眶都湿润了。现在师傅们都是笑着讲述这一段“取样”的故事，但是他们当时的饥寒交迫和这一路的艰辛也只有他们自己知道。师傅们对工作的责任心和不畏艰险吃苦耐劳的工作态度值得我们学习。

张曦工作照

工程勘察部也在每一个“他们”的付出中，发展壮大。1997 年，开展靖（安）—吴（旗）—华（池）—马（岭）输油管道工程勘察，为长庆勘察成立以来开展的第一条原油长输管道勘察项目。2000 年，开展了花—格输油管道首站 50000 立方米原油储罐工程勘察，勘察业务从长庆油田打入青海市场。2001 年，通过竞标获得西气东输管道工程（一线）第五标段（甘塘—靖边）勘察合同，为长庆勘察承担的首项长庆油田外部大型市场工程。2002 年，开展靖边—榆林输油管道工程勘察，在延长油田市场中承担首个大口径长输管道勘察项目。2003 年，承揽刘巷子—蚌埠输气管道工程勘察，勘察市场突破长庆油田陕、甘、宁、内蒙古地域，进入安徽。2004 年，开展苏州—张家港输气管道工程勘察，勘察市场开拓到河北。2007 年，开展我国第一个整装规模煤层气气田建设核心工程——山西沁水盆地煤层气中央处理厂的勘察工作，长庆勘察与华北油田携手新能源建设勘察协作。2008 年，承接延安科林姚店新区天然气综合利用工程勘察，为首个国际合作项目。2009 年 5 月，开展应县—张家口输气管道工程勘察，为有史以来在山西境内勘测的一条最长管道线路工程。2010 年 10 月，中标中卫—贵阳天然气联络线、兰州—成都输油管道（第四标段）勘察工程，并首次开展隧道工程勘测。

2008 年，长庆油田为响应国家号召，分别在惠安堡、油坊庄、咸阳三处建立百万立方米级国家战略性商业储备油库，长庆设计院承担三个储备油库的工程勘察工作。三个油库所处的地理位置各不相同，地质沉积环境复杂多变。惠安堡储备库地貌单元属于白于山山前冲积平原，地层以风积粉土、残积土、泥岩为主。油坊庄储备库地貌单元属于毛乌素沙漠与黄土高原过渡地带，地层以风积粉土为主，含砂量较高。咸阳储备库地貌单元属于渭河一级阶地，地层以冲洪积砂土及卵石为主。

这也是部门第一次承担十万立方米及以上大型储罐的工程勘察工作，部门从上到下面临前所未有的挑战。项目开始后，困难接踵而至。在生产组织过程中，每一场地需协调二十余部钻机几十个工人同时作业，为把好技术质量关，每个技术人员就像场地里的蚂蚁，奔走穿梭于每部钻机与探井之间，走两万余步对他们来说都是家常便饭，每天工作结束回到驻地都累瘫在床上。如果在勘察过程中，遇到施工问题，项目负责人通常都是白天干活，晚上开会，顾不上休息。

张宏杰师傅是油坊庄储备库的项目负责人，粉土含砂量过高造成的钻孔塌孔的问题对他的工程场地影响很大，严重拖后了勘察进度。为了解决这一问题，他翻资料、查文献、问专家，急得像热锅上的蚂蚁。

他说“当时光解决塌孔的方案都准备了六种，但是每个工程场地因地质情况不一样，别人成功的案例不一定在这里就能成功。”他组织技术人对六种塌孔方案进行比选测试，最终确定了少钻多提、减小钻进回次配合麻花钻钻进的方法，有效解决了塌孔问题，节约成本的同时也保证了工程按时完工。

三个储备油库的勘察，也是物探方法作为一种勘察手段在勘察工作中的全面应用，刘加文师傅负责储备油库的物探工作。在咸阳储备库利用浅层地震勘探技术勘察的过程中发生了这样一个小插曲，他在对地震数据解译时，发现一个区域的解译数据与周边地层相差很大，本应解译值很大的数据在这段的解译值很小，该深度范围内并没有解译数值小的介质存在，这让刘师傅犯起了难。经过反复测试证实试验数据的准确性，那么这段地层该如何解译呢？他带着问题向一个资深前辈请教，前辈的一段话点醒了他，“咸阳储备库地层为砂卵石层，是天然的透水层，如果该区域原本是一个空洞，那么该层上部的地下水会向这个空洞内涌入，就形成了这么一个解译值小的区域。”听完专家的话，刘佳文师傅恍然大悟，他明白光干好物探工作是不够的，还要将地质情况与解译数据相结合才能更好地判断一个地方真实的地质情况，这也为他今后的工作积累了宝贵的财富。他对我们说：“年轻人就要放开手脚，大胆干，不要怕出问题，解决问题的过程是工作能力提高的必经之路。”

三个大型储备库的勘察工作每一个参与者都花费了心血，同时也收获了成绩。其中以该项目的勘察方法为基础编制的《大型储罐岩土工程勘察规范》获中国石油天然气股份有限公司企业标准。

如今在毛乌素的沙漠里、在黄土高原的大山上，一个个处理厂、联合站巍然耸立，一条条管线纵横交错，每一项工程的背后，都可以看到勘察工作者的辛勤付出，他们在艰苦的工作环境中，他们始终坚持不懈地追求卓越和创新。他们在极端的气候和艰巨的地理条件下，日夜奋战，为工程的顺利进行提供坚实的支持。

50 年的历程，见证了工程勘察人的奋斗与成长。他们以扎实的专业知识和高度的责任心，为每一个工程保驾护航。他们不畏艰难困苦，勇于攻克技术难题，将勘察工作推向新的高度。他们明白，只有准确、全面的勘察工作，才能为工程的设计和施工提供有力的支持，确保工程的安全和质量。他们时刻铭记着使命和责任，用勘察的智慧和汗水，书写着长庆设计院辉煌的篇章。

在未来的日子里，工程勘察人将继续秉持着勘察精神，不断学习和创新。他们将与时俱进，拥抱新技术和新方法，推动勘察工作向着更高的标准迈进。他们将继续努力，为长庆设计院的发展注入新的活力，为国家能源事业的繁荣贡献更多的力量。工程勘察人的脚步不会停止，他们将继续在长庆油田的土地上，绘制出更加壮丽的篇章，为长庆设计院的未来描绘出更加辉煌的画卷。

从传统手工到数字化时代的飞跃

长庆工程设计有限公司　技术服务中心　孙丽

工程蓝图是公司产品的最终呈现，及时准确地将图纸交付到业主手中，是档案出版人的主要任务，因此，工程蓝图的出版速度的快慢尤为关键。

孙丽师傅 1977 年参加工作，当时蓝图出版的典型工作流程是描图、晒图。用透明硫酸纸蒙在设计人员设计原图上描摹成底图的过程为描图，也被称为“二底图”，再将“二底图”置于晒图纸上，用玻璃或镶玻璃的镜框将图纸与晒图纸夹紧压实，使其不松动，移至日光下暴晒，然后移入室内将晒图纸取出，立即将晒图纸浸入冷清水漂洗，经洗净、晒干，一张清晰的蓝图就出现了，晒图全过程完全手工操作。那时她在描图岗工作，也是整个工序中最费时费力的，为了干好“二底图”工作，不但要学会仿宋字体，熟练掌握绘图工具，还要学会看图，熟知每个标识代表的意思，描图过程中不能出现错标、漏标，快速、准确、美观完成。为了保证工作进度，加班是家常便饭。

20 世纪 90 年代设计人员采用计算机制图技术，在 CAD 系统里画图，通过打印将设计图输出到硫酸纸上，描图工作正式退出了历史舞台。此时孙丽进入晒图岗工作，氨熏晒图机的出现，让蓝图出版进入机械化时代。晒图纸用重氮盐、反应物和酸的混合物对纸进行光敏化，将硫酸纸底图置于光敏化的晒图纸的上，通过晒图机光源进行曝光，再经过加热氨水产生的氨气做显影剂，蓝图就呈现出来了。虽然出版速度得到了提升，但也适逢油田大发展，设计工作量剧增，出版速度还是无法满足

孙丽在晒图岗工作照

需求，“5+2”“白加黑”的工作模式是常态，工作的繁重，加上刺鼻的氨水气味，她也没说过什么。

随着计算机技术的辅助设计、电子图档管理技术的不断发展与成熟，现代化技术档案管理不断延伸，蓝图出版工作发生了革命性的变革，实现了电子配图、数字打印、自动折图，极大地提高了出版效率，减少了手工操作。十几年来，档案出版部门结合自身生产特点，对出版流程、出版设备进行整体规划、优化提升，大幅面图纸从 KIP 工程蓝图机的复印，进化到今天喷墨式数码蓝图机高速打印，A3、A4 小幅面蓝图通过蓝图复印机打印出版，实现了蓝图出版晒图工作全数字化打印。晒图岗由以前 2 人专职配图、3 人晒图人员配置模式，进化到今天线上配图、2 人出版打印。出版效率由氨熏晒图机时代的单人平均日出版量 2400 自然张左右，提升到现在的单人多台设备打印日出版量 14000 自然张，生产效率提高 6 倍左右。技术的进步、设备的革新颠覆了传统意义上的图纸晒印方式，有效提高了蓝图出版的速度和质量，为全面满足公司大油田生产建设要求奠定了坚实基础。

看着数字化蓝图出版的今天，孙丽师傅感慨万千，她用了两个词形容心情：天翻地覆、难以想象，她也嘱咐我们要精心操作、安全操作，技术进步到什么时候，都离不开员工的主观能动性和尽职尽责。孙丽师傅是在平凡之中创造着奇迹的普普通通的技术操作人员，心中有着顾大局、识大体的精神，几十年如一日在岗位上脚踏实地、任劳任怨、出色地完成了各项工作，多次荣获公司三八红旗手、先进工作（生产）者等荣誉称号。她把设计院的事业当成自己的事业，她把按时将设计成果交到业主手里当作自己贯彻始终的工作信念，站好设计院的“最后一公里”出版岗。

走进长庆　何其有幸

长庆工程设计有限公司　热工设计部　张彦均

20 世纪 80 年代，大学生毕业后的工作都是统一分配的，由于我就读的是石油工业部直属学校，工作定向为全国各大油田，毕业后很荣幸被分配到长庆石油勘探局。1987 年 9 月，我独自一人远离家乡去一个陌生的环境生活，怀揣新奇、怀揣梦想，按照派遣证上的地址踏上了遥远的赴职之旅。几经周折，一个傍晚来到甘肃省庆城县，找到长庆石油勘探局驻地。

来到长庆，当时我已经做好了去最艰苦环境工作的充分准备，奔赴前线，为祖国石油事业奉献青春。后来，意外得知自己的档案已经被设计院提走。从此，我就幸运地成为设计院的一员了。

一年的实习期开始了。第一阶段是 1987 年秋季，我与一同实习的同事一起来到了长庆物探基地，参加供热站锅炉房安装施工。与现在整装锅炉不同，那时用的锅炉还是散装炉，锅炉上下炉筒之间的水冷壁需要现场胀管连接，安装任务繁重，技术要求高。我们最先接受的任务就是每天对水冷壁胀管安装数据进行精确测量、标记记录，然后与标准数据进行对比，根据误差指标确定是否合格，不合格部分需要进行返工处理。在以后的安装进程中，我们主要以现场测量、记录、数据整理的方式参与，直到安装完成。

张彦均（右）和张兴元合影

通过现场安装实习，最大的收获就是对锅炉结构和锅炉房工艺系统有了最直观的认知，完成了从书本理论到现实的过渡。同时对安装过程中的施工技术、工具应用、实现方法都有了具体了解和认识。

第二阶段实习是在 1987 年冬季，参加设计院锅炉房锅炉实际运行工作。我们同锅炉房的师傅们一起编排倒班，时昼时夜。刚开始我很不适应，夜班总是瞌睡，后来慢慢适应了。设计院锅炉房有一台蒸汽锅炉和两台热水锅炉，使用重油燃料，担负家属区及办公区的热水供暖和洗浴室的换热供汽。期间要进行软化补水、供油、引风、排污、调风等各种运行操作，还要做详细的运行记录和交接班记录。当时印象最深刻操作最频繁的就是根据观察炉火颜色、出烟颜色进行燃烧器调节和风门调节，这关系到燃烧是否充分和锅炉运行效率。

通过运行实习，对锅炉房各系统运行机理有了深切的把握，同时对锅炉房实际操作空间、位置、高度、角度的合理性有了深切的体会，无疑对今后从事设计工作裨益良多。

实习结束后，我便投入到轰轰烈烈的油田大开发浪潮中。我一直从事油田地面建设、民用建筑、工业建筑、综合办公建筑的暖通空调设计，至今也有 30 多年了。30 多年来，参与了几乎所有油田建设的重大工程。参加了安塞油田开发、靖边气田建设、天然气净化厂、炼油厂、咸阳助剂厂、靖边基地、河庄坪基地、礼泉基地、庆城基地、宁夏河东基地、银川燕鸽湖基地、泾渭苑小区、陇东前线生产指挥中心等的暖通空调设计工作。我的设计经历比较广泛，实践过的采暖设计有热水及蒸汽采暖、热风供暖、燃气辐射采暖、地板辐射采暖、室外供热管网，建筑规模从一般建筑到高层建筑；通风设计有余热通风、有害气体通风、集中净化通风、防爆通风、滤毒通风、消防通风、人防通风及洁净室通风；空调设计有分散式空调、多联式空调、精密空调、中央空调；空调冷热源有风冷热泵、地源热泵、制冷机组、直燃机。在项目设计中遇到过很多困难，有些项目没有同类项目参考，缺乏基础技术资料，为了开发最佳技术方案，我和团队有时候要持续奋战几十天甚至几个月，一次次建模、一次次验证、一次次交流讨论、一次次现场考察、翻阅大量国内外资料等。每当顺利完成一个项目或者开发出具有知

张彦均（前排中间）和同事合影

识产权的新技术的时候，那种成就感和幸福感不言而喻，也坚定了我们科技创新的信心，伴随着难题的解决大家各方面的能力提升很快。

走进长庆，我倍感幸运，收获了成就感和幸福感。我的幸福感不仅仅是来自工作成果和取得的荣誉，主要是我很喜欢我所从事的设计工作，很享受所处的工作环境，特别是热工设计部同事之间一直存在一种良好的、积极向上的氛围，在工作中可以学到很多新的知识和技能。老师傅知无不言，言无不尽，把自己的经验毫无保留地传授给新入职的青年员工，青年员工积极上进，敢于挑战自己、开拓新的领域，在热工设计部每个人都有个人成长和个人发展的机会和空间，员工素质和工作能力不断提升的同时也促进公司蓬勃发展。

岁月渐渐远去，留下的那些奋斗故事让人难以忘怀，我在长庆设计公司工作期间，见证了公司的成长，这里留下了我的青春和梦，根植了我对公司难以割舍的情怀。长庆设计“五个一”精神不是凭空而来的，是一代代长庆设计人在艰苦奋斗中历练出来的、在技术攻关中积淀形成的。愿新一代长庆勘察设计人持续发扬公司“一股劲”的创新精神，“一条心”的协作精神，“一根钉”的敬业精神，“一团火”的服务精神和“一辈子”的奉献精神，在设计岗位上践行创新发展和绿色发展使命，跟着公司迈着有力的脚步前进，同时祝愿长庆工程设计有限公司的明天更加辉煌。

EPC 口述历史

长庆工程设计有限公司　技术经济部副主任　杨秀强

长庆设计院是集团公司最早确定的两家 EPC 总承包试点单位之一。2005 年，长庆设计院进入工程总承包市场，以全员参股的西安立得工程建设有限公司出面承接西气东输国家管道河南省信阳—固始输气支线工程，迈出了第一步。在 2008 年首次组建 EPC 项目部，随后独自承担浙江油田、延长油田 144 井区，杭锦旗输气管道，柳林煤层气地面建设，永和煤层气地面建设，子洲热电联产等社会市场总承包项目，同时以 EPC 联合体的形式参与了大唐煤制天然气管道工程（北京段）和中缅油气管道工程等多项 EPC 总承包工程的建设任务。2013 年，按照“一业为主、两翼齐飞、创新驱动”的战略定位，将长庆设计院 EPC 业务重心调整到长庆油田市场，积极投身长庆油气田建设，陆续承担了北四干线 B 段工程、马惠原油管道安全升级改造工程、第一净化厂采出水处理及回注站迁建工程、佳县天然气处理厂、陇东地区天然气试采工程，庆四联合站等 EPC 项目的建设任务，项目覆盖油气田大型场站、长输管道、集输管道、供配电、道路、储罐制作等地面建设工程，保障了“西部大庆”顺利建成和 5000 万吨持续稳产及提质增效目标的实现，使长庆设计院在长庆快速发展的历史征程中留下浓墨重彩，赢到了广泛信任，为实现长庆市场全占领奠定了基础。同时具有长庆特色的、以业主为主导、设计为龙头的 EPC 项目管理模式成为长庆油田地面建设工程的重要组成部分。直到 2021 年，以庆五联合站工程收尾，终止 EPC 业务，历经 16 年。

在 16 年的短暂历史中，EPC 从无到有，曾在一年中创造 10 个项目同时运行，年产值超 10 亿元的辉煌，其中庆四联合站及配套工程、佳县天然气处理厂项目荣获“优胜项目”称号；马惠输油管道安全升级改造工程荣获长庆油田先进班组荣誉称号。

EPC 项目部按照“强化项目管理，突出过程管控，做精 EPC 总承包业务”总要求，以计划管理为主轴、以设计管理为龙头、以质量管理为宗旨、以安全健康环保管理为重点、以物资供应为保证，编制了《项目实施计划》《项目管理手册》《项目管理计划》《质量手册》《创优质工程实施方案》以及承包商 QHSE 月度考核细则、承包商奖惩规定、材料管理制度、文控管理制度等 10 项质量管理体系文件。在项目建设中形成“制度管理、制度说话”的理念。以“深化标准化施工全过程，深化安全管理全过程，深化质量管理全过程”为原则，在施工中严格规范操作，严把工序关，注重技术交底，确保每道工序、每个环节从设计、施工、验收符合要求，确保操作人员、技术人员、项目部管理人员统一标准。

2021 年公司从大局考虑，暂停了 EPC 业务，但公司经过内外部市场 16 年的锤炼，锻炼出了一批具有市场公关、法务合同、管理技术、设计水平的人员。我们有信心一步一个脚印，踏实工作，时刻准备着，坚定召之即来、来之既战、战无不胜的信念。积极对标先进，总结经验，持续优化完善采办、施工、分包管理体系，不断提高 EPC 管理水平，为公司的发展作出更大的贡献！

用热情和汗水谱写储罐人生

机械设计部流传着这样一张照片，照片里的人神情专注，正在病房里左手输液，右手握着鼠标在笔记本上绘制 CAD 图纸，这个人便是“储罐专家”演强，机械设计部数一数二的老师傅。印象里演师傅总是大大咧咧，但专业上却一点也不马虎，他带领团队对大型浮顶油罐的系列化设计和结构安全优化设计一举奠定了长庆油田在大型浮顶油罐设计方面的地位，照片上正是他在病房里绘制浮顶油罐的情景。

我去找演师傅的时候，他刚看完一个储罐维护的设计说明书，“说明书不能这么写，我们要写的是清罐要注意什么，具体哪里怎么维护，无损检测怎么做……要让现场一看就知道他们应该怎么做，没用的套话就不写了。”看他有点停下来的意思，我赶忙插道：“演师傅，有空了给我聊聊您设计 10 万立方米大罐的事情呗。”演师傅摆一摆手，“不说了不说了，那没啥。”终于在软磨硬泡之下，他才愿意和我说说以前的事情。

杨秀强工作照

“在 1985 年我国首次从日本引进 10 万立方米浮顶油罐后，

国内大型浮顶油罐的建造步伐逐年加快，国内设计院也逐步参考国外设计标准开始大型浮顶油罐设计，于是我们组建团队，开始了大型储罐国内设计标准的技术攻关。团队通过调研分析、有限元仿真等多种手段进行尺寸计算、核心部件研究，先后完成了10万～15万立方米浮顶油罐的系列化设计和《10万～15万立方米浮顶油罐设计规定》企业标准。后来，针对中国石油对长庆油田大型储罐安全检查提出的问题，我们又逐一检查油罐完成了储罐安全隐患的查摆，并提出了解决方案。”演师傅说得很轻松，但我知道他们编写的企业标准，填补了国内外大型钢制浮顶油罐设计标准空白，在行业内产生了较大影响，我也听说因为担心大型储罐在特殊天气条件下是否安全运行，他早已养成了每天关注几个商业储备库区域天气预报的特殊习惯，甚至每当遇到雷雨等特殊天气晚上都休息不好，为了辨识大型储罐的安全风险，整个团队连续7天时间横跨陕甘宁三省展开调研，完全不在意布满油污的清罐维修现场以及50多摄氏度的罐体温度，反复爬上30米高的油罐十几次就为能够得到一组科学、准确的油罐数据资料……对于接手的工作他虽然嘴上说不费事、不难处理，其中的艰辛却都是靠自己时时刻刻放心不下的责任心和不懈努力才逐一化解的。

“演师傅，那病床上的办公照，是怎么一回事呢？” 我问。“2012年5月初，我胆结石发作到医院治疗，随即确定进行手术，却不想中缅输油管道工程设计告急，瑞丽泵站的5万立方米双盘浮顶油罐设计图纸必须在月底前交付管道咨询部进行审查，我作为此项设计前期的主要参与人，不能因为自己住院影响了项目计划进度啊，部门考虑到治疗不能停止，所以就安排人把笔记本电脑和专业资料搬到了病房里，让我进行设计的同时，不耽搁输液治疗，于是就有了这张照片，其实就是个分内的事情，这没有啥。”演师傅娓娓道来。后来我得知，胆结石虽然是个小手术，但当时他的情况比较特殊，由于长期驻守现场耽搁了时间，病情非常严重，局部都已经粘连，发作的时候疼痛难忍，他却拗过家人和医护人员做出了这样的决定，还好后来设计如期完成并按时交付，推迟了半个多月的手术终于得以顺利进行。

演强用热情和汗水谱写了储罐人生，用多年的坚守诠释着工匠精神。如今的他仍然坚守在设计一线，将多年积累的技术“绝活”通过传帮带的形式延续到年轻设计人员的身上，他嘴上说着不费事，干起活来却极致认真的样子也成为大家学习的榜样。

脚踏实地　行稳致远　进而有为

长庆工程设计有限公司　热工设计部副主任　陶永

我是 1991 年入职的，当时我的指导师傅是曹淑华，刚参加工作的时候，我对设计一知半解。先是跟着师傅做一些入门的东西，慢慢地积累经验。

我做的第一个大工程是庆阳第二供热站，是一座燃煤锅炉房，包括 3 台 10 吨的锅炉，当时热网覆盖十几万平方米，工程难点在于水力平衡计算，面对这么大的工程，刚开始也是无从下手，全靠曹师傅一步一步悉心指导。整个锅炉房系统包括上煤系统、除渣系统、烟风系统、水处理系统和热水系统等。之前在学校学习锅炉房系统相对比较零散，在完成庆阳第二供热站之后就对整个锅炉房系统有了清晰全面的了解，学习了油田基地供热锅炉房齐全的基础知识。庆阳第二供热站从方案到施工图一共耗时了一年多，施工图花了半年时间，热工专业出图达 30 多个标张。当时计算机还没有大规模应用，全部是手绘制图，严格按照比例尺，在图板上用铅笔一笔一画画出来。

大约在 1993 年下半年到 1994 年期间，机械厂的锅炉房就是我单独设计的第一个大工程，站内新建 2 台 10 吨的燃煤热水锅炉，光烟囱就达到了 45 米，项目总投资一共 500 多万元。供热站拆除的两台旧锅炉都是从苏联进口的，新中国成立之初国内还没有锅炉设计能力，这两台锅炉先是在玉门油田使用，后来又转到机械厂的锅炉房。这次新设计的锅炉房应用的就是国产的锅炉，锅炉质量达标，体积相比之前大为缩小，效率也达到了 78% ~ 80%。施工图基本上也手绘了半年。

紧接着就到了靖边气田开发时间，大约是再 1994 年下半年到 1995 年期间，第一净化厂的供热站新建 5 台 10 吨燃气蒸汽锅炉，在此之前整个设计院都没有做过这么大的锅炉房。其实不只是锅炉房，对于一个完整的天然气净化厂，设计院缺乏相关设计经验。第一净化厂主要是四川院主办，只有其中供热工程、供水工程和供电工程是设计院承接的。当时热工专业表态保证完成供热工程，我在李主任和曹师傅的支持下，硬是把这么大的工程接了下来。

值得一说的是，本次工程全部采用计算机绘图，部门向院里协调了1台286计算机。第一次用计算机，还需要完全自学操作，在CAD上不断手输命令。相比现在的计算机速度，当时的DOS系统生成一张1号图纸一般都需要四五十分钟，尽管这样也比手绘快了很多，手绘相同设备管线全部得一笔一笔画出来，用上计算机之后5台锅炉只需要拷贝一下就可以了，大大提高了工作效率。

当时这个项目主要困难在于：一是和四川院的协作，绘图习惯很不一致，需要不断协调。二是技术上的问题，本次新建蒸汽锅炉，设计流程和燃煤锅炉完全不一样，一切都需要从头画起，本次新增蒸汽系统，凝结水回收系统，燃气系统等，都需要不断学习和摸索。三是当时相对设计理念比较保守，水处理用的是散装的钠离子交换器，锅炉也是天津锅炉厂的散装炉子，厂家自配的燃烧器，还需要单独配备鼓风机，控制系统和连锁都需要现场组装的，相关运行参数和连锁条件都需要现场调节，完全没有现在全自动燃烧器运行起来方便。

陶永工作照

等做完这个大锅炉房之后，感觉整个人的技术水平一下子就上来了，有了技术自信，再面对其他锅炉房就完全没啥难度了，轻松得很。

再后来就是1995年做的兴隆园基地锅炉房方案了，本次新建3台20吨燃气蒸汽锅炉，当时放眼整个西北地区也是首屈一指的。整个兴隆园基地的方案是由西北院设计的，设计院只做了其中的锅炉房，我们热工的技术是比西北院要高的。

这个方案难点主要有三个，首先是锅炉房规模大，供热面积覆盖45万平方米，这个是之前绝无仅有的，其次是基地供热包含了高层和低层建筑，供热系统压力不同，水力平衡更加麻烦，最后确定的方案是高层单独建立换热站，用水泵进行加压。最后则是需要供应卫生热水，热水供给给排水专业，再换成卫生热水供给用户，又增大了水力平衡计算难度。方案做完之后，1996年我就到靖边参与锅炉房现场施工，施工图交给了朱治科同志。

主要是压力转换成为动力，当时部门人才紧缺，年轻人都勇挑重担。在现场配合施工的那一年，才知道设计到施工还是不同的，现场经验缺乏，安装图上不可避免地存在一些问题，比如施工组织、配管安装等。

当时设计院配管过程中主管和支管连接还采用的是承插焊，现场施工单位已经开始采用单独的三通和弯头进行施工，我们在设计中还没有体现，缺乏相关开料，设计理念和现场施工存在了一些差距。最早现场施工需要的弯头和大小头都是手动制作的，不像现在都是标准配件，经历过这次现场配合施工之后，设计院的整体设计质量获得了明显的提高。

面对即将到来的建院五十周年，长庆油田也来到了新的发展高度，热工正在全面开展新能源业务，希望能够和年轻人共同学习，共同提高，满足公司对新能源开发的业务需求。此外，还希望能够把热工关于锅炉房设计的经验技术传承下去，有项目就多历练，由老同志保驾护航，助力新同志早日提高技术水平。

毛乌素沙漠风积砂工程特性研究

长庆工程设计有限公司　工程勘察部　潘俊义

毛乌素沙漠地区自然地理条件、气候条件恶劣，生态环境十分脆弱，独特的自然地理条件决定了该区自然灾害普遍而严重。首先，沙漠化过程导致耕地和草场普遍风蚀粗化，可利用土地资源的丧失，生态平衡遭受破坏，自然环境趋于恶化；其次，不良的工程地质条件使得各类工程建设举步维艰，同时，由于不同沙漠地貌单元的形成、运移和发展过程是一个动态的过程，在这个动态过程中极易使得已建成的各类工程建设遭到不可逆转的破坏。

长庆油田开发的油气资源主要分布于毛乌素沙漠地区，这里有着雄厚的油气资源基础，是我国重要的石油天然气基地，也是西气东输工程的“第一气源地”。长庆油田的建设和发展，受到党中央、国务院和中国石油天然气集团公司、股份公司及陕、甘、宁、内蒙古等省（区）各级领导的高度重视，长庆油田每年投资数十亿元进行大量的场站、管线等产能建设和厂矿建设工程，由于对该区砂土地层的特殊工程地质性质认识有限，使得在输油气管道铺设和油气田厂站建设中常常遇到各种工程地质问题， 而目前与该区岩土工程及工程应用相关的研究成果甚少，这一现状对长庆油田乃至周边地区的经济发展已造成严重障碍，因此，从更深层次上认识、利用和治理沙漠是长庆油田可持续发展的迫切需要，也是沙漠区域和周边市县村镇发展的迫切需要。

潘俊义（右一）工作照

在此背景下，公司于 2007 年开展科研项目《毛乌素沙漠岩土工程及工程应用研究》，对该区的自然地理及地质环境条件、风沙地貌进行了研究，同时对风积砂的基本物理力学特性、风积砂地基承载力及风积砂工程应用进行了试验性研究，获得了一批重要的成果。2009 年继续开展科研项目《毛乌素沙漠风积砂力学特性及工程应用深化研究》，对该地区风积砂应力应变本构关系、工程适用性、地基承载力及复合地基设计等方面进行了深化研究。

本项目以岩土力学、工程地质学和基础工程学为基本理论，通过现场调查取样、勘探、室内外试验及工程验证等手段，开展毛乌素沙漠自然地理及地质环境条件、沙漠地貌及风沙地貌的形成、分布、运移及动态演化规律研究以及风积砂地基处理关键技术、风积砂地层承载力特性的研究；对毛乌素风积砂物理力学基本性质进行研究；研究毛乌素风积砂静力、动力应力应变关系，建立风积砂静力本构及动力本构模型，开展以毛乌素风积砂作为细骨料的砂浆配合比试验；以振冲砂桩法、振冲碎石桩法、水泥土搅拌桩法三种最常见的桩体复合地基处理方法为主要研究对象，通过研究获得桩体复合地基的最优设计参数，最终达到直接为长庆气田沙漠地区各类地面工程建设服务之目的。

建立了适于描述毛乌素沙漠风积砂的动、静弹塑性本构模型，在对风积砂动强度、动模量、动阻尼比和动力应力—应变关系进行试验研究的基础上建立了砂土动力本构模型和残余变形经验估算公式，提高了毛乌素沙漠风积砂各类岩土工程的计算精度；对以风积砂作为细骨料的砂浆配合比试验研究成果能够直接应用于工程实践；风积砂地基极限承载力及沉降变形特征的研究成果，以及桩体复合地基极限承载力的研究成果，可直接指导毛乌素沙漠风积砂地层的勘察、设计和施工。项目研究成果可直接服务于长庆油田在沙漠区的各类工程建设，推广使用后，可节约建设成本和建设周期，从而产生显著的经济效益及社会效益。通过专家组评议，该项目研究成果整体达到国内领先水平。2012 年获中国石油天然气集团公司科学技术进步奖二等奖。

从工程建设的角度出发，应用岩土工程相关原理，把沙漠性质的研究与工程建设有机地结合起来，正确认识沙漠，充分利用风积沙漠有利特性，使之为工程建设所利用，这不仅是长庆气田地面工程建设的迫切需要，也是人类征服自然、改造自然、扩大生存面积的需要，成为岩土工程学、土木工程学、气象学、地理学、地质学、地貌学等学科的交叉学科，并成为一项实用性很强的尖端技术，具有广泛的应用价值。通过推广应用，该项目的相关成果已经直接服务于长庆油田毛乌素沙漠工区的勘察、设计及施工，大幅度节约了建设成本，缩短了建设周期，经济效益及社会效益显著。

石油行业遥感技术规范的问世

长庆工程设计有限公司　工程勘察部　罗东山

随着计算机技术、传感器技术的不断进步，现在的测绘技术已经取得了飞速发展，测绘手段已经不仅局限于单纯的地面工程测量，基于无人机、飞艇、气球、大飞机等航空平台的摄影测量技术和基于卫星等航天平台的遥感技术发挥着巨大的优势。遥感技术已经在铁路、公路、石油、电力等行业的勘察设计、国土资源规划、灾害监测、应急响应等方面发挥着巨大的作用。

遥感，从字面上来看，可以简单理解为“遥远的感知”，就是通过传感器在远离目标和非接触目标物体条件下探测目标地物，获取其反射、辐射或散射的电磁波信息，并进行提取、判定、处理、分析与应用的科学和技术。

遥感技术在油气田的勘察设计中发挥了重要的作用，而全国各行业均没有相关的技术规范，为了规范和指导遥感技术在石油天然气行业工程建设上的应用，统一技术要求，做到技术先进、经济合理、安全适用，编写《石油天然气工程建设遥感技术规范》迫在眉睫，公司抓住机遇，在2010年就成立了规范编制组。我们深知“机遇与挑战并存”，这是公司在行业内展现技术实力的一次机会，为了圆满地完成这项工作，我们从2009年就着手准备标准的立项工作，编写规范大纲，进行了大量的调研和总结，获得了很多有价值的资料。

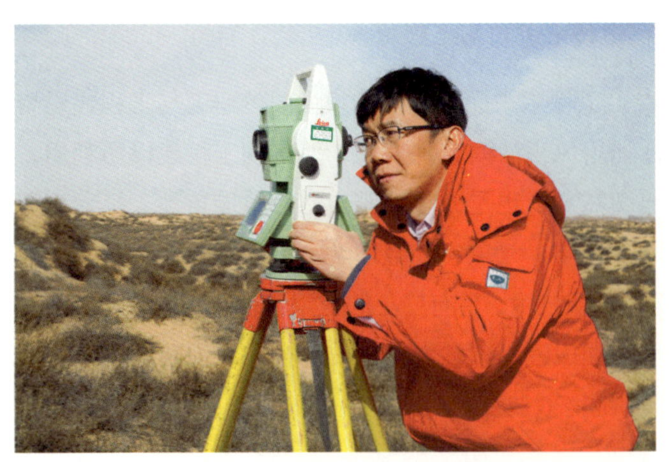

罗东山在苏里格深度处理总厂勘察

功夫不负有心人，经过公司的大力支持和编制组坚持不懈的努力，2011年3月《石油天然气工程建设遥感技术规范》终于通过了国家能源局的批准，这是公司主编的首部行业标准，具有里程碑式的意义。

我们深知规范的编制不同于写技术方案和技术总结，需要的是对整个工艺流程以及精度指标等都非常熟悉，规范编制组结合工程生产实践经验，查阅了国内外大量的技术资料和工程实践资料，为规范的编写做好了充分的准备，编写了详细的工作计划和内容提纲，为启动会的召开奠定了基础。

2011 年 8 月由设计分标委组织各参编单位召开了规范编制启动会，会上明确了编写内容、任务分工和时间计划等。为了顺利地完成规范的编制工作，我们积极与参编单位进行沟通，几乎每周讨论进展情况，对有疑问的地方，集思广益，对卫星空三等难点问题，向行业内的专家学者请教，期间多次向武汉大学袁修孝教授咨询卫星空三测量的像控点布设问题，向国家测绘地理信息局第一航测遥感院以及中国煤炭地质总局航测遥感局的有关专家咨询生产过程中的技术问题。

2012 年 2 月 6 日晚上，正是元宵佳节，长庆大厦 711 室依然灯火通明，大家你一言我一语，正在争论着线划图采集要不要按地理要素分类写那么详细以及等高线的取舍、DEM 和 DOM 如何进行成果检查以及检查点数量的规定等问题，大家各抒己见，终于确定了最终的规范条文。

不知经过多少次的讨论和研究，2012 年 7 月规范编制组终于完成了征求意见稿。并如期召开了规范统稿会，邀请了石油行业内的专家，同时还邀请了国家测绘地理信息局的有关专家对征求意见稿进行了审查，提出了很多建设性的意见，完善了规范的内容。

俗话说“一分耕耘，一分收获”。大家都已不记得讨论了多少次，也不记得修改了多少次，“风雨过后才见彩虹”，经过我们坚持不懈的努力，规范审查会 2012 年底在长沙顺利召开，会上各位专家逐字逐句进行了审查，获得与会评审专家的一致好评，顺利通过了审查，标志着公司在规范编制上迈出了重要的一步。

气田站场设计的工作回顾

长庆工程设计有限公司　天然气设计部　屈苗苗

公司成立 50 周年以来，几代长庆勘察设计人在摸索和改革中砥砺前行、致力于长庆油田地面工程建设。为回顾公司成立 50 载历程中走出的不平凡道路，创作具有公司特色的光阴故事，特采访天然气设计部杨莉师傅，聆听她的工作经历，在她的讲述中重温峥嵘岁月。

回忆起二十多年前踏入长庆工程设计有限公司的情景，杨莉师傅依然历历在目："当年我刚进入公司，没想到如今一晃二十多年已经过去了！"杨师傅这样感慨地说道。2001 年，杨莉进入长庆工程设计有限公司工作。据杨师傅回忆："我毕业于兰州铁道学院，也就是现在的兰州交通大学，所学专业为热能与动力工程，刚毕业那会，我从事的是内燃机车方面的工作。2001 年我回到西安工作，进入设计院，那个时候公司还是叫西安长庆科技工程有限责任公司。"

入职初期的些许坎坷

入职初期，油气田地面工程设计工作对刚转行、从未接触过该项内容的杨师傅而言，工作的开展似乎并没有想象中的顺利。据杨师傅回忆："那个时候公司规模没有现在大，也没有外协人员，所有的项目都是自己干。那时恰逢油田上产的关键时期，刚进入工作岗位的新人便接手三四个站场设计工作。"刚入职时自己技术薄弱、经验少，面临工期紧，任务重等也经历过挣扎、迷茫的时期。但是，大家并没有被工作难度大、压力大等困难吓倒，反而干得更加努力，看规范、跑现场、请教老师傅，每天都是"拼"劲十足，为了完成设计方案的进度，没日没夜加班，基本不会等着别人来催，总是能按时完成任务，甚至提前交付。每天都以饱满的热情投入到工作当中，做设计方案，画施工图，奔波在每一个工地的路上，感觉工作和生活十分充实。

设计工作充满着无限乐趣

回想到自己刚进入公司那几年的工作经历，杨莉师傅笑着摇了摇头，说自己其实也是一个“不安分的人”。当接手一项自己从未接触过的工作时，自己都充满了好奇心和新鲜感，总是积极主动地去深入探索、深入学习，碰到自己感兴趣的项目时便积极争取承担。尽管工作初期常会出现各种困难，一套方案改了十几次但也毫无怨言，凌晨一两点还在反复学习专业知识也乐此不疲。那个时候就觉得自己精力非常充沛，一有空闲时间就去钻研，努力去寻找解决问题的方法。

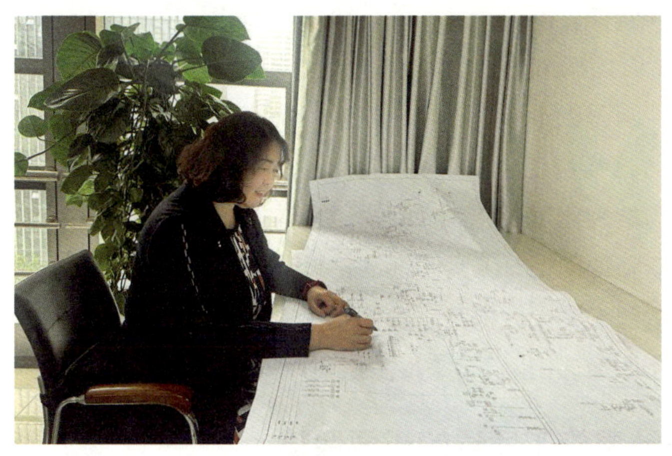

杨莉工作照

如杨莉师傅所述：“有些人会觉得设计工作枯燥乏味，设计就是按照标准规范，日复一日重复相似的工作。在我看来，每次接手一个新的区块的方案设计或者施工图设计，我都会觉得充满干劲。每次碰到新的问题，再去查阅规范，不断反思、不断总结、积累经验。这些过程对我来说每次都是不一样的经历、不一样的体验。我认为设计是一个既充满艰辛又充满挑战乐趣的工作，一定要时刻保持对工作的激情，没有激情何来动力呢？”

设计工作需要严谨细心

气田地面工程设计规模大、工艺复杂、装置多，在做各区块设计阶段，一定要和其他区块对接确定总方案、总流程、总图布置、总计划、在前期要做好充分讨论和论证，不要怕麻烦、不要怕修改。在设计初期一定要尤其的严谨细心，凡事多做考虑；所谓磨刀不误砍柴工，在这个阶段体现得最为贴切；设计初期认真细心一点，可防止以后走弯路，节省投资，降低能耗，完善技术，优化设计。如杨师傅所说：“我认为在任何一件事情上、一个节点上，都尽可能想得多一点、执行得多一点，这是十分必要的，这也是我在工作中的习惯。对于我们的油气田地面工程设计工作，严谨细心是必备的基本职业素养。”

标准化设计提高工作效率

据杨师傅描述，刚开始做站场设计工作，是每个人负责一个新建站的设计或者已有战场的扩建工作，从进站、分离、注醇到外输模块，所有的工作都是一个人负责设计，工作量很大，那会是气田上产的重要时期，需要新建和改扩建的站场非常多。“我大概是从 2005 年开始做站场设计，那个时候接手的第一个战场设计是南 -19 集气站的改扩建设计工作，刚开始也不清楚流程，画图也不熟练，站内的所有设计工作都是自己一个人干，忙得我晕头转向的。”杨师傅这样说道。2008 年以后，公司推行标准化设计体系和一体化集成装置。通过使用站场橇装化建设，大大缩短了设计周期，并且在项目设计进行的过程中，也不易出错。据杨师傅回忆：“有了标准化设计之后，大家进行设计工作时，可直接复用已有的标准典型图纸，大大提高了我们设计人员的工作效率；据现场反映，橇装化装置布置紧凑，也给现场施工运行带来很多便利。”

地面工程设计是施工质量的重要保障

对于一个工程来说，设计是龙头、是灵魂，设计得好，是项目成功的基础，如果基础不牢，就很难取得成功。如杨师傅所述：“油气田地面工程设计不同于其他常规的项目，它是保障油田可持续开发和油田安全生产的一项重要举措。它直接关系到油田的经济效益和长期可持续发展。由于油田地面工程项目具有专业性强等特殊性，一般情况下，大部分项目的设计复杂程度也比较高，因此，对其规划和设计工作提出了更高的要求。由于油田地面工程项目的规划工作周期较长，后期施工难度较大，因此在规划设计阶段必须进行充分准备，以保证项目的实施效果。只有做好各方面、各阶段的设计工作，才能顺利高效地将油气田储量转化为产量，使油气田的综合效益得到切实的保障。”

从最初进入公司到现在，杨莉师傅已从事气田地面工程建设 20 余年，杨莉师傅说：“很荣幸也很庆幸进入设计院，对于选择设计工作，我不仅仅无怨无悔，更是引以为豪。”踏踏实实，平凡的岗位上表现出的敬业精神，任劳任怨，烦琐的事物中凸显默默奉献的品格；勤勤恳恳，努力为气田地面工程建设贡献设计力量，这就是杨莉师傅的工作真实写照。

天然气净化厂设计的饭碗必须端在自己手里

长庆工程设计有限公司　天然气设计部　张凤博

1997 年 9 月 10 日，一束橘红色的火焰在北京上空燃烧，这代表着长庆工程设计有限公司参与设计的长庆第一净化厂完美竣工，开天然气净化厂设计之先河。2003 年 10 月 8 日，长庆天然气作为“西气东输”的先锋气，率先通往大上海，这代表着长庆工程设计有限公司负责总设计的长庆第二座天然气净化厂落成。2008 年 8 月 8 日，国际第 29 届奥运会的火炬在北京奥林匹克体育馆熊熊燃烧，这代表着长庆工程设计有限公司负责总设计的长庆第三座天然气净化厂告竣。2012 年 1 月 10 日，为贯彻落实集团公司党组提出的把长庆油区发展建设成为天然气枢纽中心的指示精神，加快气田调峰能力建设，解决近年来长庆冬季高峰供气趋势日益紧张的问题，确保长庆油气当量 5000 万吨目标的顺利实施，长庆第四座天然气净化厂设计与建设的任务迫在眉睫。

张凤博工作照

作为一位伴随长庆工程设计有限公司走过三十多年风雨的老师傅、老前辈，刘子兵曾见证了这段天然气净化厂设计“从无到有，从有到精”的光辉岁月。忆往昔，峥嵘岁月稠。据刘师傅回忆，第一净化厂主要是由中国石油工程建设有限公司西南分公司设计，长庆工程设计有限公司参与设计，第二和第三净化厂虽由长庆工程设计有限公司负责设计，但主体装置仍由中国石油工程建设有限公司西南分公司设计和依赖进口。有了前三座长庆天然气净化厂设计建设所积累的丰富经验，这一次，长庆工程设计有限公司决定所有设计内容皆由公司独立自主完成，将天然气净化厂设计的饭碗端在自己手里，在真正意义上完成天然气净化厂的自主设计，去创造新的历史。而这背后的故事和艰辛，可能说也说不完。

在第四净化厂建设之前，长庆前三个净化厂已经累计运行 25 年，致使项目建设甲方在长庆净化厂运行方面积累了丰富的经验，对第四净化厂的设计也相应提出了更多更高的要求，而这无疑也加大了项目设计的难度。时间紧，任务重，要在数月时间内完成第四净化厂的设计，首先要面临的困难便是净化厂工艺流程的模拟计算。据刘师傅回忆，当时院里并没有净化厂主体工艺模拟计算的先例，设计队伍就在摸索中日夜前行，使用 Unisim 软件模拟计算算不通，那就手算，手算耗时太久，那就向专业的人交流，引入新的模拟软件 ASIM 加快计算速度与精度，在设计周期只有数月的紧急时限中，设计师们日夜兼程，只是模拟就花费了 1 个多月的时间，留给整个设计团队的时间更少了；但三种计算方法等肩并行，完美完成了整个净化厂的模拟计算过程，从此有了净化厂设计的底气；第四净的厂址选择也是当时在项目设计中遇到的一大难题，勘探设计人员在驻留现场仔细踏勘，了解熟悉场地地形地貌、地质条件后，与工艺设计人员反复交流论证，只是滑坡的论证就开了数次会议。

为保证冬季高峰供气时，上游原料气能得到处理，第四净化厂必须在 2012 年建成投产。一年时间里，从设计到建设服务，采用安全可靠的 MDEA/DEA 复配溶液脱硫脱碳工艺、三甘醇脱水工艺的第四净化厂成功落成。设计团队在实践中总结完善，探索出一条天然气净化厂自主设计之路。

每一份成就背后，是胼手胝足的奋斗，是埋头苦干的拼搏，是艰苦卓绝的努力。第四净化厂建设的背后有长庆设计人在忙碌的工作中度过无数的深夜凌晨、伴随着月明星稀坚定能源报国的梦想，有在黄沙漫天中指导现场施工人员安全建设、为了长庆设计人的荣誉而战。在今天，行山至一半，更应看远方。我们沐浴在时代的春风里，青春的理想与激情、奋斗与创造，更应如万马奔腾，酣畅挥洒，更应在向远方眺望的时候不忘初心、牢记使命。

专业讲述

品读“四时花语” 绘就奋斗蓝图

石油设计部 樊娟

我想问大家一个问题：石油是什么？有人说：石油是一种黏稠的深色液体，是“工业的血液”，是保障国家能源安全的重中之重，是导致环境污染的“罪魁祸首”。然而对我们在座的每一位长庆设计人而言，石油是根与魂，是赖以生存的饭碗；是血与脉，是薪火相传的使命。

在公司50周年文艺晚会上，我有幸参演了情景剧《见证》。从最初排练到上台表演的过程，也是我，一个石油设计“新兵”，学习了解到石油设计部这个荣耀集体，是怎样跟随着长庆油田创业、发展、壮大的脚步，一步步开荒拓土、披荆斩棘、接续奋斗的过程。让我们以一颗丹心为笔、满腔热血为墨，将长庆油田地面工程建设发展的历程描绘出一幅花团锦簇、盛开不败的水墨画。

接下来，让我们一起仔细品读其中真意。

冬，寒梅独开。品读“雪虐风饕愈凛然，花中气节最高坚”的冬之梅，也就读懂了设计人的坚韧担当。梅不畏严寒、傲立霜雪，在冬天里绽放，于寒风中挺立。

20世纪70年代，全国上下“备战、备荒、为人民”，五万余石油大军“跑步上陇东”，轰轰烈烈的石油大会战在鄂尔多斯盆地上演。马岭油田开发初期，采用的是当时国内各油田常用的生产流程——井口加热单管集油流程。经过两年多的生产试验，油井集油管线结蜡结垢严重。这该怎么办呢？彼时作为规划院设计室技术员的夏银田，大胆提出了单管冷输流程的实验方案。但在当时，国内并没有规律性、完整性的技术资料可借鉴，他果断和试验组的同志们一起，坚守现场、爬冰卧雪，每天都在单井计量站、油品分析室往来奔波，不辞辛苦。十五号计量站投产时，他和大家一起冒着凛冽的北风和零下二十多摄氏度的严寒，在井口和站上连续工作两天两夜。困了，他便在地上躺一会儿，饿了，啃几口干馍。倒班的同志劝他休息，他总是说，试验不能中断。连续鏖战三个寒冬后，收集了大批基础资料。为了从取得数据中总结出规律来，他又进行了无数的计算分析，最终得出了合理的管道输送数据。

单井常温密闭输送理论完全成型，圆满地解决了长庆油田开发初期“三低”原油的地面集输问题。单管不加热集输流程，荣获石油工业部优秀科技成果一等奖，马岭油田获得国家优秀工程设计金奖。从伴热到不加热，从三管伴热流程到单井单管不加热密闭流程，实现了质的飞跃。马岭模式也传遍整个鄂尔多斯盆地，成为长庆油气集输的基石。

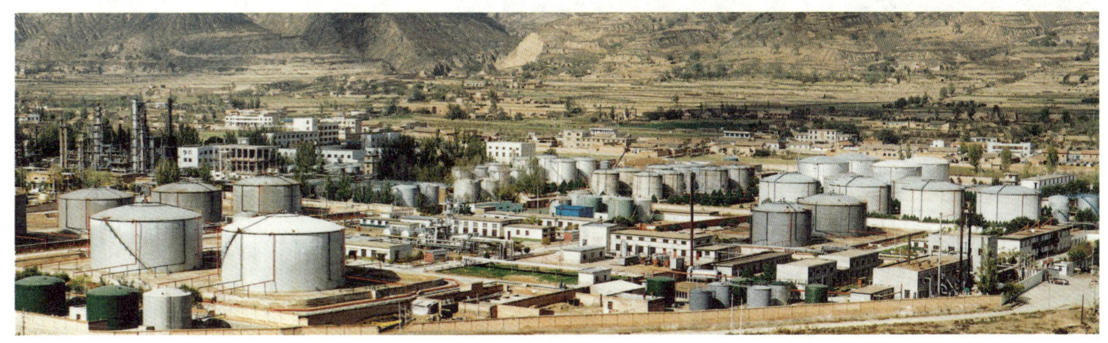

马岭油田

曾经历过无以复加的磨炼，因此长庆设计人有着无与伦比的坚韧。他们“苦心志、劳筋骨、饿体肤”，经历攻坚克难的“寒彻骨”，闻得傲视群芳的“梅花香”。

春，幽兰静雅。品读“西风寒露深林下，任是无人也自香”的春之兰，也就读懂了设计人的奉献情怀。兰生幽谷，不为莫服而不芳。它不媚不娇、清新脱俗、淡雅清香。

20 世纪 80 年代，随着塞一井的发现，安塞油田的开发拉开了序幕。设计人员因地制宜、大胆突破，探索出一套以“丛式井阀组不加热密闭集输”工艺为主要内容，以“单、短、简、小、串”为特色的低渗透油田地面配套技术，荣获全国优秀工程设计金奖，创造了闻名全国的“安塞模式”。

作为这一阶段的亲历者，令已退休的穆冬玲终生难忘的，是她工作生涯中的第一次踏勘。1992 年，坪桥区一万吨先导性开发进入实施阶段，作为项目负责人的她，跟随艾克明师傅，经过一天一夜的颠簸，到目的地后，给同行的测量人员交代清楚所测位置、范围、要求，她心想此行的工作圆满完成了。可艾师傅却说：“走，跟我去看看单井管线走向。”她只好乖乖拿起地形图，跟着艾师傅开始了实地踏勘。时而翻山，时而下沟，走惯了平路的她，实在走不了这陡峭的山路，手紧紧抓着一切可以抓住的植物，仿佛抓着救命稻草，一步步挪动。她又恐又恼，可望着走在前面的艾师傅，50 多岁的人，还患有腰椎间盘突出，佝偻身躯，身体力行，对师傅的敬慕之情油然而生。一条、两条、三条……终于徒步完成了7条单井管线的实地踏勘，两条腿如同灌满了铅般沉重，脚也钻心地痛。她迫不及待地席地而坐，脱下鞋子，原来脚底已磨出水泡。看着表情痛苦的她，艾师傅笑着说："娇小姐，这才刚开始，以后跑多了，脚磨出老茧，就不疼了。"

安塞油田

穆师傅回忆起这件往事时，一度哽咽，泣不成声。她说："这一次的经历，让我看到了老一辈石油人恪尽职守、兢兢业业的奉献情怀，对我一生大有裨益。从此，我爱上了石油，爱上了长庆，爱上了设计，爱上了这里的一切，心甘情愿、无怨无悔地当了一辈子石油人。"

穆冬玲工作照

每每看到这本穆师傅留下的早已泛黄的书，我总是会不禁感叹，前辈们在几十年如一日的工作中，是如何涵养"功成不必在我，功成必定有我"的精神境界，在默默奉献的道路上释放独特幽香。

夏，修竹成林。品读"咬定青山不放松，立根原在破岩中"的夏之竹，也就读懂了设计人的敬业坚定。竹植根厚土中有气有节，破土半空时傲然挺立，不论何时，始终保持"雪压不倒，风吹不折"的坚韧姿态。

时间轮转到世纪之交，长庆油田进入快速发展阶段，油气集输工艺流程走向多元化。刘利群，一位严谨睿智的设计工作者。从办公室到现场，从山梁到沟壑，迎晨曦、踏夜色，处处都有她奋斗的身影。

作为"靖安模式"的领军者，在这样一个攻关项目中承受了巨大的压力。她和同事们探讨、论证，逐步开展以"丛式井双管不加热密闭集输"为主要流程的地面建设技术研究。为了使自己的设计最大限度符合靖安油田的开发，她更是亲赴现场勘探观察。她太拼命了，在一次冒着大雨实地勘察后，全身湿透的她，把怀里一沓资料交给同事，嘱咐了一句“好好测算”后，就晕倒在地。同事将她连夜送往医院，医生说是高烧引起的重度昏迷，当晚就将她送进了急救室。第二天刚醒，她就催着身边的人拿设计稿。经历了无数个提心吊胆的日夜，最终形成了技术含量高、经济效益好的“靖安模式”，荣获了全国优秀工程设计银奖，同时靖安油田荣获 “高效开发油田”称号。

攻坚克难的脚步永不停歇。她又兼任了西峰模式的总策划师，和同事一起开展研究攻关，形成了以“丛式井单管不加热密闭集输”为主要流程，以“井口功图计量、井丛单管集油、油气密闭集输、原油三相分离”为主要内容的“西峰模式”。西峰油田，成为“新世纪全新示范油田”。

4 综合新闻 ●刊发重点报道 ●推出专题专栏

情系产建

——记局劳模、设计院首席设计师刘利群

本报记者 四 言

刘利群在编制靖安油田初步设计方案。 赵 皓 摄

夜已经深了，经过一天紧张的工作，人们这个时候也许正准备上床休息，也许已经酣然入睡。然而，设计院办公楼石油设计所内的灯光却依然亮着，一个衣着朴素、戴着眼镜的女同志正在电脑前忙碌着，一幅工整的设计图显示在屏幕上。不远处的地板上，平铺着一张硕大的标有各种符号的产建地形图……当她忙完手头的工作，抬起头叫常与她一起加班的女儿回家时，上小学的女儿已经趴在桌子上睡着了。

这样的情景不知有多少回了，由于工作性质的原因，与她同行的丈夫经常要去油田产建现场踏勘，带孩子的事情就落在了她身上，在工作特别忙的时候，她甚至把孩子也带到了现场。看着女儿熟睡的脸庞，她的心里不由得升起一股愧疚之情。作为一个母亲，她本应抽出时间让女儿撒撒娇或是给女儿辅导功课，给女儿一个温馨的夜晚，可她却做不到。她心里明白，作为一个油田产建设计师，院领导在自己身上寄予了多大的厚望，自己身上的担子有多重。

庆、对油田的无比热爱和眷恋，怀着把长庆建设得更好的坚定信念，毅然回到了长庆，回到了父辈曾经战斗过的热土，投身于油田火热的建设事业，成了一名真正的长庆人。从此，她与长庆产建结下了不解之缘，只要有产建的地方就有她不知疲倦的身影和足迹。她用心血绘制的设计也变成了一座座耸立的井站、一条条横贯东西的钢铁输油动脉。

与她一起工作过的同事对她的评价是能吃苦、能干。在油田生活的人都知道，搞产能建设是一件非常辛苦的事情，产能建设设计也是如此。产能建设设计图称得上是产建的指向标，有了产建设计图，所有的工作才能全面展开。为了画好一张设计图，刘利群每次都要往产建现场跑四五趟，踏勘、测量总是一丝不苟。在老油区附近跑现场搞设计算是比较轻松的工作，因为有以前的基础，还可以以车代步，最艰苦的是在新区搞设计，住农民的窑洞，吃饭没规律不说，由于没有供车辆通行的道路，踏勘、测量全凭两条腿跑，几天下来，她的皮肤晒黑了，腿也累得抬不起来。可是为了把工作搞好，她都咬牙挺了过来。艰苦的工作条件使很多男同志都吃不消，可她从不因为自己是个女同志而向领导提出照顾的要求。

刘利群的能干是有目共睹的。参加工作至今 13 个年头，她一直工作在第一线，先后参加和主持了

目《马岭油田 50 万吨地面建设调整工程》、
阜输油管道工程》等分别获局优秀设计一
奖，前者还获得了集团公司优秀设计三等奖
年设计院决定让她担任靖安油田产建工程的
目人，她的这一项目占靖安油田全部产建任
分之一以上。她清楚地知道，靖安油田是我
五”期间重点开发建设的大型低渗透油田，
远，地形复杂，交通条件极差，没有可利用
条件。为了搞好这项工作，她接来了婆婆
孩，以极大的毅力和责任心投入到工作之中，
多次深入现场，反复研究论证，在设计中，
家一起对安塞特低渗透油田地面建设工艺技
了进一步发展完善，使用了从式井计量增压
术和多井单管不加热集输工艺技术、一级布
统优化等多项技术，大幅度降低了建设投资，
了开发效益，出色地完成了设计任务。1999
《靖安油田地面工艺技术》荣获局级科技进
奖。《靖安油田 $110 \times 10^4 t/a$ 产能建设地面工
被推荐参加集团公司优秀设计评选。

13 年的无私付出，收获了成功的果实。
了设计院 1996、1997 年优秀党员，1997 年先
者，1998 年先进女工的荣誉称号。并多次获
团公司和长庆局优秀设计奖、科研成果奖、
面质量管理成果奖。最近，她又被评为 1999 年

《长庆石油报》报道刘利群的事迹

无数长庆设计人在接续奋斗的道路上，以身格“竹”之道，以行践“竹”之节，在设计的“沃土”中既“向下扎根”，又“向上生长”。

秋，舒菊吐艳。品读“秋满篱根始见花，却从冷淡遇繁华”的秋之菊，也就读懂了设计人的忠诚淡泊。菊作为花中隐士，在深秋独自绽放、黯然吐香，远离喧嚣、淡泊名利。

在标准化设计、模块化建设、数字化管理新形势下，“超低渗模式”应运而生，引领场站建设革命；通过科技创新形成的“页岩油模式”，实现了“油气水综合利用、风光热绿色接替、电讯路共建共享、多功能高效集成、全过程智能管理”，打造国家级页岩油示范区。

看似寻常最奇崛，成功容易却艰辛。70 后的赵玉君，我们都亲切地称她为“赵姐”。2023 年，部门下达了 5 座联合站的施工图设计任务，在前期成果无法借鉴，亟须工艺调整的情况下，很多人犯了难。作为油气加工方面的专家，她主动请缨，挑起大梁，带领三支青年队伍如火如荼地开始了挑战。面对前所未有的设计难度，时间紧，任务重，她白天开协调会，晚上指导年轻人，甚至经常加班到凌晨。工艺流程模拟、设备选型、

成橇方案确定、外询厂家对接，长期的超负荷工作，令她疲于奔波，身心劳累。不是她不想休息，是紧张的设计进度根本容不得她停下来，是沉甸甸的压力容不得她有丝毫的疏忽大意。最终，在她的带领下团队按时保质保量地交上了一份令人满意的答卷。

面对接踵而至的挑战，我们自有一批能打硬仗的强兵。将事业理想深深刻进心中，工作 29 年如一日，坚守岗位，致力设计事业的宏小龙；孩子出生不到 3 天，就从妻子身边返回工作岗位的王晗；一年中一半时间待在现场，母亲生病无法亲自照料的杨东宁……

这样一群鞠躬尽瘁、负重前行的“菊花式”设计者们，在工作中执着追求，在追求中不断探索，在探索中积极创造，在创造中获得成功。

寒来暑往，岁月更迭。50 年的时光匆匆而过，从奠定长庆油气集输基础的“马岭模式”、实现突破的“安塞模式”，到继承完善的“靖安模式”、新世纪示范的“西峰模式”，再到新形势下积极创新的“超低渗模式” “页岩油模式”。一代代设计工作者前赴后继，在“磨刀石”上创造低渗透油气田低成本开发奇迹。

西峰油田

于高山之巅，方见大河奔涌；于群峰之上，更觉长风浩荡。走在这充满光荣和梦想的征途上，我们凭着这样一支具有磁性的团队，凭着对企业的忠诚热血、对事业的无限热情，将握紧手中的接力棒，以“闯”开路、以“创”加速、以“干”成事，做奋发进取的“筑梦人”、实学苦干的“追梦人”、仰望星空的“圆梦人”，在油田地面集输领域书写更加辉煌的篇章，在建设世界一流大油气田和行业领先的综合能源工程设计公司的美好蓝图上，绘就浓墨重彩的下一个 50 年！

微光　前行

天然气设计部　吴柯

时间，从来都看不见

时间，从来不语

却回答了所有问题

有这么一口井，它揭开了盆地中部大规模天然气勘探的序幕；有这么一口井，它开创了长庆油田油气并举的新局面；自它喜获高产气流至今，天然气专业已走过三十四个春夏秋冬。

三十四年载，400 个月，12545 天

三十四年，奋斗的时间光影婆娑

三十四年，时代的洪流奔腾向前

三十四年，精彩的故事历历在目

三十四年，是从黄土高原到毛乌素沙漠，一代代天然气人无问西东、无惧寒暑组成的一幅荡气回肠的天然气发展画卷。

艰苦创业、忘我拼搏

1989 年 6 月 23 日，沉睡了亿万年的天然气流从“陕参一井”喷涌而出，陕参一井获得 28.3 万立方米高产工业气流，成为靖边气田的发现井，也标志着鄂尔多斯盆地天然气勘探取得重大发现。

1993 年 9 月 29 日，管辖 5 口气井的陕 81 井站建成投产，拉开了长庆天然气开发的序幕，老一辈采气人面对荒原戈壁和“井井有油、井井不流”的复杂地质，最终以“不破楼兰终不还”的气概，开展高压集气、集中注醇、多井加热、轮换计量、固体干法脱硫、

20 世纪 80 年代末，在甘肃庆阳县现场计算绘图

膜法脱水、自动化控制、管道防腐等多项工艺试验，最终形成“三多三简两小四集中”的靖边模式，同年，油田公司确立了“油气并举、协调发展”的战略决策。

1996 年 5 月，陕 141 井试气获得日产 76.78 万立方米的高产工业气流，从而拉开了榆林地区大规模天然气勘探序幕，老一辈采气人根据榆林气田天然气中 H_2S 和 CO_2 含量低、微含凝析油的特点，创新低温分离工艺，同时控制烃、水露点，形成了以“节流制冷、低温分离、高效聚结、精细控制”为主体的榆林气田模式。

1997 年 9 月 10 日，长庆天然气经过 860 千米的陕京管道输送，在北京亚运村燃起熊熊火焰，长庆油田向首都北京供气成功。

2000 年，苏 6 井“仰天长啸”，喷出 120.16 万立方米的高产工业气流，标志着苏里格大气田的发现，经历了“实践—认识—再实践—再认识”的一个由浅入深、由表及里、逐步提高的过程，形成了“井下节流，井口不加热、不注醇，中低压集气，带液计量，井间串接，常温分离，二级增压，集中处理”的苏里格模式，开拓了增储上产新领域，推动了长庆气田的快速发展。

2003 年 10 月 8 日，长庆天然气作为“西气东输”的先锋气，率先通往大上海，对于调整我国能源结构，促进环境状况改善具有重大意义。

长庆先锋气奔向大上海

2005 年，陕京二线输气管道供气配套工程——榆林天然气处理厂经过长庆设计人细致研究和充分论证，第一座独立设计的天然气处理厂应运而生。

2006 年，优化形成了以“低压集气、井间串接 + 阀组、两级增压、集中处理”为核心的国内首套煤层气开发地面工艺技术体系，使亿立方米产能地面投资由 1.71 亿元降至 1.07 亿元，建成了全国第一个数字化整装煤层气田——沁水盆地煤层气田。

2008 年 8 月 8 日，第 29 届夏季奥运会的火炬在北京奥林匹克体育馆熊熊燃烧，与此同时，长庆油田遵循“六统一”“十化”原则，在石油行业率先构建完整的标准化建设体系，标准化设计引领中国石油地面建设革命。

2012 年 1 月 10 日，真正意义上自主设计的第四净化厂开始建设，设计团队日夜摸索，软件模拟和手算齐上阵，一年时间成功地建起一座工艺技术成熟可靠，自控先进，“三废”排放达到有关环保标准要求的现代化工厂。

2015 年，长庆首座含硫碳酸盐岩储气库——陕 224 储气库建成投运，对调整我国能源结构、促进节能减排、应对气候变化、保障供气安全及国家战略储备具有重大的社会意义和战略意义。

2020 年 10 月，长庆天然气人再次乘风破浪、“学”字当先、剑锋磨砺，经过千余次工艺模拟与计算验证，上古天然气处理总厂顺利落成，年处理能力 200 亿立方米、年产轻烃 150 万吨，开创了国内行业之最。

志之所趋，无远勿届，穷山距海，不能限也；志之所向，无坚不入，锐兵固甲，不能御也。从 28.3 万立方米到 523.3 亿立方米，凝聚着长庆天然气人励精图治、气吐山河的壮志；镌刻着长庆天然气人艰苦创业、波澜壮阔的历史。其中，“长庆气田地面工程建设”“长庆气田第二天然气净化厂工程”获得国家优秀工程设计铜奖；“苏里格气田 50 亿方产能建设骨架工程”“苏里格气田第四处理厂工程”获得国家优质工程银质奖；“苏里格气田第三处理厂工程”获得中国建设工程鲁班奖。

创新奉献、拼搏担当

今日西部大庆，大漠戈壁腾气虎，高原群山舞油龙，油气井站、星罗棋布。岁月静好，那一定是有人在负重前行，他们头顶蓝天、脚踏荒漠、披星戴月、风雨兼程，闻气而喜，逐气而居。

针对苏里格气田致密气藏单井产量低、压力下降快、地面工程投资高的重大技术难题，王登海、常志波、郑欣等老一辈先驱者从常规技术中寻求创新，通过综合研究提出对策，首创了苏里格气田“井下节流、井间串接、中低压集气”的集输模式，实现了苏里格气田经济有效开发。在同行业率先推行“标准化设计”理念，加快了设计进度，提高了设计质量，促进了苏里格气田的快速高效建设。

针对煤层气田开发低渗、低压、低产、低饱和及工程建设投资高的难题，刘祎、杨光和王红霞等老一辈先驱者日复一日的现场调研，熬夜改图纸，“灰头土脸地连轴转”，从工艺模式到流量计选型，现场无数次试验，反反复复修改，最终在“苏里格气田模式”的基础上，形成了国内首套煤层气开发地面工艺技术体系，并应用成熟的标准化设计手段，有效降低煤层气的开发成本，保障了煤层气田高效建产与经济开发。

为了保证冬季高峰供气，李时宣、王登海、薛政、张文超等人在院里没有净化厂主体工艺模拟计算的先例下，加班、熬夜、日夜摸索，冰天雪地里现场服务，创新了热虹吸自循环工艺、导热炉加热技术、络合铁脱硫法等工艺。一年时间里，从设计到建设服务，设计团队在实践中总结完善，探索出一条天然气净化厂自主设计之路。

面对 H_2S 含量变化大，污染物排放超标等一系列问题，张文超等设计人员没有打退堂鼓，而是忘我拼搏，不断创新工艺，潜心钻研，创新形成高碳比天然气深度脱硫浅度脱碳、硫回收尾气处理焚烧技术等，实现了污染物排放量硬下降，助力长庆油田公司第一个完成气质提升。

面对保障国家能源结构调整、用气安全的艰巨任务，张文超、胡涛、李东升等精进不休，从陕 224、陕 17 储气库，到苏东 39-61、榆 37 储气库，再到目前开展的雷龙湾储气库，不断致力于不同气质组分、注采工艺、关键设备的研究和攻关，形成适用于上古气藏和下古气藏的储气库地面工艺技术，为提高调峰保供能力、保障国家能源安全积蓄技术力量，诠释了国内第一大油气田的使命与担当！

面对国外技术垄断、国内无同类项目参考等一系列不利条件，“起初大家都不相信长庆能自己干成这个项目，但越是被质疑，我们就越要把这个项目干成干好。”常志波、邱鹏、刘子兵等人 1000 多个日日夜夜“夙夜在公”，为了高质量完成处理总厂设计任务，“807”已经常态化，他们拼搏奋进，锐意进取，奋斗不息，搭建数百个模型，完成千余次计算，在一次次验证，又一次次推翻中研发出具有自主知识产权的乙烷回收技术，形成了双冷源制冷技术等 5 项创新成果，达到了 3 个全国之最。

一路走来，在长庆油田发展的漫长岁月中，气田发展几经变革，但天然气人勇攀高峰、砥砺前行的追求始终不变，精益求精、责任担当从未褪色。图板上的一张张图纸、鄂尔多斯盆地的一次次踏勘、办公室内一次次模拟……正是他们精雕细琢、精益求精、一丝不苟的职业素养，把天然气设计部打造成了长庆油田气田地面工程建设的先行者。

我们的故事还在继续……

传承精神、展望未来

千锤百炼始成钢，玉汝于成终有时，一代又一代天然气人以攻坚啃硬、拼搏进取、越是艰难越向前的精神战胜了一次又一次困难，完成了一次又一次挑战。如今，天然气人的“斗争”依旧继续。针对长庆油田黄土梁峁的建设条件和滚动开发的建设需求，积极开展大型油气处理站场模块化关键技术；进军新气田、新领域，积极开展深层煤岩气藏、灰岩气藏、高含硫、高含水气藏等，开展新气田集输处理工艺、材料选择、安全性分析等研究；针对我国 XAI 气严重依赖进口、资源以贫 XAI 天然气为主、现有提 XAI 技术无法适应等问题，进行了贫 XAI 天然气乙烷回收联产 XAI 气技术研究；立足长庆油田周边丰富氢源、已规划的风光气储氢项目及天然气管道枢纽中心独特优势，以先导工程为依托，开展氢能综合利用技术等。还有煤炭地下气化技术、气田 CO_2 驱工业化应用地面工艺技术等。

越来越多的青年力量不断加入“斗争”的队伍。重大项目深度处理总厂中增添了张秀、张凤博等新鲜血液，各种急难险重任务中也随处可见青年身影。刚刚毕业两年的李丹先后完成苏里格零化石能源消耗示范基地规划、神木气田绿色低碳生产示范区可行性报告等，蔺海川勤于钻研，虚心求教，完成了《雷龙湾储气库可行性研究方案》，一次性通过集团公司审查并获得专家一致好评，还有郝洁、陈锦秀、张蕊等许多优秀的青年设计者，他们追寻着前辈步履，在这片土地上披荆斩棘。

部门合照

油田发展的指针已指向青年员工，青年员工必将以十年磨一剑的决心，锻造过硬本领，本着择一事终一生、干一行专一行的工匠心，怀揣偏毫厘不敢安、千万锤成一器的敬畏心，做好设计，秉承前辈们一丝不苟、精益求精的职业精神，为油田的高质量发展做好服务。

以“追求卓越”之心争创精品，将“科研创新”作为生命线贯穿工作始终，用“一股劲”的创新精神不断在行业的关键技术和瓶颈技术上实现突破。

以团结协作之心共创未来，勠力同心，以“一条心”的协作精神为公司建设具有低渗透油气田特色、行业领先的综合能源工程设计公司贡献自己的力量。

以爱岗敬业之心勇挑重担，让责任成为坚守的品格，用“一根钉”的敬业精神做到干一行、爱一行、精一行。

以全心全意之心服务油田，用“一团火”的服务精神诠释用心想事，用心谋事，用心干事，做到“一丝不苟做设计，精益求精强服务”。

以恒久专一之心坚守岗位，恪尽职守，用“一辈子”的奉献精神，坚守住油田的需求就是我们的追求，服务好油田就是我们的责任。

凡心所向，素履以往，生如逆旅，一苇以航。在新的征程中，我们要继续发扬“斗争精神”，不低头，不服输，拿出狭路相逢勇者胜的士气，坚定信念、增强本领，为油田高质量发展蓄势赋能，奋力续写百年长庆辉煌篇章！

同沫五十载荣光　共绘新征程蓝图

新能源设计部　李思琦

有人说，岁月是条河，流淌过人生的浅滩和高坡；有人说，岁月是串珍珠，串起人生的悲伤和喜悦；有人说，岁月是本厚重的书，书写着人生的坎坷和平坦。而我想说，岁月，是一部不忘初心、艰苦创业的奋斗史，是一部攻坚克难、担当作为的发展史，是一部守正创新、升级转型的跨越史。

在中国能源聚宝盆—鄂尔多斯这片广袤的土地上，作为地面建设的排头兵，长庆设计公司已征战了半个世纪。回望石油大会战初上陇塬的铿锵足音，聆听高原大漠攻坚克难的时代回声，一代代电气专业设计人员锲而不舍、踔厉奋发，在保油供电的主战场踏浪前行，走过了这不凡的五十年。

回首过去，电气专业设计人员前赴后继，我们是辉煌历程的见证者。

50 年，是一部感天动地的拼搏奉献史。1973 年，老一辈电气专业设计人员以卓越的远见、智慧和勇气，拉开了油田电网建设的发展序幕。回首 50 年发展历程，在马岭、安塞、靖安、西峰、超低渗、页岩油等六大油田地面建设模式和靖边、榆林、苏里格等三大气田建设模式的进程中，电气专业设计人员恪尽职守、勇于担当，将油田电网打造为“集中引接外电、区域自建系统”的模式，形成“陇东”“宁定吴”“志靖安”和“气田区域”四大主力电网，构建了以 110 千伏为中心、35 千伏为骨架、10 千伏为基础的油田三级电网系统，共建成变电站 131 座，年平均供电量约 44 亿千瓦时，有力地保障了油气田生产需求。

50 年，是一部可歌可泣的艰苦奋斗史。1985 年，长庆油田首座 110 千伏变电站——贺旗变电站建成投运，彻底结束了 70 年代靠柴油发电机分散发电的历史，形成“以自发电补充、外引电为主”的发展格局。随着 1993 年马岭 110 千伏变电站的投运，为陇东电网的形成打下了坚实基础。2003 年，由设计公司自主设计的首座 110 千伏变电站——靖安变电站的建成投运，与杏河 110 千伏变电站一起，成为陕北油区电力系统的枢纽，标志着“志—靖—安”电网的形成，陕北骨架电网得到进一步完善。2009 年，电气专业设计人员设计建成了长庆油田第一座真正意义上的数字化变电站——姬塬 110 千伏变电站，开启了变电站“无人值守”的新纪元。为了解决陕、甘、宁三省连接地带油区供电“老大难”的问题，电气专业设计人员攻坚克难，在 2017 年设计建成了天字 110 千伏变电站，为姬塬油区持续稳产、上产提供电力保障。星罗棋布的变电站，纵横通畅的油田电网，都印证着电气专业设计人员清晰可辨的奋斗足迹。

贺旗 110 千伏变电站

靖安 110 千伏变电站

50 年，是一部忠诚担当的产业报国史。1970 年会战至今，长庆油田油气当量突破 6500 万吨，年产原油超 2500 余万吨，年产天然气超 500 亿立方米，这些激动人心数字的背后，离不开几代电气专业设计人员的奋斗和拼搏，他们用实际行动践行着“我为祖国献石油”的铿锵誓言。在变电所建造初期，没有任何可借鉴的资料和经验，他们勇当探路者，在一无所有的艰苦创业年代，他们探索的步履风雨兼程。正是因为有了他们，油房庄、王昌寺、环江等各座110千伏变电站才能顺建成，为油田发展提供坚实的电力保障。

喜看今朝，电气专业设计人员勇攀高峰，我们是发展历程的参与者。

习近平总书记指出，加快实现高水平科技自立自强，是推动高质量发展的必由之路。设计公司始终牢记科技兴油使命，着力攻克关键核心技术，坚定不移地推进科技自立自强，走出了一条科技创新、数字赋能的光明坦途。

首座35千伏智能型立体布置的一体化变电站——佳县35千伏变电站

瞄准痛点，创新驱动，提升能源安全保障能力。为适应油田公司发展要求，由电气、仪表、通信，共同组建科研团队，加强新领域新技术应用，研制电控一体化装置集成技术，经过迭代升级，走出了一条从无到有、从小到大、从弱到强的科研发展之路。2012年，为响应苏里格气田开发模式，团队自主研发出了首座0.4千伏电控一体化装置，在苏54-2集气站顺利投运。2017年，国内首座智能型立体布置的一体化变电站——佳县35千伏变电站建成。实现了从装置组合，智能操作、动环监控皆为零的突破，占地比常规变电站减少50%。2020年，上古天然气处理厂的电控橇低压配电装置群实现了升级。通过标准模块组合和搭接，实现了装置的灵活布站和可扩展。

环江110千伏变电站

靶向发力，智慧赋能，加强关键核心技术攻关。为了提供安全可靠、持续的电力保障，团队积极开展《电控一体化装置标准化智能化升级研究》。历经近十年的研发，研制出了“灵活的组合拓展技术”“成熟的智能管理技术”“完备的动环管理技术”“便捷的安装适应技术”“可靠的安全供电技术”等五项特有技术，实现了“智能供电、自动控制、数据采集、智能预警、动环监控、站间通信”等功能，经过不断持续改进，形成了一套可靠的油气田站场电仪装置解决方案。

聚集应用，开源创效，提升企业竞争实力。在十年磨一剑的今天，电控一体化装置形成了 4 个电压等级、20 余系列，涵盖油气田各类站场，应用 600 余套，磨出了剑指长庆油田“三低”难题的利刃，为解决实际困难与未来挑战提供了有力武器。近年来，该项技术取得各类知识产权 20 项，获得局级以上各类奖项 8 项。并入选中国石油《油气田地面工程一体化集成装置推荐名录》，真正做到了走出长庆，服务大庆、青海等兄弟企业。

着眼未来，电气专业设计人员步伐坚定，我们是未来历程的建设者。

绿色低碳，创新驱动发展已成为时代趋势，站在 50 年的新起点，如何把握新机遇、战胜新挑战，开创油田电网新局面，是时代赋予我们的使命和挑战。

抢占“双碳机遇”，在绿色转型上精准发力。随着“双碳”目标的提出，在集团公司“三步走”战略和长庆油田公司“134”发展方略的背景下，电气专业设计人员积极应对新形势，以长庆油田清洁能源替代“十四五”规划为目标，积极开展风、光、电技术研究。 面对新领域、新问题、新困难，全体设计人员不等不靠、迎难而上、坚定信心，敢于啃硬骨头、下实功，在发挥好常规设计经验优势的基础上，不断深入探索、钻研攻关，取得新能源发电、风力发电两项设计资质，并将送、变电丙级资质升级到乙级。团队积极总结分布式光伏标准化设计和模块化建设模式，优化定型《长庆油田分布式光伏典型图集》，形成了 44 种电气配置，20 种结构基础和 12 种平面布置，缩短设计周期 50%，降低工程投资 5%，实现了快速建设和量效齐增，适应油气田分布式光伏电站全区域、宽容量快速建设需求。2022 年，仅分布式光伏设计总容量就达到了 186.78 兆瓦，年发电能力 2.74 亿度，节约标煤 8.28 万吨、减排二氧化碳 15.84 万吨，为油田高质量发展和低碳先行发挥了重要的

井场光伏现场

助力保障作用。2023 年，电气专业设计团队承担了包括分布式光伏、集中式光伏、风电及大基地项目 4 类 14 项工程，全力保障新能源设计取得扎实成效。同时，长庆设计公司结合专项工程和集团公司重大科技专项，在光伏制氢、电气化率提升、压差发电、微电网技术、电化学储能等七个方面开展技术攻关，全面推进油气与新能源业务融合发展。

高擎党建旗帜，在同频共振上精准发力。作为长庆油田电力建设的排头兵，电气专业设计人员始终坚持党建引领，凝心铸魂，积极推进基层党建“三基本”建设与“三基”工作有机融合，为常规业务和新能源业务发展提供坚强保障。全体人员以“第一议题”学习为抓手，夯实政治理论学习；以“红旗党支部”为标杆，发挥党支部战斗堡垒作用；以党员建区创岗为阵地，进一步增强“四个意识”、坚定“四个自信”、做到“两个维护”。同时，积极推进“党建+”融合发展模式，组建新能源业务学习小组、青年突击队等，充分发挥党员冲锋领航和创新示范作用，多措并举力促常规业务提升、新业务提速。

新能源设计部部门员工合影

汇聚奋进力量，在挺膺担当上精准发力。一根根笔直的电杆、一座座高耸的铁塔、一条条输电线路，都系着设计人员灵魂深处的情，承载着设计人员矢志不渝的梦。50 年来，一代代电气专业设计人员负重前行、艰苦奋斗，以奉献石油的忠诚激扬，凝聚起保油供电的磅礴力量。团队大力实施人才发展战略，不断提高青年员工综合素质，让他们在实践中得到锤炼和成长。与此同时，通过开展各类培训，丰富设计人员知识体系，提高设计水平，鼓励员工积极申报专利及成果，切实激发创新活力，营造出了在设计中学习，在实践中超越的良好氛围。

五十年基业长青，源于我们一颗红心心向党，始终把为油奉献作为信仰之魂；五十年举旗立标，源于我们牢记初心使命，始终把保油供电作为强企之举；五十年开拓进取，源于我们不断自我超越，始终把创新驱动作为力量之源。

辉煌历史成就斐然，创新发展未有穷期。专业的昨天已经镌刻在长庆油田的发展史上，专业的今天正在设计部全体员工的手中创造，专业的明天正在奋斗的道路上铺就。继往开来，接续奋斗，让我们共同祝福设计公司五十岁生日快乐。

最后，我想说：

忆往昔，

筚路蓝缕，大山为伴；

我们是长庆电网建设的拓荒者。

看今朝，

追赶超越，走在前列；

我们是铁人精神的传承者。

瞻未来，

管理升级，高质量发展。

我们不负韶华，勇往直前，为建成具有低渗透油气田特点和行业领先的综合能源工程设计公司努力奋斗。

仪信峥嵘五十年　数智引领未来路

数智设计部　薛迪

“数字化、智能化”如今可是个大热门，各种相关的信息估计都快刷爆大家的手机屏幕了。大到企业战略，小到铺天盖地的公众号文章，再到各种短视频平台，谁要是聊天不谈一嘴“智能化”都有可能会让别人觉得“你 out 了”。从物理世界，到数字世界。数字化的浪潮正在席卷世界的每一个角落。 我们可以发现，人工智能学会了忙农务，下车间。 农民们不再靠天吃饭；传统制造业被一行行代码激活；数据为我们跑腿；城市替我们思考。从农田到车间，从海洋到天空，数字激发产业澎湃动能，数字驱动经济蓬勃向上。

党和国家高度重视推动数字经济与实体经济深度融合，并将其上升为国家战略。党的二十大工作报告中指出：要保障国家能源安全，就必须深入推进能源技术革命，带动产业转型，推进能源技术与现代信息深度融合。集团公司积极响应党中央战略决策部署，将数字化转型智能化发展作为着力高水平科技自立自强，建设国家战略科技力量和能源与化工创新高地的重要举措，全面推进“数智中国石油”建设。中央有号令，集团有部署，长庆要行动，我们长庆心系“国之大者”，在 2023 年长庆油田信息化工作会议中指出：“加快长庆数智建设，加强顶层设计，推动数智技术为主业赋能，打造可复制、可推广的行业标杆。”

五十载栉风沐雨，半世纪春华秋实。自 1973 年长庆设计公司成立伊始，五十年来，长庆设计人在长庆油田高质量发展中起着不可磨灭的作用。在 1973 年长庆设计公司成立之初，长庆油田产能很少，地面建设工程没有完全成型，在那个“交通基本靠走，通信基本靠吼”的年代，几乎没有仪表专业。直到 1975 年底，才算有了仪表专业，自此，仪表人在保持自身不断突破创新的基础上，与多专业交流融合，共同谱写了长庆设计公司辉煌发展的壮丽篇章。

下面，我想带大家回顾一下数智设计部发展过程中的关键节点。

在 20 世纪 70 年代，长庆油田处于建设早期，那时还是人工测量时代。那时的三大仪表主要是水银温度计、弹簧管压力表和机械式液位计，只能测量几个最基本的参数，数据一律人工抄录，这些原始的测量手段不仅给工人带来了繁重的工作量，还有很多不安全因素，工人每天要爬上大罐量油，结霜下雪天脚下打滑十分危险，巡线工人免不了“晴天一身土，雨天一身泥”。这个时期就别提什么自动化控制了。

到了 20 世纪八九十年代，国内仪表厂蓬勃发展，测量设备也从机械指针式变成了单元组合式，仪表进入了单元控制时代。但这一时期的模拟仪表，抗干扰能力差、精度不高、人工操作技术水平低、整体专业技术落后，还未摆脱“聋子的耳朵”。

但是以戴今平为首的第一代人仪表人不气馁，主动开始进行二次仪表的探索研发。光阴不负追梦人，终于，在 20 世纪 90 年代末，以王三计量接转站“遥测、遥控、遥调”为代表的油田自动化研究，取得了初步成效，一举让仪表摘下了“聋子的耳朵——摆设”的帽子。

学如不及，犹恐失之。仪表人没有因此沾沾自喜，止步不前，我们根据油田工艺和地理特点，因地制宜地开发了 ZKG 组合仪表控制柜，并在安塞油田、王瑶集中处理站中获得了广泛应用，此项技术在油田生产建设中使用长达 20 年。

第一采气厂生产指挥中心

在此期间，随着通信技术的长足发展，我们通信专业率先在千里油区引进数字微波通信技术、数字程控交换技术，改变了早期电报传达，约定开会，信息传递效率低下的情况。实现长庆油田所有科室语音业务全覆盖，工作效率大大提升。

随着千禧年即将到来，仪表专业进入了集中监控时代。1997 年，靖边气田大开发，中石油总公司要求1997年7月1日长庆气田必须向西安输气，10月1日必须向北京输气。为了完成这项不能打折扣的政治任务，仪表人在这条没人走过的道路上迈出了艰难的第一步，引进了国内第一套陆上气田 SCADA 系统并一次投产成功。长庆油田有史以来成功运行的第一套 SCADA 和 DCS 控制系统！该系统荣获长庆石油勘探局 1999 年科技进步一等奖和 2000 年国家优秀工程设计一等奖，为长庆油田的信息化、自动化和数字化打下了坚实的基础。同时期以第一净化厂、第二净化厂和第三净化厂为代表的 DCS 的引进，靖咸线管道 SCADA 均代表了油田的最高水平。自此，长庆气田的站控系统、现场总线系统遍地开花。

时间来到 2008 年，面对油气资源品味逐年降低，产量冲刺 5000 万吨需要大规模建厂，流程与组织冗余等客观问题，推进数字化管理成了“创和谐典范、建西部大庆”的战略需要。

仪表和通信专业积极适应数字化时代公司生产建设实际需要。仪表专业以前端数据采集与完善为基础，立足于技术标准的主导。发轫于白豹油田，全程组织编制《长庆油田产建数字化管理标准图集》，逐步形成完整的油气田数字化设计系列规定，并由此主导数字化设计行业标准编制。在计量方面，形成了较为完整的长庆原油、天然气计量量值溯源和传递体系。

通信专业率先应用光缆、光端机、4G 等通信技术，引领长庆通信进入光通信时代，网络结构向汇聚网、环网、网格向进一步发展，一举建成了国内规模最大的专用通信网，真正实现了智能管理运筹帷幄之中，高速网络保驾千里之外。

国家石油天然气大流量榆林检定点

在这五十年里，长庆设计公司的绘图手段、信息技术也得到了长足发展，从 20 世纪 70 年代的图版画图，到 90 年代计算机制图；再到 2002 年第一代电子档案管理系统投入使用；再到 2008 年开始无纸化办公，以及同年全面应用的 OA 办公系统，极大提高了业务办理效率，全面进入信息化管理时代。

时间进入 2017 年，数字化技术在油气田的成功实践日渐成熟，无人值守建设提上日程。油田创造性地形成了气井自动开关，气阀远程截断，智能注醇，远程可视化监控，机器人巡检和无人机巡线等气田无人值守技术。油田实现了油井智能间开，后台集中监控，场站智能感知，动设备智能监控等。大大缓解了劳动用工压力，减少人工操作与劳动强度，实现增产增效不增人。

时代在发展、技术在进步，数智人从没停下探索创新的脚步，数智人积极探索数字交付与智能工厂建设。上古天然气处理总厂工程为国内首次采用 SP3D 多专业协同设计开展的天然气乙烷回收项目，也是国内首次开展智能化工厂顶层规划设计的系统平台，实现长庆设计公司在智能工厂设计方面零的突破。

数智人不断突破自我，获得多项技术成果，形成了“全面感知、自动操控、预测预警、智能优化、协同运营”的数智化技术序列。

2023 年 6 月，长庆设计公司党委审时度势，在原有仪表、通信和信息三个专业的基础上，组建成立数智设计部。这是长庆设计公司理清工作职责和界面，提升油田服务保障能力的重要改革举措，饱含了对数智业务的高度重视和殷切期望，数智设计部全体员工深感使命光荣、责任重大。

数智设计部将紧密围绕油田“数字化转型、智能化发展”总体规划，争做三大主业与数智一体化发展的源头主力军，在支撑油田智能化建设过程中发挥更加主动的作用。

创新形成“智能油气田地面工程”技术体系，提升长庆设计公司在油田智能化建设发展中的技术话语权。坚持问题导向，围绕现场智能操控、运行智能管控、地面智能应用三个方向，夯实数字化技术队伍专业建设，强化智能化队伍培养，开展技术应用、科技攻关和标准体系建立。重点攻关边远井监控、井场 AI 监控防偷盗、大监控运行模式、页岩油管线泄漏检测、智能工厂、复杂工况下的计量控制等技术难点，着力攻克制约油田高质量发展的“卡脖子”技术，打造数智领域原创技术策源地。

加快建成布局合理、覆盖完整、内外协同、高效智能的信息化系统。坚持信息技术与设计业务深度融合，通过职能业务信息化、协同设计深化建设及基础设施的持续完善，逐步建立基于协同设计的集成化信息管理平台，实现设计过程管理与二、三维设计集成，使长庆设计公司实现工程设计全过程管理协同化、网络化，经营决策数据化。重点开展 SP 三维设计数据库建设、二维协同设计系统深入应用、设计云桌面建设部署、“三网合一”优化和网络安全强化等工作，助力长庆设计公司降低管理运行成本、提升全员协作效率、增强发展活力。

着力打造地面工程协同平台，挖掘长庆设计公司在油田未来发展新形势下的业务增长点。为提前应对油田未来产量达峰、地面工程设施逐渐饱和的新形势，建设地面工程系统性数据资源池，助力长庆设计公司延伸业务范围，增强油田服务保障水平。以地面大数据深度应用为目标，以井站数字孪生为载体，把握地面建设智能管理系统一条主线，向上下融合协同设计、数字化交付、完整性管理等系统，形成源头设计交付、建设过程管理、生产技术服务、问题持续优化的地面工程协同工作系统性平台，坚持地面工程一张蓝图绘到底，推进设计、建设、交付、运营及管理一体化。

根之茂者其实遂，膏之沃者其光晔。在过去的岁月中，前辈们攻坚克难，奠定技术基础。如今的长庆设计人在继承与创新的交汇点上，面临新的发展道路，挑战与机遇并存，只有主动融入、锚定新目标、展现新作为，全力支撑公司在油田“数字化转型、智能化发展”中争当主力军，才能赢得话语权，为建设行业领先的综合能源工程设计公司作出新贡献。

肩负新使命、踏上新征程，激荡新气象、奉献新作为。数智设计部将坚决贯彻落实长庆设计公司党委决策部署，充分发挥自身技术优势，加快推进各项重点工作，力争为长庆设计公司在油田数字化转型、智能化发展的新形势下争取更多话语权和发展空间，为长庆设计公司高质量发展贡献数智力量！

五十载砥砺奋进　五十载未来可期

建筑工程设计部　张家炜

人事有代谢，往来成古今。江山留胜迹，我辈复登临。五十年大胆探索，蓬勃发展；五十年初心不改，砥砺前行。回望历史，长庆油田历经五十余年的发展，6500 万吨级的大油田悄然崛起，在奋力冲刺 6800 万吨，向建设世界一流大油气田目标挺进的重要时刻，长庆设计公司迎来了 50 岁生日。

五十年来，建筑设计部作为长庆设计院成立初期的“元老”之一，一直伴随着长庆设计院的成长壮大。建筑设计部最早成立于 1973 年，当时还叫土建组，1980 年（也有 1983 年的说法）正式成立土建室，后经过 1985 年撤销，1988 年又重新建立土建室。

经过 10 年时间，1998 年土建室正式更名为建筑设计所；2001 年 1 月成立工程设计公司，建筑设计所划入工程设计公司，12 月正式划分出建筑工程设计部至今。

五十年风雨同舟，一路茁壮成长，建筑工程设计部以建筑之“美”、结构之“壮”、道路之“长”、总图之“大”，形成拥有 4 个专业综合之“强”的设计部门，在鄂尔多斯盆地上，始终为建设“大、强、壮、美、长”的长庆油田贡献自己的设计力量。

雕栏玉砌、“美”轮美奂——观诗意栖居，感受长庆之“美”

土建组从建立初期，就一直致力于长庆油田基建项目的工程设计。在长庆油田处于创业阶段的 20 世纪 70 年代，老一辈土建人们按照“工农结合、城乡结合，有利生产，方便生活”的原则，在鄂尔多斯盆地这张空白的蓝图上逐步规划、配套建设油田的基地，进行矿区建设。1975 年以前，以干打垒建筑为主；1975 年至 1980 年，以砖木结构建筑为主。1980 年以后，开始建造砖混结构的楼房，并逐步配套完善了各种生活服务设施。

职工自己动手盖房

长庆油田会战最初的指挥部——甘肃省宁县姜村

建筑设计逐渐复杂化、多样化，涉及宾馆、学校、复杂办公建筑、住宅小区等多种建筑类别。在甘肃省庆城县城北关，以长庆石油勘探局机关为中心，建设了各种公共设施配套的石油基地。1974 年建成长庆油田职工医院住院部大楼，设有 500 张病床；1984 年建成传染病房及门诊大楼，安装和配备了国内较为先进的医疗器械。1981 年建成拥有 1367 个座位的石油影剧院。1984 年建成藏书 20 万册的中心图书馆。1980 年建成长庆油田电视台，利用长输管道微波通信线路，可以接收宁夏和中央电视台播放的电视节目。此外，还建成了勘探开发研究大楼，安装了先进的电子计算机系统；建成了设计大楼和钻采工艺大楼，成为油田重要的科学研究中心。建成了可容纳 4133 名学生的职工子弟中学和小学，配有设施齐全的教学楼和实验楼、办公楼。

甘肃庆城县——会战初期机关所在地

到了 20 世纪 90 年代，长庆油田稳步发展。建筑设计逐渐复杂化、多样化。长庆油田陆续配套建设了西安基地、银川燕鸽湖基地、延安河庄坪基地、西安三桥基地、礼泉基地、咸阳基地、靖边生产基地等一大批生产生活基地，完善了庆阳等老基地，使职工的生产生活条件得到了极大改善。

其中最为瞩目的莫过于银川燕鸽湖基地。基地位于宁夏回族自治区首府银川市东郊，这里东临黄河，北依贺兰山，西接老城凤凰，南边是一望无际的塞上江南宁夏平原。小区中心的天然湖泊——燕鸽湖，不仅寓意聚气生财，同时也为基地带来了无限的诗意和灵气。燕鸽湖基地占地 3000 亩。1994 年投资建设，建成住宅楼 252 栋，总建筑面积 90.35 万平方米，1 万余住户，设施配套齐全、功能完善、环境优美，是集生产办公、科研、住宅、商贸等为一体的综合小区。从此荒漠戈壁上的石油人陆续迁入基地，告别风沙、告别咸水，安居乐业。燕鸽湖基地先后荣获“全国城市物业管理优秀示范住宅小区”、全国首批“绿色社区”等荣誉称号，并荣获集团公司优秀设计一等奖（非油气专业全中国石油第一个），被誉为“塞外明珠”。

燕鸽湖基地的传奇铸就，离不开建筑专业的大师黄琨。他从整体规划到单体设计以及各个专业的协调，尽显其扎实的专业基础以及良好的沟通能力。大到每一部分建筑面积，小到每一个插座的位置和数量，都仔细斟酌，反复推敲，把有限的空间和使用中的便利最大限度地提供给住户，真正做到“以人为本”为用户着想。当时的银川市市长曾说：“燕鸽湖基地是整个银川规划最成功的基地，是银川住宅基地的模版。”

银川燕鸽湖生活基地卫星图

燕鸽湖湖心岛景观

小区多层服务中心

进入 21 世纪，随着长庆油田油气当量的不断攀升，科学技术水平的不断提高，数字化技术及 HSE 管理理念的应用，对“以人为本”理念的重视，这些都大大影响了长庆油田各类基地的建设和发展。在这一时期，相继建设了西安长庆泾渭苑小区、泾欣苑小区等生活基地。建设了西安高陵石油产业园（西安高陵综合办公区）基地、宁夏长庆工业园生产基地、定边油气综合生产基地、苏里格前线生产指挥部等一批综合性办公、生产指挥基地。

其中西安长庆泾渭苑、泾欣苑小区是长庆油田“万套住宅建设工程”的重要组成部分，是长庆石油勘探局目前正在建设的油田最大的生活基地。它是长庆依托大城市、面向大城市、把握大机遇、谋求大发展，进一步加快产业结构调整、创建模范和谐矿区的一项重要战略举措。工程占地 80.23 公顷，住宅楼 5700 余户，总建筑面积 64.5 万平方米。科学合理、创造式的建筑规划设计，实现住宅区的原创性、均好性、功能性、归属性、标志性、延续性、舒适性、整体性，为长庆人真正提供具有归属感、安全感，充满人情味和社区活力的生态社区。大美的矿区基地，解决了长庆石油人的后顾之忧！

泾欣苑小区内景

2010年起，建筑专业着力围绕“建设幸福美好新长庆”目标，突出抓好普惠性、基础性、兜底性民生建设，在长庆油田高质量发展中实实在在解决员工急难愁盼，切实增强员工幸福感、获得感和自豪感。在每年的民生工程中做到“解民忧、重民生，听民声、应民需”，当好民生工程的“设计师”。臻设施、筑良居、消隐患，在民生工程中，从以人为本和全方位关爱员工的角度出发，着力积极改善一线员工生活条件，从生活的基础需求向高质量“人性化”住宿出发。争取为一线员工创造更温暖、更舒适、更人性化的第二个“家”。

现阶段，建筑专业积极遵循国策，按照“统一标准、分类施策、绿色低碳、优化设计”的原则，将人性化设计与创新、绿色、低碳、安全理念有机融合。通过在国家管网大赛中积累经验，提升装配式建筑设计能力。并在工程中全面推广建筑屋面光伏一体化（BIPV）和装配式建筑等绿色建筑技术，实现节能减排、保护环境，为一线员工最大限度提供绿色低碳、健康、适用、高效的使用空间，并解决各采油、采气单位在建设用地、站址选择、机构模式、老站小站难扩建等方面的困难。

波澜“壮”阔、安如磐石——构稳定基础，体会长庆之“壮”

在土建组成立伊始，就一直从事土建类结构专业的相关工作。经过50年的发展，结构专业已发展成为公司重要的生产及技术专业之一，承担着公司所有设计项目中结构计算及设计任务，在长庆油气田及矿区建设中发挥着重要作用。

1995年建筑工程设计部正式设立结构专业，最初只有5人，主要承担建筑结构、穿跨越等设计内容，随着长庆油田加速上产，结构专业人数逐年增多，2003 年长庆设计公司资质由建筑行业乙级转为行业甲级；2003 年至 2013 年结构专业进入高速发展期，专业设计人数达到 26 人，年存档项目达到 2000 余项，在此期间结构专业新增站场边坡隐患治理以及站场沉降隐患治理的专项设计；时至今日，结构专业年平均存档 1000 余项，已具备高耸钢结构、高层住宅体系、复杂钢结构、复杂场地地基处理、大型管线穿跨越、水工保护、站场隐患治理、油气田站场噪声治理以及振动设备振动控制等多项设计能力。

在结构专业的发展历程中，涌现出多项“壮”丽的设计工程。比如“两隧一跨”的管道安装工程，两隧指岩鹰山隧道及江顶寺隧道，其中岩鹰山隧道位于保山侧、澜沧江南岸，全长 1.8 千米，管线与水平夹角 23 度敷设长度 0.7 千米，与水平夹角 10 度敷设长度 1.1 千米；江顶寺隧道位于大理侧、澜沧江北岸，全长 1.3 千米，管线与水平夹角 10 度。一跨是指澜沧江悬索桥跨越 ，主跨 280 米，是国内首座原油、天然气、成品油三条油气管道并行跨越大桥。工程所在地地质条件复杂，施工环境恶劣，交通不便，存在多层、立体交叉作业，相互干扰大。这些特点和难点，在我国管道建设历程中前所未有，在世界管道建设中也是罕见的。

最初，没人觉得澜沧江“两隧一跨”的管道安装工程有多大难度，因为按初设的内容，“两隧一跨”处于同一条水平线上，两个隧道与跨越相接的出口处均设置了 50 米宽的扩大头，使管线出跨越后能很容易地完成“π”型补偿，整个线路受力清晰明确，管线基本不存在残余应力释放。

2013 年 4 月，中缅管道工程进入热火朝天的施工阶段，却传来关于“两隧一跨”的工程进度缓慢，完全将设计人员打入“地狱”。本来按初设内容，隧道与跨越呈一条直线，但施工方对方案进行调整，岩鹰山隧道出口高出跨越桥面约 80 米（简称爬坡段），水平方向偏移 45 米（简称水平段）；江顶寺隧道高出跨越桥面约 45 米，水平方向偏移 80 米，管道走向呈现空间立体的大“π”型，且水平段与爬坡段受地形限制，出现多处弯折角度。两侧爬坡段岩壁陡峭，坡度近 75 度且爬坡中段岩石突起（80 米不到的爬坡段还要增设弯头），坡面岩石风化严重，岩体破碎、常年向下崩塌落石。水平段只能利用澜沧江跨越的施工便道，那是在山腰上开凿出来的一条小路，最宽处 6 米，最窄处不足 4 米，且施工便道依山而建，存在弯道，三根管线并行敷设（ϕ1016，ϕ813，ϕ219），还要保证中缅管道统一技术规定的管线净宽 0.8 米，这完全没有实现的可能。

中缅管道施工现场

但这些问题从来都难不倒结构设计人，大家穿着厚衣服，带着绳索，测不到的地方就爬上去测，设计人员一边指挥测量，一边躲避落石……700 多个应力节点，每个节点都进行可行性分析，普通的方案不行，就集思广益、哪怕是激烈争吵，以“管卡分段固定 + 锚杆格构暗梁 + 混凝土连续浇注”的新型敷设方式以及桥面管夹分批次预留空间的应力发散理念来设计，“两隧一跨”工程的成功，充分展示了结构设计的水平。

中缅第一跨

在结构专业掌握的多项具有长庆特色的技术中，储罐的地基处理算是其中的典型。长庆油田地跨五区，地质条件大不相同，结构专业在地基处理技术发展的过程中，不断学习和积累，总结沉淀出该地区储罐基础及地基处理的宝贵经验并奠定了地基处理的“长庆模式”。而这一切，离不开一代代人的不断探索。

任兴文，长庆油田建筑首席技术专家。长庆土建设计的很多个“第一次”由他提出。20 世纪 90 年代，随着长庆油田产量的不断增大，储罐的建设发展迅速，规模从单罐发展到储备库，他首次提出了灰土石垫层，这种新的垫层做法开创了长庆储罐地基处理的新纪元，为后来的“长庆模式”的形成，迈出了第一步。2009 年，该项技术申请了专利技术发明。

唐琼，土建高级工程师，1991 年大学毕业后进入长庆油田设计院土建室工作。2005 年，长庆设计公司承担了“庆咸管道输油工程”的设计工作，其中“咸阳输油末站”是工程的终点站，该站是长庆油田历史上首次设计 10 万立方米储罐，也是长庆油田历史上迄今为止单罐容量最大的储罐。她提出了处理大型储罐液化砂土地基的新方法——水撼法 + 振动法 +CFG 桩综合处理地基。该项技术 2009 年获得发明专利。该项技术得到了良好的施工反馈，并在后来的大型储罐基础设计中推广应用。

大型储罐地基处理

在特殊地形压缩机基础的研究方面，结构专业经历了桩 - 承台式压缩机基础→大块式压缩机基础→无固定连接式压缩机基础的发展。从长庆第一座大块式压缩机基础开始，到大块式压缩机基础的设计技术的开发，再到特有的无固定连接式压缩机基础，标志着建筑设计部在压缩机基础的设计上走到行业的前列。

50 年来，结构专业复杂结构计算能力在稳步攀升，从坡顶卸载、坡面截排、坡脚加载、坡体防护等处理措施；从 30 米跨度压缩机厂房，到 500 平方米大空间屋面网架；从上古 120 米高耸火炬钢塔架，到上古 70 米高大型承重钢平台；从大型储罐 DDC 地基处理技术，到场地沉降地基注浆加固技术；从大厚度不均匀填方强夯法处理技术，到高压旋喷桩防渗止水帷幕技术；从小型管道穿跨越设计，到单边定向钻和大型水平定向钻穿越，再到大中型管道悬索和斜拉索跨越设计，结构专业在鄂尔多斯盆地上书写了一幅幅波澜“壮”阔、安如磐石的工程画卷！

通衢广陌、“长”途跋涉——筑蜿蜒道路，领悟长庆之“长”

2001 年道路专业加入了建筑设计部，作为建筑设计部最小的专业，但做的工作一点都不小。在波澜壮阔的油田交通事业发展进程中，道路专业致力服务长庆交通发展，重视扮演长庆交通建设“排头兵”“先锋队”角色，承担了长庆油田 100% 的等级道路项目的工程可行性研究和勘察设计工作。

曲折蜿蜒

每年完成油田道路设计 800 千米，桥梁 20 余座，累计完成 11703 千米硬化路面道路设计，其中沥青道路 4745 千米，占全油田道路的 6.4%；水泥路面约 367 千米，占比 0.5%；砂石路面约 6591 千米，占比 8.9%。不管是年设计里程还是总设计里程都远超过其他石油行业设计院的道路设计长度，甚至比一般的省级交通设计院更长。

山舞银蛇

2001 年，高海明、梁孝忠两位师傅由长庆石油勘探局建筑工程总公司调入设计院建筑设计部，道路专业正式成立。第一代道路设计人承载着建设长庆交通的使命，筚路蓝缕，未辞僻壤，不惧山高路险，不畏酷暑严寒，用坚韧书写一段无法忘却的历史。接下来的十年，受益于长庆油田的稳步发展，组织结构的逐步调整，道路专业从零起步，业务范围由“气”到“油”，从苏里格气田开发配套过渡到吸纳筑路公司黄土塬业务，最终完成了全油田覆盖、全流程管理、全方位合作的崭新局面。

2008 年，凭借油田第一座大型桥梁——十字河桥完成设计，道路专业积极开拓新航路，跨越新赛道，谋求新发展，以过硬技术和后期服务口碑，赢得了油田主管部门、基层生产单位以及项目沿线职工的信任，实现了从“道路专业”到“道桥专业”的蜕变。从此以后，桥梁设计不再是专业禁区，道路人昂首从“道路工程”迈向“交通工程”。

十字河桥

第四净化厂桥

2010 年以后，长庆油田进入大发展时期，道桥专业抓住机遇，守正创新，乘势发展——2012 年，主编长庆油田企业标准《长庆油田专用道路设计规范》（Q/SYCQ 3456—2012），将多年的设计经验总结为油田标准。2013 年，主编中国石油企业标准图集《油气管道伴行道路及小桥涵通用图集》（CDP-M-OGP-PL-019-2013-1），将多年标准化设计的经验推广至集团公司。2016 年，主编中国石油天然气行业标准《油气田及管道专用道路设计规范》（SY/T 7038—2016），以长庆油田多年的设计经验为基础，结合石油天然气行业多家设计、管理、施工单位的共同智慧，填补了国内石油天然气行业道路设计的空白。道桥专业又一次从传统勘察设计向全生命周期技术咨询转型发展，从规范使用者向规范编制者转型发展，成为以油田道路工程勘察设计为主，规划、咨询、标准制定齐头并进的专业，再一次实现自我跃升。

新时代、新征程，道桥专业锁定目标，锻造一流，2018 年至 2020 年，借着油田重大道路专项的东风，道路专业年设计里程长达 1200 千米，整个队伍的意志力、战斗力和竞争力达到了一个新高峰。坚持勘察设计主业的同时，专业始终紧跟交通行业前沿，抢占未来发展的战略制高点，探索油田道路“产学研”的深度融合，为专业建设阔步向前寻找下一个有力支撑。

光阴荏苒，日月如梭，道路设计少有宏伟和壮美，多是平常和细微，道路人充满了积极奋进的、战天斗地的、智慧的革命乐观主义精神，在长庆油田这块画布上描绘了一道道苍劲有力的长龙。蓝图已经绘就，号角已经吹响，站上新起点，拥抱新时代，道路专业正谋求新的跨越！

雄才“大”略、总揽全局——布宏伟蓝图，领略长庆之“大”

总图专业成立于 2006 年，承担着长庆油气田各种类型、规模站场的总图设计工作。总图专业涉及的多、地形变化多、考虑因素多，这也使得总图具有协调性、唯一性和综合性的特点。从成立之初，总图专业就肩负起了油气田骨架站场总体布局的重任，扮演着油田地面枢纽搭建，原料转化整体协调的角色。17 年来完成了约 30 种、600 余座站场总图设计，实现了专业建设从无到有，设计能力从弱到强，设计范围全面覆盖，设计内容从粗到细的向好发展。目前，专业设计水平属于行业上游。设计成果及荣誉丰硕，主要包括：主编企标《长庆油气田地面工程总图站场设计规范》（Q/SY CQ 3451—2012），参编行标及企标 12 项，编制专业设计流程指导手册、各类站场典型平面、管网设计模版，建立长庆油田总图设计档案库，主办科研 5 项，各类科技成果及荣誉百余项，发表论文 50 余篇。

卢朝辉同志（右一）参加常压装置投运仪式

应运而生，奠基业。总图专业成立于 2006 年，当时正值苏里格气田大开发时期，为适应油田大发展，提高设计专业性，完善公司专业配置，设计院成立了总图专业。作为第一个吃螃蟹的人，当时总图科班出身的卢朝辉师傅使命感油然而生，在接到苏里格第二天然气处理厂的设计任务后，由于人手不够，工艺上的老师傅们都来帮忙，校审人员甚至都来自不同专业。

之后的大型站场一个接着一个，卢朝辉完成了亚洲第一座、国内最大的煤层气中央处理厂——山西沁水盆地中央处理厂的总图设计工作。为了全面了解煤层气的工艺流程，他在网上查找资料，常常加班到深夜。

2007 年至 2008 年，终于有 3 名新员工加入总图专业，在卢朝辉的带领下，孟瑶琳、李小丽、胡俊芳分别完成了总图专业的第一本技术规定和设计流程、史上最大的原油储备库——宁夏石油商业储备库的总图设计，以及 KAM 油田总体开发地面工程，蓝——成管线等外部项目。卢师傅常常说："当时大家都说我一个男同志带了 3 个女徒弟，可是每每说起他们，我都很自豪，巾帼不让须眉嘛，当时人员紧缺，3 个女同志每个人都能独当一面，我也很欣慰。"

顺势而为，谋发展。随着长庆油田发展，标准化的建设进一步提升了设计效率，但对总图专业来说，不同的站址、地形就是一次全新的设计旅程。为了提升全院的设计效率，总图专业进行长庆油田总图设计科研，编制了各种平面、管网模版，总结出《沙漠地区站场总图设计技术》，并对其他专业在站场设计方面进行了培训，为专业框架形成及全院整体总图设计水平专业化打下良好基础。

佳县处理站

靖五联合站

陕 224 储气库

靖边第四净化厂

长庆油田 5000 万吨新目标的确定，总图专业进一步拓宽设计领域，项目数量与难度同步加大，佳县处理站、陕 224 储气库、中缅原油天然气管道工程、靖五联合站、天字 110 千伏变电站等复杂站场数不胜数。这一时期的最典型的项目便是靖边第四天然气净化厂。

由于受征地因素等限制，经过多次现场踏勘及油田公司专家审查后，将最终站址定在了志丹县保安镇张沟门村。这处站址地形十分复杂，设计、建设难度大；土方、挡护设施工程量大；易受多种不良地质灾害影响；必须采取必要的安全挡护设计，否则后期风险系数较高。卢朝辉师傅说:“专业要发展就要勇于挑战！”

靖边第四天然气净化厂的圆满设计对厂区总图的平面布置、竖向设计、土方工程和安全挡护都提出了相当高的要求。为了完成好此次设计，总图设计人员先后与工艺、土建、地质专业专家联合长安大学进行了不下数十次的方案研讨及审批汇报。为我们对湿陷性黄土地区复杂地形条件下的总图设计研究提供了宝贵的实践经验，并总结了许多专业特色技术及规定，如《站场总图方案确定实施细则》《黄土地区站场竖向设计技术》等，参编了国标《天然气净化厂设计规范》、行标《石油天然气工程总图设计规范》《长输油气管道站场布置规范》等 6 部、主参编企标《长庆油气田地面工程总图站场设计规范》等 6 部，专业设计水平和行业地位不断攀升。

2017 年，总图专业正式加入建筑设计部，专业人数也发展为了现如今的 9 人，从成立之初，17 年来圆满完成了 600 余座骨架站场的设计，“70 后”奠定基业、“80 后”攻坚创业、“90 后”传承基业再发展，深耕厚植，代代相传，总图人为筑就长庆油田，鄂尔多斯脊梁砥砺奋进。

迎难而上，谱新篇。时代在发展，油田在进步，自 2019 年以来，油气田深度处理工艺不断改进，伴生气综合利用力度不断加大，原油稳定及伴生气综合利用 3 期工程、上古天然气处理总厂、苏里格天然气深度处理总厂等一个又一个超大规模、复杂功能项目纷至沓来，对全院及各专业设计人员的水平都是严峻考验。总图专业总揽全局，协调各方的角色显得更为突出。学习相关各类规范，提前预判不确定因素，解决层出不穷的新问题，总结设计的点滴经验，贯穿这些项目始终。

创新全厂内外综合风险评估体系建立，评价工厂总平面布置安全性，这些指标包括 QRA（定量风险）、HAZOP（危险可操作性）、储罐热辐射、消防、环保、防洪等，为工厂整体安全做好多重预防。

创新厂内防火间距表格编制，整合总平面布置所有相关规范 15 本，经过梳理归纳，防火间距表形式从传统的两点二维相对距离测算，改进为中心点四维距离测算，并增加了对象性质、结论、规范引用三列判断项，将总图设计安全基础工作进一步做细做深。

以“黄土地区、沙漠地区、各类站场三大系列特色技术”解决千奇百怪、愈演愈烈的各种站场总图难题，囊括选址踏勘、平面布置、交通组织、竖向与挡护、场地排雨水、基槽余土计算、管线综合布置等全流程、全方位设计节点。

以人性化服务理念，在细节处设计现代工厂，采用假如“我是员工”“我是访客”“我是汽车”的视角，充分考虑用餐、如厕、入厂教育、安全疏散、紧急集合、参观路线、消防空间、车辆充电等员工工作需求。

这一项项工程的落地与技术成果，不仅是工程技术的创新与突破，更是设计人员的淬炼与洗礼。这些历练不仅提高了员工专业水平，更将长庆设计品牌推向更高山峰，也是我们一代又一代设计人薪火相传、赓续创造的见证！

从首次完成复杂综合办公建筑——长庆通信大厦设计，到 2002 年首次完成长庆银川燕鸽湖基地高层住宅，2010 年完成陇东前线生产指挥中心办公楼，地上 22 层、地下 1 层（人防），建筑面积 3.6 万平方米。随着一处处心系民生的建筑拔地而起，建筑设计部完备的复杂综合建筑体的设计能力也在牢牢扎根。建筑面积年设计总量从最初的 6.3 万平方米到峰值 100 万平方米；从最初的矿建结构，到如今能够治理复杂边坡、掌握钢结构设计先进技术和能力、完善地基处理技术和穿跨越设计能力，如今建筑设计部年穿跨越设计数量最多达 1200 余处，装配式绿色钢结构技术在大型油气田站场广泛应用，复杂高层空间钢结构设计技术炉火纯青，具备复杂地基处理和地基沉降加固技术能力，逐渐形成长庆油田独具特色的穿跨越设计技术；从最初的年设计里程 80 千米起步，到现在年均设计能力 800 千米，桥梁设计 20 座，方案 80 余个的能力跨越，道路设计达到超 1000 千米的设计水平；随着长庆油田大规模上产，一座座大型站场在鄂尔多斯盆地拔地而起，从平原到高山，从黄土地区到沙漠地区，从国内到国外，从油田到跨国管道，从大型站场延伸到中小站场，在建筑设计部的领导下，总图专业已具备油气田产能配套的大型站场总图设计多项设计能力。

对历史最好的致敬，是书写新的历史；对未来最好的把握，是开创更美好的未来。五十年，恰是风华正茂；五十年，正当奋进前行。建筑设计部将始终牢记“我为祖国献石油”的政治责任和初心使命，秉承几代建筑人“埋头苦干、不记得失”的初心，以时不我待的紧迫感和舍我其谁的使命感，为实现“建设具有低渗透油气田特色、行业领先的综合能源工程设计公司”的目标添砖加瓦，为建设“大、强、壮、美、长”的世界一流大油气田贡献设计力量！

浩瀚风雨五十载　不负初心与时代

水环境设计部　贾彬

穿岁月峰头，伴历史云烟。五十载悠悠岁月，一晃而逝。

1973 年，为响应长庆油田大会战的号角，在我国能源的聚宝盆——鄂尔多斯盆地上，在甘肃庆城，长庆勘察设计研究院（2020 年正式更名为长庆工程设计有限公司）应运而生，并毅然决然地肩负起兴油使命，扎根西部，矢志能源报国。时至今日，已为油气事业奉献了半个世纪，在助力长庆油田油气当量跨越 6500 万吨大关的征程中作出了不可磨灭的贡献。

五十载砥砺奋进，留下的是长庆设计公司不断成长的脚步，也是各专业蓬勃发展的彰显。今年，是长庆设计公司的五十周年华诞，同时，“水”专业也迎来了她的第五十个生日。在这个瞬息万变的时代，“水”专业的成长见证了长庆油田水事业的蓬勃发展，是油田水设计领域的一面旗帜，一部流动的历史，一幅生动的画卷。这一路，水专业设计人与油田、与设计公司同努力，共发展，怀揣“我为祖国献石油”的初心，在“磨刀石上闹革命”，用智慧和汗水书写了一段辉煌的历程。

拓荒之路：以“水”为源，奠基未来

20 世纪 70 年代至 80 年代初，油田艰苦创业，长庆人相继建成甘肃马岭、陕西吴旗、宁夏红井子等油田，快速形成百万吨规模生产能力。并于 1979 年底，在陕甘宁 3 个地区建成 9 个油田 15 个区块，实现了油田成功起步，年生产原油突破 100 万吨。

当时的给排水专业归属综合二室，仅有不到十人。但就是这些老师傅，在水资源短缺、寒冬凛冽、夏日炎炎的艰苦环境中，不畏艰难，以坚定的信念和无畏的精神，投身到油田设计事业中去。他们头顶烈日，脚踏泥泞，手握图纸，脚踩工地，汗水与泥土交织，希望与热情交织。

油田事业前进的每一步道路上，都离不开水专业设计人的辛勤付出。创业初期的艰难时期，他们为水专业做了大量开拓性奠基工作，也创造了很多业绩。包括油田各基地的给水排水工程、庆阳基地西河电渗析生活水处理工程、马岭油田北区和中区含油污水处理工程等，一方面进一步推动了油田生产建设，另一方面更好地保障了员工生活。其中，马岭含油污水处理工程的设计建设开创了油田污水处理的先河，并获得甘肃省、石油工业部科技进步奖。另外，在早期马岭油田开发过程中，先后建成的南一注水站、北一注水站及中一注水站，创新形成了“双干管多井配水、注水站流程洗井工艺”，在油田开发过程中首次应用了往复式注水泵，大幅提高了注水系统效率。

他们用汗水和智慧，铸就了一座座油田设计的丰碑，用勤劳和执着，成就了一段段油田设计的辉煌。他们的故事，是二十世纪七八十年代油田设计人的艰苦创业史，是那段激情燃烧的岁月的见证。

攻坚之旅：以“水”为脉，迎难而上

20 世纪 80 年代末至 21 世纪初，安塞油田、靖安油田、靖边气田的探明与开发，揭开了长庆千万吨级油田的序幕，形成了油气并举、协调发展的新格局。进入新世纪后，姬塬油田、西峰油田、榆林气田相继探明并规模开发，年产油气当量连续跨越 1000 万吨、2000 万吨。

这一时期，设计公司开展市场化建设，进入蓬勃发展的新时期。彼时，为积极响应公司改革发展要求，水专业被划入不同的综合室，全力支撑油、气和民生工程建设。

这一时期，是水专业夯实基础、快速发展的阶段。期间完成银川第三水厂（处理能力 10 万立方米 / 年）、安塞油田水源、供注水工程、第一净化厂甲醇回收工程、长庆石化、靖边甲醇厂循环水、消防、污水处理工程、马岭油田南二区、北二区污水处理工程等，形成注入水真空脱氧 +PE 烧结管过滤、采出水粗粒化聚结除油 + 压力除油 + 多介质过滤、气田水甲醇污水回收等核心技术，建成国内首座气田甲醇污水回收装置；研究引入烟雾灭火技术，修订国标，解决了边缘缺水地区小型联合站的消防设计难题。期间旋流除油、立式粗粒化除油罐获得甘肃省五小成果奖，同时也是长庆油田获得的第一个国家专利，气田含甲醇污水处理工艺技术研究及应用获得集团公司科技进步二等奖。

这一时期，供注水系统工艺不断优化创新。先是针对马岭油田“双干管多井配水、注水站流程洗井工艺”进一步完善，创新形成了“单干管小支线多井配水、活动洗井注水工艺流程”，并成功应用在安塞油田王一注水站、王二注水站等骨架注水系统。提升了注入水质、取消了洗井干线，优化了站外注水管网，大幅降低了地面工程投资。21 世纪初，针对丛式井组布井技术，为满足西峰油田整装开发需要，研发应用智能稳流配水阀组，创新形成了“树枝状单干管稳流阀组配水、活动洗井注水工艺流程”，实现了稳流配水阀组无人值守，并建成了长庆油田规模最大的董一注水站。进一步简化了布站层级，缩短了工艺流程，节省了注水支线，降低了生产成本。

一体化水处理装置

快马加鞭发展的背后，是太多太多人无法言说的辛酸与付出，是加班熬夜连轴转、工作成为生活全部、无暇顾及孩子与家庭的无奈，是任务重时忍着身体的伤痛，一边输液吃药一边赶工的坚守，是奔赴一线、甘于吃苦的一往无前，是青丝熬成白发的奋斗痕迹，这就是水专业设计人的不忘初心、砥砺前行。他们说：砥砺这两个字，词典里是磨刀石的意思。要践行自己的初心，就要看你舍不舍得放下自己最宝贵的东西，比如健康、时间、自由等，放在这个磨刀石上去磨。如果你敢，那你就是在挑战不可能，就有进步的机会，就是在身体力行自己的初心使命，终将做到繁星无我，不负岁月。

这一时期的攻坚克难，是水专业逐步壮大，从简单到复杂、从单一到多元、从探索到应用的艰难前行。正是水专业设计人的创新思维和迎难而上，才实现了一项项技术的突破、成果的创新以及重大项目的顺利完成，也让我们见证了油田水事业的发展和壮大。通过这一时期的努力，水专业具备了供注水站场、污水处理站、消防站、甲醇污水处理厂、生活水厂、大型生活基地给排水消防系统等的设计能力，整体实力和竞争力大幅提升。

辉煌篇章：以“水”为魂，积淀突破

2008 年 10 月，中国石油集团公司党组批准了长庆油田年产 5000 万吨油气当量的发展规划，苏里格气田、华庆油田等超低渗透、致密油气田实现规模开发，推动产量快速攀升。2013 年，长庆油田油气产量当量达到 5195 万吨，建成了我国油气当量最高的现代化大油气田，实现了建设“西部大庆”的宏伟目标。此后，长庆油田发展成为我国第一大油气田，连续 7 年保持 5000 万吨以上高效稳产。近年来，长庆油田更是捷报频传，油气当量突破6500万吨，再创新高；年产天然气产量超500亿立方米，标志着我国建成首个年产500亿立方米的特大型产气区；页岩油开发取得重大突破，日产原油达到3000吨以上；铝土岩气藏评价获得重大突破。大力推进油气田智能化建设，形成“无人值守、集中监控、定期巡检、应急保障”的智能化发展雏形，大幅提升了劳动效率。

在这个充满活力和机遇的时代，一个公司的繁荣与发展不仅取决于其自身实力和能力，而且受到其他因素的影响就像一棵大树，虽然根系深深扎入土壤，但每一个枝杈每一片叶子都在为树的生长贡献自己的力量。长庆设计公司就是这样的枝，水专业设计人就是这样的叶。在长庆油田加快发展、推进高质量发展的道路上，水专业始终扮演着关键角色。水专业设计人用专业的笔墨，在长庆油田水的战场上，绘制出一幅幅波澜壮阔的画卷。他们犹如守望者，守护着长庆油田的稳产增效和绿色发展，以专业的态度和敬业的精神，为长庆油田的可持续发展保驾护航。

在这飞速发展的十多年间，水专业如同凤凰涅槃，焕发出前所未有的生机与活力，凭借大无畏的发展实践，铸就了一个又一个伟大事业，创出了辉煌成就。

如今的水环境设计部专业门类更加齐全。从五十年前一个不足十人的给排水室，发展为今天的水环境设计部，拥有给排水、消防、环保、注水四大专业，各专业分工又融合，做到了互为补充、互相了解、互相认可，极大程度地挖掘了个人潜力、提高了工作效率。

如今的水环境设计部综合实力显著增强。每年主办和参与项目数量、设计人员人均图纸工作量多次名列公司前茅，与此同时，项目的复杂性、精细化设计程度明显增加。水环境设计人敢于尝试，勇于挑战传统，将新的工艺和设计理念融入项目中，以全新的视角和独特的方法解决工程项目中遇到的问题，一次次突破“高、新、难”，完成一项项令人瞩目的卓越工程，为油田安全稳产、高质量发展及绿色发展注入“水”动力。

持续攻关采出水，写好处理“水”文章

油田采出水处理通过陇东陕北油区采出水环评符合性治理、油田采出水水质等工程，定型了“沉降除油+气浮+过滤”和“沉降除油+生化+过滤”两种主体采出水处理工艺，实现了142座站场水质提升，解决了6.1万立方米/日采出水的水质达标问题，保障水质综合达标率从2017年的87.4%提升至2022年底的98.5%，有效解决油田达标处理及回注问题，夯实油田绿色环保发展基础。

油田废液一体化处理系统

气田采出水处理通过气田采出液集输及处理工程，针对高矿化度、高悬浮物、高含铁量、高腐蚀性、低 pH 值的采出水，创新形成低温破乳油水分离、高含油乳化采出水处理工艺及配套技术，成功突破了高含油乳化采出水处理的瓶颈，有效解决气田采出水分步破乳脱水和处理的难题。

环保建设新征程，绿色发展新格局

美丽长庆是基业长青的百年长庆的重要特征，水专业紧紧围绕这个目标开展工作，协调开展减污降碳、综合利用。持续深入打好碧水、净土、蓝天保卫战，提升环保设施设计建设水平，努力绘就新时代美丽长庆画卷。

打好“碧水”保卫战，持续攻关水质提升工艺技术。开展 180 余座油气田站场的水质提升改造项目，形成“气浮过滤”“生化过滤”等主要工艺，推广应用采出水一体化集成装置，采出水水质达标率达到股份公司先进水平。攻关油田措施废液处理技术，设计返排液处理站 70 余座，实现 200 万立方米 / 年返排液达标综合利用。打好“净土”保卫战，推广应用负压排泥、叠螺脱水等工艺，形成“站内负压排泥、污泥减量，拉运集中处置”的技术路线，总体规划设计建设 9 座含油污泥集中处理站，88 座含油污泥临时储存点，开展牛毛井、王窑、靖二联等站场土壤污染治理，解决含油污泥引起的一系列环保问题。打好“蓝天”保卫战，推进采出水处理站挥发性有机物 VOCs 治理；攻关含硫采出水生化处理技术；推广应用太阳能生活热水制备，降低水系统大气污染污染物的排放。

王窑钻试废液站主体处理装置

油气消防强设计，拉起站场生命线

认真贯彻“预防为主、防消结合”的方针，通过设计建立完成了整个油田的消防应急体系、国家消防救援基地、消防站规划，保证了油气站站场消防协作力量的全覆盖。建成了以惠安堡、咸阳为代表的大型储备库、上古天然气处理总厂大型油气站场消防系统，采用国内领先的大型储罐、装置区自动消防技术，形成整个大型油气站场消防系统自动预警、人机分析、一键启动、自动冷却、自动灭火管理模式，保证了整个油气站场安全、平稳运行。通过技术攻关及创新，研制并推广应用了适用于大中型油气站固定式消防的消防一体化集成装置 40 余套，实现了整个消防系统标准化、橇装化制造、自动化运行、智能化管理的模式，为长庆油田油气站场平稳运行筑起安全堡垒。

致力提高采收率，支撑油田高稳产

提高采收率是油田开发永恒的主题，是支撑油田稳健发展的战略性工程。水环境设计部加强技术攻关，全力保障二氧化碳驱、泡沫辅助减氧空气驱、转变注水开发方式、聚表二元驱等股份公司级重大开发试验地面工程建设，并积极开展微生物活化水驱、烃类气驱等新技术试验地面试验研究，初步形成了具有长庆特色的低渗透油藏提高采收率地面工艺系列技术。其中，泡沫辅助减氧空气驱创新形成了“低压去氧、自动配液、气液分注、井口混合”的地面注入工艺，研发应用了 10 类 34 套一体化集成装置，建成了中石油首座橇装集中注入站（王窑空泡试注站）；聚表二元驱创新形成了“离子交换、精细过滤、低压混合、高压注入、单泵单井”地面注入工艺，研发应用 13 类 27 套系列一体化集成装置，建成长庆油田首座聚表二元驱注入站；二氧化碳驱创新形成了“液态 CO_2 集中增压 + 分压调控 + 稳流配注”地面注入工艺，自主研发应用了液态二氧化碳注入装置，建成了黄 3 综合试验站。

科研引领新思维，集成装置驱发展

在长庆低渗透油田“低成本、节约化”开发战略和“标准化设计、模块化建设、数字化管理、市场化运作”建设思路指导下，地面工程设计解放思想、转变思路，全面推行了标准化设计。水环境设计部借鉴小型一体化集成装置的成功经验，先后自主研发了智能移动注水装置、智能增压注水装置、污泥减量化装置等油田供注水系统应用的一体化集成装置；截至 2022 年底，供注水系统已形成了 24 类 65 个规格的一体化集成装置，累计应用 1000 余台套；首套智能移动注水装置于 2010 年在第八采油厂建成投运，标志着供注水系统由常规站场建设模式向橇装化的重大转变，为供注水系统一体化集成奠定了基础，该装置先后荣获陕西省科技进步三等奖，并推广应用至海南福山油田和浙江海安油田。

通过供注水系统工艺优化完善、技术创新，实现了供注水系统全流程一体化集成和“源供注配”智能化控制，站场无人值守，节约占地面积，降低工程投资。首座一体化注水站与 2014 年 11 月在第七采油厂环十注水站建成投运。低渗透油田供注水系统一体化集成技术与应用和 1500 立方米注水站一体化集成技术先后荣获陕西省科技进步奖和甘肃省技术创新奖。

通过应用成熟的一体化集成装置，实现关键技术突破，先后开展了供注水站场立体研究，将原有的平面布置延伸至立体布置，于 2019 年建成了长庆油田首座立体化注水站——镇 51 注水站，实现了井站合建，成功解决了小型注水站现场适应性差的问题，节省了征地面积，提高了建设速度，实现了井站合建，使得超前注水以及偏远区域注水系统的建设变得更加快捷、灵活。随着油田“五化”持续推广，立体化布站模式将会更好地服务好油田地面工程建设，进而加快油田二次高质量发展。

勇于探索结硕果，技术成果大丰收

集智聚力，科技创新革故鼎新。近年来，针对油田地面工程水系统面临的难点、卡点问题，水专业先后组织各级技术攻关科研项目 40 余项，其中集团公司科研项目 5 项、油田公司科研项目 10 项、长庆设计公司及其他科研项目 25 项，解决了研究水处理、环保、提高采收率等领域面临的技术难题，形成了 5 类 30 余项关键技术，先后获得国家授权专利 66 项，在各级专业刊物上发表论文 250 余篇。积极主导与参与国家、行业标准及中国石油企业标准的制修订工作，近年来承担标准制（修）定 20 余项。参编《油田采出水处理设计规范》《油田注水工程设计规范》等国标 6 项，主（参）编《玻璃纤维增强塑料储罐技术规范》《气田含醇采出水处理设计规范》《CO_2 驱油田注入及采出系统设计规范》《非金属管道设计、施工及验收规范》等行业标准 15 项，为员工提供了对外交流的机会，树立了设计人员的自信

污泥减量化装置

心，增强了水专业在行业的话语权，提升了公司知名度。

踔厉奋发担使命，队伍建设谱新篇

水专业设计人犹如一群探险家，不怕困难，勇往直前，不断开创新思路、探索新领域、谋求新发展。他们凭借深厚的专业知识和丰富的实践经验，深入研究水专业的各个方面，不断探索新的设计理念和技术手段。

近年来，在公司领导的关怀和支持下，部门多人获评工匠典范、竞赛标兵、公司先进、优秀共产党员、十佳女工、十佳青年、十大科技标兵等荣誉称号，一个个荣誉承载的不只是无上的荣光，也是对那些深夜亮灯的办公室、图纸上的圈圈画画、厚重的笔记本以及长期伏案日渐佝偻的身影最美的赞歌和肯定，是我们面对每一次工作标准提升、方案论证、专业高质量发展要求时挥洒的汗水的纪念。此外，部门持续强化师带徒工作，充分发挥老员工在专业技术、敬业精神等方面的强项，创造条件给年轻人以“传、帮、带”作用，实现了人尽其才、优势互补。经过部门的大力支持和重点培养，大批青年员工已成长为设计中坚力量，为各级部门输送了高层次的优秀管理人才。

……

五十年的发展，如同一部壮丽的史诗，书写着水专业设计人的勇气与毅力。五十年来，我们取得了数个第一的成果，建立了第一个股份公司级环保示范站、投运了国内第一座 2.0 版立体化注水站、建成国内首座空气泡沫驱示范站……

通过部门几代人的不懈努力，为公司高质量发展作出了应有的贡献，先后荣获中国石油天然气集团公司“优秀科技创新团队”“建设‘西部大庆’劳动竞赛铁人先锋号”、被陕西省总工会授予“职工经济技术创新示范岗”，被共青团陕西省委命名为“青年文明号”，授予“质量信得过班组”称号，是长庆油田公司“‘六个一’标准化党支部”“基层建设示范点”，多次获得长庆油田公司模范集体、先进集体、先进党支部等多项荣誉称号。

展望未来：以“水”为媒，奏响华章

当前，我国正致力于推动生态文明建设的目标升级，加快发展方式绿色转型、深入推进环境污染防治、积极推动能源结构的转型，开启以降碳为重点战略方向的新阶段。习近平总书记提出“必须牢固树立和践行绿水青山就是金山银山的理念，站在人与自然和谐共生的高度谋划发展”，强调“坚决打好蓝天、碧水、净土保卫战”。长庆油田作为国家最重要的能源企业之一，既承担着保障油气供应的任务，又积极响应国家号召，推动绿色低碳发展，加强环境污染治理等方面的工作，为国家重大区域战略和区域协调发展注入绿色动能。

现在，我们站在辉煌的新起点，未来的道路仍然充满挑战，但我们有信心继续前行。我们期待未来，期待着水环境设计人在更大的舞台上展现出更强的生命力，期待着在创新中找到更多的可能，期待着在竞争中创造出更大的价值。

做好做活“水”文章，高效利用水资源

随着油田滚动开发，对于油田内水资源需做到统筹规划、挖掘潜力、盘活资源、统一共享、灵活调配，通过地面管网优化，提高水资源的有效利用率，节约清水资源，确保供注水系统平稳运行，满足注水需求。针对页岩油、煤岩气前期压裂用水量大、压裂返排液及采出水无法回注的情况，亟须探索研究高效、短流程系统处理工艺及装置，实现水系统的闭环清洁应用，解决目前存在的水资源匮乏和压裂用水需求矛盾。

“碳”寻绿色发展，构建新型水处理系统

聚焦“绿色”“低碳”的目标，抓住不同开发方式下的水质特性，围绕风、光、热、生物质能等多种绿色能量载体，构建多能互补模式下的采出水广义资源化处理模式，通过多能互补，能量梯级利用，深入开展油田污水资源多级利用技术研究，挖潜采出水内涵价值，进一步增加油气田采出水处理的经济附加值，实现变废为宝、可持续绿色发展。

减污零排“智消防”，环保安全两手抓

针对水处理系统的含油污泥开展全流程技术研究及攻关，探索形成沉降除油罐负压排泥远程控制、污泥池污泥机械化自动清掏、高含水污泥原位减量化处理、后端含油污泥资源化处置的含油污泥系列技术，打通含油污泥全链条工艺技术，为油田水系统水质再提升做好基础工作。此外，开展高 COD、高盐污水综合利用技术研究，研究锂、镓等贵重金属的提取联产，实现污水的循环利用和资源化利用。

积极探索大型油气站场重点区域“智慧消防”技术研究，通过采用红外、紫外、视频图像监控、自动定位、AI 图像识别技术、大数据分析技术和物联网技术，建立三维重建和灭火射流数学模型的确定火源，一键自动启动消防系统，实现精准灭火，增强救援能力、降低火灾损失，保障大型油气站场安全运行。

攻关提高采收率，技术助增油上产

充分利用气驱（CO_2、减氧空气、天然气）、二元驱先导试验成果，围绕油田公司提高采收率规划，利用集团公司重大科技专项平台，积极开展气驱注入、采出液处理、腐蚀防护、精准计量、安全防控、数智一体化等技术攻关，解决提高采收率“卡脖子”堵点、难点，形成低渗透油藏提高采收率地面工艺技术系列，研发系列化集成装置，为提高采收率技术工业化推广应用提供利器，助力长庆油田高质量发展。

探索“智水云控”，打造智慧水系统

加快数字化转型是油田推动治理体系和治理能力现代化、率先实现高质量发展的必由之路。通过开展水系统全流程联动的数智化控制等技术研究，全面实现水系统无人值守和智能控制。积极推广“源供注配”模式，加强注水系统智能化改造，建立管网数字化仿真模型，推进注水管网信息化建设，实现智能注水。

风正帆悬正当时，踔厉奋进谱新篇。水环境设计部成立以来，在公司党委的正确领导下，立足油田开发中的涉“水”问题，攻坚克难、砥砺前行，虽然取得了一些成绩，但仍然面临着巨大的挑战。展望未来，水设计人将以习近平新时代中国特色社会主义思想为指引，将主题教育和部门建设相结合，坚持问题导向，坚持创新驱动，坚持设计覆盖管理，当好“建设具有低渗透油气田特色、行业领先的综合能源工程设计公司”战略计划的践行者，让水道路越走越宽阔，水文章越写越精彩，为“建设世界一流大油气田”贡献“水”力量。

栉风沐雨五十载　砥砺初心向未来

热工设计部　李俊杰

时间是历史的雕塑家，镌刻着奋斗的年轮，勾勒出变迁的轨迹。创建于 1973 年的长庆设计公司，至今已走过五十年的发展历程，五十年筚路蓝缕、风雨兼程，公司用智慧和汗水走出了一条持续开拓创新、不断追求卓越的奋进之路。坚持守正创新、顺势变革、积极布局，长庆设计公司于 2011 年成立了热工设计部，内设热工、暖通两个专业，均是 1973 年建院即设置的老牌专业。热工设计部集中发展热工、暖通专业领域技术技能，为公司提供专业支持，以满足公司内外部的需求。热工设计部主要承担供热工程、供风工程、尾气焚烧工程、清洁能源（太阳能、空气能、余热、地热等）利用工程、采暖及通风工程等设计工作和相关技术研发。

热工设计部员工合影

夯基固本强队伍

九层之台，起于累土；千里之行，始于足下。自成立以来，热工设计部坚持固本强基，开拓创新，几代人的赓续奋斗、日积月累，经历了从长庆设计公司的两个专业到一个独立部门的转型，也经历了在绘图板上绘制管线到采用全三维协同平台设计图纸的巨大变化，更经历了从单一专业人才到双专业人才培养的跨越。时代在发展，技术在革新，管理在提升。近年来，热工设计部深入贯彻新时代人才强国战略及集团公司人才强企工程方案，坚持用好用活石油精神、铁人精神、长庆精神等铸魂育人强大武器，持续开展再学习再教育再实践，提升员工政治素养，保持理性务实的态度，增强艰苦奋斗精神。

对党忠诚、担当作为的栋梁之才，必须练就扎实的建功立业技术本领。热工设计部开启热工和暖通双专业培养模式，坚持实施“12345”人才培养计划，对青年员工全部实行热工和暖通双专业培养，制定详细培养计划，两个专业兼容并蓄，齐头并进。并针对油田未来新能源发展趋势，布局新能源领域，把握创新驱动的主攻点，开展科研攻关和技术创新，培养油田公司所需要的新能源人才。同时把培养科技人才与提升管理能力有机结合，在兼责部门各类事务中，练就管理才能，助力员工全面发展。通过“12345”人才培养计划的实施，热工设计部的青年员工具备典型工程独立设计能力、清洁能源技术研发能力、部门一般事务管理能力。实现了培养“双专业全才，新能源专才，能管理通才”的目标。人才优势日渐凸显，盘活了部门的人力资源，增强了生产组织中的机动性能，应对生产高峰能力显著增强，形成了部门核心竞争优势，部门整体工作水平持续提高，为部门持续发展奠定了坚实基础。目前热工设计部三级正 1 名、三级副 2 名、二级工程师 1 名、三级工程师 A 1 名、高级工程师 11 名、注册动力工程师 3 名、暖通工程师 3 名，队伍建设持续推进，热工设计部形成了独特的发展优势，成为一个创新奋进的优秀集体，跟随公司奋斗的足迹，怀揣匠心、扎根设计、奉献社会。

热工设计部党支部党员合影

科技创新赋动能

科技创新始终是企业发展的最大动能。热工设计部秉承创新驱动的发展理念，坚持“自主立项＋配合立项”拓展科研立项宽度、“解决急需＋前瞻储备”拓展热能利用广度、“群策群力＋联合高校”增强技术研发的原则，深化创新攻关，在光热、地热、余热、多能互补、零碳供热等领域取得丰硕成果。

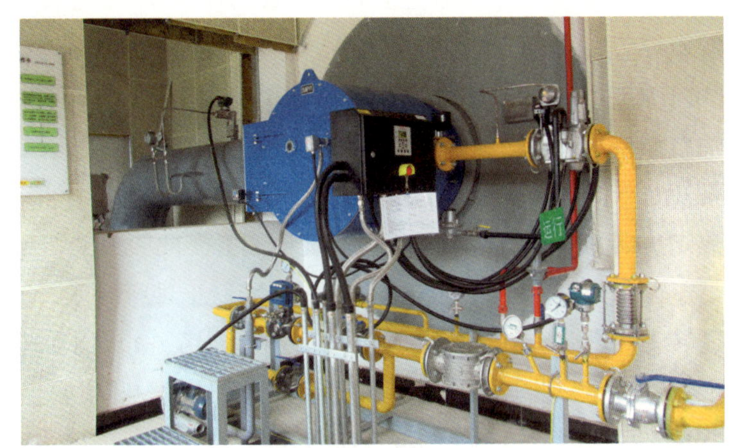

低氮燃烧器

在余热利用领域完善“高品位热能蒸汽朗肯循环发电、中品位热能有机工质朗肯循环发电、低品位热能直接换热和热泵提质换热”的热能梯级利用工艺和特色技术，创新烟水双扰流和两段式强化换热方法。在地热利用领域形成“采灌结合、同井换热”的取热工艺，“小温差换热为主、热泵提温换热为辅”的用热工艺。在光热利用领域，完成陕甘宁蒙光热资源论证，形成“东西轴线菲、南北轴槽式”的集热工艺，“系统优化降能耗、直接换热提能效、串并结合便管理”的用热工艺和“大温差、高密度”相结合的储热工艺。

将“分级燃烧＋烟气内循环”低氮燃烧工艺在油田进一步推广，改造加热炉 355 台，规划改造加热炉 789 台，实现年减排氮氧化物 317 吨。对 923 台井场加热炉，坚持不加热集输工艺，避免重复投资，节约工程投资 7938 万元；对 91 台燃烧器本体及配件完好的燃烧器，进行局部改造，避免设备更换，节约工程投资 728 万元。实施余热、光热、地热项目 11 项，项目建成可实现年发电 5594 万度，年节约燃气 1650 万立方米。推广应用一体化集成装置 36 套，节约投资 200 万元，减少占地 1200 平方米，压缩设计工期 55%，缩减建设工期 67%。

绿色发展谱新曲

设计处于生产建设环节的最前端，决定了生产建设的绿色属性和社会责任。在油田可持续性发展中，无论是降本减耗，还是绿色发展，都与设计环节有着直接而密切的关系。

当好油气田建设的排头兵、先锋队，这是长庆设计人矢志不渝的初心。时代在变，初心不变，热工设计部充分发挥专业优势，初心如磐，为油田绿色发展贡献设计力量。于2019年顺利完成《机械厂焊接作业厂房焊接烟尘通风治理工程》施工图设计，并交付使用，该设计改变了目前国内多数焊接车间仍然采用自然通风，受室外气象条件限制通风效果不能保证的弊端。有效改善现场操作环境，保护操作人员健康，为油田绿色发展提供有力保障；2020年，上古轻烃回收项目成功开车投产，创新开发了“省煤器+空气预热器”双效导热油炉烟气余热回收技术，年节约燃气约84.9万标立方米，“导热油炉低氮氧化物排放技术”，年减少NO_x排放约170吨，“大口径、大温差、高应力导热油管道柔性敷设技术”，保证了管道、设备和管廊的安全。真正实现了高能耗、高排放设备的低耗能、低排放，各项指标国内外领先；2021年5月圆满完成了《陕西省境内锅炉（加热炉）烟气排放超标治理工程》设计任务。此项目创新利用了低氮燃烧新技术，该技术处于国内先进水平，氮氧化物排放浓度低于现行标准：2022年完成3座净化厂尾气处理装置蒸汽余热利用、乌9集气站余热利用、苏南15站压缩机烟气余热利用、油水井地热利用等一批新能源施工图设计。项目的发电装机容量8.7兆瓦、热能替代规模47.4兆瓦，预期可减排二氧化碳8.04万吨/年。这些项目的完成，不仅为保护生态环境、维护绿水青山贡献了力量，也为绿色矿山建设、可持续性发展提供了有力保障。2023年，苏里格深度处理总厂项目正在全面启动设计，深度处理总厂供热站负责厂内分子筛脱水、乙烷脱水等工艺供热，总供热负荷38兆瓦。供热站设置4台13.5兆瓦燃气导热油炉，最大供热能力54兆瓦，供热温度320/280摄氏度。供热站采用了超低氮FGR烟气外循环技术，氮氧化物排放≤50毫克/立方米；高效烟气余热回收技术，排烟温度≤170摄氏度，热效率94%以上；另外还使用柔性敷设技术，最大程度降低管道对设备、管口推力。保障点内供热采用工艺

上古导热油系统

余热，采暖末端使用分时分区及智能化供暖控制技术，最大限度降低供热化石能源消耗，通过以上技术保障全厂低碳、高效、安全供热。

千帆汇海阔，奋斗正当时。默默坚守、孜孜以求，长庆工程设计有限公司热工设计部将始终以“先锋”的担当、“冲锋”的姿态，在助力油田高质量发展的新征程上继续破浪前行、再创辉煌！

“机”往开来谋发展
制绘蓝图创新篇

机械设计部　刘昕宇

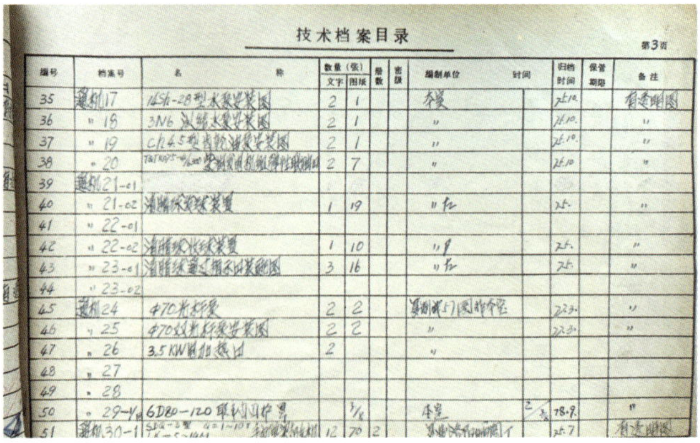
技术档案目录

第3页

编号	档案号	名称	数量(张) 文字	数量(张) 图纸	册数	密级	编制单位	时间	归档时间	保管期限	备注
35	[illegible] 17	[illegible]	2	1			[illegible]		[illegible]		[illegible]
36	〃 18	[illegible]	2	1			〃		[illegible]		〃
37	〃 19	[illegible]	2	1			〃		[illegible]		〃
38	〃 20	[illegible]	2	7			〃		[illegible]		〃
39	[illegible] 21-01										
40	〃 21-02	[illegible]	1	19			[illegible]		[illegible]		〃
41	〃 22-01										
42	〃 22-02	[illegible]	1	10			[illegible]		[illegible]		〃
43	〃 23-01	[illegible]	3	16			[illegible]		[illegible]		〃
44	〃 23-02										
45	[illegible] 24	[illegible]	2	2			[illegible]		[illegible]		〃
46	〃 25	[illegible]	2	2			〃		[illegible]		〃
47	〃 26	[illegible]	2				〃				
48	〃 27										
49	〃 28										
50	〃 29-[illegible]	[illegible]		[illegible]			[illegible]	[illegible]	[illegible]		〃
51	[illegible] 30-1	[illegible]	12	70	2		[illegible]		[illegible]		[illegible]

《技术档案目录》内页展示

我手上拿的这本泛黄的册子，是 1973 年机械设计部的第一本《技术档案目录》，像这样的册子，林林总总有 50 多本，跨度半个世纪，从未中断。这些册子既是时间的缩影，更是机械设计人的编年体史册。

翻开扉页，存档通机 01 清蜡球发送装置——本室，参机 12 水力抽气阀——大庆油田设计院，参机 17 板式换热器——兰州石油化工机械厂……

在这一本本的《技术档案目录》里，一笔笔记录了老一辈机械设计人是怎样聚沙成塔，一点点为机械专业积累起发展的基石与成长的力量。

今天，就让我们沿着时间的刻度，和过去的他们来一场双向奔赴。

创业篇（1970—1990 年）

艰苦创业　砥砺前行

1970 年夏，两万多名解放军指战员和来自玉门、青海等油田的石油大军，响应国家“在西北建设大油田”的号召，汇聚陕甘宁老区，参加长庆油田大会战。

故事 1：为会战点亮第一盏灯

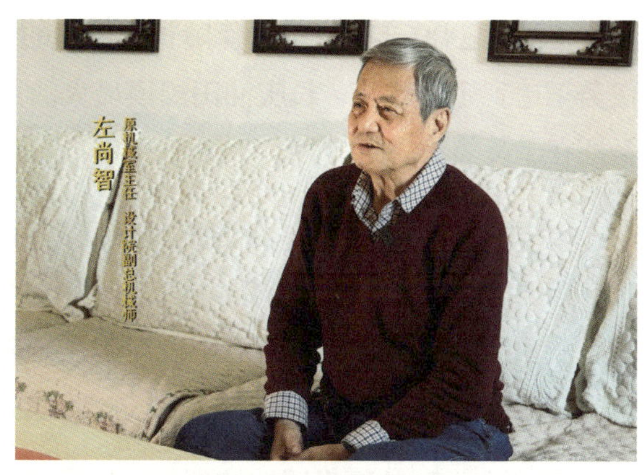

原机械室主任、设计院副总机械师左尚智

当时的会战指挥部长庆桥没有电，时任指挥李虎将军交给设计室的第一项任务，就是设计建造一座火力发电站，解决会战最基本的生产、生活用电问题。这项光荣而艰巨的任务就落在了当时年轻的大学生左尚智肩上。

（访谈　左尚智：“当时设计室只有 7 名技术干部，指挥部下达命令把这个任务交给设计室，我们几个年轻人就一起商量看怎么办，当时真是无从下手，商量后决定去西安学习，我们背着军用水壶，拿着几个馒头，就搭车去了西安。到了西北电力设计院以后，我们主要学习汽轮机的安装、锅炉房的安装、煤厂的布置、水处理房布置，还有总平面布置。回来搞设计的过程中，我们只有一本机械工程设计手册和从西北院手抄来的标准规范，就这么一边学习一边设计做完了这个工程，最后没有发生任何工程事故，一次投产成功。”）

两个多月的时间，长庆油田的第一座发电站从无到有设计完成。

发电站投产的那个夜晚，长庆桥从漆黑走向光明，直至 1976 年，这座火力发电站安全运行了整整 6 年，坚定地照亮了大会战最初的艰苦征程。如今，这座电站已完成了它的历史使命，尘封进了历史的烟尘，但当年长庆设计人抛洒在这方热土上艰苦创业的精神与激情深深烙印在了一代又一代长庆设计人的血脉中，永不磨灭。

故事 2：炼厂设计的拓路人

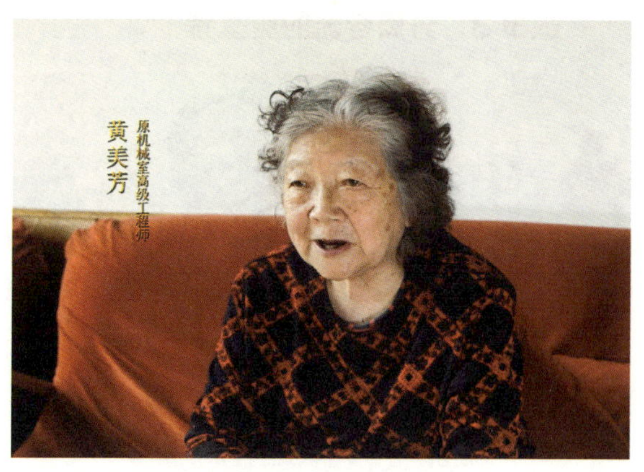

原机械室高级工程师黄美芳

1972 年夏，31 岁的黄美芳服从组织调派，从条件优渥的洛阳设计院来到当时荒凉的甘肃庆城县支援油田大会战。当时的长庆油田刚刚起步，当时的长庆设计一无所有，她充分利用曾经大院工作的经历，积极调研收集设计资料，结合长庆特色加以改进利用，为长庆设计机械专业的发展建立了最初宝贵的资料库。

20 世纪 80 年代末，为保障长庆油田的快速稳定发展，咸阳长庆石油助剂厂的建设任务下达到了设计院，长庆油田规模最大的百万吨常减压、重油催化裂化装置的设计任务摆在了黄美芳的面前。

（访谈　黄美芳：“在油田大发展的时候，长庆油田决定建设咸阳助剂厂，要做 100 万吨常减压，当时的情况，从工艺到机械，各个专业力量都不够，自己根本干不起来。我就一次次跟李士富院长到洛阳设计院去调研、收集资料，然后从设计到现场交底再到制造厂监造，克服了各种困难终于把这个工程完成了。”）

在那个没有计算机辅助的年代里，面对资料的匮乏、基础的薄弱与巨大的工作量，他们凭借满腔热忱，从 1990 年批准立项，到 1992 年底试车投运一次成功，他们用整整三年的夙兴夜寐与殚思竭虑，顺利完成了助剂厂预处理装置的设计与投运，不仅全面解决了长庆自用油与自用气困难，还有力补充了地方液化气供给不足的问题，为长庆油田的发展作出了积极的贡献，被专家誉为西部炼化企业中的精品。

正是有了他们艰辛的拓路前行，才为机械专业炼化设计播下了发展的种子，才有了后来原油稳定及伴生气综合利用工程与上古天然气处理总厂中炼化设备的有力参与。

发展篇（1990—2000 年）

勠力同心　蓬勃发展

1989 年，是长庆油田针对渗透率只有 0.49 毫达西的安塞油田进行试验的一年，也是发现“陕参 1 井”的一年，它们的出现，标志着长庆油田即将迎来大发展，长庆设计人也即将迎来新的机遇与挑战。

故事 3：分离容器的奠基者

原机械室副主任、高级工程师刘文喜

20 世纪 90 年代初，随着油田快速上产，面对组成复杂，因地不同、因时而异的油井采出物，如何将油中裹挟的伴生气、采出水以及泥沙等杂质分离出来的问题，摆在了刘文喜、刘玉军等人的面前。

（访谈　刘文喜：“当时是 20 世纪 90 年代初，咱们油田要上油气分离，有一些解决不了的问题，当时就派工艺上的段素玲，咱们机械专业的刘玉军和我到各个油田去调研。当时到大庆、胜利这几个油田调研以后，人家就把他们的分离装置给我们讲清楚，告诉我们他们的分离装置是什么样子，他们的图是什么样子。之后我们把各个油田的图纸拿回来，把他们好的地方吸取，不好的地方放弃，然后我们一起研究商量，看看怎么做，就出现了我们的第一批分离装置，之后又经过几次优化升级，最终设计出现在这些分离装置。”）

经过三代机械设计人一次次的优化升级，如今油气田分离器已衍生出气液、三相、单 / 双筒闪蒸等 48 种分离设备，为减少油气田地面工程投资，降低现场运行维护成本以及缩短压力容器设计周期作出了巨大的贡献。

双筒分离闪蒸罐

卧式高效分离器

故事 4：大型储罐的代言人

算算时间，机械设计部的演强扎根设计一线已 33 年，惠安堡、油房庄、庆咸首站与咸阳末站的大型储罐都留下了他的设计印记。

惠安堡油库

2000年起，随着输油管道首末站与国家原油储备基地建设的需要，大型储罐尤其是大型外浮顶储罐的设计迫在眉睫，面对当时国内技术与标准的空白，33岁的演强勇挑重担，自学国外标准规范，研究储罐大型化重难点问题，最终成功将大型外浮顶储罐的设计技术牢牢掌握在长庆设计人自己手中，同时制定了国内首个大型浮顶储罐设计的企业标准，为国内大型储罐建设工程作出了贡献。

大型浮顶油罐

长庆油田现已建成十万立方米大型浮顶储罐27具，全面支撑起国内第一大油气田的生产与储备，为保障国家能源安全发挥了重要作用！

分离器的更新迭代和大型储罐的技术拓荒，极大地增强了机械设计人的信心，同时也告诉我们一个道理："志无休者，虽难必易；行不止者，虽远必臻。"

突破篇（2000—2010年）

向新而行　至臻高远

2000年8月，长庆油田继发现靖边气田、榆林气田后，又发现苏里格大气田，奠定了长庆油田成为我国第一大油气田的基础。

故事5：这个装置，我们自己就能设计

随着靖边气田的大规模开发建设，天然气的稳定输送成了关键所在，为使天然气的水露点达到管输要求，三甘醇脱水橇在气田的需求量越来越大，但长期以来，该设备核心技术一直被美国、加拿大等国外公司垄断，供货周期长、价格昂贵及售后服务困难的境况，严重影响了气田的大规模开发建设。

面对这个亟须突破的难题，当时机械专业32岁的郭信军说：“这个装置，我们自己就能设计。”为了这句话，他潜心耕研了几百个日夜。

天然气三甘醇脱水橇装装置

（访谈　郭信军：“2000年左右，院里决定自主研发一套30万立方米三甘醇脱水橇，当时条件和水平都有限，院里从来没有搞过橇装设备，我们对有限的进口设备和材料进行了剖析，并前往四川设计院进行了调研学习，真是可以说经过了千辛万苦，最终把设备的图纸设计工作完成了。为了确保第一套装置的质量，经过广泛调研，决定在蓝田一个军工企业进行设备的制造工作，我和刘文喜师傅进厂进行了监造，一个多月，我们吃住都在厂里，也从来没回过家，最终完成了设备的制造。2000年7月，该装置在第一采气厂的南九站一次投产成功。”）

2000年10月23日，由公司设计生产的两套天然气三甘醇脱水橇装装置正式出厂，这两套天然气三甘醇脱水橇装装置出厂，标志着长庆设计公司天然气橇装装置进入批量工业化生产阶段，结束了长庆油田在天然气开发生产中脱水装置长期依赖进口的局面，也为长庆设计公司找到了又一个新的经济增长点。

故事6：一个小装置的大作用

清除输油管壁的结蜡，在管线中投放清蜡球一直是困扰现场的一项繁杂又耗时的工作。随着油田数字化建设的发展，如何用自动投球代替人工投球，实现井场无人值守，成了数字化场站建设的瓶颈问题。

（访谈　王晓东：“我们以前投球装置都是通过三通倒换流程，当需要投球时就把三通打开，油从旁通走，这时把球投上，再把旁通关上，那么球就会被冲到管线里头。这样的话每天要投球，每天就必须有一个采油工上到井场，把三通流程整个走一遍，才能投进去球。这样就没法实现井场无人值守与数字化建设。

我回去以后，大概有一个礼拜的时间，睡不好觉，躺着都在想怎么能让这个球能自动进去，因为这毕竟是一个密闭的压力系统，要按常理来想那是不可能的事情。有一天我突然有一个想法，说球阀这个东西，它能这么转那么转，如果能搞四个方向两两相通，一边相通另一边不就闲下来了，我在它空闲的空间里放个球，它一转动就能自动把球带到管线里头去，这就可以自动投球了，之后把机械结构和电气仪表结合一下，就做成了定时自动投球装置。”）

定时自动投球装置

2008 年起，定时自动投球装置开始在油田大规模推广应用，逐步成为站场数字化建设不可或缺的重要设备。该装置经过多次现场试验和优化设计，逐步升级为如今的智能监测投球装置，极大降低了现场操作人员的工作强度，提高了站场数智化管理水平。

故事 7：一个“石破天惊”的想法

2008 年以来，面对长庆油田增压站设备日益呈现出数量多、成本高、流程复杂、操作不便等一系列问题，机械设计人员产生了一个大胆的设想：能不能简化工艺流程、用一台装置替代一个站场，从而满足生产运行需求呢？

（访谈　郭亚红：“设备类技术创新非常难，难的要打破常规，改变习以为常的惯性思维，研制过程中，整个研究团队成员可以说是废寝忘食，忘我工作，每天甚至是中午的午休时间都全部被占用，周末和节假日就更不必说了，整个人就像着了魔一样，闭上眼睛满脑子都是装置，功夫不负有心人，在团队的共同努力下，终于将

油气混输一体化集成装置

一个石破天惊的想法变成了现实。”）

随着首台油气混输一体化装置在华庆油田关四增压点顺利投产，掀起了长庆油田地面工程建设领域的一次革命。2010年6月5日，《人民日报》头版头条刊发的《“磨刀石”里冒石油》，对油气混输一体化装置转变长庆油田生产方式进行了详细报道。一体化装置从此成了油田地面建设一级半布站的重要标志，为油田效益开发作出了重要贡献，并示范引领了中国石油一体化集成装置的研发与推广。

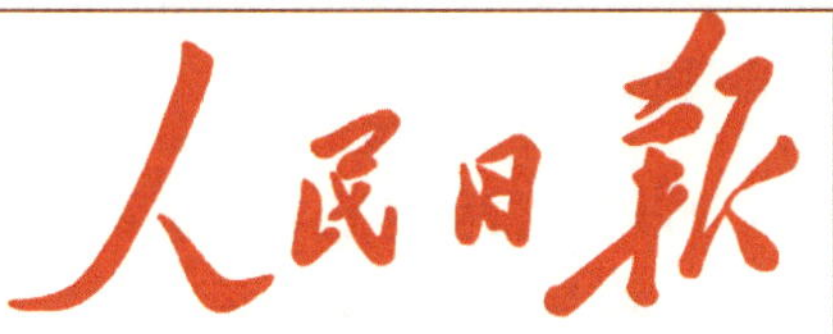

人民网 网址:http://www.people.com.cn 手机:http://wap.people.com.cn

2010年6月 5 星期六 庚寅年四月廿三 人民日报社出版 国内统一连续出版物号 CN 11-0065 第22610期(代号1-1) 今日8版

中国石油长庆油田转变发展方式，硬是在没有开发价值的“三低”油田上创出了高产高效

“磨刀石”里冒石油

本报记者 冉永平 王玮

说到油田，中国人没有不知道大庆的。但是知道长庆的人却不多。

然而，长庆却在不声不响中创造出震惊中国甚至世界石油界的奇迹。2009年，中国石油长庆油田油气当量突破了3000万吨，成为仅次于大庆油田的我国第二大油气田。

从2001年起，长庆的新增产量和储量两项石油领域最重要的指标连续10年在国内保持第一。近3年来，他们更是以每年500万吨油气当量递增着产量，这相当于每年给国家贡献一个大港、中原等中型油田。按照这样的速度，明年长庆的油气当量将攀上4000万吨大关，基本达到目前大庆油田的规模。

更让人惊叹的是，创造这些奇迹的长庆油田是已经开发了40年的老油田，并且是世界上著名的“低渗透、低压、低产”的“三低”油田。特别是“低渗透”，长庆堪称世界之最。储油层被称为几乎没有孔隙的“磨刀石”。上世纪80年代末，美国权威能源咨询机构在长庆安塞油田考察后得出结论：长庆是典型的“边际油田”，没有开发价值。

不被看好的长庆油田为什么能创造出如此惊人的奇迹？一个开发多年都没有起色的老油田为何突然焕发出如此绚丽的青春？

正是靠转变发展方式让长庆彻底脱胎换骨。而长庆能够转变，基础是解放思想。正是敢于挑战固有的传统思维，敢于打破成规，甚至敢于想别人所不敢想，干别人所不敢干，才成就了今天的长庆。

打破思想禁锢，井井有油井井流

说到长庆的地质条件差，最核心的一个词就是“低渗透”。“低渗透”也是长庆油田一直不被国内外同行看好的关键原因。

不搞石油的人，搞不清楚“低渗透”的含义。在采访中，长庆的石油专家这样给我们打了形象的比喻。石油如果渗透在一块海绵里，轻轻一挤就可以出来，但是如果渗透在砖头里，挤出来就不容易。砖头和海绵比，就是低渗透。

地质专家还告诉我们，国际石油界用“毫达西”作为反映渗透率的基本单位。“毫达西”数值越低，渗透率越低。国际上把渗透率小于50毫达西的油田称为低渗透油田，而长庆油田70%的储层渗透率却小于1毫达西，这样低的渗透率在国外自然被认为没有开发价值。

长庆从1970年开发，一直面临着“井井有油，井井不流”的尴尬局面。上世纪90年代初期，长庆的油气产量长期在140万吨左右徘徊。其实，长庆的油气资源并不少，据国家地质资源普查预测：鄂尔多斯盆地拥有石油总资源量85.88亿吨，天然气总资源量10.7万亿立方米。长庆面临的最大问题就是如何把丰富的油气资源从“磨刀石”里“挤”出来。

只有“敢想”才能“敢创”。长庆油田总经理冉新权告诉我们，如果不解放思想，认为50个“毫达西”以下的油田就注定没有开发价值，那就不会有长庆的今天。而正是在上个世纪末到本世纪初这十几年来，长庆靠不断解放思想，敢于想别人所不敢想，干别人所不敢干，才能够坚持不懈地在“磨刀石上闹革命”，才能通过不断的技术创新，最终攻破“低渗透”这道世界性难题。

挑战低渗透的核心技术被称为压裂技术。所谓压裂技术，就是在钻到油层后，通过技术手段把致密油层压出缝隙，然后再用特殊的物质把缝隙支撑起来，从而形成人造的孔隙通道，使石油能够流出来。如今，长庆对付低渗透的压裂技术不仅在国内首屈一指，而且达到世界领先水平。

正是有了压裂技术这一“撒手锏”，2000年以后，长庆的超低渗透油藏得以大规模开发，1—3毫达西地层，甚至1毫达西及以下这些别人看来根本不能开发的资源都被长庆开发出来，原油产量迅速实现由百万吨向千万吨跨越。

（下转第七版）

加快经济发展方式转变

胡锦涛会见俄罗斯外长

6月4日，国家主席胡锦涛在北京人民大会堂会见俄罗斯外长拉夫罗夫。 新华社记者 饶爱民摄

胡锦涛将出席上海合作组织塔什干峰会并访问乌哈两国

2010年6月5日，《人民日报》头版头条刊发的《“磨刀石”里冒石油》

赓续篇（2010 年至今）

赓续青春　踔厉奋发

一代人有一代人的使命，一代人有一代人的担当。

如今，年轻一代的机械设计人已成长起来。

面对苏里格天然气深度处理总厂 5 万立方米低温储罐建设需求，以杨建东为代表的设计团队不畏艰难，从零开始，学规范、查标准、做交流，通过一步步的验算和一项项的突破，已初步掌握了低温储罐设计的关键技术，相信不久的将来我们必将能够全面掌握大型低温储罐设计，建造属于长庆设计人自主设计的低温储罐。

在国家双碳目标背景下，集团公司提出了清洁替代、战略接替和绿色转型的战略部署，以李欣欣等为代表的年轻人，结合制氢、掺氢及氢电堆等应用场景的储氢需求，积极开展气态、液态及固态储氢技术研究，探索安全高效、经济合理的储氢形式，实现气液固多种储存技术的全覆盖，助力长庆设计公司新能源板块储氢业务发展。

一直以来，拓展和延伸专业业务是机械设计人孜孜以求的理想。2023 年，我们主动承接了苏里格风光气储氢一体化项目中 80 万千瓦掺氢燃气发电站可研方案编制，面对国内外高比例燃气掺氢及配套技术空白的情况，机械设计人事不避难、主动作为，联合多方力量开展技术攻关，努力钻研，力争打造国内掺氢燃气发电示范工程。

结语

老一辈机械设计人用他们的青春和智慧、勤勉与汗水为我们铺平了前进的道路、奠定了发展的基石。他们五十载筚路蓝缕、玉汝于成的奋斗征程将永远激励着一代代机械设计人勇挑重担、奋楫争先。新征程上，我们定不忘来时路、不惧未知途，精耕细作、百炼成钢，这是机械设计人的风骨，也是机械设计人的庄严承诺！

寒来暑往、光阴荏苒，泛黄的技术档案记录了机械专业创业的激情，发展的艰辛与突破的决心，这样的记录还将继续，机械专业的未来将由我们倾力擘画。

踔厉奋发五十载　勘察建功从头迈

工程勘察部　李晓飞

工程勘察部的简介

1970 年 10 月，国务院、中央军委下发〔1970〕81 号文件，决定由兰州军区组织陕甘宁石油会战，并成立“长庆油田会战指挥部”。

1973 年 5 月，长庆油田会战指挥部规划设计研究院正式成立。次年，长庆规划设计研究院在设计室成立勘测组，分设 1 个测量组和 1 个地质组，便是工程勘察部的前身。

勘测组成立之初，勘察测量设备落后、技术水平不高、技术人员不足，经过 50 年的发展，工程勘察部已经成为拥有 54 名技术员工，其中国家注册测绘师、注册岩土工程师共 19 人的高水平勘察测量队伍，是长庆油田唯一一支从事工程建设领域勘察测绘业务的专业队伍，持有自然资源部颁发的工程测量甲级资质、陕西省住建厅颁发的岩土工程勘察、设计甲级资质，水文地质乙级资。拥有 Trimble R12 GNSS 设备、M350 测绘无人机、GDS 动三轴测试系统、地质雷达系统等各类先进勘测设备百余台。

在 50 年的奋斗历程中，工程勘察部先后荣获全国工程勘察“诚信单位”，陕西省“青年文明号”、经济技术创新示范岗、测绘行业先进集体，中国石油集团公司科技创新先进团队、先进基层党组织、基层建设“千队示范工程”示范单位，长庆油田模范集体、先进党支部、安全生产先进集体、“二次创业”标杆集体、企业文化建设“示范窗口”、优秀五型班组等荣誉称号。

工程勘察部的发展

筚路蓝缕，玉汝于成，夯实起步之路

1974 年，长庆设计公司从长庆油建工程处和西安测绘局抽调部分技术人员，开启了工程勘察部的历史。工程勘察部主要从事长庆油田地面工程建设领域的勘察测量任务，业务范围包括油田管道、道路、电力线、站场、穿跨越等的勘察测量，水文地质、土工

化验等。在此期间，勘察测量人员“跑步上陇东”，积极投身鄂尔多斯盆地的石油勘探开发会战，足迹遍布陇东、陕北、宁夏盐池等边远地区，完成了长庆油田百万吨产能建设的勘察任务。

创业之初，使用的测量仪器设备主要为北京、苏光、意大利等厂家的J2、J6、T2型光学经纬仪，以及测绳、钢尺等；精确的距离测量采用铟钢尺控制。计算工具主要采用高差表、对数表、三角函数表等定制计算表。通讯方式采用手势、旗语等联络。内业地形图绘制采用小平板（半圆仪＋三角尺）作业：由半圆仪标定方向、角度，用三角尺或比例尺拨定图上距离，以此方式用铅笔在白纸图上展绘每个地形点，再根据地形点人工内插、勾画等高线，绘制地物，最后在硫酸纸上描图、整饬及晒图；断面图制作时，在厘米格网纸上，以格网间隔标定长度，按每点距离、高程（高差）数值，展绘其位置。

光学经纬仪测量

1976年，工程勘察部编制了测量图纸格式要求，统一了管道、电力线路、穿跨越等绘图内容、图幅格式，成为后二十余年作业成图范本。工程地质正式投入生产，并对“马岭炼厂集中处理站”进行勘察，正式出版勘察报告。从此，长庆工程地质专业队伍在陕甘宁盆地开始耕耘。除保障油田生产工作外，工程勘察部积极支援陕甘革命老区地方建设，1977年无偿开展了陕西旬邑县办公楼、甘肃泾川啤酒厂、镇原啤酒厂等地方工程项目的地质勘察工作。

1982年，引进短程光电测距仪DM502，距离测量由钢尺、经纬仪迈入光电测距时代。该仪器当时较为贵重，主要用于教学实践及工矿区精密距离测量，投入实际生产应用较少。

1984年，建设部作出决定，我国的工程地质必须向岩土工程转换。工程勘察部在加强技术人员内、外培训，加快建设岩土工程专业队伍的同时，积极引进勘察设备，增加了8台三联固结仪、一台三轴剪力仪，购置了一台50型车装钻机，同时取得建设部颁发的首批乙级勘察资质证书。

在那个年代，测量用的设备就是经纬仪和五米长、刻画精度为一厘米的木制塔尺以及绘图板。若要完成一个场站测量，一个作业小组需要5名作业人员：观测员、司尺员、绘图员、记录员和计算员。作业时，观测员将观测点的水平角、立角、视距报给记录员，记录员记在观测记录表格里，由计算员用计算器算出所测点水平距离和高程，绘图员根据水平角及水平距离用半圆仪将所测点绘制在图板上。测量一个点用时最少一分钟，如果遇到植被遮挡或者测区高差过大，用时更长。由于测量效率较低，再加上车辆条件差，交通不便，那个时候测量线路需要自带干粮，测到哪儿，住到哪儿，夜宿老乡家那是家常便饭。即便这样，他们还是完成了 40 多千米的红井子—惠安堡输油管线这样的“大工程”。

虽然设备落后，各方面条件都很差，但勘察测量技术人员凭借“我为祖国献石油”的雄心壮志，自强不息、艰苦奋斗的精神，在沟壑纵横的陕甘黄土高原上一步一个脚印，圆满完成了一个又一个勘察测量任务，为勘察测量事业的发展夯实了基础。

砥砺深耕，笃行致远，加速成长之旅

20 世纪 90 年代以来，随着安塞油田、靖安油田、靖边气田等一批大型油气田发现，工程勘察部处于大发展阶段，引进高素质人员增多，1991 年 7 月，长庆设计公司引进首批西安地质学院（现长安大学）勘察测量专业毕业大学生。勘察测量设备更新换代加快，引进全站仪徕卡 TC1600，为首台可自动测量角度、距离的仪器。勘察测量技术手段大幅提升，4200P、PC1500 等可编程型计算器在道路测设、数据统计、小型软件编制中得到应用。勘察测量工作量成倍增加，生产任务饱和，大站大库、长输管道等大型勘察工程涌现。由此勘察测量专业发展进入快车道，生产能力大幅提高。

第一台徕卡全站仪到位后，技术人员都怀着极大的热情立即熟悉仪器，按照说明书逐步操作，了解操作步骤，熟悉按键功能，力争尽快投入工作中去。该仪器第一次应用于高压线测量，当前视立镜人员站立在距离仪器之外的另一座山头时，观测人员只要将仪器镜头照准棱镜，按下“测量”键，2 秒钟后，仪器到棱镜的水平距离等测量要素立即显示在仪器显示屏上，即使有植被遮挡视线，只要露出棱镜头就可以观测。而之前用经纬仪时，不能有丝毫遮挡，且距离大于一千米时就无法测量，只能通过多架设仪器次数往前测。如果两座山头距离大于一千米的话，那距离只能估读，根本谈不上测量精度。通过在线路测量中首次使用全站仪，大家感到全站仪给作业带来的高精度、高质量、高效率，第一次深深体会到“科技是第一生产力”的含义。

针对引进的 TC1600 仪器使用说明书仅有英文版，精通英语技术人员少，造成作业人员无法参照，仪器利用率低的现状，勘察技术人员依据瑞士徕卡仪器有限公司提供

的 *WILD T1600/TC1600 INSTRUCTION MANUAL* 和有关资料翻译成中文版《威特 TC1600 使用手册》，共 19 章 4 个附录。手册对技术人员熟悉仪器操作、普及使用起到巨大推进作用。

20 世纪 90 年代初，靖边气田正在进行标贯试验

同时，自主成功研制《纵断面图内外业一体化系统》软件及引进《工程地质 CAD》软件，断面图绘制由传统的厘米格网纸手工作业改进到计算机软件辅助制图。随着《SCS 数字测绘与管理系统》等专业工程制图软件的引进，以及计算机设备的普及，地形图、断面图全部实现了计算机自动成图，平板仪绘图退出历史舞台。

到 1996 年，引进 TC1700、DTM-300 型全站仪，各类品牌、型号全站仪数量达到十余台，外业数据采集全部采用全站仪，彻底结束了经纬仪测量时代。

在此时期，工程勘察部完成了 480 万吨的新增产能建设勘察任务，开展了安塞油田 70 万吨产能建设、靖—吴—华—马输油管道、油—红—惠输油管道工程、安—延输油管道等一批大型工程勘察工作。其中靖（安）—吴（旗）—华（池）—马（岭）输油管道工程勘察测量，全长 269 千米，为当时工程勘察部成立以来开展的第一条原油长输管道勘察测量项目，这在经纬仪时代是无法想象的。

由于先进设备的引进，通过技术人员潜心研究，先后完成“地形图数字化成图系统的开发与应用”“碎石挤密桩处理液化土层的研究及应用”“陇东黄土工程地质研究”等多项课题研究，编制各种简单易用、高效便捷、功能强大的软件，使得先进技术得到快速推广普及，开始由生产型逐渐转变为生产科研型专业，技术水平大幅提升，人员素质不断增强，成为行业内综合实力较强的队伍。

锐意进取、励精图治，创新壮大之举

进入 21 世纪，工程测量、岩土工程双双获得国家建设部颁发的专业类甲级资质及水文地质乙级资质。勘察测量技术也得到进一步发展，GPS 的出现，其以全天候、高精度、自动化、高效益等显著特点，给测绘领域带来了一场深刻的技术革命 ，同时，航空摄影测量技术、三维激光扫描技术快速发展，测绘领域各种技术发展百花齐放，为测量专业的发展明确了技术方向。

长庆工程设计有限公司引进美国 Trimble 4700 型 GPS 观测仪以及 Trimble Geomatics Office 商用 GPS 平差软件。GPS 静态控制、RTK 动态测量、GPS 高程拟合等 GPS 测量技术在随后的靖咸输油管道工程测量得到成功应用，引领了工程测量数据获取方式的一场重大技术变革。

工作人员正在进行 GPS 测量

GPS 的引进时机恰到好处，2000 年初，靖咸输油管道全长 460 多千米正式开测，是当时长庆油田有史以来里程最长、管径最大、投资最多的一条南北输油大动脉，其重要程度不言而喻。该管道工程控制点数量多，跨度大，要求精度高，时间紧迫。面对这一巨大的工作量，部门把所拥有的两套 GPS 全部用在了控制测量上。由于这两种型号的接收机来自不同的国度和生产厂家，GPS 接收机的天线类型、卫星跟踪技术、数据采样模式、数据处理等技术也有巨大的差距。按照常规的作业模式，两种品牌型号的接收机分别组成两个作业组，单独采集数据，最后通过联测公共部分，组成整体控制网进行解算。按照这种作业模式计算，460 多千米的控制作业时间大约需要 26 天的时间。

能否将两种不同型号的GPS接收机进行联合作业成为项目组需要直接面对的问题，但实现起来谈何容易：两种仪器的说明书均为英文，摞起来有一尺高；国内同型号的仪器不多，类似可借鉴的经验甚少。要确定两种仪器的数据采样率、采样间隔、采样方式及其相关的卫星信号跟踪等参数；解决两种仪器的数据输出格式；确定数据文件中信息参数的含义和设置；确定数据文件转换方法；处理软件接收数据的格式和条件……一个问题解决不了，都难以实现。面对困难，几名骨干人员没有退缩，化压力为动力，咨询售后技术支持，给专家打电话咨询，翻阅说明书，研究资料，分析数据，尝试不同的方法，连续几个不眠之夜……经过一系列的试验和研究，终于攻克难关，使得靖咸输油管道控制测量仅用了12个观测时段，外业作业时间由26天缩短到了9天，同时也增强了控制网的强度，提高了精度，为后续西气东输管道工程、长（庆）—呼（和浩特）输气管道工程、韩—渭—西煤层气管道工程、中卫—贵阳天然气联络线、兰州—成都输油管道（第四标段）、中缅管道工程等一系列大型管道工程积累了经验，也为其他不同型号的GPS接收机联合作业开辟了通道。“Trimble 4700 与 WILD 200 GPS 联合静态作业技术”2003年荣获中国石油专有技术，也是测量专业首次获得中国石油专有技术。同时，在项目进行过程中，自主开发《管道线路纵断面数据处理》软件，实现了管线测量的三维坐标采集方式，线路成果后处理由人工逐点计算转向程序批量化处理，针对管道线路测设横断面、曲线的需求，研制成功《管道线路数据处理程序》，管道纵（横）断面、中线、曲线敷设等数据实现批量计算。

高精度全站仪测量

2000年12月，引进首台0.3毫米/千米级的高精度电子水准仪徕卡NA3003，在咸阳、惠安堡、油坊庄商业油库及气田大型天然气处理厂、净化厂等大型场站水准测量取得了显著的效果。

2000年，开展了花—格输油管道首站5万立方米原油储罐工程勘察，勘察业务从长庆油田打入青海市场。

2001年3月，通过竞标获得西气东输管道工程（一线）第五标段（甘塘—靖边）勘察合同，为工程勘察部承担的首项长庆油田外部大型市场工程。工程勘察中，首次采用项目化管理运作，成立了勘察项目经理部，实行项目经理负责制。

2001 年 6 月，开展长（庆）—呼（和浩特）输气管道工程勘察，为承揽的首个中国石油行业外的地方性大型工程勘察项目。

2002 年 8 月，开展靖边—榆林输油管道工程勘察，在延长油田市场中承担首个大口径长输管道勘察项目。

2003 年 9 月，承揽刘巷子—蚌埠输气管道工程勘察，勘察市场突破长庆油田陕、甘、宁、内蒙古地域，进入安徽。

2007 年，工程勘察部首次参编国家标准《工程测量规范》，彰显了专业能力和技术实力，提高了在行业内的地位。随后首次主编了行业标准《石油天然气工程建设遥感技术规范》，填补了行业空白，陆续参编了《油气田工程测量规范》《大型储罐岩土工程勘察规范》等多部国家、行业标准规范。

2008 年 7 月，站外穿越测量

2011 年 6 月，吴五转勘察现场

2010 年 6 月，开展韩—渭—西煤层气管道工程勘察，为勘察的国内第一条煤层气长距离输送管道工程。

2010 年 10 月，中标中卫—贵阳天然气联络线、兰州—成都输油管道（第四标段）勘察工程，并首次开展隧道工程勘测，勘察地域延伸到四川大巴山区。同年，开展长庆油田湿陷性黄土地区的第一高层建筑——陇东前线生产指挥中心综合办公楼的岩土工程勘察。

2011 年 3 月，中标轮南—吐鲁番支干线勘察工程，勘察地域涵盖新疆。同年 9 月，中标中缅油气管道工程（国内段）第一合同项，勘察挺进云南。该项目为长庆工程设计有限公司历史上距离最长、难度最大、时间最长、参战人数最多的一条特大型线路勘察工程。

同年10月，引进Leica Scanstation C10三维激光扫描仪，开启数据采集“点云”时代。测绘方法由实地采点到非接触获取，成果从二维平面转向三维立体。维激光扫描成果就是点云，点密密麻麻排列在一起就如一团云雾，每平方厘米可以达到几十个到上百个。由于其高精细、高密度的特点，以点云为最终成果的三维激光扫描技术被誉为测绘界继 GPS 之后又一项重大技术革命。

2012 年 12 月，为解决工程物探技术人员少、引进人才受限的困境，制定实施 “工程物探双向人才培养计划”，挑选基础知识扎实、业务能力强的岩土专业技术骨干进行跨专业的学习，培养物探实用型人才，为物探技术储备人才。

同年，购置旁压试验仪、静力触探仪、大面积剪切实验仪，标志着专业原位测试设备的完善，并成功应用于各大型项目。

2013 年，苏里格第六天然气处理厂地质雷达勘探

先后开展了“三维激光扫描技术在工程中的应用研究”“冻融环境下黄土湿陷性影响研究”“陕北黄土工程地质”及“黄土边坡雨水渗流与稳定性研究”等多项课题的研究。尤其在 2016 年，参与的《典型黄土地质灾害成因机理与防治技术》获得陕西省科学技术一等奖后，勘察业务水平是更上一层楼，对鄂尔多斯盆地工程地质认识更加深入，对湿陷性黄土、砂土的工程特性掌握更加全面。

在这一时期，长庆油田油气储量、产量连年大幅攀升，逐渐成为中国第一大油气田和重要的能源战略接替区，以及天然气供输管网的枢纽中心。在长庆油田建设“西部大庆”和国内掀起油气管网配套建设热潮的这个时期，勘察生产任务饱满，工程勘察部抓住这一历史机遇，快速发展，在以长庆油田为主战场的同时，积极开拓外部市场，取得了辉煌成就。

时迁物换，革故鼎新，探索转型之道

近年来，随着计算技术、存储技术、网络技术及智能化的快速发展，测绘技术也发生了翻天覆地的变化，传统的全站仪测量、GNSS 测量方式已无法满足油气田建设的需要，面对生产任务饱和，量大集中，为保障地面工程建设目标顺利实现，需要优化、转变勘测方式，提升勘测技术水平，助力油气田地面工程建设高效运行。无人机测绘技术、移动扫描技术、实景三维建模技术应运而生。

2017 年 3 月，子洲气田道路测量

2018 年 10 月，上古处理总厂调气管线航测

2018 年，长庆设计公司首次引进了测绘无人机，无人机具有低空作业、起降简便、机动灵活的特点，具备高效快速获取小范围区域影像的技术优势。部门随即开展了无人机测绘技术在地面工程中的深化应用研究，项目通过无人机航摄获取地物、地貌多角度、高分辨率、高重叠度影像，研究影像数据处理方法及多元测绘成果生产技术，形成一套适用于油气田地面工程的无人机测绘技术。为油气田地面工程建设项目全阶段提供丰富多元、创新高效的测绘技术服务，与工程测量、航测遥感技术优势互补，进一步丰富测绘手段，健全测绘技术体系，提升勘察设计水平，为长庆油田降本增效发挥积极作用。先后成功为苏里格深度处理总厂工程、上古天然气处理总厂工程、三皇庙清管站—上古处理总厂输气管道工程、绥德天然气处理厂—三皇庙清管站外输管道工程等项目勘测提供无人机测绘技术服务，截至目前，累计完成线路测量 2000 余千米。

无人机测绘

2021 年，工程勘察部开展了移动扫描系统的引用研究，移动扫描测绘技术是新时期测绘技术的新定位、新需求，是在传统基础测绘技术基础上的技术创新和转型升级，是测绘技术的发展方向和基本模式。移动扫描测绘技术融合了 GNSS 定位测量技术和 SLAM 激光扫描技术的优势，将传统测量单点定位、海量数据采集的特点和点云数据、影像叠加的功能完美结合，可快速实现不同场景三维数据采集和模型制作。

2022 年，岩土设计专业成立，先后完成“镇二联输油站”“岭十三接转站”等十余项隐患的勘察设计工作，受到了业主的一致好评，标志着勘察专业几十年单纯的业务得到了扩展，迈上了新台阶。

2023 年，随着新能源建设的不断发展，工程勘察部在光伏、风电、地热等新能源行业进一步拓展，聚焦技术创新，完善勘察体系，高质量开展业务。

无人机测绘技术、移动扫描技术、新能源勘察不仅能够满足现阶段油气田地面工程全阶段高新技术服务需求，而且将为以后油气管道完整性管理、三维数字油田、智慧油田建设管理提供基础空间地理信息保障和解决方案。随着勘察测量业务领域不断拓展，专业水平不断提升，人员素质不断提高，科技含量不断增强，勘察测量专业正式迈入了综合实力行业领先的队列。

工程勘察部文化

工程勘察部在 50 年发展中，积极探索基层建设模式，创新管理工作方法，夯实“工程勘察部”基础，塑造“工程勘察部”品牌，在基层建设中取得“五个强”业绩，在基础建设中取得“八个一”成果，勘察文化深入人心；工程勘察部步入了一个快速、协调、持续发展的正常轨道，基层建设经验和方法得到各级组织和领导肯定。

多年来，工程勘察部以敢想、敢拼、敢试、敢闯的务实态度，着力基础建设，培育学习文化、质量文化、创新文化、安全文化、管理文化的工程勘察部特色文化，突出团队精神的发挥，以“塑造‘长庆勘察’品牌，打造‘长庆勘察’精品”为奋斗目标，塑造了“爱岗敬业、奋发有为”的长庆勘察人精神，造就了“团结拼搏、开拓创新、迎难而上、创造一流”的团队精神，形成了一支“顾大局、素质好、业务精、能打硬仗”的战斗集体。

工程勘察部愿景展望

荣耀属于过去，奋斗成就未来，在建设具有低渗透油气田特色、行业领先的综合能源工程设计公司的新征程上。我们将继续发扬“团结拼搏、开拓创新、迎难而上、创造一流”的勘察精神，紧跟行业前沿，不断提升专业能力和服务水平，大力提升“工程勘察部”品牌，为长庆油田建设“大、强、壮、美、长”的世界一流大油气田的奋斗目标贡献勘测智慧和力量。

综合实力

勘察资质是对工程勘察单位从人员、设备、环境、技术实力等方面的综合实力进行评估。目前长庆工程设计有限公司持有的岩土工程勘察类资质主要是分项甲级资质排[岩土工程勘察（分项）岩土工程勘察甲级、岩土工程勘察（分项）岩土工程设计甲级，岩土工程勘察工程测量甲级]，工程勘察部要逐步实现由现在的专项甲级资质提升至专业甲级资质、最终取得工程勘察综合甲级资质，与建设具有低渗透油气田特色、行业领先的综合能源工程设计公司勘察测量能力相适应。

技术创新

随着科技的不断进步，数字化和智能化技术的不断发展，工程勘察的需要大力发展这些先进技术。数字化技术使得勘察工作更加便捷、精准，并且能够更好地对数据进行管理和分析。智能化技术则能够进一步提高工程勘察的自动化程度，减少人工干预，提高工作效率。同时，人工智能技术的应用也进一步提高了勘察测量专业的智能化水平，为数据分析和处理提供了更高效的方法和工具，通过对大量的地质勘测数据进行智能挖掘和分析，预测地质灾害发生的可能性，为灾害预警和防治提供科学依据。

安全环保

随着国家对安全环保要求的持续增强，工程勘察部将时刻关注油田地面建设中的安全环保问题。大力提倡绿色勘察，降低勘测过程中的环境污染和资源浪费。勘察工作将会更加注重资源的合理利用、生态环境的保护和恢复，特别是在油维隐患、地质灾害、应急抢险等项目的勘察测量和设计工作中注重环境影响评价、生态补偿和项目安全等方面的工作，减少油田地面工程对自然环境的影响，保障建设项目生命周期安全和勘测作业过程安全。

学科融合

工程勘察部在未来要更加注重多学科的融合。勘察工作需要测量、地质、水文、地理信息系统、环境科学等多个学科领域的知识和技术，与油田的需要，工程设计的需要结合起来，与其他专业进行更紧密的合作，才能更好地为油田服务提高勘察工作的综合能力，才能更好地为油田服务。

人才培养

坚持人才是第一资源，培养人才，运用人才，调动人才，创造条件重点培养中青年人才，压任务、挑担子，使其在油田建设具体项目上干中学、学中干，不断提升、不断挖潜、最终形成新老接替，良性可持续发展。

问题导向

油田地面建设中与勘察测量相关的痛点在哪里，我们的研究方向就在哪里，公司设计专业对勘察测量的要求在哪里，我们的研究方向就在哪里；部门专业的发展需要在哪里，我们的努力方向就在哪里。针对具体问题开展相应研究，并确保研究成果能落地，能开花结果。近几年需要开展的研究主要有以下方面：

穿跨越变形监测。设计一套穿跨越智能变形实时监测预计系统，实现监测对象数据的实时采集与传输，并根据数据进行变形趋势分析及预警。

无人机载激光雷达测绘。利用无人机载激光雷达发射的激光脉冲对于植被具有一定的穿透作用，可以很大程度上减少植被枝叶遮挡等造成的信息损失，获取植被覆盖地区的真实地形数据。通过对数据获取、数据平差、模型构建等技术的研究，形成一套无人机载激光雷达测绘在油气田地面工程建设中生产站址地形、现状类及线路类测绘成果的方法。

基于遥感影像（无人机影像）高后果区识别。基于高分辨率遥感影像或无人机影像数据，应用计算机深度学习、缓冲区分析、线性参考技术等方法，通过管道中心线两侧缓冲区的建立和基于线性参考的管段划分，实现管道沿线建筑物、等级道路等地物要素的自动或半自动检测与提取，已实现管道沿线高后果区识别。

长庆油田黄土边坡治理设计关键技术研究。以国内先进的边坡治理技术和配套治理技术为基础，根据长庆油田场站地形地貌、地质条件及安全等级、构筑物特点、生产运行等实际，从基础参数、治理方法和配套措施三个方面出发，研究形成黄土边坡生态治理设计标准化、模块化治理体系。

地质灾害区域性调查研究。2016 年进行了全油田地质灾害普查工作，存在隐患站场 366 座，目前现状如何、是否排除隐患、统一规划、系统治理不清楚，缺乏对全油田地质灾害情况的基本认识，灾害防治也只能是消极的防、被动的防治，没有总体规划。因此，定期开展油田场站地质灾害调查研究，全面掌握地质灾害隐患的现状、发展及治理效果尤为重要。通过对比分析，原因查找，找到解决问题的方法，形成一套成熟的地质灾害治理体系。

栉风沐雨五十载 “经”益求精创未来

技术经济部　王艳茹

技术经济部（原科研室概算组）成立于 1976 年，1988 年更名为技术经济室，1998 年更名为经济研究所，2001 年更名为技术经济部并沿用至今。主要从事建设项目（预）可行性研究报告投资估算、经济评价、工程概算、工程预算等油气田地面工程造价咨询服务工作。50 年来，我们的团队逐渐做大做强，从 5 个人的科研室概算组逐渐发展到今天 29 人的技术经济部。如今我们的团队有研究生 8 人，高级职称 14 人，注册造价师 9 人，注册咨询师 3 人。自 2004 年以来，技术经济部先后获得了 12 次造价先进单位，7 次公司先进集体，5 次公司宣传先进集体，5 次先进党支部，2 次五四红旗团支部，2 次巾帼建功示范岗，4 次优胜项目，在体育竞赛方面 5 次获得荣誉。

20 世纪 70 年代，科研室概算组成员合影留念

2023 年长庆设计公司成立 50 周年时，技术经济部成员在长庆大厦下合影留念

50 年来，造价编制模式与时俱进，经历了从手工计价到电子表格辅助计价，再到如今的造价软件计价，也逐渐迎来造价云数据时代。最初的手工计价工具只有纸、笔和算盘，工程量计算、工料机分析、设备主材价格计算和表格汇总需要手工完成，耗时耗力，但却为“安塞模式”的建成留下了载入史册的一笔。电脑办公软件的出现，打破了传统手工编制造价模式，实现了手工录入、数据自动计算和方便成果存储的电子表格辅助计价，在长庆油田工程前期投资估算中得到很好的应用，为油田的大规模建产贡献了造价力量。随着电脑的普及和软件工程的逐渐兴起，原有造价编制模式无法满足工程量繁杂的造价需求，于是技术经济部的同事们，立足生产需求，成立攻关小组，开发了适用于长庆油田地面建设的造价软件，满足了不同设计阶段的编制工作。

如今采用的工程造价软件

50 年来，技术经济部的专业能力和工作效率不断提高，承担了一个又一个长庆设计公司重点工程的估概算和经济评价工作。马岭炼油厂、马家滩炼油厂、银川燕鸽湖基地、

泾河工业园、陇东生产指挥中心、5+1 苏里格气田合作开发区、陇东油区 110 千伏输变电工程、苏东 39-61 储气库、榆 37 储气库、上古天然气处理总厂、苏里格天然气深度处理总厂及配套项目……几乎每一个重点工程，都有我们技经人的参与，每一个重点工程对于技经人来说都是一次挑战和成长。陇东生产指挥中心是技术经济部首次进行高层建筑预算，将广联达图形算量造价基本功技能水平提升到了新高度。苏 6 井区区块是技术经济部完成的首个地质开发一体化项目经济评价，为后续长庆设计公司承担的多个地质开发项目经济评价奠定了技术基础，也为苏里格后续实现 5+1 大面积开发局面发挥了决策示范作用。长庆油田陇东油区 110 千伏输变电工程是长庆设计公司取得 110 千伏输变电资质后设计的第一个重点工程，也是技术经济部首次进行跨行业编制高电压等级变电站及线路估算、概算、预算全过程编制，为长庆设计公司承揽姬塬 110 千伏输变电工程、产能建设等项目起到了重大作用。苏里格天然气深度处理总厂是中国石油重点项目、长庆油田公司一号工程，项目启动以来，技术经济部挑选精兵强将成立专项小组，克服重重困难，细致全面地完成投资估算及经济评价编制工作，通过长庆油田公司、集团公司的多轮审查。

50 年来，我们不仅为集团公司和油田公司输送了多名人才，也在工程结算板块为各二级单位输送人才，为各个厂的投资计划、合同招标、工程结算提供了很好的指导作用。长庆设计公司副总经理、工会主席、党委委员杜一男同志，中国石油规划总院院级资深高级专家李斌同志都曾是我们技术经济部优秀的一分子。作为长庆设计公司的第一届十佳工匠之一，颜朝勇参与并见证了长庆油田产能及矿区建设所有重大工程建设项目投资编制、会审，有效地控制了投资，也培养了一批优秀的年轻骨干员工。“石油工程造价管理先进工作者”“先进工作者”“优秀组织者”“造价咨询、招标代理优秀执业人员”“巾帼建功创新能手”，都是出现在齐君身上的标签，由一无所知到非常热爱，由中专生到造价专家，齐君师傅在工程造价这条路上已经走了 38 年。张靖驰是享誉石油造价行业的知名专家，也是油田公司深度处理总厂建设项目组的经营核心骨干成员，多次参与集团公司、长庆油田公司的定额、规范、指标等多项计价依据的编制工作。杨菲是 2019 年入职的青年员工，三年时间已经成长为部门的骨干，荣获长庆油田公司工程造价管理工作先进个人、设计公司先进工作者、疫情防控工作先进个人、“劳动竞赛标兵”、年度“优秀培训师”“十佳青年”等荣誉称号。

50 年沧海桑田，团队规模逐渐变大，团队成员更加优秀，造价水平不断提升，承接工程越发复杂；但不变的是我们部门自创立以来的精神和文化，正是一代又一代的精神传承，造就了如今的技术经济部。

50 年来，我们始终坚持拼搏向上。拼搏是颜朝勇师傅虽身患疾病、轮椅相伴，却仍然兢兢业业，圆满完成每一次任务。自 1987 年参加工作至今，不论是风霜雨雪，还是烈日骄阳，不论是大漠戈壁，还是黄土沟壑，颜师傅没有因为天气和环境恶劣而退缩；是疫情期间王亚慧同志独立负责苏里格天然气深度处理总厂项目的投资估算时，顶着层层压力，用 6 天时间完成了近千页的估算，这也成为了她从业以来新的巅峰战绩；是周末刚回到老家庆阳的王庆同志，一条消息连夜赶回西安加班；50 周年庆期间，技术经济部的女工们白天排练舞蹈，晚上加班加点做预算，个个都是流血流汗不流泪的巾帼女汉子。

50 年来，我们立足本职不断创新。技术经济部最早使用的造价软件是陆环师傅自主开发的，他也是部门最厉害的程序员；颜朝勇师傅在工作中全面推动使用建筑工程量三维 BIM 算量，实现了长庆油田地面建设土建预算 90% 以上的建筑工程使用精确计算工程量，提高工作效率 50% 以上。在长庆设计公司标准化设计体系发展中，首次提出并成功应用标准化造价体系深入人心，为油田公司降本增效、实现效益化良性投资奠定了良好基础。

50 年来，我们团结友爱互帮互助。当闫薇在工作岗位上晕倒时，是同事董富社一步一步将她背到了医院；当部门员工加班加点完成任务时，是张丽宁姐姐为大家做饭，保障好后勤工作；当张会欣师傅因公出差孩子无人照顾时，是同事张军蓉住家帮忙带孩子; 2008 年，因为工作繁忙，家在外地的张方帅决定不办婚礼，是部门同事一起策划婚礼，共同努力，给新人举办了一场难忘的婚礼；汶川大地震时，颜朝勇师傅被困电梯，当同事们在楼下没看到颜朝勇师傅时，不顾危险上楼去寻找。

50 年来，我们的工作目标始终如一。服务油田、奉献智慧，为建设一流大油气田当好造价排头兵。未来我们将以习近平新时代中国特色社会主义思想为指导，围绕“油气并重、低碳转型、智能升级、提质增效”的发展目标，以油气田地面工程造价业务为中心，紧扣“高质量发展”主题，夯实基础、守正创新、对标一流，紧跟中石油工程造价行业技术前沿，打造一支能源行业技术领先的造价铁军。

加强人才培养，培育行业专家

重视人才梯队建设，发挥“师带徒”优良传统和青年开拓创新精神，以培养综合性造价人才为目标，重点加强土建专业造价和经济评价业务技能培养，培养一专多能综合性人才。积极参与行业学习和交流，培育一批有行业影响力的技术专家。

引领技术前沿，锻造造价铁军

紧跟行业发展趋势，提前筹划，强化技术储备。重点加强工程量清单计价体系建设，三年时间基本具备各类工程概预算工程量清单计价编制能力，制定具有行业特色的工程量清单计价技术标准。加强员工业务技能培训，锻造一支专业齐全、技术先进、业务精湛的造价铁军。

加快智能升级，树立行业标杆

两年内完成估概算造价系统升级完善，实现与集团公司造价平台和造价软件的无缝对接，提高效率和质量。借助三维设计技术推广，加强工程量清单标准制定和标准计价数据库建立，积极探索工程造价自动编制，实现造价行业的智能升级。

附感人场景 2 则：

场景一：加班　讲述人：齐君

“由于我们的工作性质，设计完了到投资估算概算的时候，留给我们的时间确实不多，所以当时大家都是晚上双休在加班，我记得在 2000 年左右，当时我们孩子上幼儿园大班，我加班加的很晚，孩子吃饭也自己解决，我当时给他留了一个叫荣昌饭馆的电话号码，孩子就用稚嫩的声音打电话说：‘荣昌饭馆吗？我要土豆丝、鱼香肉丝、一碗米饭’。这基本上就是我要加班，她就吃这两种饭，别的也不会。有一天晚上，我记得是大概 11 点了，孩子又打电话说妈妈你还不回来吗？我说马上就回来了，大概 12 点了她又打电话，我就生气了，说你再打电话我就不回去了。等我把活干完，加班加到凌晨大概是 4 点吧，回到家里，看见所有的灯都亮着，电视也开着，孩子稚嫩的小脸上挂着眼泪，然后捧着我的睡衣，紧紧地抱着我的睡衣睡着了。第二天起来后她说：‘妈妈，我刚开始是很生气、恨你的，我把你的睡衣在地下踩了好几脚，但是最后我要睡觉了还是很害怕，我又把你的睡衣抱起来了，听到这我真的心里非常非常的难受。”

场景二：为同事操办婚礼　讲述人：张丽宁

“2008 年的时候，咱们公司油气田建设产能有安塞油田、姬塬油田，山西煤层气等大型项目工程，节假日和晚上加班加点都是常态。我们部门的张方帅同志要结婚，但因为家在外地并且工作繁忙，并不打算举办婚礼。领导知道以后就表示，虽然员工家不在本地，但是也不能让员工心里很寒凉，希望工会能够承担此次任务。接到任务以后我们将部门员工分为三个小组，一是在同事张会欣家布置出一个婚房来，让新娘子从会欣家出嫁，同事们都是白天上班晚上去会欣家打扫卫生、贴窗花、扎彩带，各种忙碌；二是挑选几个有经验的员工组织成迎亲队伍，部门同事的车凑成一个车队去接新娘子；三是宴会组，负责招待来宾，放音乐、鞭炮等工作。虽然时间很紧张，但是在部门同事的努力配合下，这项任务也有条不紊地进行着。婚礼当天真的很感人，部门的女师傅们一大早就去张会欣家做了一桌子喜宴，全部员工也都到场祝福，领导也亲自上台致辞，现场的氛围真的是欢声笑语，感染着每一个人。”

搭建实验平台　助力自主创新

地面工程实验室　张甜甜

实验室回顾与现状

地面工程实验室，立身于1975年成立的长庆勘察设计研究院土工实验室。

庆阳旧址（1975—1998年）

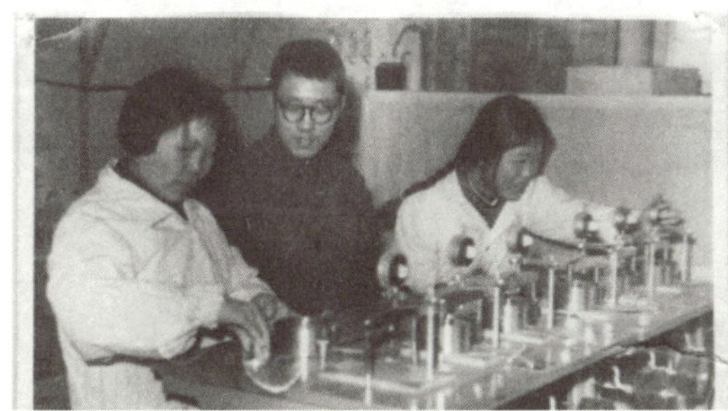

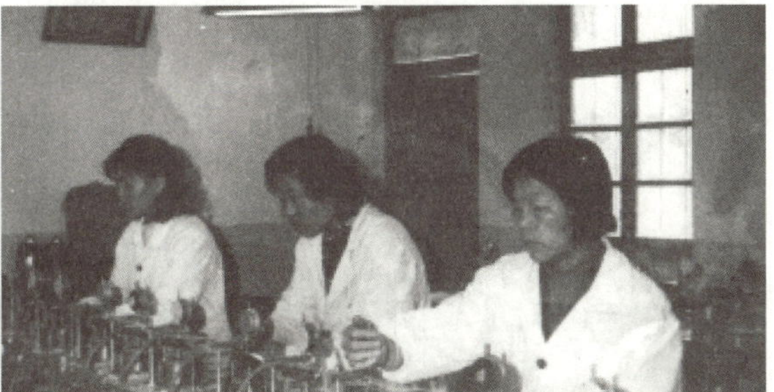

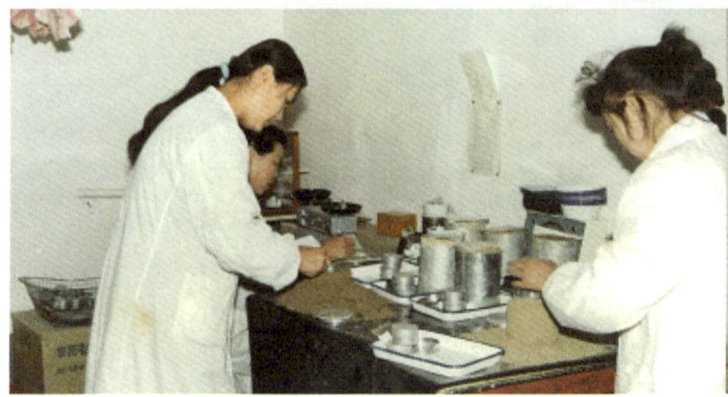

庆阳及现场驻地工作照片

经历了第一代开拓者们辛勤耕耘，第二代建设者们的无私奉献，实验室能力不断提高，实验环境逐步改善。

实验室于2004年4月首次取得中国计量CMA认证。截至2023年，检测范围为油、气、水、岩土、腐蚀与防护共计5大类101项检测项目。2016年12月加入低渗透油气田勘探开发国家工程实验室。

地面工程实验室几经发展变迁，目前建成面积3021平方米，配套废水、废气处理，新风、排风系统，危废间、危化间、样品间，功能齐全。

长实C3园区新址（2018年至今）

危化间

危废间

废气处理系统

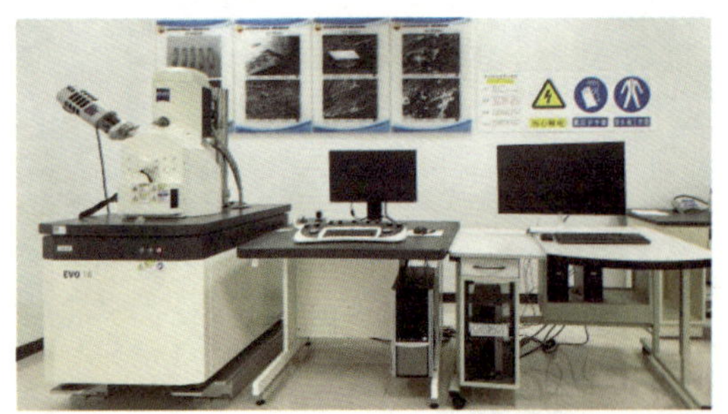

电子扫描显微镜

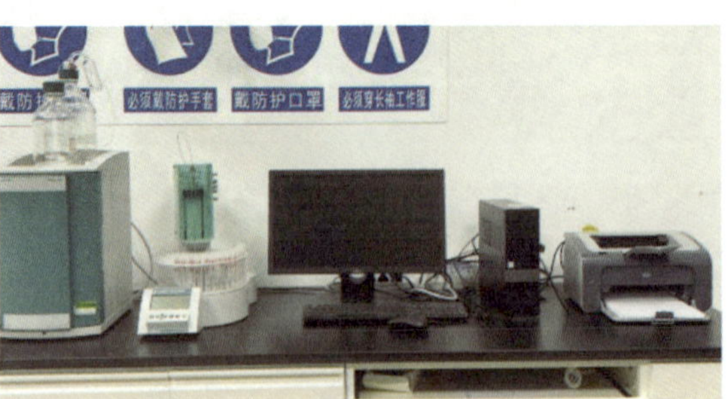

离子色谱仪

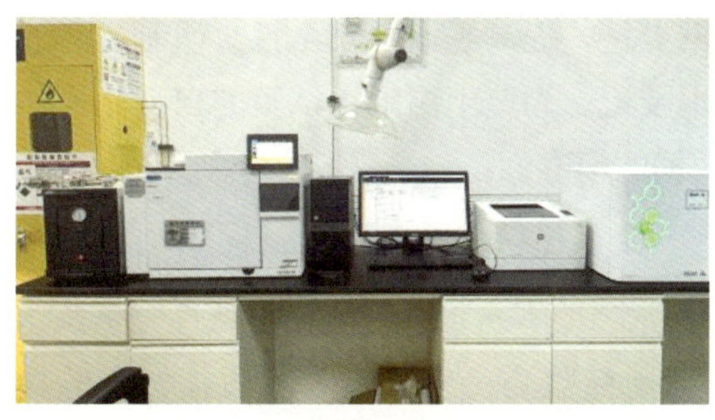
气相色谱仪

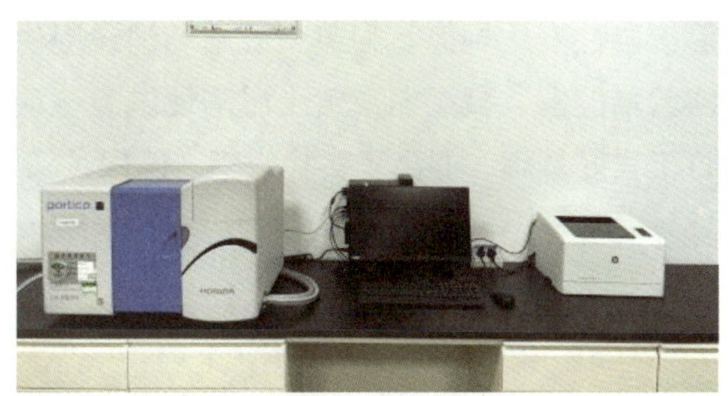
激光粒度分析仪

油田现场取样

气田现场取样

地面工程实验室拥有各类实验设备 155 台（套），主要设备包括电子扫描显微镜、离子色谱仪、气相色谱仪、激光粒度分析仪、动三轴试验系统等。已成为长庆油田地面工程技术领域，提供检测、研发的一站式技术服务平台。

五大专业介绍

2019 年地面工程实验室建设完成，具备岩土、采出水、石油、天然气、腐蚀与防护五个专业方向的基础物性分析及试验研究能力。

岩土实验室具备岩土的物理力学性质、黄土湿陷性和砂土力学性检测能力。能开展黄土的工程特性研究、黄土滑坡预警与防治技术、黄土高原油气田防洪设计技术、黄土边坡雨水渗流与稳定性评价技术、冻融环境对黄土湿陷性影响评价技术、黄土地基综合利用与治理技术、黄土水工保护及不良地质评价治理等技术研究。

岩土试验人员工作照片（黄土湿陷性试验）

针对黄土塬湿陷性地质特点，攻关形成增湿减湿实验方法，获得黄土增湿减湿后湿陷性变化规律。为黄土塬站场建设提供数据支持，提高了设计安全性。研制了环刀实验增湿器、减湿器及黄土湿陷性试验自动浸水装置。为黄土湿陷性试验的自动化操作打下良好基础，提高了实验效率，确保了实验数据的精准性。

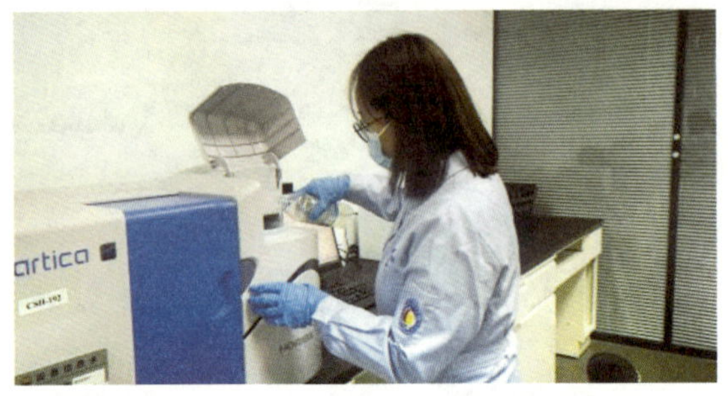
水分析试验人员工作照片（采出水试验）

水分析实验室具备低渗透油气田采出水、地下水水质物理化学特性分析及水质指标监测、生活污水水质指标实验检测、水处理药剂性能评价、水质腐蚀结垢评价、配伍性评价等能力，具备油气田采出水处理工艺研发、工艺评价及工艺优化能力，具有致密油层采出水水质改性实验能力，形成了“化学分析 +ScaleChem 结垢趋势模拟 + 小试装置开发 + 小试运行模拟评价”的实验方法。该实验方法可通用于油气田采出水的水质改性研究，自主研制采出水工艺模拟实验平台，形成“水质预判—工艺选择—单体模拟—工艺组合—工艺定型”的模拟实验方法，普遍适用于油气田采出水处理的选择、设计、评价与优化，助推油田绿色环保开发。

石油天然气实验室具备低渗透油田原油、天然气、伴生气等基础物性分析，油气田处理工艺研究。能开展研究低温输送理论，单井不加热密闭集油技术，油田采出液脱水技术研究与优化，站场硫化氢、有机硫等化学有害因素分析，天然气、伴生气取样及动态分析等。致力于开展低渗透油田各类地面工艺技术的优化简化研究，为油气田地面采出流体输送工艺，一体化智能研发，配套工艺技术的研究提供技术支撑。

天然气试验人员工作照片(气相色谱)

石油试验人员工作照片（原油密度）

腐蚀与防护实验室具备油田腐蚀机理，采出水腐蚀性评价和缓蚀剂评价等研究能力，可开展腐蚀产物组成分析及腐蚀机理研究、钢材的耐蚀性评价和选择、缓蚀剂效果评价等研究，致力于油田新型防腐技术研发和优化。自主研发了电沉积除碳酸钙垢小型试验装置，为油田采出水除垢技术开拓了技术思路。

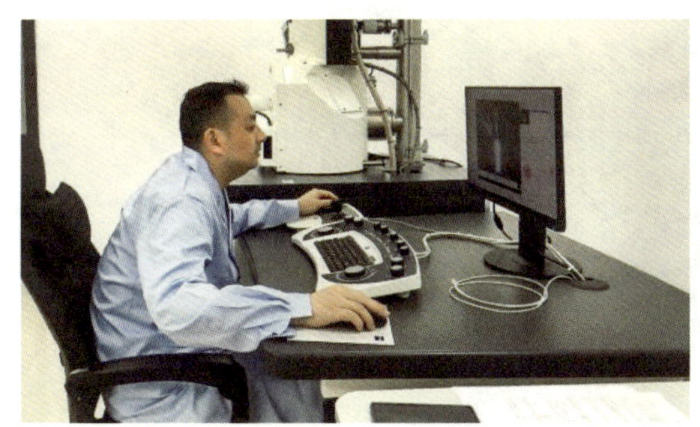

腐蚀与防护试验人员工作照片

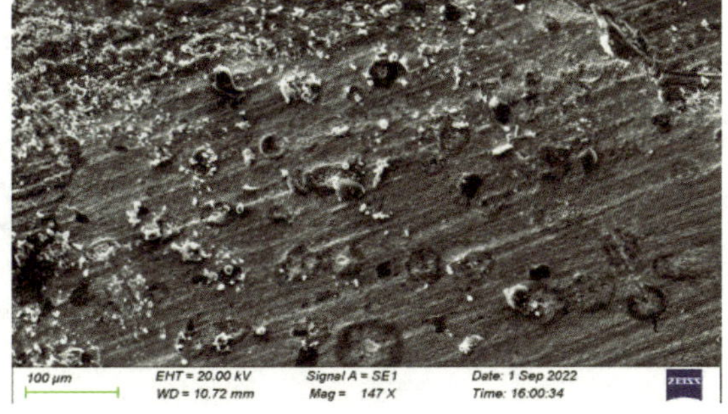

扫描电镜

成果展示

目前实验室共自主研发建成了 3 个典型实验装置。

气田采出水联合工艺模拟实验装置。2020 年建成长庆油田首套油气田采出水处理小试模拟装置，实现了油气田主流水处理工艺的全覆盖，并自主研发形成“水质预判—工艺选择—单体模拟—工艺组合—工艺定型”系统性联合工艺模拟实验方法，为采出水处理工艺的模拟、选择、评价与优化提供有效研究手段。

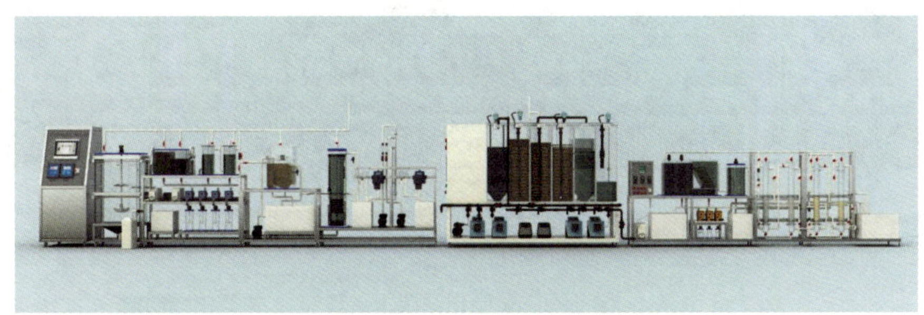

气田采出水联合工艺模拟实验装置

电沉积除碳酸钙垢小型试验装置。该试验装置是一种通过前端提前结垢来防治流程后端碳酸钙结垢的工艺技术理念。装置利用电化学原理将采出水中的钙离子、碳酸氢根离子进行凝聚结合形成碳酸钙沉积在阴极板处，为油田生产防垢、除垢提供了新型工艺技术支持，从而达到有效减少下游管道及设备碳酸钙结垢的目的。

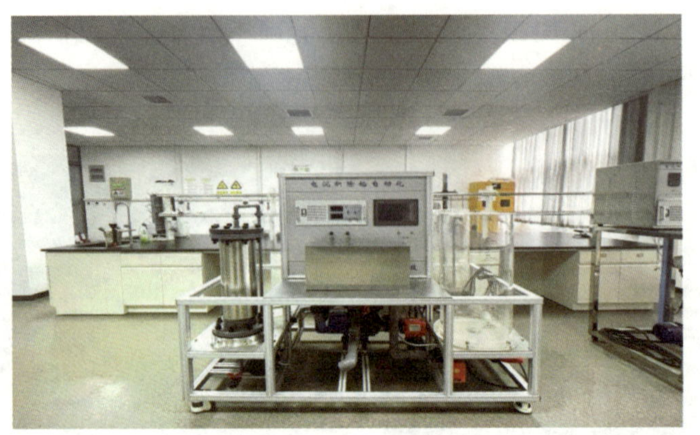

电沉积除碳酸钙垢小型试验装置

黄土湿陷试验自动浸水装置。该装置可实现室内黄土湿陷试验单台、批量同步浸水排水功能，有效节约了试验用时和人员试验强度，为黄土湿陷性地区的增湿减湿试验提供新的试验手段。

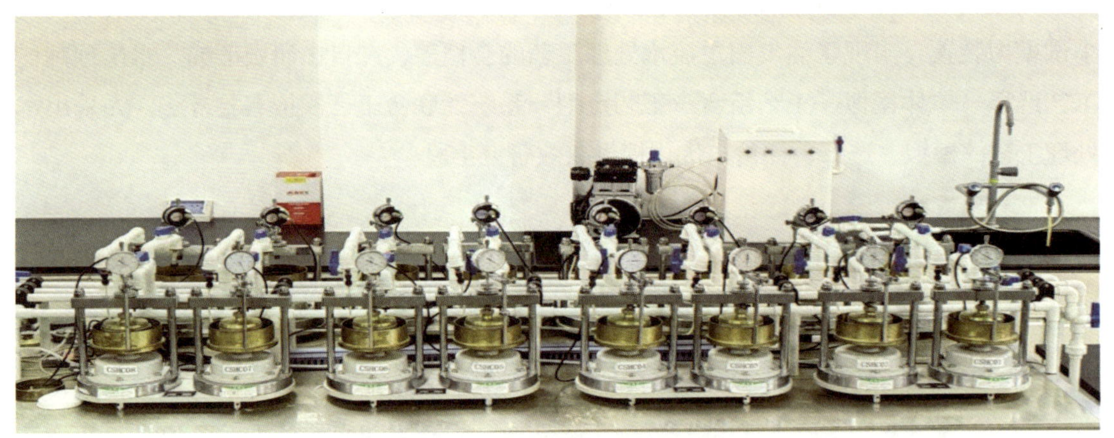

黄土湿陷试验自动浸水装置

典型试验研究成果

实验室已成功完成多个科研项目，以下三个项目是典型实验研究成果。

页岩油采出水处理技术研究。开展姬塬、华池、合水页岩油采出水处理技术研究，掌握页岩油采出水与周边层系采出水配伍性，研究形成“絮凝沉淀 + 过滤 + 离子交换”水质改性工艺，为油田采出水成垢离子的去除提供新的处理思路。改性后的长 7 层采出水与侏罗系层采出水 1 ∶ 1 混合后最大结垢量为 146 毫升 / 升，低于清水回注侏罗系的模拟理论最大结垢量 。

含聚采出液处理试验研究。针对长庆油田含聚采出液物理特性，开展电场、电磁协同、离心、超声波破乳实验，优选脱水方式及工艺参数，形成含聚采出液处理工艺流程，为长庆油田含聚采出液处理工艺优化提供基础数据支撑。

破乳剂筛选及评价方法研究。通过大量室内比对试验，掌握“瓶试法”破乳剂评价方法，建立“多重光散射”破乳剂评价方法，为破乳试验研究提供更直观、快速、精确的评价新方法，针对性应用于油田破乳剂筛选及评价，确定最优破乳剂和最佳破乳方案，有效提升实验室试验研究能力。

荣誉展示

地面工程实验室在不断的发展中取得了许多荣誉。

在过去的几年里，地面工程实验室荣获了长庆油田公司“优秀五型班组”、陕西省质量协会“陕西省质量信得过班组”等称号，同时也获得了长庆设计公司“QHSE 先进集体”、陕西省检验检测机构资质认定（CMA）扩项“优胜项目”、“科技创新先进单位”、“宣传、培训、综治维稳先进集体”等称号。

部分荣誉证书展示

在个人荣誉方面，实验室的科研领头雁单巧利、健康达人卢锋、发明高手成杰、试验能手白兰等员工，以实验室发展为己任，在各自岗位上无怨无悔地奉献自己的青春。他们的辛勤付出和无私奉献，不仅为实验室的发展作出了贡献，也赢得了长庆设计公司和同事们的赞誉和尊敬。

科研领头雁单巧利获奖

健康达人卢锋

试验能手白兰

发明高手成杰

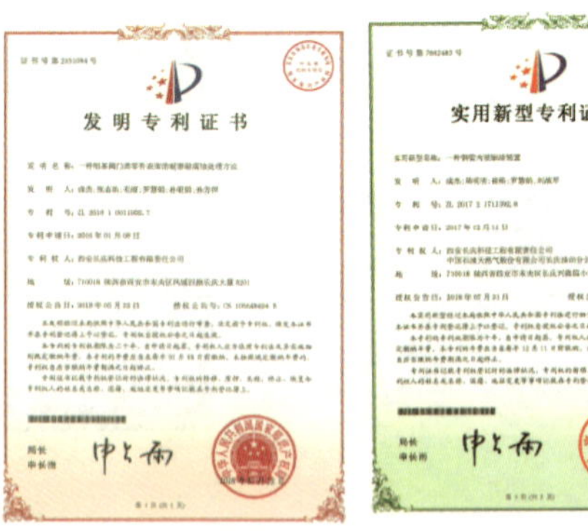

成杰获得的荣誉证书

未来发展

未来，地面工程实验室将继续秉持着“521”发展目标，以基础理论研究为攻关核心，发挥实验室平台优势，建立高校联合共赢共享机制，加快打造地面数据管理中心，打造科研—高校“双联”示范平台、打造地面原创基础理论策源地，为长庆设计公司发展提供坚实支撑。同时，地面工程实验室也将继续注重员工的培养和发展，为员工提供更好的工作环境和发展机会，让每个人都能在这里实现自己的梦想和价值。

地面工程实验室党员合影

最后，地面工程实验室全体员工衷心祝贺公司 50 周年华诞！并期待公司在未来能够取得更加卓越的发展！

五十年风雨，五十载沧桑，五十年华诞，五十载辉煌，地面工程实验室不忘来时路，不惧新征程，不负将来志！

走好“管道路” 阔步新征程

完整性管理技术研究中心 刘曼

五十载步履铿锵，穿越山海；

五十载波澜壮阔，初心弥坚；

坚定不移跟党走，能源报国谱华章；

为祖国加油，为民族争气，

管道设计人一直在路上。

“哪里有石油，哪里就是我的家。”历经半个世纪的青春热血和豪迈气概，长庆油田的开发史，既是一部艰苦奋斗的拼搏史，也是一部创新图强的科技进步史，这片土地上见证着无数长庆设计人的筚路蓝缕与丰功伟绩。

完整性管理技术研究中心员工合影

“建西部大庆、创和谐典范。”长庆油田一直牢记习近平总书记殷殷嘱托，艰苦奋斗，砥砺前行。长庆工程设计有限公司在长庆油田攻克世界级“三低”油气田的历史进程中，始终牢记使命，心系油田、服务生产、精益求精，开辟了一条独具长庆特色的地面工程设计发展之路，为建设基业长青的百年长庆发挥着中流砥柱的作用。

管道设计人凭着大胆作为、开拓进取的闯劲和拼劲，历经磨难而不衰，千锤百炼更坚强，让设计蓝图上的血脉，携带着黑色的油流，奔跑到每一寸需要的热土上，为国家的发展提供源源动力。

回望过去路，管道设计人砥砺奋进

翻开历史卷轴，目光聚焦卷中，一条条管道背后倾注着管道人似水年华的青春，他们用坚强的意志在波澜跌宕中谱写着榜样的力量。

靖咸输油管道，是当时长庆史上投资最高、口径最大、距离最长、自动化程度最高的输油管道，也是长庆油田第一条真正意义上的长输管道，作为西部大开发的先导性工程，分别被陕西省和中国石油天然气股份有限公司列为 2000、2001 年度重点工程项目，它途经 4 市 16 县，穿越河流、铁路、公路高达 109 次，翻越大山 28 座，最终到达古城咸阳。

2001 年 9 月 26 日，靖咸（陕西省靖安油田至咸阳）输油管道建成投产

在此之前，长庆油田建设过不少输油管道，但长输管道，这是第一条，困难和挑战都前所未有。地形、工况复杂，没有设计经验，这都不是事，管道设计人攻坚克难，翻阅大量资料、反复现场踏勘，白天一大早背着馒头钻山沟、攀陡坡、过河流，晚上回到宿舍一头扎进计算对比分析，不放过设计过程的每一个细节，每一个参数。功夫不负有心人，最终专家们一致认为：靖咸输油管道的线路设计及施工方案合理、科学且具有独

创性。汗水和泪水在那一刻凝固。

2017 年，中缅原油管道工程成功投入运行，这条穿越缅甸、跨越中国滇黔桂三省区的巨大工程，不仅凝结了无数管道人的汗水和智慧，更是对保障我国能源安全具有重大意义。由长庆设计公司承担的第一、五标段是国内难度最大的标段，管道人翻山越岭，穿越沟壑，顶着烈日，冒着大雨，只为踏勘到翔实的现场数据。5 年 1800 多个日夜，设计人员经过艰苦卓绝的努力，创新了大型油气管道并列合建、大型跨越结构优化设计等一系列管道工程设计的关键技术。其中，横跨澜沧江跨度达 280 米的两隧一跨控制性工程，被中外专家称为“中缅之难，首看澜沧江”。

中缅管道澜沧江跨越

克拉玛依—独山子输油管线（以下简称“克独线”）是新中国第一条长距离输油管线，然而在投产后的短短十一个月内，就出现了腐蚀穿孔。在这个关键时刻，长庆油田第一代防腐人王友仁师傅和他的同事们，肩负起了设计克独线阴极保护的任务，该工程开创了中国石油阴极保护的先河。他们的努力使得管线的腐蚀率从原来的 6.5 毫米 / 年下降至 0.04 毫米 / 年，最终，这个项目获得了国家科技进步奖，充分体现了长庆设计人在防腐技术方面的深厚实力和卓越成就！

心有所信，方能远行。凭着这样的信仰与担当，西气东输一线、二线输气管道，西部原油成品油管道，西气东输淮—武支线，靖—惠输油管道，庆—咸输油管道，吴起—延炼输油管道，长—呼输气管道……横空出世的“千里油龙”，不断为国民经济高质量发展注入强劲动能。

走了前人没有走过的路，就是新路，就是自己的路！管道设计人实现了规模上从无到有、从小到大，技术上从学习模仿到自行设计，从整体落后到追赶超越的历史性飞跃！老一辈管道人大胆作为、勇于创新、开拓进取的精神，激励着一代又一代管道人砥砺前行。

走好脚下路，完整新管理催人奋进

走得再远，也不能忘记来时的路。站在新的征程上，管道设计人继续以不屈不挠的精神迎接新的挑战。

2013 年黄岛“11·22”输油管道爆炸事故发生后，党中央、国务院高度重视，习近平总书记指出，要总结教训，坚决杜绝此类事故发生；2015 年长庆油田在股份公司支持下启动“风险管控”为核心的完整性试点工程；2020 年在公司的全局性规划，总体性布局下，管道技术研究室再次成立，肩负起长庆油田管道完整性管理的责任与使命；2022 年，部门从最初单一的完整性管理技术支撑部门发展为集“完整性管理 + 防腐保温、阴极保护工程设计”为一体的综合性部门，并更名为管道技术研究所；2023 年以来，设计公司全局性谋划、战略性布局、整体性推进，管道技术研究所更名为完整性管理技术研究中心，放眼今天的完整性管理技术研究中心，“踔厉奋发、笃行不怠，实干干实、快干干好”，成为最鲜明、最生动的图景。

我们注重顶层基础设计，率先跑稳“最先一公里”。结合长庆油田生产实际，创新了以风险管理为核心的管道完整性管理方法，创建了首套长庆油田油气管道和战场完整性管理办法，包括管理手册 4 项、程序文件 47 个、作业文件 128 个。提出了数据采集、高后果区识别和风险评价、检测评价、维修维护、效能评价五步流程。建立了以“失效分析 + 风险管控”为主题的无泄漏示范区建设思路，打造了“艾家湾生态敏感区”“板桥林缘区”“杨山城市冲突区”“神木气田双 3 煤炭重叠区”四个股份公司级无泄漏示范区样板工程，形成一套可复制、可推广的无泄漏建设模式。

搭建良好创研学生态，助力跑好“最后一公里”。完整性管理技术研究中心建立完整性管理配套技术体系 5 方面 49 项，规划完整性管理培训课程 20 项。2022 年至今在各采输油气单位培训 30 余次，近 3 年累计培训人员超过 5000 人次。

科技创新，增智赋能，跑出完整性的“加速度”。瞄准小口径油气管道内检测技术瓶颈，充分利用各级科研平台，研究建立适合油气田的小口径管道电磁涡流内检测技术，目前已在采油一厂、十一厂、采气三厂开展检测业务。

阳光与风雨相伴，通途与险阻并存。内防腐是油田行业内的“硬骨头”，防腐设计人发明的在线喷砂除锈内防腐技术，在油田行业内大范围使用；并先后引入环氧粉末内防腐等 5 种站场管道内防腐技术，实现了“现场作业与模块化预制”的双线防腐，助力油气田现场安全环保生产。

“路虽远，行则将至；事虽难，做则必成！”专职做好中国最大油气田——长庆油田完整性管理技术支撑，为油田安全生产保驾护航是部门成立的初衷。从“室”到“所”再到“中心”，从单一完整性业务到多元业务，从现场指导监督到现场自行检测，不忘初心、牢记使命，方能行稳致远。

展望未来路，专业建新功逐梦不止

述往思来，向史而新。我们将牢记习近平总书记关于大力提升油气勘探开发力度、保障国家能源安全的重要指示精神，坚持以习近平新时代中国特色社会主义思想为指导，深入贯彻落实党的二十大精神，完整、准确、全面贯彻新发展理念；不断提高核心竞争力、增强核心功能，扛起肩上的时代担当，走好新征程的路。

“道阻且长，行则降至，行而不辍，未来可期。”完整性管理技术研究中心围绕长庆油田公司“134”发展方略和长庆设计公司“稳油增气、低碳转型、智能升级、提质增效”的发展目标，紧跟“三步走”总体战略，按照“四个围绕”“五个维度”“六篇新文章”的发展规划，制定“1”“1”“2”“2”中心发展规划，做专做精当下事，系统谋划未来事，努力在防腐老牌专业上提品质、创品牌，打造基业长青的百年老专业；在完整性新兴专业上练内功、谋发展，为基业长青百年长庆保驾护航；在内检测未来专业上加大科研投入，加快研发进度、缩差距、扩优势、差异化定制服务，强势占领长庆油田管道内检测市场。为把中心打造成集技术管理—技术研究—技术服务为一体的国内一流的完整性管理综合技术研发中心拼搏奋斗。

回望过去，长庆设计公司五十载栉风沐雨，五十载追风赶月，五十载奋楫逐浪。展望未来，新发展阶段带给我们的是生生不息的希望，一往无前的担当。

走过“千山万水”，还需“跋山涉水”。完整性管理技术研究中心将继续以“征衣未解再跨鞍”的奋进状态，奋力谱写“管道延寿管理新篇”，让我们以脚步铿锵、斗志昂扬的姿态，踏上新征程，专业建新功。

不忘来时风雨兼程　不负百年使命征程

高新产品研制分公司　李国明

五十年，是历史长河中的沧海一粟。对一家企业或部门而言，则是一部拼搏奋斗、奉献进取的创业史，更是一部听党话、跟党走，凝聚智慧，敢为人先的发展史。

五十年，是奋斗的注脚。每一项工程、每一套设备或装置研制与交付的背后都是汗水与泪水的交织，每一次用户满意度的提升背后都是对质量孜孜不倦的追求。

从技术劳动服务公司（1987.2—1991.7）肇始，历经科技产品开发部（1991.7—1994.3）—科技产品开发公司（1994.3—1995.6）—新技术开发工程公司（1995.6—1996.3）—实业工程公司（1996.3—1999.9）—工程建设公司（2000.12—2008.1—高新产品研制中心（2008.1—2024.5），历经八次更名重组，到现在的高新产品研制分公司（2024.5—），企业改革洪流潮起潮落，涤净心中迷茫，追求的信念愈加确定执着——争做油气田一体化集成装置引领者，长庆油田橇装设备研制的先行者！

让我们走进高新产品研制中心筚路蓝缕、波澜壮阔的专业发展，赓续前辈艰苦奋斗的创业史、开拓进取的创新史，坚持创新驱动，推动精益制造，为油田高质量发展提供装备保障。

创业篇：艰苦卓绝（1987—1999 年）

20 世纪 80 年代末期，改革开放的春风吹遍神州大地，全国上下都在铆足干劲搞好多种经营、发展集体经济，以解决待业青年及职工家属的就业问题，同时长庆油田下属各单位也纷纷兴起第三产业，公司紧跟社会发展趋势，于 1987 年在甘肃庆阳成立技术劳动服务公司（简称“劳司”），主要业务从事商店、锅炉房运行维护、下水管道维修、生活服务、食堂等服务业，年经营收入 30 万元，这便是高新产品研制中心的起源。

1991 年 7 月，更名为科技产品开发部，成立加工厂，并建起了龙门吊，由于人员短缺，从其他单位引进焊工、钳工等人员，开展起一些简单的机械产品粗加工和设备维修保养工作，先辈们开始了艰苦创业。因为缺乏相关的生产资质，当时主要配合热工室生产锅炉与茶炉，机械室制造收球筒等常压产品，及防腐专业打阳极井、水源井。

1993 年，大罐轻烃回收装置发运中原油田

1993 年，大罐轻烃回收装置在中原油田投产

1994 年研发的大罐轻烃回收装置

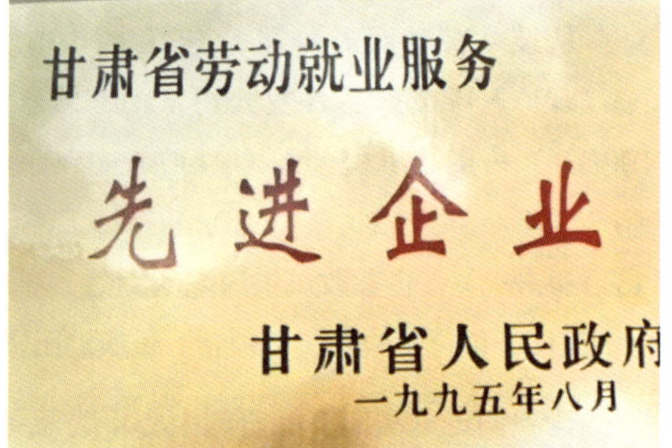

1995 年科技产品开发公司获得甘肃省荣誉

1994 年 3 月，更名科技产品开发公司，配合设计部门开发了大罐气回收轻烃装置、小型轻烃回收装置，先后在中原油田和河南油田销售投运。1994—1995 年，该公司与注水室合作生产脱氧塔 7 套，实现年产值 1000 万元，达到了当时年产值的高峰。1995 年 6 月，更名新技术开发工程公司，并取得相应生产资质，从服务型成功转型为生产经营性单位，成立了组织机构，设置了独立的财务室，自力更生，奋发图强，开始踏上了艰苦卓绝的创业之路，并获得甘肃省劳动就业服务先进企业。

1996 年 3 月，更名为实业工程公司，将业务延伸到长庆油田地面产能建设工程，主要承担了靖二联部分工程施工，年产值超过 1538 万元，占当年长庆设计公司收入的

1/3。1998 年随着长庆油田搬迁西安，实业工程公司由此也迎来历史发展的大时代。

历史是最好的教科书，也是最好的营养剂。回望过去，具有强烈责任意识、参与意识、进取意识的高研前辈们，艰苦奋斗，从无到有，从小到大，一点点积累与创业，趟出了一条实业兴企之路，让我们用崇高的敬意向他们表示感谢！

创新篇：开拓奋斗（2000—2017 年）

时间的指针拨至千禧之年，新的世纪向世人展现出市场经济的蓝海如此广阔，一个勇闯市场、技术创新的大时代来临。

随着长庆设计公司整体迁址西安，2000 年下属的实业工程公司合并成立了西安立得工程建设有限公司（简称“立得公司”），通过租赁厂房方式，坐落于凤城一路刚家寨村集贸市场内， 2002 年改制为股份制企业；2008 年 1 月，企业转制，成立了高新产品研制中心。

党的十七大提出大众创业，万众创新，“以简政放权的改革为市场主体释放更大空间，让国人在创造物质财富的过程中同时实现精神追求”；党的十八大后，将自主创新作为制造业发展的重要基础。迈向新时代，踏上新征程，高新产品研制分公司的前辈们勇于做新时代的弄潮儿，在历经转型升级和产品结构调整后，大胆尝试，探索创新，创造了显著的经济效益和社会效益。

独具慧眼，选迁新厂址

2000 年，立得公司以厂房租赁的方式，在凤城一路岗家寨村租用约 3000 平方米的集贸市场作为生产厂房，落脚西安。随着业务的不断扩展，立得公司以长远的眼光，2004 年，立得公司（高研改制前身）从西安凤城一路岗家寨村集贸市场选迁新厂区至工业集聚的西安泾河工业园。新厂址毗邻“泾渭分明”风景名胜，园区内市政配套齐全，现已成为西安市 “北跨战略”核心区域，为装置研发制造创造了极为有利的外部条件，也为后续业务持续向好发展奠定了坚实的基础条件，是长庆设计公司最大的不动产，市场价值越来越高。

迁至新厂址，生产条件和环境面貌焕然一新，厂区占地 45 亩，建有厂房、办公住宿区、辅助功能区等。人员资源充盈，员工总数 110 人左右，2004 年首创产值 3000 万元，2006 年实现产值翻一番达到 6000 万元，2008 年完成改制后创造产值约 7000 万元，2009 年产值突破 1 亿元大关。截至 2017 年，连续 9 年保持年产值亿元以上，利润稳定，创下发展史上的卓越成就与辉煌业绩，得到了长庆设计公司的高度认可，多年获得先进集体光荣称号。

2004 年，迁入时新厂区的全貌

健全资质，拓展新业务

以多元化经营占主导，业务范围涉及广泛，涵盖了压力容器制造、油气田地面工程建设、交通运输服务、办公耗材、汽车运输及维修、室内装潢装修（代表业绩是凤城三路凯爱大厦单身公寓装修项目）等，实行企业化管理运营模式，公司机制健全，设有总经理办公室、财务部、采供部、市场部、质检部、安全环保办等部门，下辖加工厂、工程部、小车队、耗材部、汽车维修部、装饰公司。

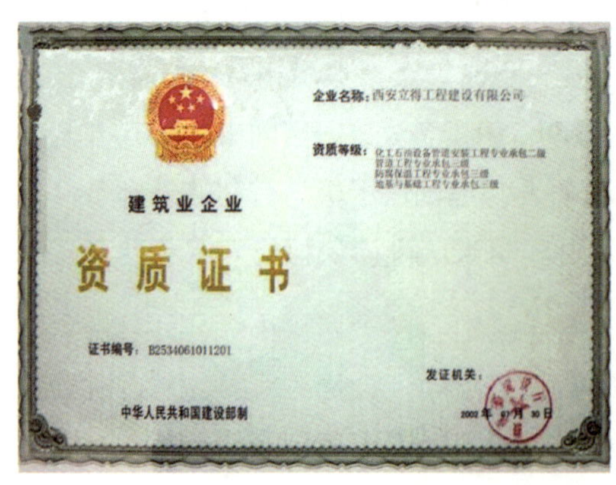

建筑业企业

资质证书

企业名称：西安立得工程建设有限公司

资质等级：化工石油设备管道安装工程专业承包二级
管道工程专业承包三级
防腐保温工程专业承包三级
地基与基础工程专业承包三级

证书编号：B2534061011201

发证机关：

中华人民共和国建设部制

立得公司的资质证书

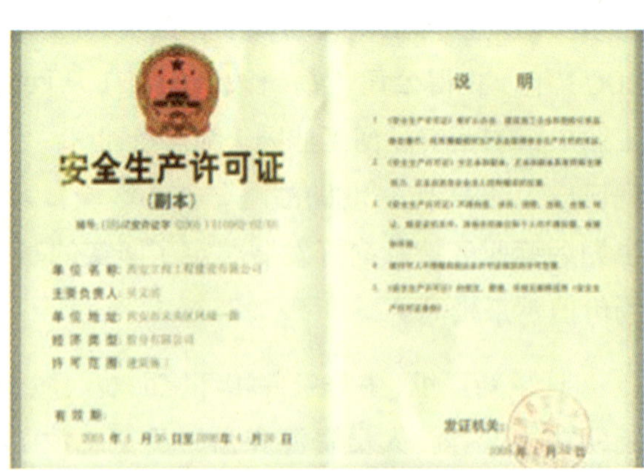

安全生产许可证

（副本）

单位名称：

主要负责人：

单位地址：

经济类型：

许可范围：

有效期：

说明

发证机关：

立得公司的安全生产许可证

承担施工的侯 8 计量接转站

承担施工的陕 106 集配气工程

为取得市场竞争的通行证，提高企业实力，加快发展步伐，立得公司健全资质，先后取得了石油设备管道安装工程专业承包二级、管道工程专业承包三级、防腐保温专业承包三级、地基与基础工程专业承包三级、常压热水炉制造许可证等多项资质，以及安全生产许可证、质量 (ISO9001)、环境 (ISO14001)、职业健康 (OHASA) 等认证。

企业经营范围涵盖设备、装置制造及销售，油气田产能建设施工，水源井、阳极井设计与施工，车辆租赁，办公自动化设备及耗材销售，技术咨询，防腐保温，地基与基础处理，室内外装饰装修工程施工等 9 个行业领域，在工程方面承建了侯 8 计量接转站、陕 106 集配气站等项目；被长庆油田授予多元经济技术创新与管理提升先进集体。

承担施工的室内装饰装修

2012年度多元经济技术创新与管理提升

先进集体

中国石油长庆油田分公司
二〇一三年四月

立得公司荣获的长庆油田公司荣誉

凝聚智慧，研发新产品

螺道式分离器

强制旋流分离器

瞄准“高新技术、开发拳头产品”，发挥人才科技优势，先后研制出井口加热炉、真空加热炉、加药装置、快开式电加热收球筒、强制旋流吸收吸附气液分离器等高新技术产品，技术先进、质量优良，受到用户一致好评。

公司研发的 22 种产品覆盖油田生产多个方面，在长庆市场站稳了脚跟，提高了长庆 设计公司经营产值，也让员工尝到了企业发展的红利。

公司研发的 22 种高技术产品

序号	产品名称	序号	产品名称
1	HTL 型常压水套加热炉	12	计量储油箱
2	LDFL 型煤气两用常压热水炉	13	泄油器
3	常压热水炉	14	密闭卸油装置
4	HJ 型水套加热炉	15	甲醇罐
5	多井式天然气加热炉	16	污油回收装置
6	加药装置	17	多功能计量增压装置
7	套管换热器	18	钢制水箱
8	快开式电加热收球装置	19	真空加热炉
9	橇装小型轻烃回收装置	20	井口加热炉
10	大罐轻烃回收装置	21	橇装注水装置
11	二级真空脱氧装置	22	高压气 - 气冷换器

2008 年，立得公司改制为高新产品研制中心后，紧紧依托长庆设计公司雄厚技术研发能力，乘集团公司油气田地面工程标准化推进之势，通过科技创新、研制一体，以数字化橇装增压集成装置为代表，在集团公司内掀起了一体化集成装置研制的高潮。

2008—2009 年，标准化设计示范工程引领，试制一体化集成装置。

2010—2011 年，全面铺开标准化设计，研发一体化集成装置。

2012—2013 年，规模推广一体化集成装置，标准化设计持续推进。

2009 年，国内首套橇装增压集成装置在高研完成制造，建成了首座橇装化增压点——关 4 增。

首套数字化橇装增压集成装置整装待发

关 4 增建成投运

2010 年，国内首套智能移动注水装置成功下线，在采油八厂阳 56-47 注水站投运。

首套智能移动注水装置整装待发

无人值守橇装注水站建成投运

2012 年，首套数字化集气橇成功下线，在苏东 -1 集气站投运。

首套数字化集气橇整装待发

数字化集气橇建成投运

2012 年，首套原油接转一体化集成装置成功下线，在姬塬油田姬 69 接转站投运。

长庆设计公司领导与研制人员组织出厂验收

首套原油接转一体化集成装置在姬 69 接转站建成投运

2014 年，首座 30 万吨 / 年橇装联合站的系列集成装置下线，在庄三联建成投运。

长庆设计公司领导一体化联合站集成装置下线仪式现场

一体化联合站集成装置在庄三联建成投运

一体化集成装置在长庆油田规模上产过程中发挥了重要作用，带动了行业的发展进步，助推了中国石油地面工程建设模式转型，发挥了示范引领作用，并取得了多项荣誉。

长庆油田一体化集成装置在第五次推进会集中展览

荣获集团公司一体化集成装置研制工作先进单位

开拓市场，创造新产值

在“发展大油田，建设大气田”的形势下，立足油田内部市场，积极与大庆油田、大港油田、辽河油田及中石化、山西煤层气等合作，装置远销东北、华北、长三角、海南等地区，并引来香港、非洲等客户前来调研洽谈。

两套 150 万立方米三甘醇脱水橇应用到西气东输江苏金坛地下储气库

国外用户前来调研考察

市场的开拓，带动产值的攀升。从 2004 年产值 3000 万元，2008 年产值 7000 万元，到 2010 年产值突破 1 亿元，截至 2017 年，有 6 年保持年产值过亿元，得到长庆设计公司高度认可，多次获得“先进集体”称号。

创新是切入新赛道，打开新局面的关键因素。正是依靠长庆设计技术成果转化，持有强烈的开拓进取、创新精神的高研前任同事，短时间内形成一体化集成装置研制的核心竞争力，在地面工程标准化建设的新赛道上脱颖而出，占领风口，成为集团公司橇装设备研发的领导者，让我们向他们表示深深的敬意与感谢。

创优篇：高质量发展（2018 年至今）

向竖向发展，向高新升级

党的十九大提出供给侧结构性改革，从产业链推动加工类企业从制造向研发移动；党的二十大提出建设制造强国、数字中国的目标，利用数智赋能，走中国特色新型工业化道路。

新的时代，新的方向。2018 年以来，按照长庆设计公司的发展要求，高新产品研制中心定位于一体化集成装置研制试验基地，做专一体化集成装置的基础上，兼顾复杂成熟的集成装置制造，并对厂区进行隐患治理与基础建设，强基础，补短板，实现高质量发展。

自 2018 年以来，新研制 25 种一体化集成装置；其中油田集成装置 10 种，气田集成装置 8 种，水处理及其他集成装置 7 种，成为“加油争气”上产利器，助推油田高质量发展。

融合“1（设计)+1（制造)>2”优势，对原油接转一体化集成装置完成两次优化升级；对国产智能化三甘醇脱水一体化集成装置完成一次优化升级；而今这两种装置已成为高研的拳头产品，在油气田中型站场发挥重要作用，为“长庆设计”增光添彩。

3.0 版原油接转一体化集成装置

国产智能化三甘醇脱水一体化集成装置

150 万立方米三甘醇脱水装置

油气水集成处理装置

立体模块化建设技术

以立体模块化方式，通过工厂预制，站场组装的方式，完成了呈竖向双层布置的油气水处理一体化集成装置，在采油一厂王二十六脱、王二十七脱顺利建成投产；150 万立方米三甘醇脱水一体化集成装置，在庆 -2 集气站应用 2 套，青 -1 集气站、宜 -1 集气站各应用 1 套，实现了集成装置制造模式从平面橇装化到立体模块化的技术跨越，开创地面工程建设新局面。

聚焦与创优带来高附加值，随着每年集成装置研制数量减少，而经营收入提升，高新产品研制分公司的业务已成功转型。创新与研发给高新产品研制分公司带来了价值体现——数量少、价值“高”，种类多、产品“新”，契合了高新产品研制之名。

建花园厂区，谋智能工厂

办公楼改造和辅助用房投用，市政管网接入，解决了困扰员工多年的“洗澡难、如厕难、饮水难、上网难、活动难”等问题，让“员工共享发展成果”成为现实。民生连着民心，民心凝聚民力，员工幸福指数显著提升，干事激情分外高涨。

建设前

建设后

装备车间整修前后对比

成品料堆场的建成，让大型立体化集成装置建造有“广阔天地”，是我们更觉得“大有作为”。装备车间内地面整修、视觉形象化提升，使现代化的工厂气息如春风般迎面扑来，置身其中，自豪感与责任感让员工更具“工匠”精神。

当好主人翁，建好新工房，站在一体化集成装置研发 20 年不落后的高度，以智能化制造为目标，匠心规划绘制蓝图。

经过隐患治理工程建设，高研人在自己的厂区内初尝到“花园工厂”幸福新滋味。

近年来长庆设计公司投入 400 多万元固定资产计划，更新了车床、剪板机、叉车等设备，新配置了 40 吨龙门吊与登高作业车，从装备上支撑了装置制造安全与工效双提升；配置的金属元素测量仪及硬度仪等，实现了钢管、法兰等质量检测的结果数字化，确保装置核心质量受控。

公司近年来更新的设备

强装备制造之“肢”，健装置研发之“体”

工欲善其事，必先利其器。结合装置制造工序特点，研发了管道切割及坡口加工一体机、智能试压一体化集成装置、环焊缝无损检测辅助系统及仪器仪表性能检测平台等装备，申报 10 多项专利，大幅度提升了装置制造效率并降低劳动强度，生产利器助推装置研制做优做专。

数字孪生建“智”序，模块化制造提效益

云计算、大数据、物联网、5G 通信等技术催生了第四次工业革命向我们迅速袭来，制造业变得更柔（柔性定制）、更软（软件定义一切）、更美（绿色环保）。高研积极探索基于“数字孪生”模块化制造方法，以三维软件建立集成装置 1 ∶ 1 数字化样机，

进行集成装置制造图的二次设计，通过并行工程和快速迭代，用数字的消化替代能源的消化和物质消耗，实现一体化集成装置制造的“多快好省”与精益生产，杜绝了采购过程中的多采漏采；将100万立方米三甘醇脱水橇工艺安装由26天缩短至15天，原油接转橇工艺安装由22天缩短至12天，40天内完成了环五联17套装置工艺安装。实现了用数字化，把一体化集成装置装进数据库；用模块化，把装置从工厂打包到现场；经济效益和社会效益显著。

新设计原油接转橇模型　　三甘醇脱水橇模型

建采购平台，管理上台阶

开发的长庆设计公司首套物资管理信息系统，申报计算机软件著作权。其集成装置制造计划、技术采购定额、物资采购计划、招投标管理、合同管理、物资出入库管理等，实现物资全链条信息追溯管理，形成物资价格、库存、供应商等数据库，做到精细管理；达到采购流程化、操作规范化、办公网络平台化，实现物资采购数字化，使得物资采购、到货验收、现场发货、结算办理等业务办理效率提升，使装置平均交付周期提前10～15天。

守住安全“底线”，提升质量“高线”

班组事企业生产经营管理活动的基本单位，班组活则企业活，班组强则企业强。高新产品研制分公司始终将打造技能型和安全型班作为班组建设的重要工作。通过技能培训、岗位练兵、师徒传帮带等形式，引导员工勤学苦练，钻研业务，让多名年轻员工成为技术能手；通过强化安全知识

荣获长庆油田颁发的优秀“五型”班组荣誉称号

和救护技能培训、安全风险体验、应急处置预案演练等，形成了人人讲安全、重安全的班组生产良好氛围，部门始终保持安全生产的良好态势。并获得油田公司颁发的“优秀五型班组”荣誉称号。

2022 年 9 月，高新产品研制分公司首次与来自全省 184 家质量信得过班组进行现场参赛角逐，在众多行业代表队中脱颖而出，并在大赛交流环节做示范讲解，最终获得“全国质量信得过班组”荣誉称号。班组是企业最小的“细胞单元”，获得质量信得过班组是高新产品研制中心以“基础质量建设凸显企业整体质量管理水平”的有力实践。

深耕文化“软实力”，筑牢发展“硬支撑”

企业文化是企业的灵魂、是构成企业核心竞争力的关键、是企业发展的原动力。

岁月无言，春秋有痕。高新产品研制中心在发展的过程中，一直赓续石油精神，积极践行设计公司“五个一”精神，一代代高研人，用实际行动和奉献写就、升华形成 3 个工作作风。

一体化集成装置

“钉钉子”的工作作风。一体化集成装置研制来不了半点虚，铆足干劲，全力以赴，瞄准目标，多出实招，一锤接着一锤敲，苦干实干加巧干，提高自我专业能力与技艺能力，在关键时候抓得紧、抓得实、抓得牢，干出了“质量高、颜值高”的好成效。

“马上就办”的工作作风。一体化集成装置研制涵盖的链条长，若一个环节滞后将产生木桶短板效应，从而影响整体工作开展效果。“马上就办”，重在“马上”，是一种态度，更是一种责任，“马上”，就是“今天”再晚也是早，明天再早也是晚，当天事当天毕，事不过夜，案不积卷。任务一布置，马上抓落实，任务一部署，马上去推动，正是“马上就办”的好作风，在实干重破难题，干出连续 10 年产值过亿的事业新高地。

“持匠心、守初心”的工作作风。一体化集成装置制造涉及多种技能，在数十年的职业坚守中，形成了“一组一焊慢慢雕”的恒心，“一厘一毫细细琢”的用心，“一阀一管徐徐安”的耐心，赢得了油气生产单位的好口碑，干出了“长庆设计”的好品牌。

展望篇：新征程新作为

集团公司成立装备制造事业部，长庆设计公司召开集成装置专题推进会，对装备制造提出了更高要求，一体化协同发展智能装备研制。

按照“更加高效、更加集成、更加智能、更加绿色”思路，提升智能化制造能力，发展“科技创新＋增值服务”经营模式，做好智能装备制造。

油田公司召开装备制造工作会

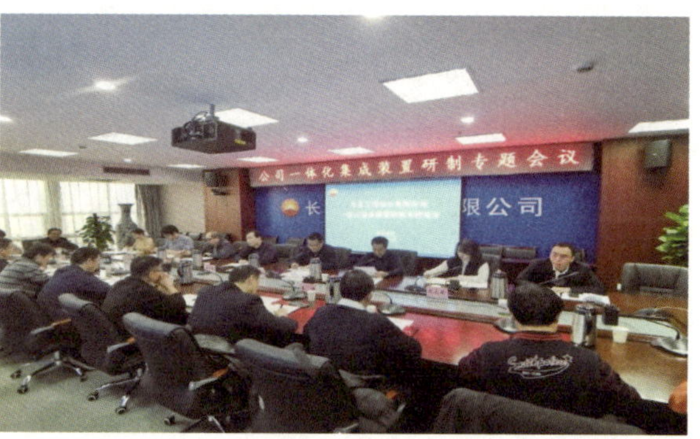

设计公司开展集成装置专题会

智能化制造

习近平总书记指出，要坚持把发展经济的着力点放在实体经济上，深入推进新型工业化，强化产业基础再造和重大技术装备攻关，推动制造业向高端化、智能化、绿色化发展。

在后续发展中，高新产品研制中心将以智能工厂建设为抓手，发挥智能化转型在生产优化、高效运营、创新创效、人力资源补充等方面的巨大优势，提升装置研制能力，推动装置研发向高质量发展，产品覆盖国内市场。

“科技创新＋增值服务”

高新产品研制中心将在长庆设计公司一体化集成装置专班的带领下，与专业设计部门深度融合，提高科技创新能力，加强在油气田新区效益建设、非常规油气开发、智慧油田、安全环保及新能源综合利用等重点领域的装置研发工作，研制一批独具特色、有口皆碑的地面一体化装备。

做好装置制造的数字化交付，为油气生产单位实现装置三维孪生、生产数据的自动采集，站场建设、生产运行智能高效管理提供增值服务。

新领域拓展

高新产品研制中心将持续攻关低渗透油气田地面工艺技术，加强在油气田新区效益建设、非常规油气开发、智慧油田、安全环保及新能源综合利用等重点领域的装置研发工作，研制一批独具特色地面一体化装备。充分依托长庆油田风光气储氢、地热资源利用发展规划，开展智能间开加热、电气化用热、制氢掺氢储氢和地热利用等一体化集成装置的研发，全方位推进新能源业务与装置研制融合发展。

结束语

五十年，是历史长河中的沧海一粟。对一个部门而言，则是一部拼搏奋斗、奉献进取的创业史，更是一部听党话、跟党走、敢为人先的发展史。

不忘来时路，致敬在高新产品研制分公司曾经工作过的前辈；走好未来路，新征程上，高研人将守正创新、担当实干，为建立基业长青的百年长庆提供装置先导！

初心见证飞越　奋进承载梦想

技术服务中心　李玮

五十年风雨见证，因热爱而执着前行。作为长庆设计公司核心工作设计业务的重要一环，五十年来档案管理、出版业务人员始终坚持初心不改，始终坚持职业操守，始终坚持高标准严要求，不论人来人走，无论分分合合，变的是机构调整——档案室、情报档案室、出版中心、信息中心、信息出版中心、档案出版中心到今天的技术服务中心，不变的是兢兢业业的初心和赓续奋进的脚步。

时代脚步

技术服务中心档案、出版业务最初雏形始于 1973 年，由当时的设计院规划室统一管理，无专门的机构设置。早期由于油田勘探开发规模较小，档案管理与出版工作量较小，相关技术也较为原始，蓝图出版为氨熏日晒，装订折图为完全人工操作。

1982 年成立了由档案信息管理、科技信息翻译和出版发行为一体的情报档案室，下设档案组、描图组和出版组。出版组由晒图、装订与打字人员组成，由于设备工艺落后，工作效率较为低下。

1998 年单位进行机构重组，档案管理与出版发行分为两个部门。曾经人员较多的打字和描图两个岗位，随着计算机技术的普及和飞速发展而消失，相关岗位出版队伍得以精简。随着长庆油田的大发展和长庆设计公司勘察设计力量的不断壮大，档案管理与出版工作量逐年攀升，档案与出版相关设施设备加大投入，新增出版设备生产效率与自动化水平逐步调高，满足不断攀升的业务工作量。

2000 年长庆油田勘察设计研究院改制为有限责任公司，档案出版部门在公司发展的不同时期，根据业务的整合与拆分情况，曾分别冠以档案室、信息出版中心等名称。2007 年信息档案与出版发行业务再次分离，部门名称分别变更为信息档案中心与出版发行部，2017 年 6 月两个部门业务经部分整合后分设为档案出版中心与信息中心。

2023 年 8 月 21 日，按照油田公司机构设置调整文件精神，技术服务中心与档案出版中心进行整合调整，合并成立新的技术服务中心，主要承担设计公司档案管理、图纸资料出版发行、地形图管理、科技情报、彩图编绘，以及行政事务承办管理等工作。现有正式职工 23 人，设有底图、蓝图、文书、科技情报、涉密测绘成果管理、复印、晒图、装订、发图、经管员、材料员、维修管理员等岗位。截至 2023 年，保管有 1970 年建院以来纸质、电子版设计图纸与文表约 430 万张。中心现有各类档案库房 1150 平方米，主要有勘察设计文件底图库、蓝图库、综合文书库、涉密测绘成果保管室等。配置了国内领先的各型设备 60 余台套，主力出版设备有蓝白彩一体机、数码蓝图机、工程打印机、复印机、胶装机、切纸机、彩色喷绘机、宽幅扫描仪、高速扫描仪等。

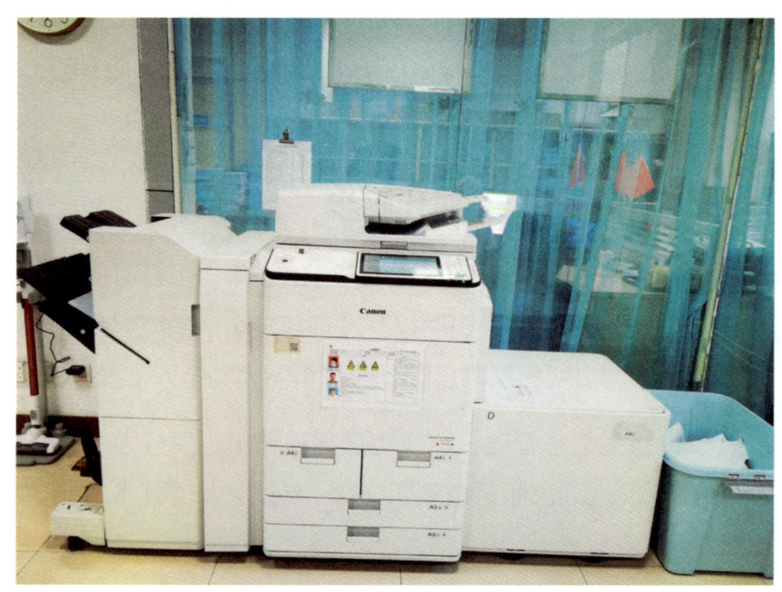

高速彩色复印机

技术革新

“底图”对于设计行业来说是一个专门而亲切的名词，它记录与承载着设计单位的最终成果与技术人员的智慧结晶。早期设计人员进行全手工绘制设计图纸，俗称“爬图板”，在绘就白图后，图纸存档前还有一个重要工序——描图，将透明硫酸纸蒙在设计原图上描摹成底图。描图人员使用针管笔、鸭嘴笔等工具，将设计线条、文字、符号等图纸信息从白图描制到透明硫酸纸上。描图过程需要全神贯注，万一出错就需要用刀片把错的地方小心刮掉，再重新描绘准确。尤其一段时间里使用一种从芬兰进口的透明纸，纸很薄但价格昂贵，纸薄一不小心就会被刮破，而一旦刮破整张图就报废了，所以描图人员更显得小心翼翼。

在纸质底图存档时期，设计人员将底图拿到档案部门存档，档案管理人员对图幅大小、线条粗细、字体字形、人员签名等进行符合性检查，对工程名称、图纸张数、文件号等逐一核对。一项工程存档完毕，底图人员再次核对，配齐复用图纸后将成套透明硫酸底图交付晒图岗晒制蓝图，晒完后再将底图收回进行清点、核对，对损坏图纸进行技术修复。为减少晒图环节对透明底图的破坏，用缝纫机对图纸边缘进行扎边补强处理，后期使用热熔塑料薄膜包边。随着历史硫酸纸设计底图因保存年代久远老化情况日益严重，图纸出现发黄、发脆等现象，对历史底图进行抢救性扫描开展数字化工作刻不容缓。技术服务中心抽调六名同志组建历史底图抢救性扫描专项工作组，从 2019 年 4 月至 2024 年 4 月历时五年时间，共计完成 1980 年至 2011 年，时间跨度 31 年，共计 989799 张硫酸纸底图的抢救性扫描工作。此项工作的圆满完成，是对技术成果档案保管和再利用的重要贡献，是对历史资料的传承和保护。

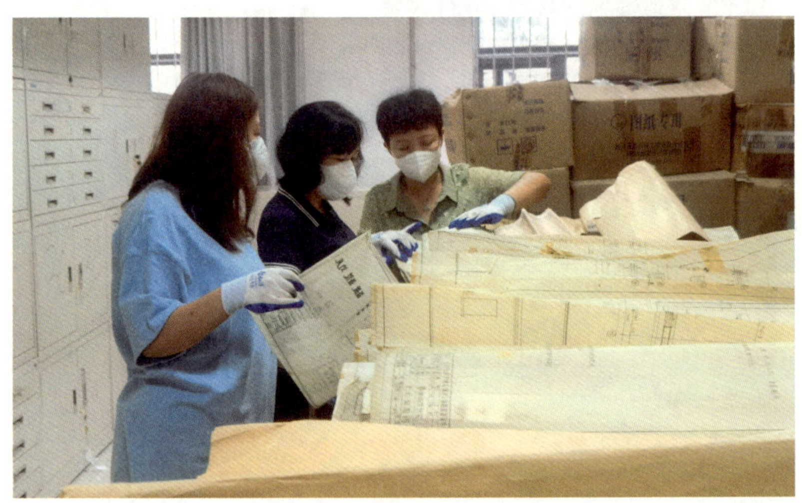

抢救性扫描岗进行图纸除尘整理

2010 年后，开始逐步发展数字化存档系统，将纸质图纸扫描进行数字化存储。2018 年投入使用的智能图文存档系统，实现了图纸在线电子归档、数字出图。图框的强制标准化，形成各类标准图框，自动生成 PDF 格式和 DWG 格式存档，自动套用签名，自动生成长庆工程设计电子签名统计表用于存档和出版等，设计人员不用拿着纸质图纸存档，也彻底解决了档案库房容量长期不足的问题。2023 年公司进一步使用了二维协同设计平台系统，设计工作包括档案出版实现全流程数字化，质量记录电子归档，进一步提高了设计工作质量和效率。在科技进步的巨大推动作用下，从手工绘图、人工描图、纸质存档，到计算机制图、打印底图扫描电子化存档，全信息系统电子存档，再到设计成果数字化交付，设计成果的归档管理与应用实现了质的飞跃和翻天覆地的变化。

建院早期蓝图出版技术较为原始。把硫酸纸底图置于晒图纸上，用玻璃板将底图与晒图纸夹紧压实移至日光下曝晒，然后移入室内将晒图纸取出浸入冷清水漂洗晾干，一张蓝图出版完成，全自然曝光、冲洗照片似的蓝图晒制工序，工作效率十分低下。氨熏晒图机让蓝图出版进入到机械化时代，晒图纸用重氮盐、反应物和酸的混合物对纸进行光敏化，将硫酸纸底图置于光敏化的晒图纸上，通过晒图机光源进行曝光，以加热氨水产生的氨气为显影剂，蓝图就呈现出来了。

蓝图出版

随着电子图档管理技术的不断发展与成熟，蓝图出版技术也发生了革命性的变化，实现了电子配图、数字打印、自动折图，极大地提高了出版效率，减少了手工操作。十几年来，档案出版部门结合自身生产特点，对出版流程、出版设备进行整体规划、优化提升，大幅面图纸从 KIP 工程蓝图机的复印，演进到现在的喷墨式数码蓝图机高速打印，A3、A4 小幅面蓝图通过蓝图复印机打印出版，实现了蓝图出版晒图工作全数字化打印。特别是蓝白彩一体机的引进和应用，出图质量进一步提高，满足了现阶段设计图纸规模使用地理信息系统卫星影像图形对出版精度要求趋高等需求，一台机器一机多能，出图叠图一体，蓝图、白图、彩图都可完成。出图速度从氨水晒图时代每工日出 1000 张，提升到一体机的 3000 张，同时岗位用工减少 50%。出版技术的革新与进步实现了作业环境空气质量根本性改善、出版质量效率大幅度提高、用工减少劳动效率大幅度提高的多赢局面。

管理提升

技术服务中心作为公司安全生产重点单位、重点保密单位、消防管理重点部位，如何在全面实现好部门支持服务功能的同时，又能保障各项重点工作全面受控，是摆在部门每一名干部员工面前的问题。近年来，以精细管理为主线，以团队建设为抓手，强化制度建设，突出合规运行，优化作业流程，全面保障了档案管理的规范与安全，保障了勘察设计产品出版发行的及时、准确与可靠，保障了行政事务承办的周到、专业与合规运行。

注重制度建设，坚持用制度管人管事，实现从人为约束到制度约束的转变。在全面贯彻落实公司各项规章制度的同时，根据部门实际编制完善部门规章制度，主要包括《技术服务中心“三重一大”决策制度》《技术服务中心党支部议事规则》《技术服务中心绩效考核管理实施细则》《技术服务中心设备管理实施细则》《技术服务中心业务外包管理实施细则》等。结合部门职责和工作实际对公司生产、物资、设备、财务等各项制度进行梳理归总，完成部门管理手册（共七篇二十个章节）及操作手册（共三篇涉及八大类设备）的编订，使管理行为更加系统化、规范化。

严格落实民主集中制，对“三重一大”事项进行集体研究决定，形成了“大事共同决策，小事相互通气，解决问题齐心协力”的良好氛围。对人员岗位安排调整、考核评先选优、绩效分配、设备物资采购、三商选商招标等重大事项坚持工作程序，坚持公开透明，接受广大员工监督。抓制度建设和监督制约机制，从职责、管理、风险、考核、奖惩等方面入手，针对采购活动、档案管理、出版发行工作等重点环节和岗位进行廉洁风险点排查，把监督领域向关键岗位人员延伸，围绕重要节假日持续开展警示提醒，用好监督执纪“四种形态”。

安全工作始终是部门各项工作的起点与重点，必须持之以恒常抓不懈。按照“一岗双责”、党政同责要求，落实好“三管三必须”，履职尽责工作到位。年初部门安全工作及早部署，统一安排，分步实施。两周一次召开部门 QHSE 会议，传达落实安全环保工作要求，持续开展安全理念、知识技能、案例警示等培训教育，研究解决部门 QHSE

工作中存在的问题。各岗位充分履行安全环保属地管理职责，着力强化“我的地盘我做主，安全环保我负责”的属地安全管理理念。安全检查隐患排查治理实现闭环管理。部门四不两直检查、定期检查、专项检查、节前检查做到检查有记录、整改有要求、责任有落实、隐患有台账、结果有反馈，确保安全管理工作扎实有效。根据部门安全工作特点，每月15日前后针对性开展消防设施、用电安全等专项检查，对部门办公、生产、库房等场所消防设施、消防通道、供电设施、易燃物品等进行全面检查。开展行为安全观察与沟通活动，覆盖晒图、复印装订等重点操作岗位以及库房出入库作业等。

日常质量核查工作

多措并举创新推进设备管理。部门现有各类专用设备60余台套，设备管理从基础保障维护开始做起，部门组织各设备岗位人员从设备操作说明书开始，开展危害因素辨识及风险评价，编制设备《隐患排查清单》，规定每型设备日检、月检具体内容，持之以恒开展好设备日常维护工作。以岗位为主促设备引进好用适用，明确设备引进岗位职责，要求设备引进提出人、使用人必须全面参与设备功能、技术标准及运行参数的确定工作，设备的使用性能、安全环保水平、维护保养难度、使用综合成本等均予以重点关注，最大程度提高新进设备的综合性能。对部分设备原值不高，固定资产投资计划批复周期长、工作急需设备，经多方调研多方案比对优选，在全生命周期成本测算的基础上，经报公司党委会研究同意，以设备经营性租赁方式公开招标租赁出版设备一台，按印数支付费用，设备配件、耗材全部由承包商提供并进行日常维护，经测算对比传统自购设备、自购配件耗材方式，当年即实现成本节约近2万元，岗位人员反映良好，设备综合使用成本有效降低，是对公司设备使用管理的一次有益的尝试。

成立部门保密工作小组，明确责任，落实制度，强化监督，加强对涉密测绘成果、出版设计文件、计算机信息网络等的保密管理。制定全年保密工作计划，通过签订保密承诺书、理论学习、制度宣贯、警示教育、知识答题等多形式、多手段，提高员工保密红线意识。根据集团公司统一部署开展国家涉密基础测绘成果专项清理工作，对建院以来形成的涉密测绘成果资料进行了全面清理，进一步夯实了公司地形图管理基础工作。

团队建设

技术服务中心作为公司基层支撑服务部门，作为公司咨询服务产品的最终管理者、生产者与提供者，与各兄弟部门接触密切，工作中要求照章办事，又相互理解，做好支撑服务。对油田单位、外部业主单位，作为对外“窗口”，要求我们亲切友善，周到服务。工作定位和要求需要我们建设一支技术过硬、作风优良、团结协作、能打胜仗的员工队伍。

持续推进基层党建“三基本”建设与三基工作有机融合，全面加强基础管理，不断夯实管理基础，为部门工作的高质量发展打好坚实基础。以政治建设、组织建设推动能力建设，完善制度建设，加强思想教育、制度落实、监督改进等工作，突出支部党员先锋模范作用发挥。深入开展岗位练兵、技术比武等活动，通过部门培训、班组培训、岗位培训等分层分级对法律法规、制度规章、岗位操作、设备操作、安全技术操作、应急预案等内容进行全面系统培训，扎实推进岗位基本功训练，完善培训考核措施，强化培训效果测试、技能实操、应急演练等具体工作，不断提升技术支撑能力与服务水平。

支部党员参观渭华起义纪念馆

贯彻群众路线，尊重人民主体地位和首创精神，从群众中来，到群众中去，坚持深入一线，解决员工工作生活中遇到的困难与问题，坚持为员工办实事。大厦一楼出版发行室冬季室温只有十几摄氏度冻手冻脚，员工反映强烈，通过电路改造增设暖风系统解决了十几年来存在的问题。员工着劳保上岗，无更衣室尤其是女员工更衣不便，在有限的办公条件下调整场所设施，为女员工增设了更衣室。部门大型激光复印机多且使用频繁，臭氧排放对工作环境有一定影响，经过反复测算多方论证，成功应用高速喷墨打复印机，杜绝了臭氧排放的产生改善了环境空气质量。出版装订室存在设备生产噪音大、人机未分离、员工工作环境不佳的问题，推进实施降噪治理项目，有效改善了工作环境，获得了大家的普遍肯定与欢迎。

五十年来，公司档案管理与出版发行工作从无到有，技术由弱到强，是大家脚踏实地接续奋斗努力拼搏的结果，是公司历届领导殷切关怀指导的结果，是兄弟部门同舟共济相濡以沫的结果，相关工作获得多项各级表彰和荣誉，先后荣获长庆油田公司“陆上档案管理工作优秀集体” 和甘肃省档案管理“三优单位”（优质管理、优质服务、优质设备）等称号，陕西省质量协会授予“陕西省质量信得过班组”荣誉称号，多次被评为油田档案管理先进单位和公司先进集体荣誉称号，QC 活动成果荣获陕西省一等奖、中国勘察设计协会二等奖。

山再高，往上攀，总能登顶；路再长，走下去，定能到达。风雨五十载，同行复同行。面对新时代、新征程，我们以对公司的热爱，对事业的忠诚，在奋斗中奉献，在执着中前行，共同携手在建设世界一流大油气田的新征程中做好技术支撑服务。

风雨兼程二十载　春华秋实硕果丰

苏州分公司　郜晓辉

2023 年是我入职苏州分公司的第一年，恰逢长庆设计公司成立五十周年和苏州分公司成立二十周年，很荣幸能与在座各位一同回顾苏州分公司的发展历程。

2022 年中秋节，苏州分公司组织员工包饺子

刚来苏州分公司不久，我就被指派参与一个社会项目的投标。跟着单位的老师傅一起在庆阳进行现场踏勘。短短几天的行程，让我有了很多“第一次”的震撼。平原地区长大的我，第一次明白“沟壑纵横”这四个字的含义；师傅带着我翻山越岭，仔细比对每一处管线可能途径的地方，对一个还没开始的项目就如此认真，让我第一次切实感受到我们长庆设计人对细致负责的诠释；一路上聆听师傅给我讲述“长庆桥”和长庆设计公司办公旧址的故事，深刻体验到厚重的历史积淀和独特的企业文化带给员工的归属感、自豪感。也是这次投标，我们从踏勘、编制技术标书、测算商务报价，不分昼夜一版版不断优化，让我第一次感受到，苏州分公司这二十年来立足市场的不易。我的讲述也从前辈的点滴回忆中讲起。

华东窗口初成立，燃气到户喜万家

听前辈们讲，苏州分公司是靠燃气起家逐步发展起来的。

2002 年西气东输一线开工建设，为拓展长三角地区燃气市场，长庆设计公司领导提前谋划，派遣优秀设计师提前来到苏州探路取经，从业主苏州燃气集团在姑苏区学士街办公室的两张桌子起，经过半年的业务沟通，为业主勾勒出完整的苏州天然气管道布局蓝图，并于 2003 年 7 月在中国第一个国际合作园区“中新苏州市工业园区”注册成立苏州分公司。苏州分公司成为进入苏州市的第一家甲级燃气设计资质单位。通过我们的设计规划，苏州很快完成了市区第一个高压环网，通过环网将西气东输一线天然气输送到市区、常熟、太仓、昆山、张家港、吴江等地，让苏州成为国内第一个实现县县通天然气的地区城市，成为苏州市招商引资的一张靓丽名片。

在专业建设方面，苏州分公司结合长三角地区燃气业务发展，通过大规模实践和潜心研究，创新完成了《长三角地区城镇燃气标准化设计》《CNG 加气站标准化设计》《LNG 加气站标准化设计》公司科研成果 3 项，并获得《一种城镇燃气地面装置》《CNG 加气站标准站地面装置》专利 2 项。发表核心论文 2 篇，其中《PE 管穿越曲率半径及长度的选择》获得 2011 年中国燃气新技术、新设备高端学术推广交流会一等奖。

经过不懈努力，长庆设计公司在华东市场获得行业领域的高度认可，先后有 4 名被苏州市住建局燃气办提名《苏州市城镇燃气专家库》成员 4 名、苏州市应急管理专家 2 名，推举江苏省建设工程消防技术专家库成员 2 名。同时承接了苏州市《苏州市“十三五”城镇燃气发展规划》《苏州市城镇燃气专项规划（2035）》《苏州市“十四五”城镇燃气发展规划》等十余项政府燃气专项规划，其中《苏州市城镇燃气专项规划（2035）》为苏州未来 20 年燃气结构调整、气源保供等问题提出新思路。我们所建议的与上海、浙江及无锡的互联管线也已开始实施，通过苏州天然气的发展格局带动整个长江南岸天然气利用迈上新阶梯。

截至 2021 年底，苏州分公司相继完成长三角地区约 80 万户居民、5 万户工商业天然气供应，设计城镇市政中压管道约 5000 千米、城镇燃气站场 80 余座。为苏州市及整个长三角经济圈的清洁能源利用，打下了坚实的基础，展现了长庆设计人的国企担当和社会价值。

打铁服务自身硬，专业拓展固本身

经过 20 年风雨兼程及无私奉献，苏州分公司依靠石油人“攻坚啃硬、拼搏进取”的精神，长庆人“磨刀石上闹革命”的豪迈和分公司“诚信高效互利共赢”的服务理念，始终不辱使命、破浪前行，从城镇燃气单项业务发展到集城市长输管道、综合能源站、煤层气等天然气产业链服务。在江南水乡、古韵徽州、喀斯特西南等地区，扛起了长庆设计的品牌大旗。

苏皖管道勤磨剑，西南大地展丰碑

在长距离输气管道业务方面，苏州分公司一步一个脚印，在长庆设计公司师傅的引导下，从设计手册中学、从存档图纸中学、从现场学。先后完成了安徽江北联络线、江北(江南)集中区天然气管道、利辛到淮北、观前至青阳、河北冀枣支线、玛拉迪—上海庙、延长东至姚店等长距离天然气管道工程项目数十个，业务遍布江苏、浙江、安徽、内蒙古、河北、贵州、广东等 7 个省 16 个地级市，同时完成各类输气站场改造工程 200 余项。

从烟雨江南、皖南皖北到喀斯特山区，从长江下游到长江上游，从平原水乡、到丘陵山区，我们的管道沿线地貌逐渐复杂多变，敷设难度也在节节攀升。然而市场就是方向，困难就是动力。苏州分公司的技术人员抱着宁可碰得头破血流，开拓进取精神不能丢的决心，一刻不停地学习，选线技术越来越成熟，敷设技术越来越多样。先后开展了江南水网管道选线技术研究、皖南山区管道选线技术研究、皖中软土地区管道敷设技术研究、皖北煤矿塌陷区管道选线技术研究等课题，并且通过上述技术的累积，最终成功中标贵州铜仁市天然气管道县县通工程，接受了最复杂地貌喀斯特山区管道选线的挑战。

面对贵州铜仁“地无三里平、天无三日晴”的典型喀斯特地貌，分公司技术人员在管道技术专家李永军的带领下，历时 75 天、13824 工时、38749 千米车程、每天平均徒步 11.8 千米山路，最终全面优化可研路由，获得建设单位和地方政府的高度认可，建设单位直接采纳初步设计路由开展临时用地征用。 只有我们知道，面对只有山没有川，只有河没有滩的铜仁项目，面对穿越 38.3% 的环境敏感区、933 处不良地灾和 47 处自然保护区的这段管道，我们所蹚过的河，爬过的山，熬过的夜和流过的汗，也只有我们知道，苏州分公司自此项目后，面对市场，更多了一份自信与坚定。

能源供应齐上阵，一点多能新名片

城市综合能源站。伴随着城镇化进程，“双碳”引领下的城市交通不再只有化石能源，城市综合能源站集加油加气加氢充电于一体，成为城市一点多能的新名片。长三角苏锡常地区城市规划已经从开放性发展变成存量发展，土地紧缩、区域有限，如何在有限的地区开展城市交通能源一点多能布局，既要充分利用土地、又要满足多本规范的防火距离要求，对苏州分公司是一个极大的挑战。2018 年，苏州分公司承担了苏州地区第一座城市综合能源站《昆山天福综合能源站》的设计。项目要求在可用面积不足 6 亩的土地上布置 6 座 20 立方米油罐、12 台加油机、1 座 60 立方米 LNG 储罐、4 台加气机和 12 台充电桩，同时还要考虑各类车型交通流向顺畅，难度之大可想而知。如何布置才能满足规范要求和地方审批要求？充电桩算不算明火？面对还未出台的新标准，与周边设施的距离应该怎么确定？通过查阅大量资料，调研企业，与专家及政府交流对接，最终该项目审查及验收一次性通过，在一群大项目中脱颖而出获得优秀设计三等奖的成果。截至2022年底，苏州分公司先后助力苏州、无锡、南通等地完成125座城市综合能源站建设，助力长三角城市交通顺利实现“双碳”目标。

LNG能源供应站。2017年，苏州分公司承担了一项新的业务，将LNG气源首次作为电厂主供气源进行能源供应。和以往项目LNG作为城市应急保供气源不同，作为电厂主供气源，供气压力高、小时用气量大、用气工况差异大，LNG气化用能多、常规加热炉能耗大、空温式气化雾气大，国产大流量低温泵技术不成熟、进口设备价格高工期长加上江门地区多雷暴多台风的天气，一度让这个项目举步维艰。

经过与电力设计院多轮交流以及多次赴低温泵设备厂家调研，一项项问题逐步解决。项目引用了“柱塞+离心”多泵补给、电厂余热利用、气泵互补、消防水池地基抗浮锚杆、双避雷针侧向布置等多项技术，最终投资回收率102.26%，实际投资5266万元，比建设单位的预计投资降低16%，获得建设单位高度认可。同时该项目也获得长庆油田公司优秀设计三等奖。

此后，苏州分公司还陆续承接了长江镇江段FSRU（浮式储存再汽化）LNG项目方案设计、金沙殡仪馆供油工程等多项新业务，为适应多元市场业务，分公司不断学习，努力适应行业能源技术需求。拓展专业固本身，打铁服务自身硬。

页岩气项目尝试，VOCs领域探索

贵州页岩气地面工程技术研究

二十年弹指一挥间，苏州分公司从面对市场懵懵懂懂的婴儿成长为了健壮俊逸的青年，朝气蓬勃。我们没有止步，仍在奋力向前。一次偶然的机会，我们接触到了贵州页岩气项目。有人发出“没干过怎么办”的疑问，有人回答：“没关系，我参与过公司浙江油田页岩气投标，搜集过相关资料。况且咱们长庆本身也是低渗透致密气，比页岩气更复杂，有公司做支撑，没问题。”就是这么一问一答，坚定了开拓页岩气市场的信心，我们邀请王红霞师傅现场指导、与页岩气公司多次交流，协助他们完成了第一版标准化井口平台地面流程。面对疫情期间长庆设计公司无法派出专家赴投标现场答辩的情况，苏州分公司领导只身前往，一人应对多位专家的当面质询。最终我们以下浮40%的价格击败下浮55%的华北设计院5人现场团队，成果中标贵州省页岩气勘探开发有限公司

2022—2023 年正安区块页岩气地面工程项目。

贵州省页岩气勘探开发有限公司有 12 个页岩气区块，分布在贵州各个地区，正安安场向斜是页岩气公司开发的第一个区块，区块分布呈狭长形，并分布在正安县城与安场镇周边，地质条件复杂、压降速率快、储能递减快，且初期开发流程复杂、设备压力高、资金投入大，井口流程复杂、周边地形条件复杂、井场分布起伏较大。如何更好地优化平台流程、利用更加合理的集输系统完成小区块、低压力的原料气输送，同时尽可能降低集输过程中段塞流对 LNG 液化工厂氨液的影响，这一个个问题接踵而至。经过多方案必选，调研已建平台页岩气井口出气特性，最终我们初步形成“低压计量、分离增压、气举稳产、中压输送”的小断块“正安模型”，同时说服业主接受了“系统清管、分批补集”的生产运行建议。

经过一年半的技术交流，长庆设计品牌在页岩气公司获得了良好的口碑，“正安模型”已成为页岩气公司的井场平台标准化模型在桐梓地区应用。同时分公司组织设计的贵州省页岩气勘探开发有限公司大数据调度平台和正安集控中心也已全面运行，为页岩气公司建设智能化气田搭好了数据平台，全面启动在建区块的生产建设数据。

原油 VOCs 治理工艺技术研究

海一联合站是苏州分公司 2011 年承接完成的浙江油田苏北采油厂油田地面工程项目。由于多年的产量递减，目前苏北采油厂年产原油 2 万吨 / 年，月平均出油 8 次，共 2100 立方米，原油地面集输工艺已经停运，主要靠油罐车拉运至海一联，油田产量低、效益低、投资费用低。而且伴随着长三角地区 VOCs 治理要求的升高，作为重点区域的海一联的 VOCs 治理也迫在眉睫。

常规的冷凝吸附回收、膜分离、蓄热式催化燃烧等各种方式，投资 10 年运行费用均在 300 万立方米以上，面对建设单位提出将费用控制在 200 万立方米以内的设想，如何以最低费用解决海一联 VOCs 治理工作成为我们的绊脚石。苏州分公司组织多次头脑风暴、内部讨论、网络查询、厂家调研，模拟计算等，始终没有答案。无路可走的情况下，技术人员开始寻求其他行业的帮助，最终将目光锁定在印染行业“一种水膜空气净化气旋治理技术”。通过对适应工况、废气成分对比、投资预测等多方面对比，决定把该方案在海一联进行小试。

现场检测第一次“小试设备进口废气有机物含量 198.6 毫克 / 立方米，出口检测为 NG”，第二次“小试设备进口废气有机物含量 224.2 毫克 / 立方米，出口检测为

NG”。实验结果完全达标，能够满足海一联VOCs处理指标要求。该方案设备投资40万元，年运行维护费用2.55万元，10年治理费用65.5万元，加上废气收集系统费用37.26万元，总治理费用为102.76万元，远远低于油田公司领导费用预期。

2022年，浙江油田安全环保处特为此事发来贺信，感谢苏州分公司在海一联VOCs治理方面对浙江油田作出的努力。

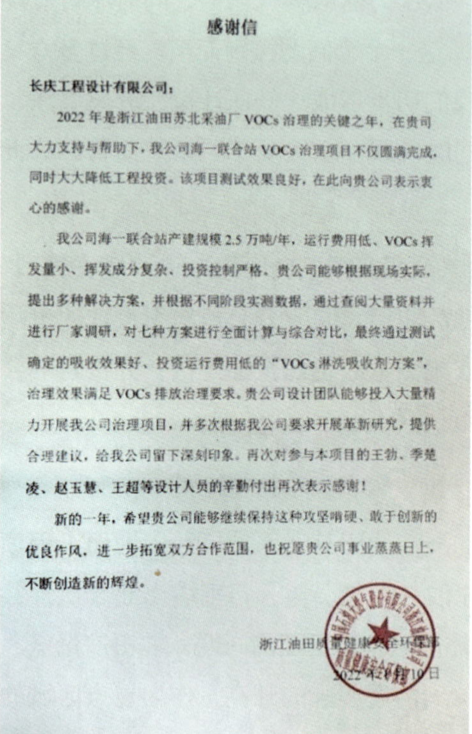

感谢信

长庆工程设计有限公司：

2022年是浙江油田苏北采油厂VOCs治理的关键之年，在贵司大力支持与帮助下，我公司海一联合站VOCs治理项目不仅圆满完成，同时大大降低工程投资。该项目测试效果良好，在此向贵公司表示衷心的感谢。

我公司海一联合站产建规模2.5万吨/年，运行费用低、VOCs挥发量小、挥发成分复杂、投资控制严格。贵公司能够根据现场实际，提出多种解决方案，并根据不同阶段实测数据，通过查阅大量资料并进行厂家调研，对七种方案进行全面计算与综合对比，最终通过测试确定的吸收效果好、投资运行费用低的“VOCs淋洗吸收剂方案”，治理效果满足VOCs排放治理要求。贵公司设计团队能够投入大量精力开展我公司治理项目，并多次根据我公司要求开展革新研究，提供合理建议，给我公司留下深刻印象。再次对参与本项目的王勃、季楚凌、赵玉慧、王超等设计人员的辛勤付出再次表示感谢！

新的一年，希望贵公司能够继续保持这种攻坚啃硬、敢于创新的优良作风，进一步拓宽双方合作范围，也祝愿贵公司事业蒸蒸日上，不断创造新的辉煌。

浙江油田质量健康安全环保部

2022年[illegible]10日

浙江油田寄来的感谢信

回望苏州分公司成立之初，老一辈的设计人怀揣着吸纳求新、兼容并蓄的热忱，奔赴长三角繁盛交融之地，依托着长庆设计公司大力支撑，打开了华东南的设计市场。悠悠二十载，变化是苏分长庆人不断更新迭代的技术，不变的是能源行业从业者希冀美美与共、和合共生奋斗的初心。正值青春想干事、守正创新能干事、依法合规干成事，我想正是这种只争朝夕的拼搏和踏铁有痕的坚守，铸就了长三角地区长庆设计的美誉。在长庆设计公司成立五十周年暨苏州分公司成立二十周年之际，作为新人，我看到老师傅的回首激情、年轻师傅的继往出新，苏州分公司全体员工正在以前所未有的赶紧，在党二十大精神的指引下，树方向、明责任、强信心、增干劲，为服务国家能源发展、建设百年长庆贡献智慧与力量！

回首来时路　矢志不忘初心
擘画新征程　砥砺再奋进

北京分公司　李东帅

时间是历史的雕塑家，它镌刻着奋斗的年轮，勾勒出变迁的轨迹。长庆设计公司（以下简称“总公司”）创建于 1973 年，至今已走过五十年的发展历程。五十年奋斗、五十年风雨、五十年跨越、五十年追求，一代代长庆设计人坚守初心、矢志不渝，满怀豪情扎根鄂尔多斯盆地艰苦创业、为油奉献，用智慧和汗水赓续前行，接续奋进，走出了一条持续开拓创新、不断追求卓越的奋进之路。坚持守正创新，顺势变革，为了开拓华北地区油气项目市场，更好地与集团公司、股份公司及管道公司建立业务联络，发挥窗口作用，长庆设计公司于 2015 年 5 月成立北京分公司（以下简称“分公司”）。

北京分公司成立

全力以赴开疆拓土

分公司成立之初，仅有 8 个人，专业不全，设计经验不足，主要任务都靠领导亲力亲为。面对竞争异常激烈的市场，感到无比的压力。回想起那些日子，一幕幕感人的场景映入眼帘。忍受着病痛坚持写标书的他；修改方案到清晨抱着电脑睡着的他；孤身一人，驱车百里拜访甲方的他……不曾停歇的脚步，坚定前行的背影，灯火通明的深夜，都记录着前期开发市场的艰辛。

在一次次投标杳无音信、一次次被拒绝后，认真总结经验，不断提升和改进，由最开始的“直接陌拜”逐步形成市场调研、关键人脉处理（牵线搭桥）、针对性的开发市场，“三步走”的市场开发模式。经过不断的努力和尝试，功夫不负有心人，前方传来捷报，2015 年 7 月中标中联煤层气有限责任公司《柿庄南区块煤层气井排采动力优化研究》和中石油煤层气有限责任公司《鄂东气田大宁—吉县区块大吉 5-6 井区致密气 5 亿立方米 / 年开发方案》项目。大吉 5-6 井区致密气项目中新建集气站 1 座——永宁 -2 站，接到任务后，分公司立即组织策划，现场踏勘，会议对接，收集整理前期资料。在配套专业不全、时间紧、任务重的情况下，分公司上上下下以饱满的热情全力以赴，熬过那些废寝忘食、通宵达旦的日子，最终如期、保质保量给业主交上了一份满意的答卷，鼓舞了士气，振奋了人心，为煤层气市场开发做了重要的铺垫，也为年轻的同志提供了广阔的舞台。陆续成功中标宜川、延川、临兴、潘庄等多个致密气 / 煤层气区块，年轻的技术人员日趋成熟，人员力量不断壮大，由最初的 8 人发展到 2018 年的 20 人，分公司进入稳步发展阶段。

凝心聚力稳步发展

时光荏苒，一转眼，分公司已走过 9 个春夏。目前分公司共 18 人，在册人员 2 人，技术服务人员 16 人，其中工艺专业 10 人，建筑结构专业 1 人，电气专业 1 人，经济专业 2 人，行政管理 2 人。一路走来，分公司深耕致密气、煤层气等业务，着力提高成果质量，全面提升管理效率，推进绿色转型升级，凝心聚力，务实笃行，建成了以市场需求为导向的服务机制，构建规划、设计、咨询、服务多位一体的生产运营体系。蓦然回首，那一串串深深浅浅的脚印、一摞摞大大小小的图纸，曾经的艰辛和汗水换来了累累硕果。

党建生产深度融合，思想引领一以贯之

坚持用习近平新时代中国特色社会主义思想武装头脑，加强理论宣传普及；坚持培

育和践行社会主义核心价值观，贯穿结合融入、落细落小落实；坚持加强党史、新中国史等形势政策教育，增强忧患意识、发扬斗争精神，思想教育入脑入心。通过“三会一课”、线下专题论坛、线上远程会议、微信群互动以及平台答题等党建活动引领生产，为分公司生产定方向，定目标，党建带动生产，党建引领生产，党建生产同频共振。

北京分公司举办的党建活动

“育”出人才，造就“良才巨匠”

分公司一直高度重视人才的引进和培养，深知人才是企业的重要资源，也是企业发展的根本。精准引进人才，扩充人才“数量”。根据分公司业务特点，通过从高校、行业精准引进各类专业技术人员，搭建平台汇聚人才，形成与分公司发展相匹配的人才梯队。精准培育，提高人才“质量”。不断完善人才培育和发展机制，充分利用总公司技术资源优势，形成“总公司—现场—分公司三位一体”和“1+X”的人才培育模式，精准培育，快速成才。精准服务，拴住人才“流量”。用人之要，重在人尽其才，用才是人才工作的根本。按照以事择人，人事相宜的原则，扬长避短，提升“用才”效能，从薪酬、学习、培训、晋升通道、环境、平台等方面不断优化完善用人机制，拴住人才“流量”。

分公司从成立至今为行业和分公司内部培养各类技术服务人才 26 人，目前基本都是行业和分公司内部骨干力量，为总公司输送各类优秀人才 13 人，目前均在公司总部承担着重要的工作。

市场统筹规划，合理布局，发展格局初步形成

紧紧围绕京、津、华北地区致密气、煤层气、页岩气等外部市场，采用“三步走”的市场开发模式，统筹规划，合理布局，不断开拓行业优质市场。以高质量的技术水平、优质的技术服务，扎实走好设计服务每一步，赢得市场经营好口碑，先后与中联煤层气公司、中石油煤层气公司、中澳煤层气公司、亚美大陆、美中能源、长城钻探、渤海钻探等单位建立长期合作关系，与勘探开发研究院、管道院、CPECC 北分、华福建立了业务战略联络，持续关注东北、华北市场，截至目前，形成“两大主营、三项关注”的市场发展格局。

经营依法合规，业绩屡创新高

经营管理紧紧围绕生产经营管理目标任务，培育合规文化，构建依法合规经营格局。经营业绩指标逐年攀升，屡创新高。截至目前，在招投标管理方面形成标准化模板 5 套，大幅度降低了标书编制工作量，减少了标书中的重复性问题，保证了标书质量和水平，提升了招投标工作效率。在合同管理方面，收入、支出类合同均上线 2.0 系统，依照系统流程进行合同签订。坚持开展合同签订 / 结算预警，形成项目负责人负责制的结算制度，按照“提交结算资料—开票—实时跟踪—周例会反馈—针对性跟踪督促—项目回款”的固定工作流程，以及针对不同业主 “四清楚”（结算资料编制要求清楚、资金计划清楚、内部审批流程清楚、各环节用时清楚）的管理要求，合同结算工作心中有数，有的放矢。这背后是每个设计人的努力和汗水，是付出和坚持，是责任和担当。

项目结算进度周周汇报

生产多措并举，硕果累累

针对外部市场业主要求多，想法多变的特点，在生产组织管理方面经过长期不断的总结探索形成了一套完整高效的组织管理方法。科学合理编制生产计划。随着业务量稳

步增长，设计工作量持续增加，面对人力资源紧张，骨干力量不成熟等困难、压力，分公司通过重点工作重点抓，与业主充分沟通对接任务内容，科学合理编制生产计划，分节点控制，确保生产任务顺利有序推进。强化过程组织管理。坚持“一三五”过程管理机制。周一组织召开分公司生产经营例会，发布生产经营计划，过程中积极跟踪落实计划进展情况；周三之前反馈需要协调解决的问题，根据实际情况确定是否调整修改计划；周五按照计划进行考核，通过强化过程管理，确保生产计划顺利完成。重点项目重点抓。重点项目成立专项设计小组，及时沟通协调解决过程中存在的问题。主动与业主单位建立高效沟通机制，定期组织开展对接交流会；与地质气藏专业紧密结合，准确全面了解地质部署，及时反馈存在问题；不断优化完善地面设计，以促进项目高效、高质量地运行。严格绩效考核管理。细抓过程管控激励机制，深思过程管理创新务实。将生产工作量、设计质量、沟通协调、工作态度等全部量化；每月月底进行统计考核，与月度绩效、季度绩效、年终绩效同挂钩，形成长效激励机制；严格绩效考核管理，确保生产任务计划顺利完成。截至目前参与完成了鄂东气田大宁—吉县区块、临兴区块、潘庄区块、苏里格合作区等重点区块的开发设计，完成重点工程九项。累计完成 120 亿立方米 / 年产能设计，采集气管线 1000 余千米，新建、改扩建站场 50 余座。

重点区块

鄂东气田大吉区块。鄂东气田大宁—吉县区块致密气、页岩气、深层煤层气并存，共建成 6 大井区 13.5 亿立方米 / 年致密气、2 亿立方米 / 年页岩气、1 亿立方米 / 年深层煤层气开采集输规模，规划集气站 6 座（已实施 3 座），投产井场 100 余座，建成采集气管线 200 余千米。

永宁 -2 集气站

延 -1 集气站

临兴合作区块。临兴合作区块是中国海油在陆上发现的千亿立方米大气田，中外合资开发的临兴合作区块共建成 17.26 亿立方米 / 年产能致密气田，钻井 828 口，建设井场214座，脱水（增压）站6座，采气管线270余千米，规划建设采出水处理及回注站2座。

临兴集气二站

临兴集气三站

临兴集气四站

潘庄区块。潘庄区块是中国商业开发程度最高的煤层气区块之一，是中国首个总体开发方案获得国家发改委批准并进入全面商业开发的中外合作煤层气区块。创造了中国煤层气单井平均日产量的最高纪录。共规划建成10亿立方米/年规模产能，投产井402口，建成采气井场110座，采气管线82千米，采气阀组12座，改扩建阀组8座，集气站改造5座，改造长输管线输气站1座。

潘庄总站

重点工程

鄂东气田大吉 5-6 井区致密气 5 亿立方米 / 年开发项目。鄂东气田大吉 5-6 井区致密气 5 亿立方米 / 年开发项目是分公司承接的第一个全设计阶段的产建类项目，工程内容包含了 2015 年已建内容总结、2016 年的滚动试采、2017 年的扩边开发以及 2018—2023 年弥补产能递减 4 个阶段。低温分离式脱水工艺的成熟应用、湿陷性黄土地区的长效稳定建设以及中石油煤层气公司首座致密气无人值守集气站——永宁 2 站的建成，为鄂东大吉气田的开发奠定了资源基础、市场基础及技术基础。

中联煤神木—安平煤层气管道工程（山西兴县康宁至忻府区奇村段）。中联煤神木—安平煤层气管道工程（山西兴县康宁至忻府区奇村段）管道全长 191.58 千米，管径 813 毫米，设计压力 8.0 兆帕，设计输气能力 60 亿立方米 / 年。分公司承担了其第五、六标段的施工图设计工作，该项目为分公司参与的首个 EPC 项目，从项目投标、现场踏勘、勘察测量、施工图设计、现场服务到竣工验收全程参与。设计标段内管道周边环境复杂，管道沿途穿越河流、铁路、高速、省道、已建管道等，现场踏勘期间，设计人员积极与建设方、施工方、政府相关部门沟通，综合工程投资、施工难度、通过权审批难度等诸多因素优化管道路由方案，为后期施工验收扫清了障碍。通过该项目，分公司收获了长输管道设计经验，为后续同类项目开展奠定了坚实基础。

临兴集气站二站。2017 年进入临兴合作区市场后，承接临兴集气二站施工图设计工作，这是分公司在临兴合作区块设计的第一座站场，分公司高度重视，从站址选择、勘察测量、工艺论证等群策群力，最终向业主交出了一份完美的答卷。为业主在临兴区块的开发贡献了力量。

临兴集气二站

两川井区致密气 4 亿立方米 / 年试采项目。随着大吉 5-6 井区开发逐步达产，2018 年分公司承接了中石油煤层气公司两川井区致密气试采开发项目，主要分为宜川（高 3）井区及延川井区，各 2 亿立方米 / 年产能。两川井区与大吉 5-6 井区隔黄河相望，地形地貌基本类似，但属于全新的产能建设区块，无任何已建基础设施，且紧邻延长及其他合作区块，周边分布有水源保护区、地质公园、古贤水库等敏感区，存在一定的挑战。两川项目建设从立项开始，分公司全程参与，对市场及公用工程调研、技术路线确定、管网布局、井站位置等各项工作均起到了积极推动作用。项目建设周期超过两年，通过不断的跟进深入设计，对分公司致密气设计水平的提升及人才培养均起到了不可或缺的作用。

神木二处—神安首站输气管道工程。神木二处—神安首站输气管道工程包括：新建输气末站 1 座，神木二处配气区扩建，长输管线 75 千米，设计压力 10 兆帕。该项目的建设在解决“十四五”期间榆林首站增产气量外输陕京线需求的问题上发挥着重要作用。分公司领导高度重视，带领调研人员对每一段管线路由进行认真踏勘、测量、选址，多方案对比，选出最优路径。2021 年 7 月初，可行性研究报告通过业主审查，接着便紧锣密鼓的开展初步设计和施工图设计，历经一个半月的时间，高质量完成管线、站场全部设计内容，弥补了公司 10 兆帕管道设计业绩的空白。

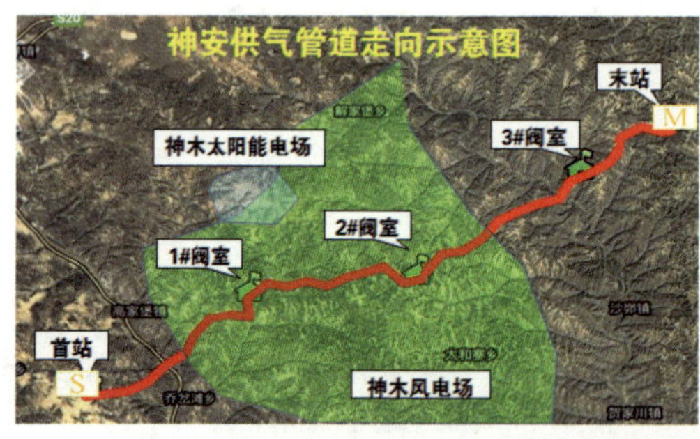

神安管线线路走向

神安管线工程方案汇报

潘庄合作项目薄煤层煤层气开发方案。潘庄合作区块经历了三个开发阶段，从 3# 煤层到 15# 煤层再到薄煤层，实现了煤层气产量的持续提升。2022 年进入主力煤层调整以及薄煤层试采阶段。为确保潘庄区块煤层气开发有序衔接，达到统一规划、分步实施的目的，2023 年初启动《山西省潘庄薄煤层煤层气开发方案》，分公司承担地面工程的编制工作。方案历时 8 个月，经过 4 次组织策划、内部审查，顺利通过中海石油（中国）审查。项目的实施对推动山西省煤层气的商业化利用、气化山西、调节山西省能源结构起到积极作用。

马必合作区块 MB076 井区开发方案。马必合作区块是中国石油天然气股份有限公司和亚美大陆煤层气有限公司签署产品分成合同的煤层气对外合作区块，区块的建设存在着一定的特殊性。《沁水煤层气田马必合作区块 MB076 井区总体开发方案（地面工程）》于 2021 年 12 月启动，历经地质气藏部分 9 次调整，亚美大陆、华北油田 8 次审查、修改，2023 年 2 月，顺利通过集团公司审查，进入备案阶段。为确保方案保质保量如期完成，2022 年春节后调研小组第一时间奔赴 MB076 井区现场，开展为期一周的对接调研工作。大雪覆盖的农田，寒风包裹的山涧，白雪皑皑的公路，泥泞不堪的土路，记录着我们对工程质量的高度重视。

调研小组奔赴 MB076 井区现场调研

方案审查汇报

深层煤层气项目。2022 年从传统致密气、煤层气市场逐渐向页岩气、深层煤层气项目延伸。顺利完成鄂尔多斯盆地东缘海陆过渡相页岩气、大吉煤层气田深层煤层气 2 个先导试验方案编制以及《深层 $8^{\#}$ 煤层气开发地面井场工艺技术研究》科研项目，形成了经济适用的深层 $8^{\#}$ 煤层气开发地面井场工艺。

开发实施效果评价项目。2022 年连续承接 5 项技术咨询与效果评价业务。《临兴东尚义区、临兴西区气田开发实施效果评价项目》，对临兴东尚义区、临兴西区已规划的 14.52 亿立方米 / 年产能规模内的已建现状、剩余工作、存在问题进行实施评价，对已支出投资进行核定，并提出后续开发的优化建议和具体措施，从而指导后续开发。方案前后累计审查 15 次，最终顺利通过中海油审查。通过此项目的完成，我们掌握了临兴区块的后续开发方向，进一步稳固了中澳公司服务市场。

临兴西区气田开发项目方案审查会

务实笃行品质提升，内在驱动创新跨越

技术质量和科技创新是外部市场维护与开拓的有力的保证。“致广大而尽精微”的精神贯穿技术质量管理全过程，持续完善体系建设，坚持质量第一，创新激励机制，贯彻绿色发展理念，切实提升分公司的活力、创新力和竞争力。

体系管理持续完善

管理体系宣贯执行到位。认真组织对总公司 QHSE 管理体系进行宣贯学习，对主要修订内容进行详细解读，针对分公司具体项目进行实例讲解，严格按照管理体系开展工作。内审、外审作用发挥充分。高度重视总公司每年组织的体系内审和外审活动，专人负责，积极沟通对接，针对检查发现的问题认真剖析、举一反三、整改到位，并制定有效措施，及时宣贯，形成长效机制，降低重复性问题的发生率。持续完善改进机制。坚持以管理体系指导全年工作运行，开展体系意见征集，形成针对分公司项目特点的方案审查流程、变更管理流程等 12 项日常事务流程，持续完善改进机制，不断提高管理水平。

技术质量稳步提升

定期开展勘察测量意见征集、设计质量问题征集、往期设计项目“回头看”，由点及面，汇集成册，形成《质量问题征集册》《工艺计算手册》，提升分公司员工整体素质；形成“两组一固定”“两看一课堂”“培训 + 交底”“联合验收”“设计图纸双校对”的固定管理模式，不断挖掘个人潜力、激发团队力量，提升技术质量；利用公司大讲堂等培训学习平台，学习掌握上位制度、先进技术，融会贯通；利用分公司法律法规分享、微课堂交流培训平台，查缺补漏，精细化设计；利用行业公众号、厂家交流平台，拓宽视野，了解掌握行业前沿信息。

科技创新持续推进

针对煤层气、致密气特点，认真梳理、回溯、总结，科技创新持续推进。累计完成科研项目 2 项，QC 质量成果 3 项，专利成果 2 项，发表期刊论文 11 篇，软件著作权 1 项，其中《提高临兴集气二站北干线管线集输能力》QC 成果荣获陕西省 2022 年度工程勘察设计优秀质量管理小组活动成果大赛一等奖。2022 年与中石油煤层气公司工程技术研究院完成“深层煤层气开发地面工艺研究”科研合作，通过对致密气、页岩气深层煤层气开发趋势研究、气井生产动态研究、地面技术系统研究，初步掌握“三气合采”地面工艺技术，为后续规模开发储备了技术和人才。形成煤层气、致密气地面十大工艺技术和理念。

深层煤层气井场工艺设计理念。深层煤层气作为新型的非常规天然气，其表现出与浅层煤层气及致密气明显不同的排采规律：前期液量大气量小、稳产时间短、产量递减快、压力下降快等。结合试采选用了不同的采气工艺，地面井场设计也随之形成了相对成熟的工艺技术流程。常用采气工艺主要包括：泡沫排水采气、机抽排水采气、射流泵排水采气。同时结合气井的产量情况，适时对采气工艺及地面工艺流程进行调整。

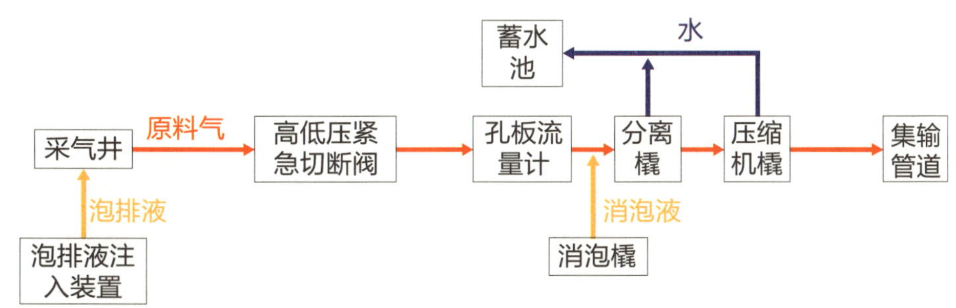

泡沫排水采气井场工艺流程

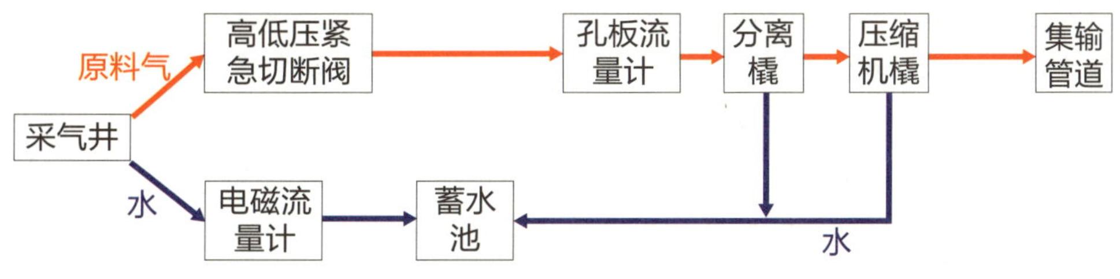

机抽排水采气井场工艺流程

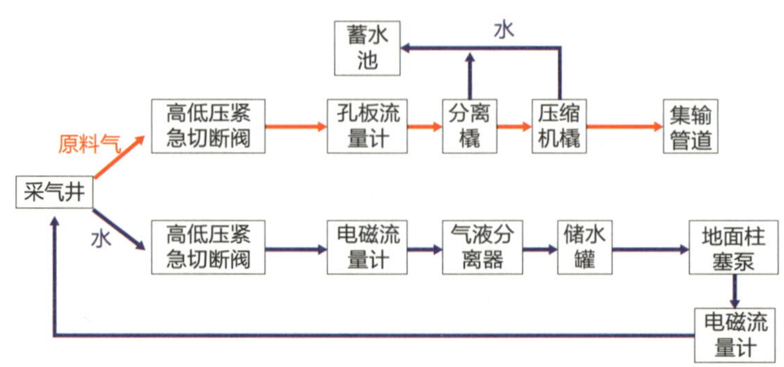

射流泵排水采气井场工艺流程

致密气井场工艺流程简化设计理念。受地形条件限制，位于黄土丘陵沟壑区等地形条件复杂的致密气区块采气井场需设置加热节流、气液分离、水合物抑制等工艺设备，井场设备多，建设周期长，运行维护成本高。针对上述问题，通过对已投产致密气井生产参数变化规律的研究，总结出气井油压、产液量等工艺参数变化规律，按照“工艺需求决定工艺流程”的设计理念，提出了“临时设备 + 永久设备”的井场优换简化设计方案。通过标准化设计，提高了井场工艺设备通用互换性，避免了井场设备闲置，节约了工程投资；通过橇装化设计，提高了工厂预制率，减少现场施工工作量，缩短了井场建设周期；通过可吊装预制设备基础设计，实现了设备基础的吊装利旧；通过使用小型光伏集成装置，降低了井场后期运行成本。

页岩气井场工艺流程设计理念。针对页岩气井投产初期大量出砂、井口压力、产量下降快的生产参数特征及页岩气井轮换增压气举的排采工艺需求，页岩气井场形成了“智能电动调节阀节流、单井轮换计量、井场气液分离后气液独立计量、往复式压缩机气举排采”的井场工艺，通过智能电动调节阀、两相流量计、电动三通球阀等设备应用，实现了自动节流稳压、单井自动轮换计量、自动轮换气举排采等功能，使页岩气场达到无人值守有人巡检的控制水平。

试采区块集输工艺设计理念。深层煤层气具有“高含气、高饱和、赋存游离气”“解吸压力高，见气时间早，上产速度快”的特征，页岩气井表现为“产液量大、产量、压力下降快”的特点，两种气井与致密气井生产方式具有较大差异，针对致密气、页岩气、深层煤层气的地质和生产特性，在致密气、深层煤层气、页岩气三气合采的气田区块形成了“分类增压、多气混输”的地面集输工艺，解决集输管网与产层、井间、井的匹配问题，实现深层煤层气与致密气、页岩气混输，充分利用已建致密气集输系统，降低生产运行成本。

深层煤层气脱碳工艺技术。随着近年来逐步对深层煤层气的试采及规模开发，深煤气质中二氧化碳含量体现出逐步上升的趋势，并已超出了贸易商品气含量指标要求，因此脱碳工艺的应用刻不容缓。结合目前常用脱碳技术及运维成本、脱碳效果等，针对较大规模开发的深层煤层气，推荐采用的仍为醇胺法湿法脱碳。醇胺法脱碳技术成熟，采用集中脱碳的模式，并深入橇装化，减少占地的同时，也节约了投资。

醇胺法脱碳设备

结合国家及地方政府“碳达峰、碳中和”的环保趋势与要求，进行碳捕集和回收也需要同步进行考虑。深煤气质组分相对单一，不含硫、不含氧、甲烷含量超过了 94%，不需要进行前段净化，即可实现增压冷却液化储存，碳回收成本低。

致密气及深层煤层气脱水工艺技术。结合气质组分及贸易交接要求，致密气及深层煤层气在增压或脱碳后需进行脱水处理，保证贸易交接不出现游离水。致密气及深层煤层气组分相对单一，甲烷含量高，同时为适应山区地形，设置了两级分级，即井场分离 + 集气站分离，脱除掉大部分的游离水。针对剩余少量的含水情况，同时为适应气井压力、产量递减快，变工况、操作弹性大等要求，成功试验了低温分离式的恒温露点控制橇。从最开始在中浅层煤层气田成功应用并逐步推广至致密气田、深煤气田，装置规模由 30 万立方米 / 天扩大至 100 万立方米 / 天。通过增加电加热器，更好适应致密气及深煤气；针对气提塔易结垢，将单塔调整成双塔，方便检维修，增加了运行稳定性。脱水技术稳定，环保，经济性好。

节点增压技术。随着开采时间延伸，地层能量降低，老井生产后期表现出后劲不足，产液井无法正常携液，部分井口回压高，造成部分气井间开或关井停产。节点增压技术可有效增加气井产量，保证气井维持稳产，延长开采寿命，提高最终采收率。三气合采区块致密气、深层煤层气、页岩气在同一集输系统内输送，各井生产压力、气量、气质、含水量、生产规律各不相同。采用节点增压技术可优化集输管网压力系统，制定不同阶段的增压方案，提升系统整体运行效率，降低生产成本，实现综合效益最大化。

恒温露点控制橇

水处理工艺技术和设计理念。针对山西煤层气采出水地方政府禁止回注的政策要求以及外排处理指标要求高，处理成本费用高的实际现状，经过多次与业主、水处理厂家进行调研交流，认真总结研究，形成采出水优先用于压裂用水，采用“井场临时存储 + 中心区域集中储存 + 处理 + 管网集中输送”的设计理念和工艺技术，其中采出水处理采用“油水分离 + 沉淀 + 气浮 + 蒸发”的工艺模式，蒸发采用蒸发塔 + 填料的工艺，增大蒸发表面积，提高蒸发量，有效地解决了采出水处理成本高以及采出水去向的问题。

模块化预制基础设计理念。随着煤层气井场优化简化工作的深入推进，井场采用“临时设备 + 永久设备”的工艺模式，且设备多为小型、模块化的静荷载设备，为了解决临时设备基础再利用和基础施工周期长的问题，通过对基础内部结构、外形尺寸等方面进行优化设计，梳理形成系列模块化预制基础，有效降低了现场施工周期，实现了设备及设备基础吊装再利用。

井场光伏供电设计理念。为全面贯彻落实《清洁能源代替“十四五”发展规划》的发展要求，井场供电采用了风光互补技术，代替了“外电 + 发电机”的传统电源模式，同时将供电、通信、仪表控制系统进行了集成，形成了适应煤层气井场的小型光伏集成装置，系统简单、安全可靠、高效环保，并最大限度地降低能源消耗。

工会活动丰富多彩

分公司人员结构比较年轻，平均年龄31岁，是一支充满朝气、富有活力、积极乐观、锐意进取的团队。青春不散场，快乐不打烊，快乐工作，健康生活，积极参加公司举办的各类文体活动，同时还创新举办了《本草纲目》云健身活动以及大众体育活动、植树活动、“夏日送清凉”等丰富多彩的工会活动。

分公司员工参加公司微型马拉松比赛　　员工参加长庆设计公司五十周年职工文艺晚会

分公司开展植树节活动

员工参加《本草纲目》云健身活动

荣誉及感人的场景

精益求精的设计与高品质的服务赢得了业主的肯定和认可，历年来累计收到感谢信10余份，2023年荣获中澳煤层气能源有限公司“2022年度优秀服务商”荣誉奖章；

2023 年以第一名成绩中标中石油煤层气有限责任公司 2023—2025 年地面工程勘察设计项目（第三标段），标的金额 4000 万元，成为中石油煤层气公司未来三年地面工程设计服务商。这一项项荣誉，一封封感谢信，就是对我们最有力的肯定。

“2022 年度优秀服务商”颁奖现场

优秀服务商奖牌

表扬信

长庆工程设计有限公司：

在我司三交北合作区块天然气开采项目安全设施设计专篇设计及审查过程中，贵司发挥专业设计优势和优质、高效的服务，与我司密切配合，积极支持《山西鄂尔多斯盆地三交北合同区块西区天然气开采项目安全设施设计专篇》设计及审查工作。目前，该区块安全专篇设计已顺利通过山西省应急部门审查，获得相关行政许可。

我们对贵公司真正为客户着想，对我方工作的积极支持深表感谢，对贵司李帅磊、姚奕德等设计人员的专业和敬业精神表示赞赏。

行稳致远，安全发展，寄望贵司继续保持优良作风和技术优势，并衷心祝愿我们在今后的工作中再接再厉，合作共赢！

中澳煤层气能源有限公司

2022 年 9 月 8 日

来自中澳煤层气公司的感谢信

感谢信

长庆工程设计有限公司：

2022 年是长城钻探苏里格分公司地面发展建设的重要一年，贵公司给予我公司充分的支持和帮助，使我公司今年地面建设任务圆满完成，在此向贵公司表示深深的感谢！

我公司合作开发的苏 10、苏 11、苏 53 区块和 39 区块，从去年开始，在苏里格气田稳产 300 亿方/年的基础上，编制区块的开发调整方案，贵公司接到委托后，积极相应，组建优秀的设计团队，克服时间紧、任务重、疫情严峻等重重困难，并且经过多重审查，反复修改，最终通过股份公司审查，为各个区块发展提供了有力的支撑。

今年我单位的产建任务和技改工程，也得到了贵公司的鼎力配合，贵公司设计人员的专业和敬业为地面工程建设提供了可靠的保障。在这一年里，贵公司王勃、徐文等领导高度重视和大力支持我公司的各项工作，同时贵公司李帅磊、李东升、张泽萍、姚奕德、孙晨旭、王弘哲等在项目进行和实施过程中给予了大量的帮助，不厌其烦的与现场充分对接，对现场存在的问题也能及时准确的予以答复。

长城钻探合作区块的开发离不开贵公司的鼎力支持，望贵司继续保持优良作风和技术优势，并衷心祝愿我们在今后的合作中再接再厉，共创辉煌！

长城钻探苏里格气田分公司

基建管理科

2022 年 12 月 5 日

来自长城钻探的感谢信

感谢信

西安长庆科技工程有限责任公司：

首先感谢贵公司一直以来对煤层气公司大吉区块地面工程建设工作的大力支持与帮助！2020 年为有效顺利推进我公司大吉区块地面工程产能建设工作，贵公司第一时间派出现场服务小组进驻临汾大宁，为我公司提供零距离现场服务。

工作一年来，大宁服务小组的成员始终秉承“服务到感动自己”的理念，开展定点服务、专项服务，集中服务。小组成员针对我区块地形条件复杂，环境较恶劣情况，不畏艰辛，对我公司提出的各种技术问题以及需求，第一时间进行响应、问题分析、现场确认指导，真正做到了“认真负责、随叫随到”。

大宁现场服务小组主要人员：尹智杰、谢普，主动加强与我单位的沟通对接，定期开展技术交底、现场答疑、质量回访，对我区块地面工程技术提高及建设进度推荐起到了较大作用，为煤层气大吉区块建设提供了精心的服务。

在此向贵单位对我公司产建地面工程辛苦付出的各位领导、同事表示衷心感谢，祝愿贵公司发展蒸蒸日上！

中石油煤层气有限责任公司勘探开发事业部

地面工程管理科

2020 年 12 月 24 日

来自中石油煤层气公司感谢信

感 谢 信

长庆工程设计有限公司：

今年以来，贵单位北京分公司在冯宇经理的带领下，组成以尹智杰、谢普、李世栋为主的现场服务组，敢于挑战，勇于担当，尽职尽责，在大吉气田地面工程建设中立足工程质量，发挥技术优势，全速推进工程进度，为勘探开发建设分公司 2021 年高效建产做出了突出贡献。

面对严峻和反复的疫情形势、建设区域覆盖黄河两岸两省、气候地形条件较差、项目情况交叉复杂、产能部署变化频繁、参与对接单位众多等情况，贵单位积极响应项目需求号召，多频次高质量的完成各阶段类型设计文件图纸，尽职尽责完成各项现场交底、图纸会审、资料核实签署、现场答疑等工作。对我公司提出的各种技术问题以及需求，第一时间进行响应，问题分析、尽心尽力现场零距离解决指导，确保了建设进度的同时，也有效的提高了我单位地面工程技术水平。

每一项任务的完成，都凝聚着贵公司的智慧，那无数个日日夜夜镌刻了多少个值得印记的汗水和辛劳，为我公司增储上产宏伟篇章增添了浓浓的底色。在此，向贵公司的大力支持表示感谢！祝贵我双方，继续精诚合作，持续创造辉煌。

衷心祝愿贵公司各项事业蒸蒸日上！

中石油煤层气有限责任公司勘探开发建设分公司

2021 年 12 月 31 日

来自中石油煤层气公司感谢信

荣耀的背后离不开领导的呕心沥血，员工的辛苦付出，更离不开总公司的大力支持。2022 年，临近年终，为保证临兴、三交北 100 千米管线设计进度，分公司一行 5 人到现场选线。凛冽的寒风、复杂的地形阻挡不了设计人员前进的脚步，他们白天踏勘，晚上对接路由方案，时间上可谓是“无缝衔接”。“风餐露宿、挑灯夜战”是最真实的写照，功夫不负有心人，在春节放假前夕顺利完成全部踏勘工作，得到业主高度赞扬。

由于分公司人员不足，所有图纸的审核审定都需要依托院里，有时候项目集中导致图纸量大，师傅们加班加点审阅图纸，甚至节假日也被“充分利用”，为每一个项目提出高质量的意见和建议。每一处小细节、小错误都透露着师傅们的耐心、细心和悉心，为我们高质量的图纸提供了强有力的保证。

擘画新征程砥砺再奋进

紧紧围绕着建设“大、强、壮、美、长”的世界一流大油田奋斗目标和长庆设计公司建设具有低渗透油气田特色、行业领先的综合能源工程设计公司的美好愿景，分公司立足新发展阶段，贯彻新发展理念，擘画新征程，砥砺再奋进。

加强思想建设，坚定理想信念

加强政治理论和习近平新时代中国特色社会主义思想的学习，强化思想理论武装，深入领会把握精髓要义，不断提升理论水平和政治站位。坚定理想信念，坚持把思想理论学习与工作实际相结合，坚持生产经营、技术质量、科技创新等各项工作与党建深度融合，充分发挥党建引领作用。持续开展案例 + 警示教育和以案促改主题活动，不断加强党风廉政建设，筑牢廉洁思想防线。

强化合规意识，严守合规底线

加强学习和培训。加强对上位制度、公司体系文件和经营管理平台的学习和培训，将规章制度和操作流程烂熟于心。不断强化合规意识，将合规意识内化于心，外化于行，完成“要我合规”到“我要合规”的升华。加强风险辨识与分级管控。对招投标管理、合同管理、承包商管理、差旅费管理等重点风险业务进行全面排查梳理，形成风险点管控清单，实施分级管理。严守合规底线。明确职责，责任到人，严格按照规章制度办事，用制度管人、流程管事，严守依法合规底线。

加强团队建设，加大人才挖掘与引进力度

在以“人才为中心”工作思路的指引下，持续加强团队建设，加大人才挖掘与引进

力度。进一步深化“三精准”“三位一体”和“1+X”的人才培育模式，快速培养出一批适应外部市场的优秀技术人才，形成合理的人才梯队，未来3年形成组织机构基本健全，主干专业力量成熟，配套专业齐全的高水平团队。

优化生产组织管理，凝心聚力促发展

在生产组织管理方面持续优化和完善组织管理方法，进一步加强生产计划的科学合理性，深化“一三五”过程管理机制，开发符合分公司生产实际的项目管理平台，合理规划资源、简化工作流程，挖潜力，提效能。优化完善激励机制，加强沟通协作，凝心聚力促发展。

努力拓宽业务范畴，助力新的业务增长

抓牢分公司核心业务、维护好现有市场的同时，重点关注深层煤层气、长输管线、新能源项目，寻求“清洁替代、战略接替、绿色转型”等重点项目参与合作，拓展中联市场、延长市场和东北市场，力争在碳中和碳减排、VOCs排放治理领域中有所突破。保证分公司业务市场的持续和稳定增长。加强与石油系统及行业知名企业交流，引进先进技术，在数字化交付、三维设计、仿真模拟等行业高精尖技术方面寻求新的突破。加强与高新产品研制中心交流合作，在设备的研发和推广上做文章、下功力。加强与石油系统内工程建设公司合作，寻求合作开展EPC项目。

以质量铸品牌，按下质量“快进键”

下大力练好内功，以质量铸品牌。持续推进《质量问题征集册》《工艺计算手册》的优化和完善，不断深化“两组一固定”“两看一课堂”“培训+交底”“联合验收”“设计图纸双校对”管理模式，积极拓展行业交流学习平台，掌握前沿信息，拓宽视野。练好内功，夯实基础，以“致广大而尽精微”的精神，做好每一个细节，打造设计精品，抢占质量新高地。以科技创新赋能，不断擦亮品牌底色。在市场竞争异常激烈的态势下，认真梳理、回溯、总结地面工艺技术难点、痛点，加大科技创新的激励和投入力度，以科技创新为抓手，奋力攻克核心技术，形成特色技术和理念，独树一帜，独占鳌头。

回首来时路，矢志不忘初心，擘画新征程，砥砺再奋进。将以“铺石以开大道的气度、筚路以启山林的责任、功成不必在我的境界、功成必定有我的精神”，奋力向前奔跑，用青春、用热血、用汗水，来诠释和完成使命，为建设“大、强、壮、美、长”的世界一流大油田奋斗目标和长庆设计公司建设具有低渗透油气田特色、行业领先的综合能源工程设计公司的美好愿景，贡献分公司的智慧和力量。